全国高等职业教育食品类专业
国家卫生健康委员会"十三五"规划教材

供食品类专业用

食品感官检验技术

主　编　王海波

副主编　史沁红　黄一珍　李俐鑫

编　者　（以姓氏笔画为序）

王海波　（广东食品药品职业学院）　　　　黄　序　（中粮营养健康研究院）

史沁红　（重庆医药高等专科学校）　　　　黄一珍　（中粮营养健康研究院）

李俐鑫　（黑龙江农垦职业学院）　　　　　商飞飞　（贺州学院）

张巧云　（新巴尔虎左旗市场监督管理局）　曾红胜　（广东食品药品职业学院）

高永欣　（吉林医药学院）

人民卫生出版社

图书在版编目（CIP）数据

食品感官检验技术／王海波主编.—北京：人民

卫生出版社，2018

ISBN 978-7-117-26582-9

Ⅰ.①食…　Ⅱ.①王…　Ⅲ.①食品感官评价－医学院

校－教材　Ⅳ.①TS207.3

中国版本图书馆 CIP 数据核字（2018）第 167081 号

人卫智网　www.ipmph.com	医学教育、学术、考试、健康、 购书智慧智能综合服务平台
人卫官网　www.pmph.com	人卫官方资讯发布平台

食品感官检验技术

主　　编：王海波

出版发行：人民卫生出版社（中继线 010-59780011）

地　　址：北京市朝阳区潘家园南里 19 号

邮　　编：100021

E - mail：pmph @ pmph. com

购书热线：010-59787592　010-59787584　010-65264830

印　　刷：河北新华第一印刷有限责任公司

经　　销：新华书店

开　　本：850×1168　1/16　印张：20　插页：2

字　　数：494 千字

版　　次：2019 年 1 月第 1 版　2019 年 1 月第 1 版第 1 次印刷

标准书号：ISBN 978-7-117-26582-9

定　　价：65.00 元

打击盗版举报电话：010-59787491　E-mail：WQ @ pmph. com

（凡属印装质量问题请与本社市场营销中心联系退换）

全国高等职业教育食品类专业国家卫生健康委员会 "十三五" 规划教材出版说明

随着《国务院关于加快发展现代职业教育的决定》《高等职业教育创新发展行动计划（2015－2018年）》《教育部关于深化职业教育教学改革全面提高人才培养质量的若干意见》等一系列重要指导性文件相继出台，明确了职业教育的战略地位、发展方向。食品行业是"为耕者谋利、为食者造福"的传统民生产业，在实施制造强国战略和推进健康中国建设中具有重要地位。近几年，食品消费和安全保障需求呈刚性增长态势，消费结构升级，消费者对食品的营养与健康要求增高。为实施好食品安全战略，加强食品安全治理，国家印发了《"十三五"国家食品安全规划》《食品安全标准与监测评估"十三五"规划》《关于促进食品工业健康发展的指导意见》等一系列政策法规，食品行业发展模式将从量的扩张向质的提升转变。

为全面贯彻国家教育方针，跟上行业发展的步伐，将现代职教发展理念融入教材建设全过程，人民卫生出版社组建了全国食品药品职业教育教材建设指导委员会。在该指导委员会的直接指导下，经过广泛调研论证，启动了首版全国高等职业教育食品类专业国家卫生健康委员会"十三五"规划教材的编写出版工作。本套规划教材是"十三五"时期人卫社重点教材建设项目，教材编写将秉承"五个对接"的职教理念，结合国内食品类专业教育教学发展趋势，紧跟行业发展的方向与需求，重点突出如下特点：

1. 适应发展需求，体现高职特色　本套教材定位于高等职业教育食品类专业，教材的顶层设计既考虑行业创新驱动发展对技术技能人才的需要，又充分考虑职业人才的全面发展和技术技能人才的成长规律；既集合了几十年我国职业教育快速发展的实际，又充分体现了现代高等职业教育的发展理念，突出高等职业教育特色。

2. 完善课程标准，兼顾接续培养　根据各专业对应从业岗位的任职标准优化课程标准，避免重要知识点的遗漏和不必要的交叉重复，以保证教学内容的设计与职业标准精准对接，学校的人才培养与企业的岗位需求精准对接。同时，顺应接续培养的需要，适当考虑建立各课程的衔接体系，以保证高等职业教育对口招收中职学生的需要和高职学生对口升学至应用型本科专业学习的衔接。

3. 推进产学结合，实现一体化教学　本套教材的内容编排以技能培养为目标，以技术应用为主线，使学生在逐步了解岗位工作实践、掌握工作技能的过程中获取相应的知识。为此，在编写队伍组建上，特别邀请了一大批具有丰富实践经验的行业专家参加编写工作，与从全国高职院校中遴选出的优秀师资共同合作，确保教材内容贴近一线工作岗位实际，促使一体化教学成为现实。

4. 注重素养教育，打造工匠精神　在全国"劳动光荣、技能宝贵"的氛围逐渐形成，"工匠精神"在各行各业广为倡导的形势下，食品行业的从业人员更要有崇高的道德和职业素养。教材更加强调要充分体现对学生职业素养的培养,在适当的环节,特别是案例中要体现出食品从业人员的行为准则和道德规范,以及精益求精的工作态度。

5. 培养创新意识,提高创业能力　为有效地开展大学生创新创业教育,促进学生全面发展和全面成才,本套教材特别注意将创新创业教育融入专业课程中,帮助学生培养创新思维,提高创新能力、实践能力和解决复杂问题的能力,引导学生独立思考、客观判断,以积极的、锲而不舍的精神寻求解决问题的方案。

6. 对接岗位实际,确保课证融通　按照课程标准与职业标准融通、课程评价方式与职业技能鉴定方式融通、学历教育管理与职业资格管理融通的现代职业教育发展趋势,本套教材中的专业课程,充分考虑学生考取相关职业资格证书的需要,其内容和实训项目的选取尽量涵盖相关的考试内容,使其成为一本即是学历教育的教科书、又是职业岗位证书的培训教材,实现"双证书"培养。

7. 营造真实场景,活化教学模式　本套教材在继承保持人卫版职业教育教材栏目式编写模式的基础上,进行了进一步系统优化。例如,增加了"导学情景",借助真实工作情景开启知识内容的学习;"复习导图"以思维导图的模式,为学生梳理本章的知识脉络,帮助学生构建知识框架。进而提高教材的可读性,体现教材的职业教育属性,做到学以致用。

8. 全面"纸数"融合,促进多媒体共享　为了适应新的教学模式的需要,本套教材同步建设以纸质教材内容为核心的多样化的数字教学资源,从广度、深度上拓展纸质教材内容。通过在纸质教材中增加二维码的方式"无缝隙"的链接视频、动画、图片、PPT、音频、文档等富媒体资源,丰富纸质教材的表现形式,补充拓展性的知识内容,为多元化的人才培养提供更多的信息知识支撑。

本套教材的编写过程中,全体编者以高度负责、严谨认真的态度为教材的编写工作付出了诸多心血,各参编院校为编写工作的顺利开展给予了大力支持,从而使本套教材得以高质量的如期出版,在此对有关单位和各位专家表示诚挚的感谢!教材出版后,各位教师、学生在使用过程中,如发现问题请反馈给我们(renweiyaoxue@163.com),以便及时更正和修订完善。

人民卫生出版社

2018 年 3 月

全国高等职业教育食品类专业国家卫生健康委员会
"十三五"规划教材
教材目录

序号	教材名称	姓名
1	食品应用化学	孙艳华
2	食品仪器分析技术	梁 多　段春燕
3	食品微生物检验技术	段巧玲　李淑荣
4	食品添加剂应用技术	张 甦
5	食品感官检验技术	王海波
6	食品加工技术	黄国平
7	食品检验技术	胡雪琴
8	食品毒理学	麻微微
9	食品质量管理	谷 燕
10	食品安全	李鹏高　陈林军
11	食品营养与健康	何 雄
12	保健品生产与管理	吕 平

全国食品药品职业教育教材建设指导委员会
成员名单

郝晶晶	北京卫生职业学院	黄丽萍	安徽中医药高等专科学校
倪　峰	福建卫生职业技术学院	黄美娥	湖南食品药品职业学院
徐一新	上海健康医学院	景维斌	江苏省徐州医药高等职业学校
莫国民	上海健康医学院	葛　虹	广东食品药品职业学院
袁加程	江苏食品药品职业技术学院	蒋长顺	安徽医学高等专科学校
顾立众	江苏食品药品职业技术学院	潘志恒	天津现代职业技术学院
晨　阳	江苏医药职业学院		

前　言

食品感官检验对品评人员的要求较高,且需要在专门的感官品评室进行。我国的食品感官检验学科发展相对国外滞后了数十年,但是近年来,食品感官检验在国内越来越受到关注,国内的很多食品企业、高校、研究机构等纷纷建立了标准的食品感官实验室,拥有固定的感官品评员专家小组,加速了我们食品感官检验行业的发展。

为了解决我国高等职业院校中食品感官检验的教学内容与食品企业中对食品感官检验的实际需求存在的脱节问题,本教材融合了国家标准的核心内容,增加了食品企业中的大量真实感官检验项目,以期提高学生的食品感官检验技能。本书主要介绍了食品感官检验的发展史、人的感官及感觉、感官评价环境、感官评价人员、感官评价方法、企业感官应用、食品感官实用技术、感官分析仪器及分析软件、实验实训指导等内容。

本书由高职院校中长期从事食品感官检验教学与科研工作的教师和食品企业中长期在一线从事食品感官检验的研发人员合力编写而成。本书的第一章、第七章的第三节、实验九、实训一至实训五及附录四由广东食品药品职业学院的王海波编写;第二章的第一节至第五节、第三章、实验一和实验二由重庆医药高等专科学校的史沁红编写;第二章的第六节至第八节、实验三、实训六至实训十由贺州学院的商飞飞编写;第四章、第七章的第一节、附录一及附录二由黑龙江农垦职业学院的李俐鑫编写;第五章的第一、二、四节、实验四至实验八及附录三由新巴尔虎左旗市场监督管理局的张巧云编写;第五章的第三节、第七章第二节中的三和四、实验十和实验十二由吉林医药学院的高永欣编写;第六章由中粮营养健康研究院的黄一珍编写;第七章第二节中的一和三、实验十一由广东食品药品职业学院的曾红胜编写;第八章由中粮营养健康研究院的黄一珍和黄序编写。全书由广东食品药品职业学院的王海波统稿,编排和校核。

本书可作为高职院校食品类专业食品感官检验课程的教科书,也可供食品感官检验的相关从业人员阅读。

本书是各位编者共同努力的结果,同时也离不开各参编单位和众多同仁的支持和帮助。由于编写人员水平有限,时间仓促,书中难免有不妥之处,敬请读者批评指正。

编者

2019 年 1 月

目　录

第一章

绪 论

ER-01章PPT

导学情景 ∨

情景描述:

"食品感官检验"从字面的意思看就是品尝食品,然后对食品的质量好坏进行评判。 其实,食品感官检验不只是对食品的品尝,而是对食品多种感官反应的一个综合,食品感官检验科学是心理学、生理学、统计学等多学科交叉的一门学科。 而且,食品感官检验不仅可以用来对食品的优劣等级进行评判,还能用来指导新产品研发、产品质量控制、优化产品等。

学前导语:

食品感官检验技术是从 20 世纪 50 年代开始逐渐建立起来的一门新兴学科。 近年来,我国众多食品企业、高校、研究机构等纷纷建立了标准的感官实验室,促进了我国食品感官检验行业的发展。 然而,怎样进行有效的感官检验? 用什么方法来做食品感官检验? 本章将对上述问题进行阐述。

一、食品感官检验的概念及特点

目前被广泛接受和认可的食品感官检验定义源于 1975 年美国食品科学技术专家学会(Sensory Evaluation of the Institute of Food Technologists)的说法:食品感官检验是指用于唤起、测量、分析和解释通过视觉、嗅觉、味觉和听觉而感知到的食品的特征或者性质的一门学科。从这个定义中我们可以看出:感官检验是包括所有感官的活动,在很多情况下,人们对感官检验的理解单纯限定在"品尝",似乎感官检验就是品尝。实际上,对某个食品的感官反应是多种感官反应结果的综合。食品感官检验不仅是人的感觉器官对接触食品时各种刺激的感知,而且还有对这些刺激的记忆、对比、综合分析等理解过程。所以,感官检验还需要生理学、心理学等方面的知识。另外,评价员的个体感官数据存在很大的变异性,要获得令人信服的感官分析结果,就必须以统计学的原理作为保证。食品的感官检验,是根据人的感觉器官对食品的各种质量特征的感觉,如味觉、嗅觉、视觉、听觉等用语言、文字、符号或数据进行记录,再运用概率统计原理进行统计分析,从而得出结论,对食品的色、香、味、形、质地、口感等各项指标做出评定的方法。感官检验是建立在几种理论综合的基础之上的,这些理论包括社会学、心理学、生理学和统计学等。食品感官检验常包括四种活动:唤起、测量、分析和解释。

(一)唤起

唤起,即刺激人产生某种感官反应。在食品感官检验中,样品的准备和呈送都要在一定的控制条件下进行,品评员一定要在感官实验室的单独品评桌进行感官检验,以最大限度地降低外界因素的干扰。

（二）测量

测量,即对人产生的感觉进行测量,将人的感觉进行量化、数字化。品评员通过视觉、嗅觉、味觉、听觉和触觉的行为反应采集数据,在产品性质和人的感知之间建立一种联系,从而表达产品的定性、定量关系。

（三）分析

合理的数据分析是感官检验的重要部分,采用统计学的方法对来自品评员的数据进行分析统计,它是感官分析过程的重要部分,可借助专业的感官分析系统和感官数据分析软件来进行分析。

（四）解释

品评员对数据进行合理解释,即根据统计分析结果,分析对生产实践有何指导意义。

食品感官检验的特点有:食品感官检验具有很强的实用性、很高的灵敏度,且操作简便,不需要借助任何仪器设备;食品感官检验是多学科交叉的应用学科,集心理学、生理学及统计学为一体;影响结果可靠性的因素多,例如品评员的经验、用具、环境、方法以及结果分析所用的统计分析方法等,都会干扰最终的食品感官检验结论。

食品感官检验的特殊性

二、食品感官检验的发展史

人们利用感官来检验食品的质量已有数百年的历史。食品的感官检验是人类和动物的最原始、最实用的择食本能。食品质量的优劣最直接地表现在它的感官性能上,在人们的日常生活中,无论在超市还是在农贸市场,人们在选择购买哪种食品时,其实都是通过感官检验来进行挑选。通过感官指标来鉴别食品的优劣和真伪,不仅简单易行,而且灵敏度高,直观而实用,与使用各种理化、微生物仪器进行分析相比,有很多优点。

在传统的食品行业生产行业中,一般都有"专家"级评价员,比如香水专家、风味专家、酿酒专家、焙烤专家、品酒专家、咖啡和茶叶的品尝专家等,他们在本行业工作多年,对某种食品的生产非常熟悉,积累了丰富的经验。后来随着经济的发展,又出现了专职的品评员。比如,在罐头企业就有专门从事品尝工作的品评员每天对生产出的产品进行品尝,并将本企业的产品和同行业其他产品进行比较,有的企业至今仍沿用这种方法。某些行业还使用由专家制定的用来评定产品的各种评分卡和统一词汇,比如葡萄酒的 20 分评分卡和油脂的 10 分评分卡。随着食品工业的快速发展,食品的种类不断丰富,但这些"专家"不可能熟悉所有食品的特性,专家开始变得力不从心,他们的作用不再像以往那样强大。人们开始意识到,单纯依靠少数几个专家来为生产和市场做出决策是存在很多问题的,同时风险也是很大的。因此,越来越多的生产企业开始转向使用感官检验来对食品的特性进行分析。

在 20 世纪六七十年代,美国军队的需要使感官检验得到了快速的发展。当时,美国政府推行了两项旨在解决饥饿和营养不良的计划——"向饥饿宣战"和"从海洋中获取食物"。但这两项计划的结果并不理想,其主要原因之一就是忽视了感官检验,使一批又一批食物被拒之门外。食品工业从政府的这些与感官检验有关的一系列活动当中得到了启示,他们开始意识到感官检验的重要性,并开始为这项新兴的学科提供大力支持。美国的 Boggs、Hansen、Giradot 和 Peryam 等人建立并完善了"差别检验法"。接着在 20 世纪 40 年代初出现了"评分法"。20 世纪 50 年代中后期出现了"排序法"和"喜好打分法"。1957 年,由 Arthur D. Little 公司创立了"风味剖析法",它的创立对正式描述分析方法的形成和专家从感官检验当中的分离起到了推动作用。

在 20 世纪下半叶,随着食品加工业的快速发展,感官检验科学也迅速成长起来。1965 年 Amerlne 等在《食品感官检验原理》(《Principles of Sensory Evaluation of Food》)中对该学科作了全面的回顾,标志着食品感官检验真正作为一门科学而诞生了,其著作是最早可查的感官检验专著。1985 年 Stone 和 Sidel 出版了《感官检验实践》(《Sensory Evaluation Practice》)。Harry T. Lawless 和 Hildegarde Heymann 出版了《食品感官评价原理与实践》(第 2 版)(《Sensory Evaluation of Food Principles and Practices》),这些教科书的出版加速了食品感官检验科学的发展。

在中国,虽然很早就有食品感官检验这个概念,但我们的认识更多还是停留在上面提到的"专家"阶段,强调更多的是经验,或者仅将它作为和理化检验并列的产品质量检验的一部分,事实上感官检验包含的内容和它的实际功能要广阔得多。感官检验可以为产品提供直接、可靠、便利的信息,可以帮助人们更好地把握市场方向、指导生产,它的作用是独特的、不可替代的。尽管许多企业已经认识到了感官检验在产品的设计、生产和评定中的重要性,但它在企业当中的独特作用还只是在最近十几年才被广泛承认。我国的感官检验科学发展相对国外滞后了数十年,但是近年来,食品感官检验在国内越来越受到重视,国内的很多食品企业、高校、研究机构等纷纷建立了标准的感官实验室,拥有固定的感官品评员专家小组,加速了我们食品感官检验行业的发展。

目前,随着社会对食品无损、快速、智能检测技术的要求越来越高,以及仿生技术研究的快速发展,电子舌、电子鼻、GC-MS-O(气相色谱嗅闻)、脑电波仪、眼动仪、生理多导仪等仪器已成为感官评价中的重要分析工具。另外,感官分析系统在食品感官检验后期数据处理中起到重要作用,提高了食品感官检验结果的准确性。国内外感官分析系统的研究和实践比较少,目前比较成熟的国外感官评价系统主要有:FIZZ、Compusense、Eye Question、Redjade、SIM2000、Tastel 等,国内的感官评价系统主要有:轻松感官分析系统、农产品感官分析系统等。感官数据分析软件主要有:R 软件、SPSS、PanelCheck、Matlab、Minitab 等。

三、食品感官检验方法及应用

食品感官检验的方法有很多,传统的感官检验的方法有三大类:

(一) 差别检验法

主要是研究产品之间是否存在差别。例如在新产品开发中,研究新产品与旧产品是否有显著性差异;在产品质量控制中,分析产品与标准样品之间有无显著性差异;分析产品中保质期内感官质量有无变化,分析不同品牌的同一产品有无显著性差异等。具体方法有:成对比较法、三点检验、二-三检验、"A"-"非 A"检验、五选二检验等。

（二）描述分析法

主要是研究产品的某项感官特性如何。一般是在进行差别检验之后,如果两个产品存在显著性差异,想进一步研究两者的差异在哪些方面,可以进一步做描述分析,分析不同产品究竟是在哪些感官指标上存在差异。具体方法有:风味剖面法、质地剖面法、定量描述分析法、系列描述性分析法、时间—强度法等。

（三）情感试验法

主要是研究消费者喜爱哪种产品或对产品的喜爱程度如何。例如,在 2 个新产品上市之前,如果经过描述分析,发现 2 个新产品都拥有自己的优势和特点,也就是说通过描述分析仍然不能确定哪个新产品更好的时候,可以考虑使用情感试验法,即让消费者来决定喜欢哪一个产品,喜欢或接受的程度有多大。具体方法有:成对偏爱检验、排序偏爱检验、喜好标度等。

近年来,不断涌现出食品感官检验的新方法,例如:CATA 检验法、Kappa 检验法、Flash Profile 法、Sorting 法、TDS 法等。感官检验新方法的发明和应用,拓宽了食品感官检验的应用范围,促进了食品感官检验学科的发展。

点滴积累 ╲┈┈┈┈┈┈┈┈┈┈┈┈┈┈┈┈┈┈┈┈┈┈┈┈┈┈┈┈┈┈┈┈┈┈

1. 食品感官检验是用于唤起、测量、分析和解释通过视觉、嗅觉、味觉和听觉而感知到的食品的特征或者性质的一门学科。
2. 传统的感官检验的方法有三大类:差别检验法、描述分析法和情感试验法。

目标检测

单项选择题

1. 食品感官检验包含哪几种活动(　　　)

　　A. 唤起　　　　　　　　　　　　　B. 分析

　　C. 讨论　　　　　　　　　　　　　D. 解释

2. 食品感官检验的传统方法包含哪几类(　　　)

　　A. 区别检验法　　　　　　　　　　B. 情感实验法

　　C. *Kappa* 检验法　　　　　　　　　D. 描述分析法

3. 食品感官检验的特点有(　　　)

　　A. 不需要借助任何仪器设备　　　　B. 多学科交叉

　　C. 结果影响因素多　　　　　　　　D. 只能定性,不能定量

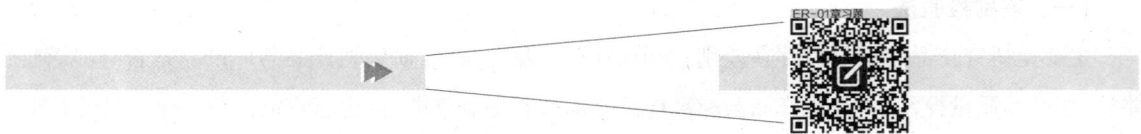

第二章

人的感觉及感官

导学情景 ∨

情景描述:

人的感觉不仅仅是对外部环境的认知,同时也是对自身状况的认识。人类在生存的过程中时刻都在感知自身存在的外部环境,感觉就是客观事物的各种特征和属性通过刺激人的不同的感觉器官引起兴奋,经神经传导反映到大脑皮层的神经中枢,从而产生的反应,而感觉的综合就形成了人对这一事物的认识及评价。失去了感觉,人也就失去了正常的、主动的活动能力。感官检验就是依靠人的这种感觉,以及人的大脑对各种感觉信息的处理和反馈来进行的。

学前导语:

人的感觉分别为视觉、听觉、触觉、嗅觉和味觉,这5种基本感觉都是由位于人体不同部位的感官受体,分别接受外界不同刺激而产生的。本章我们将带领同学们学习五种基本感觉的基本知识,并且能正确运用五种基本感觉对食品进行感官检验。

第一节 人的感觉

一、感觉的定义与类型

感觉是感官刺激引起的主观反应,是人类神经系统反映机体内外环境变化的一种特殊功能。人类的感觉是大脑对外界环境、自身状况及其变化情况的认知。它是由分布在体表或内脏的感受器(感觉细胞)、神经、大脑以及一系列非神经性附属结构的感受器官来完成,产生的过程一般是先由感受器将各种刺激转换为神经冲动,经神经传导通路,进入中枢神经系统,而后经过多次转换后抵达大脑皮层的特定部位,并在大脑皮层内进行信息处理,最终产生感觉。感觉是客观事物的不同特性在人脑中引起的反应。如当面包作用于我们的感官时,我们通过视觉可以感受到它的颜色;通过味觉可以感受到它的味道;通过触摸或咀嚼可以感受到它的软硬等。感觉是最简单的心理过程,是形成各种复杂心理的基础。

1970年Gekdard曾指出,经典的"五种特殊感觉"分别为视觉、听觉、触觉、嗅觉和味觉,见表2-1。这5种基本感觉都是由位于人体不同部位的感官受体,分别接受外界不同刺激而产生的,其中触觉包括了温度、痛、压力等方面的感觉。有人将感觉分为化学感觉和物理感觉两大类。视觉、听觉、触觉这些刺激都是物理刺激,不发生化学反应,所以,视觉、听觉和触觉是由物理变化产生,被称为物理感觉;味觉和嗅觉是由化学变化而产生,但是化学物质引起的感觉不是化学物质本身会引起感觉,而是化学物质与感觉器官产生一定的化学反应后出现的,故味觉和嗅觉归为化学感觉。无论哪种感官或感觉受体都有较强的专一性。

人类可辨认的感觉还有温度觉、痛觉、疲劳觉、平衡觉和运动觉等多种感觉。任何事物都是由许多属性组成,例如,一块面包有颜色、形状、气味、滋味、质地等属性。不同属性,通过刺激不同感觉器官反映到人的大脑,从而产生不同的感觉。人的感觉不仅反映外界事物的属性,也反映人体自身活动情况。人之所以知道自己是躺着或站立着,就是凭着对自身状态的感觉。人的感觉远比一般动物复杂,它除了感知外,还有其他复杂的心理活动。感觉虽然是低级的反映形式,但它是一切高级复杂心理活动的基础和前提,感觉对人类的生活有重要作用和影响。

表 2-1 感觉的类型

感觉类型	感觉器官	刺激类型	感觉、识别信息
视觉	眼睛	一定频率范围的电磁波	形状、位置、色彩、明暗
听觉	耳朵	一定频率范围的声波	声音的强弱、高低、音色
嗅觉	鼻子	某些挥发或飞散的物质微粒	香、臭、酸、焦等
味觉	舌头	某些被唾液溶解的物质	甜、咸、酸、苦等
触觉	触感神经	触感神经接受外界压力变化	温度、触压、疼、光滑或粗糙
平衡觉	半规管	肌体的直线加速度、旋转加速度	人体的旋转、直线加速度
运动觉	肌体神经及关节	肌体的转动、移动和位置变化	人体的运动、姿势、重力等

▶▶ 课堂活动

人类具有 5 种基本感觉,即视觉、听觉、触觉、嗅觉和味觉,除此之外,人类还具有哪些感觉?

二、感觉的属性

任何事物都是由许多属性组成的。物质的不同属性,通过刺激不同的感觉器官反映到大脑,从而产生对物质综合认知的行为即感觉。人们对食品的感觉是由于任何食品都有一定的特征,例如食品的颜色、形状、气味、滋味、质地、组织结构、口感等,每一种特征通过刺激人的某一感觉器官引起兴奋,经神经传导反映到大脑皮层的神经中枢,从而产生了感觉,如颜色和形状刺激视觉器官,质地通过触觉反映到大脑。一种属性产生一种感觉,感觉的综合就形成了人对某一食品的认识及评定。

感觉是由感官产生的,具有如下属性:

1. 人的感觉可以反映外界事物的属性。换句话说,事物的属性是通过人的感官反映到大脑被人们所认知的,感官是感觉事物的必要条件。

2. 人的感觉不仅反映外界事物的属性,也反映人体自身的活动和舒适情况。人之所以知道自己是躺着或是走着,是愉悦还是忧郁,正是凭着对自身状态的感觉。

3. 感觉虽然是低级的反映形式,但它是一切高级复杂心理的基础和前提。外界信息输入大脑是感觉提供信号,有了感觉才会有随后高级心理感受,所以感觉对人的生活有重要作用和影响。

4. 感觉的敏感性因人而异,受先天和后天因素的影响。人的某些感觉可以通过培训或强化获得特别的发展,即敏感性增大。反之,某些感觉器官发生障碍时,其敏感性会降低甚至消失。如食品感官评价员具有非常敏锐的感觉能力,就像乐队指挥的听觉异常敏锐,对演奏中出现的微弱不和谐音都能分辨,食品感官评价员也能对食品中微弱的品质差别进行分辨。评酒大师的嗅觉和味觉具有超出常人的敏感性。又如后天失明的人,其听觉等其他感觉必然会加强。在感官分析中,评价员的选择实际上主要是对候选评价员感觉敏感性的测定。针对不同试验,挑选不同评价员。如参加评试酒的评价员,至少具有正常人的味觉能力,否则,评试结果难以说明问题。另外,感觉敏锐性可以通过后天的培养得到提高,所以评价员的培训就是为了提高评价员的感觉敏感性。

感官是由感觉细胞或一组对外界刺激有反应的细胞组成,这些细胞获得刺激后,能将这些刺激信号通过神经传导到大脑。感官具有下面几个特征:

1. 对周围环境和机体内部的化学和物理变化敏感。

2. 一种感官只能接受和识别一种刺激。在神经末梢,特定感觉(如视觉、味觉)的受体会对专一针对该系统的特定刺激类型做出响应,也就是说味觉刺激并不会刺激视觉的受体。

3. 只有刺激量在一定范围内才会对感官产生作用。

4. 某种刺激连续施加到感官上一段时间后,感官会产生疲劳适应现象,感官灵敏度随之明显下降。

5. 心理作用对感官识别刺激有影响。

6. 不同感官在接受信息时,会相互影响。

知识链接

感 觉 定 理

1. 韦伯定律　19 世纪 40 年代,德国生理学家韦伯(E. H. Weber)在研究质量感觉的变化时发现了一个重要的规律,100g 的质量至少需要增减 3g,200g 的质量至少需要增减 6g,300g 的质量至少需要增减 9g 才能觉察出质量的变化,也就是说,差别阈值随原来刺激量的变化而变化并表现出一定的规律性,这就是韦伯定律。韦伯注意到两个产品之间的感觉差异是一个常数,而且与差异的比率有关。

韦伯定律公式表示为:

$$K = \frac{\Delta I}{I}$$

式中:ΔI——物理刺激恰好能被感知差别所需的能量;

I——原刺激量;

K——常数,又称为韦伯常数。

2. 费希纳定律　德国的心理物理学家费希纳（G. H. Fechner）在韦伯研究的基础上进行了大量的试验研究，他指出由于感觉不能进行直接的测量，所以有必要通过不同的变化来测量出灵敏度。因此提出了一个经验公式，用以表达感觉强度与物理刺激强度之间的关系，称为费希纳定律。

费希纳定律公式表示为：

$$S = K\lg R$$

式中：S——感觉强度；

$\quad\quad\quad R$——刺激强度；

$\quad\quad\quad K$——常数。

感觉的大小和刺激强度的对数成正比，刺激强度增加 10 倍，感觉强度增加 1 倍，它说明心理量是刺激量的对数函数，即当刺激弱度以几何级数增加时，感觉的强度以算术级数增加。

点滴积累 ∨

1. 人类五种基本感觉，即视觉、听觉、触觉、嗅觉和味觉。另外人类还具有温度觉、痛觉、疲劳觉、口感等多种感官反应。
2. 感觉的敏感性是指人的感觉器官对刺激的感受、识别和分辨能力。感觉的敏感性因人而异，某些感觉通过训练或强化可以获得特别的发展，即敏感性增强。
3. 感觉阈分为刺激阈、识别阈、绝对阈、差别阈、极限阈。

第二节　影响感觉的因素

一、温度对感觉的影响

案例分析

案例

夏天，让一群人依次饮用不同温度的啤酒，然后鉴别其品质。结果，大家都认为 6~8℃的啤酒味道最好。

分析

实际上他们喝的啤酒都是一样的，仅仅是食用温度不同而已。温度不同，人吃同样的东西，感觉不大一样。在 35℃的气温下，品尝 6℃左右的啤酒更显可口。

食物可分为热吃食物、冷吃食物和常温食用食物。理想的品尝温度因食品的不同而异，以体温为中心，一般在 ±(25~30)℃的范围内。根据味道与食物温度的关系，科学实验证实，冷食之类温度在0~6℃之间味道最好;喜凉的食物温度在10℃左右时味道最好;喜热的食品温度在60~65℃之间味道最好,对人体较适宜;适宜于室温下食用的食物不太多,一般只有饼干、糖果、西点等。酸味食物在10~40℃之间,其味道基本不变;甜味食物在37℃左右感觉最甜,高于或低于这个温度,甜度就会变淡;苦味食物则是温度越高,味道越淡;咸味食物也是温度越高,味道越淡。

表2-2列举了几种食品的最佳食用温度,但它们也因个人的健康状态和环境因素的影响而有所不同,例如:体质虚弱的人喜欢食用温度稍高的食品。

表2-2　食品的最佳食用温度

食品类型	食品名称	最佳食用温度（℃）	食品类型	食品名称	最佳食用温度（℃）
热的食物	咖啡	67~73	冷的食物	水	10~15
	牛奶	58~64		冷咖啡	6
	汤类	60~66		果汁	5
	面条	58~70		啤酒	10~15
	炸鱼	64~65		冰淇淋	-6

资料来源:[日]太田静行,食品调味论. 北京:中国商业出版社,1989:23

二、年龄与生理对感觉的影响

随着人年龄的增长,各种感觉阈值都在升高,敏感程度下降,对食物的嗜好也有很大的变化。有人调查对甜味食品的满意程度,发现孩子对糖的敏感度是成人的两倍。幼儿喜欢高甜味,初中生、高中生喜欢低甜味,以后随着年龄的增长,对甜味的要求逐步上升。老人的口味往往难以满足,主要是因为他们的味觉在衰退,对很多食物食之无味,年轻人则不同,什么味道都想尝试一下。

人的生理周期对食物的嗜好也有很大的影响,平时口感较好的食物,在特殊时期(如妇女的妊娠期)会有很大变化。许多疾病也会影响人的感觉敏感度,味觉、嗅觉突然发现异常,往往是重大疾病的讯号。

三、感觉的变化现象

感觉的产生十分复杂,同时还受到生理、心理等因素的影响,在外界刺激强度不变的情况下,人的感觉也会产生变化,这被称为感觉的变化现象。不同的感觉与感觉之间会产生一定的影响,有时发生相加作用,有时产生相抵效果。但在同一类感觉中,不同刺激对同一感受器的作用,又可引起感觉的适应、掩蔽、对比等现象,感官与刺激之间相互作用、相互影响。

(一)感觉疲劳现象(适应现象)

感觉疲劳现象(适应现象)是指感受器在同一刺激物的持续作用下,敏感性发生降低的现象。值得注意的是,在整个过程中,刺激物的性质强度没有改变,但由于连续或重复刺激,而使感受器的敏感性发生了暂时的变化。各种感官在同一种刺激施加一段时间后,均会发生不同程度的疲劳。除痛觉外,几乎所有感觉都存在这种现象。感觉的疲劳程度依所施加刺激强度的不同而有所变化,在去除产生感觉疲劳的强烈刺激之后,感官的灵敏度会逐渐恢复。一般情况下,感觉疲劳产生越快,感官灵敏度恢复就越快。强烈刺激的持续作用会使感觉产生疲劳,敏感度降低,而微弱刺激的结果会使敏感度提高。评价员的培训正是利用了这一特点。

案例分析

案例

刚刚进入出售新鲜鱼品的水产店时,会嗅到强烈的鱼腥味,随着在水产店逗留时间的延长,所感受到的鱼腥味渐渐变淡。对长期工作在水产店的人来说甚至可以忽略这种鱼腥味的存在。对味道也有类似的现象,刚开始食用某种食物时,会感到味道特别浓重,随后味感逐步降低,例如吃第二块糖总觉得不如第一块糖甜。

分析

这三种现象都是感觉疲劳现象,嗅觉器官若长时间嗅闻某种气体,就会使嗅感受体对这种气味产生疲劳,敏感性逐步下降,随着刺激时间的延长甚至达到忽略这种气味存在的程度,味觉也一样,所以会出现上述现象。

(二)对比效应与收敛效应

当两个刺激同时或连续作用于同一个感受器官时,由于一个刺激的存在造成另一个刺激感觉增强的现象叫做对比增强现象。这种提高了对两个同时或连续刺激的差别的反应又称为对比效应。按照刺激发生的时间前后又分为同时对比和先后对比。同时给予两个刺激时称为同时对比,先后连续给予两个刺激时,称做先后对比。例如,在 15g/ml 蔗糖溶液中加入 17g/L 的 NaCl 后,会感觉甜度比单纯的 15g/ml 蔗糖溶液要甜;在吃过糖后,再吃山楂会感觉山楂特别酸,这是味觉的先后对比使敏感性发生变化的结果。这些都是常见的先后对比增强现象。舌头的一边舔上低浓度的食盐溶液,舌头的另一边舔上极淡的砂糖溶液,即使砂糖的甜味浓度在阈值下,也会感到甜味,这是常见的同时对比增强现象。

与对比增强现象相反,若一种刺激的存在减弱了另一种刺激,称为对比减弱现象,又叫收敛效应,即降低了对两个同时或连续刺激的差别的反应。各种感觉都存在对比现象,在进行感官评定时,应尽量避免对比增强与对比减弱现象的发生。例如,在品尝评比几种食品时,品尝每一种食品前都要彻底漱口,以避免对比增强效应和对比减弱现象带来的影响。

(三)拮抗效应

拮抗效应是两种或多种刺激的联合作用,它导致感觉水平低于预期的各自刺激效应的叠加,又称为阻碍作用或消杀现象。原产于西非的神秘果会阻碍味觉感受体对酸味的感觉,在食用过神秘果后,再食用带酸味的物质就感觉不到酸味。匙羹藤酸能阻碍味觉感受体对苦味和甜味的感觉,但对咸味和酸味无影响,如咀嚼过含有匙羹藤酸的匙羹藤叶后,再食用带有甜味和苦味的物质基本感觉不到味道,吃砂糖就像嚼沙子一样无味。

（四）协同效应

协同效应是当两种或两种以上的刺激同时施加时,导致感觉水平超出每种刺激单独作用效果叠加的现象,又称为相乘作用现象。例如,谷氨酸与氯化钠共存时,谷氨酸的鲜味会加强;0.02%谷氨酸与0.02%肌苷酸共存时,鲜味显著增强,且超过两者鲜味的加合,即产生"1+1>2"的效果;在1%食盐溶液中添加0.02%的谷氨酸钠,在另一份1%食盐溶液中添加0.02%肌苷酸钠,当两者分开品尝时,都只有咸味而无鲜味,但两者混合会有强烈的鲜味;麦芽酚添加到饮料或糖果中能增强这些产品的甜味。这些均为相乘作用现象,相乘作用的效果广泛应用于复合调味料的调配中。

（五）变调现象

当两种刺激先后存在时,一种刺激造成另一种刺激的感觉发生本质变化的现象称为变调现象。例如尝过氯化钠或奎宁后,即使饮用无味的清水也会感觉有微微的甜味。

▶ **课堂活动**

同一色,将深浅不同的两种放在一起观察,会感觉深颜色者更深,浅颜色者更浅。

吃过糖后再吃中药,会觉得药更苦。

20g/L的味精和20g/L的核苷酸共存时,会使鲜味明显增强,增强的程度远远超过20g/L味精存在的鲜味与20g/L核苷酸存在的鲜味的加和。

这些现象属于哪种感觉变化现象?

点滴积累 ∨

1. 影响感觉的因素,即温度、年龄与生理、感觉变化现象。
2. 感觉变化现象主要有感觉疲劳、对比效应与收敛效应、拮抗效应、协同效应、变调现象。

第三节 味觉

一、味觉生理学

可溶性呈味物质溶解在口腔中,进而对口腔内的味感受体进行刺激,神经感觉系统收集和传递信息到大脑的味觉中枢,经大脑的综合神经中枢系统的分析处理,使人产生味感。从试验角度讲,纯粹的味感应是堵塞鼻腔后,将接近体温的试样送入口腔内而获得的感觉。就味道而言,往往是味觉、嗅觉、温度觉和痛觉等几种感觉的综合反映,不是味觉的单一表现。

（一）味觉器官

不同的味觉产生有不同的味觉感受体,味觉感受体与呈味物质之间的作用力也不相同。口腔内感受味觉的主要是味蕾,其次是自由神经末梢。口腔内舌头上隆起的部位为乳头,乳头上分布有味蕾。味蕾大部分分布在舌头表面和舌缘的味乳头中,小部分分布在软腭、咽喉和会厌等处,尤其是舌黏膜皱褶处的乳状突起中最密集(图2-1,彩图1)。味蕾是味的受体,它的形状就像一个膨大的上面开孔的纺锤,含有(5~18个)成熟的味细胞及一些尚未成熟的味细胞,同时还含有一些支持细胞及传导细胞。人的舌面上约有50万个香蕉形的味觉细胞,味觉细胞存在着许多长约 $2\mu m$ 的微丝,称为味毛(也就是味神经),味毛经味孔伸入口腔,是味觉感受的关键部位。正是由于有味毛才使得呈味物质能够被迅速吸附。味蕾中的味觉细胞寿命不长,从味蕾边缘表皮细胞上有丝分裂出来后只能存活6~8天,大约10~14天更换一次,因此,味细胞一直处于变化状态。味觉细胞表面有许多味觉感受分子,不同物质能与不同的味觉感受分子结合而呈现不同的味道。味觉细胞表面的蛋白质、脂质及少量的糖类、核酸和无机离子,分别接受不同的味感物质,蛋白质是甜味物质的受体,脂质是苦味和咸味物质的受体,也有人认为苦味物质的受体可能与蛋白质相关。

不同年龄,其轮廓乳头上味蕾的数量不同,婴儿有10000个味蕾,成人9000个,味蕾数量随年龄的增大而减少,对呈味物质的敏感性也降低。胎儿几个月就有味蕾,10个月时支配味觉的神经纤维生长完全,因此新生儿能辨别咸味、甜味、苦味、酸味。味蕾在哺乳期最多,甚至在脸颊、上颚咽头、喉头的黏膜上也有分布,以后就逐渐减少、退化。成年后味蕾的分布范围和数量都会减少,只在舌尖和舌侧的舌乳头和轮廓乳头上,因而舌中部对味较迟钝。老年时因味蕾萎缩而逐渐减少,同时,老年人的唾液分泌也会减少,味觉能力明显衰退,这种迅速衰退的现象一般从50岁开始出现。

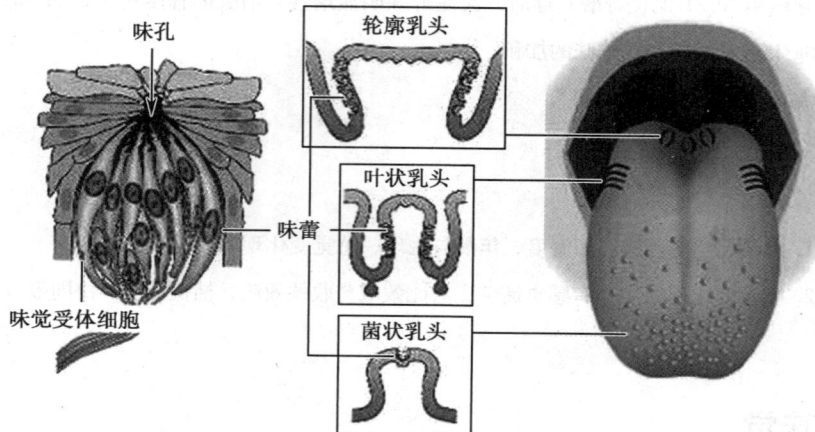

图 2-1　味蕾的结构

舌表面不同区域对不同味刺激的敏感程度不同。位于不同种类乳头上的味蕾对不同的味的敏感性不同。蕈状乳头对甜、咸味敏感,所以舌尖处对甜味敏感,舌前部两侧是咸味敏感区。轮廓乳头对苦味最敏感,因此软腭和舌根部位对苦味较敏感。叶状乳头内的味蕾对酸味最敏感,所以对酸味最敏感的部位在舌后两侧。食物在舌头和硬腭间被研磨最易使味蕾兴奋,因为味觉通过神经几乎以极限速度传递信息。人的味觉从呈味物质刺激到感受到滋味仅需1.6~4.0毫秒,比视觉(13~46毫秒)、听觉(1.27~21.5毫秒)、触觉(2.4~8.9毫秒)都快。因此,味觉有助于机体快速判断食物的优劣,决定对食物的取舍。

把味觉的刺激传入脑的神经有很多,不同的部位信息传递的神经不同。自由神经末梢是一种囊包着的末梢,分布在整个口腔内,也是一种能识别不同化学物质的微接收器。大脑皮质中的味觉中枢是非常重要的部位,如果其因手术、患病或其他原因受到破坏,将导致味觉全部丧失。

唾液对味觉有很重要的影响,因为食品呈现出味道的前提是呈味物质具有水溶性,呈味物质须溶于水才能进入刺激味觉细胞,口腔内腮腺、颌下腺、舌下腺和无数小唾液腺分泌的唾液是食物的天然溶剂。唾液分泌的数量和成分,受食物种类的影响。唾液的清洗作用,有利于味蕾准确地辨别各种味道。

知识链接

味蕾密度测量

味觉密度简单的测量可以通过计算舌尖上菌状乳头的数目而得到, 以下是经过耶鲁大学 Llida Bartoshuk改进的方法。

利用蘸过稀释的亚甲蓝溶液 (或者蓝色食物颜料) 的棉签擦拭舌尖。 用清水擦洗掉多余的染料, 显示出与蓝背景相反的粉色圆点即未染上色的菌状乳突。 把舌头放到舌部固定架上抚平, 使菌状乳头更容易被观察到。 舌部固定架包含有两个塑料显微镜片, 由三个螺丝钉固定到一起, 为了更加方便和标准化, 只对舌尖中心区域的菌状乳突进行计数, 可以利用一小张中间有一个孔的蜡纸 (打孔器打孔) 完成。 计数可以很方便地采用一个 10 倍的手持镜头, 所计算的乳突数除以观察的乳洞面积 (πr^2) 即得到平均每平方厘米所含有的菌状乳突数。

(二) 味觉的产生机理

可溶性呈味物质进入口腔,刺激味蕾细胞并形成生物电信号,通过膜离子通道或膜受体传导给 G 蛋白产生效应酶,由第二信使传递产生动作电位,引发神经冲动,经过神经传导传给大脑的味觉中枢,最后通过大脑的综合神经中枢系统的识别分析产生味觉。味蕾中有许多受体,这些受体对不同的味具有特异性,比如苦味受体只接受苦味配体。当受体与相应的配体结合后,便产生了兴奋性冲动,此冲动通过神经传入中枢神经,于是人便会感受到不同性质的味道。

现在普遍接受的机理是:呈味物质分别以离子键、氢键和范德华力形成 4 类不同化学键结构,对应酸、咸、甜、苦 4 种基本味。在味细胞膜表层,呈味物质与味受体发生一种松弛、可逆的结合反应,刺激物与受体彼此诱导相互适应,通过改变彼此构象实现相互匹配契合,进而产生适当的键合作用,形成高能量的激发态,此激发态是亚稳态,有释放能量的趋势,从而产生特殊的味感信号。不同的呈味物质的激发态不同,产生的刺激信号也不同。由于甜受体穴位是按一定顺序排列的氨基酸组成的蛋白体,若刺激物极性基的排列次序与受体的极性不能互补,则将受到排斥,就不可能有甜感。换句话说,甜味物质的结构是很严格的。由脂质组成的苦味受体,对刺激物的极性和可极化性同样也有相应的要求。因受体与磷脂头部的亲水基团有关,对咸味剂和酸味剂的结构限制较小。

二、食品的基本味

甜、酸、苦、咸是味感中的基本味道。除 4 种基本味外,鲜味和金属味也列入味觉之列。关于味的分类,各国有一些差异。欧洲则分为咸、甜、酸、苦、金属性、碱性等。在我国,人们常把甜、酸、苦、咸、辣称为五味。但准确地讲,辣味是一种痛感,不是一种基本味道。

德国人海宁提出了一种假设,味觉与颜色的三原色相似,具有四原味,即甜、酸、咸、苦是4种基本味觉。他认为,所有的味觉都由四原味组合而成。以四原味各为一个顶点构成味的四面体,所有的味觉可以在味四面体中找到位置。四原味以不同的浓度和比例组合时就可形成自然界各种千差万别的味道。例如,无机盐溶液带有多种味道,这些味道都可以用蔗糖、氯化钠、酒石酸和奎宁以适当的浓度混合而复现出来。

通过电生理反应实验和其他实验,现在已经证实4种基本味对味感受体会产生不同的刺激,这些刺激分别由味觉感受体的不同部位或不同成分所接收,然后又由不同的神经纤维所传递,四种基本味被感受的程度和反应时间差别很大。四种基本味用电生理法测得的反应时间为 0.02~0.06 秒。咸味反应时间最短,甜味和酸味次之,苦味反应时间最长。

三、影响味觉的因素

(一) 时间的影响

不同的味道本身的感受速度不同,从刺激味感受器到出现味觉,一般需要 $1.5×10^{-3}~4.0×10^{-3}$ 秒,其中咸味的感觉最快,苦味的感觉最慢。所以,一般苦味总是在最后才被感觉到。

(二) 温度的影响

味觉与温度的关系很大,感觉不同味道所需要的最适温度有明显差别,即使是相同的呈味物质,相同的浓度,也因温度的不同而感觉不同。最能刺激味觉的温度在 10~40℃,其中以 30℃ 时味觉最为敏感。也就是说,接近舌温对味的敏感性最大。低于或高于此温度,各种味觉都稍有减弱,如甜味在 50℃ 以上时,感觉明显迟钝。在四种基本味中,甜味和酸味的最佳感觉温度是 35~50℃,咸味的最适感觉温度为 18~35℃,苦味则是 10℃。各种味道的察觉阈值会随温度的变化而变化,这种变化在一定温度范围内是有规律的。例如,甜味的阈值在 17~37℃ 范围内逐渐下降,而超过 37℃ 则又回升。咸味和苦味阈值在 17~42℃ 的范围内都是随温度的升高而提高,酸味在此温度范围内阈值变化不大。现在还不清楚温度影响味觉变化的真正原因,通过实验没有发现温度对引起味觉反应的有效刺激具有明显影响,但是,在温度变化时,味觉和痛觉相互有联系。

(三) 呈味物质的水溶性

味觉的强度和出现味觉的时间与刺激物质(呈味物质)的水溶性有关。完全不溶于水的物质实际上是没有味道的,只有溶解在水中的物质才能刺激味觉神经,产生味觉。因此,呈味物质与舌表面接触后,先在舌表面溶解,然后才产生味觉。这样,味觉产生的时间和味觉维持的时间因呈味物质的水溶性不同而有所差异。水溶性好的物质,味觉产生快、消失也快;水溶性较差的物质味觉产生较慢,但维持时间较长。蔗糖和糖精就分别属于这不同的两类。

(四) 介质的影响

由于呈味物质只有在溶解状态下才能扩散至味感受体进而产生味觉,因此味觉也会受呈味物质所处介质的影响。介质的黏度会影响可溶性呈味物质向味感受体的扩散。介质的性质会降低呈味物质的可溶性或抑制呈味物质有效成分的释放。

　　辨别味道的难易程度随呈味物质所处介质的黏度而变化。通常黏度增加,味道辨别能力降低,主要是因为介质的黏度会影响可溶性呈味物质向味感受体的扩散,例如,四种基本味的呈味物质处于水溶液时,最容易辨别;处于胶体状介质时,最难辨别;而处于泡沫状介质时,辨别能力居中。酸味感在果胶胶体溶液中会明显降低。这个事实一方面说明果胶溶液黏度较高,降低了产生酸味感的自由氢离子的扩散作用;另一方面由于果胶自身的特性,它也可以抑制自由氢离子的产生,双重作用的结果使得酸味感在果胶溶液中明显下降。油脂也会对某些呈味物质产生双重影响,既降低呈味物质的扩散速度又抑制呈味物质的溶解。油脂的后一种影响已经通过制备和油脂同样黏度的羧甲基纤维素溶液,然后将两种黏度相同的溶液溶解相同的呈味物质进行味感比较而获得证实。

　　呈味物质浓度与介质影响也有一定关系,在阈值浓度附近时,咸味在水溶液中比较容易感觉,当咸味物质浓度提高到一定程度时,就变成在琼脂溶液中比在水溶液中更易感觉。

▶▶ **课堂活动**

　　咖啡因和奎宁的苦味及糖精钠的甜味在水溶液中比较容易被感觉,在矿物油中则感觉比较困难,而在制备与矿物油黏度一样的羧甲基纤维素溶液中,感觉的难易程度介于水溶液和矿物油之间。这种现象是由于哪个因素对味觉的影响?

（五）身体状况的影响

　　1. 疾病的影响　身体患某些疾病或发生异常时,味觉会发生变化,会导致失味、味觉迟钝或变味,有些疾病或异常状况引起的味觉变化是暂时性的,待痊愈后味觉可以恢复正常,有些则是永久性的变化。例如,当人们在感冒时对于咸味不敏感。另外,当人体内某些营养物质的缺乏会造成对某些味道的喜好发生变化,在体内缺乏维生素 A 时,会显现对苦味的厌恶甚至拒绝食用带有苦味的食物,若这种维生素 A 缺乏症持续下去,则对咸味也拒绝接受。通过注射补充维生素 A 以后,对咸味的喜好性可恢复,但对苦味的喜好性却不再恢复。

　　2. 饥饿和睡眠的影响　人处在饥饿状态下会提高味觉敏感性,进食后敏感性明显下降,降低的程度与所饮用食物的热量值有关。有实验证明,四种基本味的敏感性在上午 11:30 达到最高,在进食 1 小时后敏感性明显下降。人在进食前味觉敏感性很高,证明味觉敏感性与体内生理需求密切相关。而进食后味觉敏感性下降,一方面是饮食满足了生理需求,另一方面则是饮食过程造成味感受体产生疲劳导致味敏感性降低。饥饿对味觉敏感性有一定影响,但是对于喜好性几乎没有影响。缺乏睡眠对咸味和甜味阈值不会产生影响,但是能明显提高酸味的阈值。

　　3. 年龄和性别　年龄对味觉的敏感性是有影响的,不同年龄的人对呈味物质的敏感性不同。随着年龄的增长,味觉逐渐衰退。50 岁左右的人味觉敏感性明显衰退,甜味约减少 1/2,苦味约减少 1/3,咸味约减少 1/4,但酸味减少不明显。

　　性别对味觉的影响,目前有两种不同看法。一些研究者认为在感觉基本味的味敏感性上无性别差别。通常性别对苦味敏感性没有影响,而对咸味和甜味,女性要比男性敏感,对酸味则是男性比女性敏感。

▶▶ **课堂活动**

　　人在患黄疸病的情况下，对苦味的感觉明显下降甚至丧失。患糖尿病时，舌头对甜味刺激的敏感性显著下降。身体内缺乏或富余某些营养成分时，也会造成味觉的变化。若长期缺乏维生素 C，则对柠檬酸的敏感性明显增加。人体血液中糖分升高后，会降低对甜味感觉的敏感性。为什么会出现这种现象？和什么因素有关？

四、各种味之间的相互作用

　　自然界中大多数呈味物质的味道不是单纯的基本味道，而是两种或两种以上的基本味道组合而成的。食品经常含有两种、三种甚至四种基本味道。因此，不同味之间的相互作用对味觉有重大影响。不同味之间的相互作用中研究较多的主要是不同味之间补偿作用和竞争作用。补偿作用是指在某种呈味物质中加入另一种物质后阻碍了它与另一种相同浓度呈味物质进行味感比较的现象。竞争作用是指在呈味物质中加入另一种物质而没有对原呈味物质味道产生影响的现象。表 2-3 列出了咸味（氯化钠）、酸味（盐酸、柠檬酸、醋酸、乳酸、苹果酸、酒石酸）和甜味（蔗糖、葡萄糖、麦芽糖、乳糖、果糖）相互之间补偿作用和竞争作用。

表 2-3　基本味之间的补偿作用和竞争作用

试验物	对比物											
	氯化钠	盐酸	柠檬酸	醋酸	乳酸	苹果酸	酒石酸	蔗糖	葡萄糖	果糖	麦芽糖	乳糖
氯化钠	…	±	+	+	+	+	+	−	−	−	−	−
盐酸	…	…	…	…	…	…	…	−	−	−	−	−
柠檬酸	…	…	…	…	…	…	…	−	−	−	−	−
醋酸	…	…	…	…	…	…	…	−	−	−	−	−
乳酸	…	…	…	…	…	…	…	−	−	−	−	−
苹果酸	…	…	…	…	…	…	…	−	−	−	−	−
酒石酸	…	…	…	…	…	…	…	−	−	−	−	−
蔗糖	+	±	+	±	+	+	+	…	…	…	…	…
葡萄糖	+	−	±	−	±	±	±	…	…	…	…	…
果糖	+	±	±	…	…	…	…	…	…	…	…	…
麦芽糖	+	…	…	…	…	…	…	…	…	…	…	…
乳糖	+	…	…	…	…	…	…	…	…	…	…	…

注："±"为竞争作用；"+"或"−"为补偿作用，其中"+"为增强，"−"为减弱；"…"为未试验。

　　通过这些结果可得如下结论：

　　（1）低于阈值的氯化钠只能轻微降低醋酸、盐酸和柠檬酸的酸味感，但是能明显降低乳酸、酒石酸和苹果酸的酸味感。

　　（2）氯化钠按下列顺序使糖的甜度增高：蔗糖、葡萄糖、果糖、乳糖、麦芽糖，其中蔗糖甜度增高程度最小，麦芽糖甜度增高程度最大。

（3）盐酸不影响氯化钠的咸味，但其他酸都增加氯化钠的咸味感。

（4）酸类物质中除盐酸和醋酸能降低葡萄糖的甜味感外，其他酸对葡萄糖的甜味无影响。乳酸、苹果酸、柠檬酸和酒石酸能增强蔗糖的甜味，而盐酸和醋酸保持蔗糖甜味不变。在酸类物质对蔗糖甜味的影响中，味之间的相互作用是主要因素，而不是由于酸的存在促进了蔗糖转化造成甜味变化。

（5）糖能减弱酸味感，但对咸味影响不大。除苹果酸和酒石酸外，不同的糖类物质降低其他酸类物质的酸味程度几乎相同。

上述的试验结果没有包括口味与其他味的相互作用。因此，有人专门研究了咖啡因与其他味之间的相互作用，结论如下：①咖啡因不会影响咸味感，反之，咸味对苦味也无影响；②咖啡因不会影响甜味，但蔗糖能减弱苦味感，特别是在高浓度下苦味减弱更加明显；③咖啡因能明显增强酸味感。

不同的呈味物质以一定的浓度差混合时也有一定规律。如一种呈味物质的浓度远远高于另一种呈味物质，若将这种呈味物质混合时，则高浓度呈味物质的味会占主导地位，甚至可完全掩盖另一种味。若两种相混合的呈味物质浓度差别在一定范围内，则仍然可能是高浓度呈味物质的味占主要地位，但此时味调会发生变化或两种味同时能感觉到。在某些情况下，会先感觉到一种味，然后又感觉到另外一种。

味之间的相互作用受多种因素的影响。呈味物质相混合并不是味道的简单叠加，因此味之间的相互作用，不可能用呈味物质与味感受体作用的机理进行解释，只能通过感官评价员去感受味相互作用的结果。

点滴积累

1. 味觉产生的过程：可溶性呈味物质溶解在口腔中，进而对口腔内的味感受体进行刺激，神经感觉系统收集和传递信息到大脑的味觉中枢，经大脑的综合神经中枢系统的分析处理，使人产生味感。
2. 食品的基本味：酸、甜、苦、咸。
3. 影响味觉的因素：时间、温度、呈味物质的水溶性、介质、身体状态。
4. 各种味之间的相互作用：补偿作用、竞争作用。

第四节　感官阈值的测定

一、阈值的定义

一束光可能如此的微弱而不能明显地驱散黑暗，一个声音如此的低沉而无法听到，一次触摸是如此的模糊以至于我们很难注意到。这些现象说明必须要求有一定数量的外部刺激才能产生它存在的感觉。Fechner 称其为阈值定律——对象能够进入意识之前必须跨越的某个限度。各种感受器最突出的机能特点是它们各有自己最敏感的能量刺激形式。这就是说，用某种能力形式的刺激作用于某种感受器时，只需要极小的强度（即阈值）就能引起相应的感觉。这一能力刺激形式或种类就称为该感受器的适宜刺激。感觉刺激强度的衡量就采用阈值来表述。阈值是指从刚能引起感觉到刚好不能引起感觉刺激强度的一个范围,是通过许多次试验得出的。美国材料与试验学会(ASTM)对阈值的定义:存在一个浓度范围,低于该值某物质的气味和味道在任何实际情况下都不会被察觉,而高于该值任何具有真正嗅觉和味觉的个体都会很容易地察觉到该物质的存在,也就是辨别出物质存在的最低浓度。

感觉阈是感官或感受体对所能接受范围的上下限和对这个范围内最微小变化感觉的灵敏程度。

1. 刺激阈 把引起感觉所需要的感官刺激的最小值又称为觉察阈。

2. 识别阈 感知到的可以对感觉加以识别的感官刺激的最小值。

3. 绝对阈 以使人的感官产生一种感觉的最低刺激量为下限,到导致感觉消失的最高刺激量为上限的一个范围值。低于该下限值的刺激称为阈下刺激,高于该上限值的刺激称为阈上刺激。通常我们听不到一根头发落地的声音,也觉察不到落在皮肤上的尘埃,因为它们的刺激量太低,不足以引起我们的感觉。但若刺激强度过大,超出正常范围,该种感觉就会消失并且会导致其他不舒服的感觉。阈下刺激和阈上刺激都不能引起相应的感觉。因此,对各种感觉来说都有一个感受体所能接受的外界刺激变化范围。

4. 差别阈 感官所能感受到的刺激的最小变化量。以质量感觉为例,把100g砝码放在手上,若加上1g或减去1g,一般是感觉不出质量变化的。根据试验,只有使其增减量达到3g时,才刚刚能够觉察出质量的变化,3g就是质量感觉在原质量100g情况下的差别阈。差别阈不是一个恒定值,它会随一些因素的变化而变化。

5. 极限阈 一种强烈感官刺激的最小值,超过此值就不能感知刺激强度的差别。

▶ **课堂活动**

人眼对波长380~780nm的光波刺激可发生反应,而在此波长范围以外的光刺激会发生反应吗?能引起视觉吗?红外线和紫外线是人的眼睛能看到的光波吗?

二、阈值测定方法

(一)极限法

在早期的心理物理学中,极限法是测定阈值最普通的方法。极限法又叫最小变化法、最小可觉差法、序列探索法,是测量阈值的直接方法。这种方法的特点是将刺激按递增或递减系列的方法,以间隔相等的小步变化,寻求从一种反应到另一种反应的瞬时转换点或阈值的位置。运用极限法可测量绝对阈值和差别阈值。通过最小变化法的刺激提供递减和递增的两个系列,每次呈现刺激后让被试者报告他是否有感觉,刺激的增减应尽可能地小,目的是系统地探求被试者由一类反应到另一类反应的转折点,即在多强刺激时,由有感觉变为无感觉,或由无感觉变为有感觉。每个系列的转折点就是该系列的绝对阈值。和绝对阈值的测定不同,用最小变化法测定差别阈值时,每次要呈现两个刺激,让被试者比较一个是强度大小不变的标准刺激,另一个是强度按递增或递减顺序排列的比较刺激。标准刺激在每次比较时都出现,比较刺激按递增或递减系列与标准刺激匹配呈现,直到被试者的反应发生转折。

用极限法求绝对阈限经常会产生一些误差。在这些误差中,有些是由直接对感觉产生干扰的因素引起的;有些是非感觉方面的因素引起的(如习惯和期望、练习和疲劳、时间和空间等)。

（二）恒定刺激法

恒定刺激法(或固定刺激法)(method of constant stimulus)又叫正误法(true-false method)、次数法(frequency method),它是心理物理学中最准确、应用最广的方法。操作程序如下:

1. 主考官从预备实验中选出少数刺激,一般是 5~7 个,这几个刺激值在整个测定过程中是固定不变的。

2. 选定的每种刺激要向被试者呈现多次,一般每种刺激呈现 50~200 次。

3. 刺激呈现的次序事先经随机安排,不让被试者知道。用以测量绝对阈限时,则无须标准值;如用以确定差别阈限或等值时,则需包括一个标准值。

4. 此法在统计结果时必须求出各个刺激变量引起某种反应(有、无或大、小)的次数。

（三）平均差误法

平均差误法(或均误法)(method of average error)又称调整法(method of adjustment)、再造法(method of reproduction)、均等法(method of equation)是最古老且基本的心理物理学方法之一。操作程序如下:

1. 呈现一个标准刺激,令被试再造、复制或调节一个比较刺激,使它与标准刺激相等。

2. 平均差误法要求被试者亲自参与,因此这种方法更能调动被试的实验积极性。

3. 在测定差别阈限的实验中,标准刺激由主试者呈现,随后被试者开始调整比较刺激。按照比较刺激的初始值大于或小于标准刺激,被试者的调节方向也就分为渐减和渐增两种。

4. 当平均差误法用于测定绝对阈限时,并没有标准刺激存在,但是我们可以假设,此时的标准刺激为零,即让被试者每次将比较刺激与"零"相比较。这样,绝对阈限的测量程序和差别阈限的测量程序就完全一致了。如测量 1000Hz 纯音的听觉绝对阈限,每次试验都出现某个响度的 1000Hz 纯音刺激,被试要将之调节到刚好听不到;而主试则记录每次调节的结果。

点滴积累

1. 感觉阈分为刺激阈、识别阈、绝对阈、差别阈、极限阈。
2. 阈值测定方法:极限法、恒定刺激法、平均差误法。

第五节　嗅觉

嗅觉是一种基本感觉,比视觉原始,比味觉复杂。在人类没有进化到直立状态之前,原始人主要依靠嗅觉、味觉和触觉来判断周围环境。随着人类转变成直立姿态,视觉和听觉成为最重要的感觉,而嗅觉等退至次要地位。尽管现在嗅觉不是最重要的感觉,但嗅觉的敏感性还是比味觉的敏感性高很多,最敏感的气味物质——甲基硫醇只要在 $1m^3$ 空气中有 4×10^{-5} mg(约为 1.41×10^{-10} mol/L)就能被感觉到;而最敏感的呈味物质——马钱子碱的苦味要达到 1.6×10^{-6} mol/L 浓度才能被感觉到。嗅觉感官能够感受到的乙醇溶液的浓度要比味觉感官所能感受到的浓度低 24 000 倍。

食品除含有各种味道外,还含有各种不同气味。食品的味道和气味共同组成食品的风味特征,直接影响人类对食品的接受性和喜好性,同时对内分泌亦有影响。因此,嗅觉与食品有密切的关系,是进行感官评定时的重要依据之一。

一、气味

嗅觉器官感受到的感官特性就是气味。与能够引起味觉反应的呈味物质类似,气味是能够引起嗅觉反应的物质。尽管气味遍布我们周围,我们也时刻都在有意识或无意识地感受到它们,但对气味至今没有明确的定义。按通常的概念,气味就是"可以被嗅闻到的物质",这种定义非常模糊。有些物质人类嗅不出气味,但某些动物却能够嗅出其气味,这类物质按上述定义就很难确定是否为气味物质。有些学者根据气味被感觉的过程给气味提出一个现象学上的定义,即"气味是物质或可感受物质的特性"。

人类和高等脊椎动物通过将气味吸入鼻腔和口腔,在这些感官的嗅感区域上形成一个感应,产生一个不同的感觉,具有产生这种感觉潜力的物质就是气味物质。气味的种类非常多,有人认为,在 200 万种有机化合物中,40 万种都有气味,而且各不相同,人仅能分辨出 5000 余种气味,借助分析仪器可以准确区分各种气味。

气味分类是气味分析的基础,由于气味没有确切定义,而且很难定量测定,所以气味分类比较混乱。对气味的分类曾有许多研究者进行过尝试,不同的研究者都从各自的角度对气味进行分类。

现在比较公认的气味分类方法是根据 Spurrier(1984)的建议,将气味概括的分为八大类(每类气味对应着许多复杂芳香味的呈气味物质):

(1)动物气味:包括野味(包括所有野兽、野禽的气味)、脂肪味、腐败(肉类)味、肉味、麝香味、猫尿味等。如在葡萄酒中,这类气味主要是麝香味(源于一些芳香型品种)和一些陈年老酒的肉味以及脂肪味等。

(2)香脂气味:指芳香植物的香气。包括所有的树脂、辛辣味刺柏、薰笃草树、香子兰、松油、安息香等气味。在葡萄酒中,这类气味主要是各种树脂的气味。

(3)烧焦气味:包括烟熏、烤面包、巴旦杏仁、干草、咖啡、木头等的气味;此外,还有动物皮、松油等气味。在葡萄酒中,除各种焦、烟熏等气味外,烧焦气味主要是在葡萄酒成熟过程中单宁变化或溶解橡木成分形成的气味。

(4)化学气味:包括酒精、丙酮、醋、酚、苯、硫醇、硫、乳酸、碘、氧化、酵母、微生物等气味。葡萄酒中的化学气味,最常见的为硫、醋、氧化等不良气味。这些气味的出现,都会不同程度地损害葡萄酒的质量。

(5)香料气味(厨房用):包括所有用做佐料的香料,主要有月桂、胡椒、桂皮、姜、甘草、薄荷等的气味。这类香气主要存在于一些优质、陈酿时间长的红葡萄酒中。

(6)花香:包括所有的花香,常见的有堇菜、山楂、玫瑰、柠檬、茉莉、鸢尾、天竺葵、刺槐、椴树、葡萄等的花香。

(7)果香:包括所有的果香,常见的是覆盆子、樱桃、草莓、石榴、醋栗、杏、苹果、梨、香蕉、核桃、无花果等的气味。

(8)植物与矿物气味:植物味主要有青草、落叶、块根、蘑菇、湿禾秆、湿青苔、湿土、青叶等的气味,矿物气味主要有矿物质味、汽油味等。

知识链接

气味分类方法

1. 索额底梅克氏和舒茨氏分类法 索额底梅克氏分类法将气味分为芳香味、香脂味,刺激辣味、羊脂味、恶臭味、腐臭味、醚味和焦糊味。 舒茨氏分类法将气味分为芳香味、羊脂味、醚味、甜味、哈败味、油腻味、焦糊味、金属味和辛辣味。

两种典型的气味分类方法

索额底梅克氏分类法		舒茨氏分类法	
气味类别	实例	气味类别	实例
芳香味	樟脑、柠檬醛	芳香味	水杨酸甲酯
香脂味	香草	羊脂味	乙硫醇
刺激辣味	洋葱、硫醇	醚味	1-丙醇
羊脂味	辛酸、奶酪	甜味	香草
恶臭味	粪便	哈败味	丁酸
腐臭味	某些茄属植物气味	油腻味	庚醇
醚味	水果味、醋酸	焦糊味	愈创木醇
焦糊味	吡啶、苯酚	金属味	己醇
		辛辣味	苯甲醛

2. 气味的三棱体概念 海宁(Henning)曾提出过气味的三棱体概念,他所划分的6种基本气味分别占据三棱体的六个角,如下图。 海宁相信所有气味都是由这6种基本气味以不同比例混合而成的,因此每种气味在三棱体中有各自的位置。

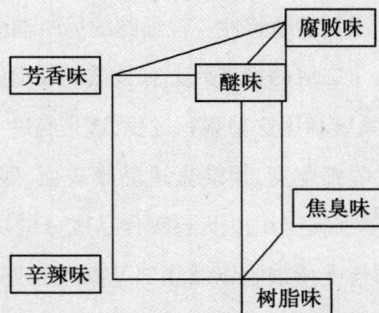

气味三棱体

3. Amoore 的分类法 Amoore 根据有关书籍的记载任意选出616种物质,将表现气味的词汇集中在一起制成直方图,结果发现樟脑味、麝香味、花香味、薄荷香味、醚味、刺激味和腐臭味这7个词汇的应用频度最高,因此认为这7种气味是基本的气味。 任何一种气味的产生,都是由7种基本气味中的几种气味混合的结果。

二、嗅觉生理学

(一) 嗅觉的产生

鼻腔是人类感受气味的嗅觉器官(见图 2-2,彩图 2)。在鼻腔的上部有一块对气味异常敏感的区域,称为嗅裂或者嗅觉区。嗅觉区内的嗅黏膜是嗅觉感受体。嗅黏膜呈不规则形状,面积约为 $2.7\sim5.0cm^2$,厚度约为 $60\mu m$,呈淡黄色,其上布满了嗅细胞、支持细胞和基细胞。

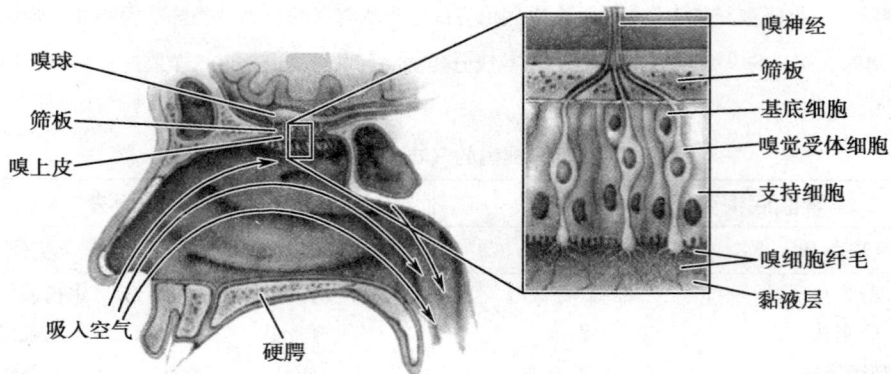

图 2-2　鼻子的基本结构

嗅细胞是嗅觉感受体中最重要的成分。嗅细胞很小,直径约为 $5\mu m$,形状为纺锤形,细胞中有圆形的细胞核。嗅细胞上有两种神经纤维,一种是嗅觉神经纤维末梢(又称嗅毛),另一种是三叉状神经末梢,前者是气味分子的受体,后者只对特定类型的气味分子敏感。与其他感觉细胞不同,嗅细胞兼受纳和传导两种功能。人类鼻腔每侧约有 2000 万个嗅细胞。嗅细胞由嗅纤毛、嗅小胞、细胞树突和嗅细胞体等组成。每一嗅细胞末端(近鼻腔孔处)有许多手指样的突起,即纤毛,均处于黏液中。嗅纤毛不仅在黏液表面生长,也可在液面上横向延伸,并处于自发运动状态,有捕捉挥发性嗅感分子的作用。每个嗅细胞有纤毛约 1000 条,纤毛增加了受纳器的感受面,因而使 $5cm^2$ 的表面面积实际上增加到了 $600cm^2$。这一特点无疑有助于提高嗅觉的敏感性。嗅细胞的另一端(近颅腔处)是纤细的轴突纤维,并由此与嗅神经相连。嗅觉系统中每个二级的神经元上有数千嗅细胞的聚合和累积作用(嗅细胞的轴突与神经元的树突相连)。整个嗅觉系统利用这种累积过程,这是有助于提高嗅觉敏感性的另一因素。

支持细胞位于嗅细胞之间,比嗅细胞宽,顶端直达黏膜表面,底部较窄,支持细胞上面的分泌粒分泌出的嗅黏液,有保护嗅纤毛、嗅细胞组织以及溶解食品成分的功能。基细胞呈锥形,位于黏膜底部,在基细胞表面有许多突状结构与支持细胞以及相邻基细胞相连。

空气中的气味物质分子在呼吸作用下,首先进入嗅觉区吸附和溶解在嗅黏膜表面,进而扩散至嗅毛,被嗅细胞所感受,然后嗅细胞将所感受到的气味刺激通过传导神经以脉冲信号的形式传递到大脑,从而产生嗅觉。嗅觉的适宜刺激必须具是有挥发性和可溶性的物质,否则不易刺激嗅黏膜,无法引起嗅觉,具有气味物质是嗅觉产生的前提条件。

▶▶ **课堂活动**

你是如何闻到饭菜的香味?产生嗅觉的前提条件是什么?

（二）嗅觉的特征

1. 嗅觉的敏感性　人的嗅觉相当敏锐,可感觉到一些浓度很低的嗅感物质,如在 1L 空气中含有 10^{-7}mg 紫罗兰酮或 $5×10^{-6}$mg 香兰素都可以引起人的嗅觉,这点超过化学分析中仪器方法测量的灵敏度,可检测许多重要的在十亿分之几水平范围内的风味物质,如含硫化合物。不同的人嗅觉差别很大,即使嗅觉敏锐的人也会因气味而异。培训有素的专家能辨别 4000 种以上不同的气味。犬类嗅觉的灵敏性更加惊人,它比普通人的嗅觉灵敏约 100 万倍,连现代化的仪器也不能与之相比。嗅觉的灵敏度与人的性别、年龄、注意力、健康状况、体质及香气种类有关,因而个体差异很大。具体表现为两个方面的不同:一是每种香气对每个人来讲能感觉的最低限度不同;二是每种芳香物质达到每个人能感觉到的芳香所需的浓度也不同。有些人嗅觉敏锐,而有些人嗅觉迟钝,嗅觉敏锐者也常常是对某些气味敏锐,如长期从事评酒工作的人,其嗅觉对酒香的变化非常敏感,但对其他气味就不一定敏感。一般人在上午时的嗅觉敏感,而后其敏感度则会降低。婴幼儿时期对气味的辨认及敏感度在 6 个月时显著提高,大约到了 25 岁时又会随年龄的增长而降低,到了 60 岁左右嗅觉功能会有一些退化,但一般不会出现持续性退化。女性的嗅觉比男性的具有更强的区别能力,不同时期的女性嗅觉的灵敏程度也不同。在生理周期期间其嗅觉敏感度明显降低,而在排卵期及妊娠期则会升高。嗅觉也会受情绪和注意力影响,注意力越集中,敏感度越强。

案例分析

案例

人在感冒时,品尝咖啡的香味,不如平常那样芳香扑鼻。

分析

感冒会引起嗅觉减退,它是由于鼻腔鼻甲黏膜水肿压迫嗅裂,嗅裂的嗅细胞被压迫,通气不好就会用嘴呼吸,嗅觉受影响,就像一瓶香油被盖住,只有打开盖子,才能闻到香味。

2. 嗅觉疲劳　嗅觉疲劳是嗅觉的重要特征之一,它是嗅觉长期作用于同一种气味刺激而产生的适应现象。如嗅觉因辨香过度、过量而疲倦,先表现为嗅觉迟钝,最终会导致麻木失灵。人的嗅觉反应既不是固定的,也不是持久的。如果我们慢慢地吸气,使嗅周期持续 4~5 秒,就会发现开始气味慢慢加强,然后下降,最后缓慢消失。在有气味的物质作用于嗅觉器官一定时间后,嗅感受性降低的适应现象称为嗅觉疲劳。嗅觉疲劳比其他感觉的疲劳都要突出,嗅觉疲劳存在于嗅觉器官末端、感受中枢神经和大脑中枢上。嗅觉疲劳具有三个特征:①从施加刺激到嗅觉疲劳,嗅感减弱到消失有一定的时间间隔(疲劳时间);②在产生嗅觉疲劳的过程中,嗅味阈逐渐增加;③嗅觉对某种刺激产生疲劳后,嗅感灵敏度再恢复需要一定的时间。

关于嗅觉疲劳产生的原因,有人认为气味浓度达到一定程度后,大量的气味分子刺激嗅觉区,导致嗅觉疲劳,疲劳速度随刺激强度的增加而提高。也有研究者认为在强刺激作用下,在嗅觉区某些部位的持续电荷干扰了嗅感信号的传输而导致嗅觉疲劳。

在嗅觉疲劳期间,有时所感受的气味本质也会发生变化。例如,在嗅闻硝基苯时,气味会从苦杏仁味变到沥青味。在闻三甲胺时,开始像鱼味,但过一会儿又像氨味。这种现象是由不同的气味组分在嗅感黏膜上的适应速度不同而造成的。除此之外,还存在一种交叉疲劳现象,即嗅觉对一种气味物质的适应会影响到对其他气味刺激的敏感性,又叫嗅觉交叉适应。例如,对松香、香脂或蜂蜡气味局部疲劳会导致橡皮气味阈值升高;适应于碘的人对酒精、芫荽油的感觉也会降低;用惯香料的人、有烟癖的人、医生、护士,对若干种气味特别敏感,而对其他气味则可能较难感受到。

▶▶ **课堂活动**

人闻芬芳香水时间稍长就不觉其香, 长时间处于恶臭气味中也能忍受, 这两种现象属于嗅觉的哪种特征?

3. 嗅味的相互影响 嗅觉会因食物的气味、色彩、味道的变化产生许多结果。当两种或两种以上的气味混合到一起时,可能会产生下列结果:

①气味混合后,某些主要气味特征受到压制或消失,从而无法辨认混合前的气味;②产生中和作用,也就是几种气味混合后气味特征变为不可辨认的特征,即混合后无味,这个现象就称为中和作用;③混合中某种气味被压制而其他的气味特征保持不变,即失去了某种气味;④混合后原来的气味特征彻底改变,形成一种新的气味;⑤混合后保留部分原来的气味特征,同时又产生一种或者几种新的气味。

气味混合中,比较引人注意的是用一种气味去改变或遮盖另一种不愉快的气味,即"掩盖"。在食品烹调生产、储藏的许多工艺环节中便是巧妙利用掩盖气味这一特点而进行操作的。如茶叶储藏需密封以防止"串味",在制造果味饮料、糖果中加入香精来弥补天然香味的不足。在日常生活中,气味掩盖应用广泛。香水就是一种掩盖剂,它能赋予其他物质新的气味或改变物质原有的气味。除臭剂也是一种通过掩盖臭味或与臭味物质反应来抵消或消除臭味的物质。房间、卫生间常用的空气清新剂就是采用掩盖作用达到清新空气的目的。

(三)嗅觉的衡量

1. 嗅味阈 嗅味阈是一种嗅感物质被感知的最低浓度值以及嗅觉对嗅感物质变化所察觉的最小范围。人类的嗅觉在察觉气味的能力上强于味觉,但对分辨气味物质浓度变化后气味相应变化的能力却不及味觉。由于嗅觉比味觉、视觉和听觉等感觉更易疲劳,而且持续时间比较长,影响嗅味阈测定的因素又比较多,因而准确测定嗅味阈比较困难。不同研究者所测得的嗅味阈值差别也比较大。

影响嗅味阈测定的因素包括测定时所用气味物质的纯度、所采用的试验方法及试验时各项条件的控制、参加试验人员的身体状况和嗅觉分辨能力上的差别等。嗅味阈受身体状况、心理状态、实际经验等人的主观因素的影响尤为明显。当人身体疲劳、营养不良、生病时可能会发生嗅觉减退或过敏现象,如人患萎缩性鼻炎时,嗅黏膜上缺乏黏液,嗅细胞不能正常工作造成嗅觉减退。心情好时,嗅觉敏感性高,辨别能力强。实际辨别的气味越多,越易于发现不同气味间的差别,辨别能力也会提高。

▶▶ **课堂活动**

在实际生活中有这样一些现象,打开一个香水瓶,直接用鼻子嗅会感到刺鼻而嗅不到香气,而用
手轻轻在瓶口扇动,反而会感受到纯正的香气。请思考这是什么原因。

2. 相对气味强度 相对气味强度是反映气味物质的气味感随气味浓度变化而发生相应变化
的一个特性。由于气味物质察觉阈非常低,因此很多自然状态存在的气味物质在稀释后气味感
觉不但没有减弱反而增强。这种气味感觉随气味物质浓度降低而增强的特性称为相对气味强
度。各种气味物质的相对气味强度不同,除浓度影响相对气味强度外,气味物质结构也会影响相
对气味强度。

$$相对气味强度 = \frac{嗅感物质嗅味阈变化值}{嗅感物质浓度变化值}$$

3. 香气值 有时在鉴别具体食品的嗅感风味时,往往不是由几个嗅感物质的百分含量和阈值
大小来决定,为判断一种嗅感物质在体系的香气中作用大小,引入香气值概念。一种呈香物质在食
品香气中所起作用的数值称为香气值,也称为呈香值。它是某种嗅感物质在体系中的浓度与该物质
的嗅味阈的比值。

$$香气值(FU) = \frac{嗅感物质浓度}{阈值}$$

当香气值<1 时,人们的嗅觉器官对这种呈香物质就没有感觉。但实际上,迄今为止,人们还无
法在评定食品香气时脱离感官分析方法,因为香气值只能反映出食品中各呈香物质产生香气的强
弱,而不能完全地、真实地反映出食品香气的优劣程度。

三、食品的嗅觉识别

(一) 嗅技术

为使嗅感物质较多的进入敏感区,使人们获得一个明显的嗅觉,在嗅觉试验中应适当用力收缩
鼻孔做吸气或者扇动鼻翼做急促的呼吸,并且把头部稍微低下对准被嗅物质使气味自下而上地通入
鼻腔,使空气易形成急驶的涡流,气体分子较多地接触嗅上皮,从而引起嗅觉的增强效应。如此反复
练习几次后可以确定最佳呼吸频率和被测物质的位置。这样一个嗅过程就是所谓的嗅技术(或
闻)。但是嗅技术并不适应所有气味物质,如一些能引起痛感的含辛辣成分的气味物质,因此使用
嗅技术要非常小心。通常对同一气味物质使用嗅技术不超过三次,否则会引起"适应",使嗅敏度
下降。

(二) 气味识别

1. 范氏试验 一种气体物质不送入口中而在舌上被感觉出的技术,就是范氏试验。首先,用手
捏住鼻孔通过张口呼吸,然后把一个盛有气味物质的小瓶放在张开的口旁(注意:瓶颈靠近口但不
能咀嚼),迅速地吸入一口气并立即拿走小瓶,闭口,放开鼻孔使气流通过鼻孔流出(口仍闭着),从
而在舌上感觉到该物质。这个试验已广泛地应用于培训和扩展评价员的嗅觉能力上。

2. 气味训练 气味训练试验通常是先用一些纯气味物质(如十八醛、对丙烯基茴香醚、肉桂油、丁香等)单独或者混合,用纯乙醇(体积分数 99.8%)做溶剂稀释成 10g/ml 或 1g/ml 的溶液(当样品具有强烈辣味时,可制成水溶液),装入试管中或用纯净无味的白滤纸制备尝味条(长 150mm,宽 10mm),借用范氏试验培训气味记忆。

(三)香识别

1. 啜食技术 由于吞咽大量样品不卫生,品茗专家和鉴评专家发明了一个专门的技术——啜食技术,来代替吞咽的感觉动作,使香气和空气一起流过后鼻部被压入嗅味区域。这种技术是一种专门技术,对一些人来说要用很长时间来学习正确的啜食技术。

品茗专家和咖啡品尝专家是用匙把样品送入口内并用力地吸气,使液体杂乱地吸向咽壁(就像吞咽时一样),气体成分通过鼻后部到达嗅味区。如此样品不需被吞咽,且可以被吐出。品酒专家通过随着酒被送入张开的口中,轻轻地吸气并咀嚼来进行评鉴。酒香比茶香和咖啡香具有更多的挥发成分,因此,对于品酒专家,使用啜食技术更应谨慎。

2. 香的识别 香识别培训首先应注意色彩的影响,通常多采用红光以消除色彩的干扰。培训用的样品要有典型性,可选各类食品中最具典型香的食品进行。果蔬汁最好用原汁,糖果蜜饯类要用纸包原块,面包用整块,肉类应该采用原汤,乳类应注意异味区别的培训。培训方法用啜食技术,并注意必须先嗅后尝,以确保准确性。

点滴积累 ∨

1. 嗅觉的产生:空气中的气味物质的分子在呼吸作用下,首先进入嗅觉区吸附和溶解在嗅黏膜表面,进而扩散至嗅毛,被嗅细胞所感受,然后嗅细胞将所感受到的气味刺激通过传导神经以脉冲信号的形式传递到大脑,从而产生嗅觉。
2. 嗅觉的特征:嗅觉的敏感性、嗅觉疲劳、嗅味的相互影响。
3. 嗅觉的衡量:嗅味阈、相对气味强度、香气值。
4. 食品的嗅觉识别:嗅技术、气味识别、香识别。

第六节 视觉

一、视觉特性

(一)视觉器官

视觉是眼球接受外界光线刺激后产生的感觉。眼球形状为圆球形,人眼球的直径约 25mm,重约 10g,其表面由三层重叠的膜组成,由外向内依次分布着巩膜、脉络膜和视网膜(见图 2-3,彩图 3)。

(二)视觉的产生机理

视觉是由眼接受外界光刺激,通过视神经、大脑中的视觉中枢的共同活动来完成的。从眼睛的

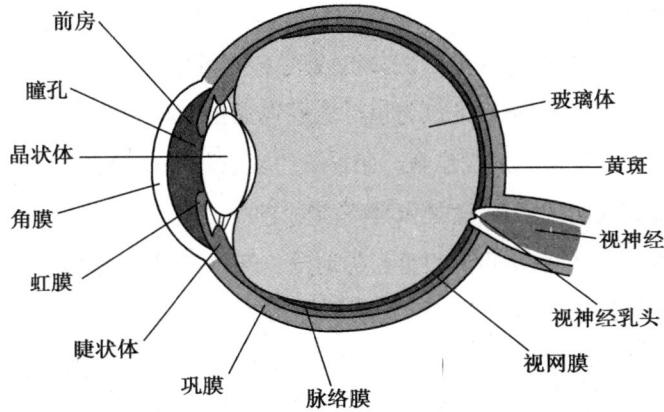

图 2-3　眼球的结构

角膜、瞳孔进入眼球,穿过如放大镜的晶状体,使光线聚焦在眼底,形成物体的像。图像刺激视网膜上的感光细胞,产生神经冲动,沿着视神经传到大脑的视觉中枢,进行分析和整理,产生具有形态、大小、明暗、色彩和运动的视觉。

光波是产生视觉刺激的物质,但不是所有的光波都能被人眼所感受,只有波长在 380~780nm 范围内的光波才是人眼可接受的光波,属可见光部分,它仅占全部电磁波的 1/70,超出或低于此波长的光波都是不可见光。可见光分为两类:一类是由发光体直接发射出来的,如太阳光、灯光等;另一类是光源照射到物体表面把光反射出来的。我们平常所见的光多数是反射光。在完全缺乏光源的环境中,就不会产生视觉。

(三)视觉的感觉特征

1. 暗适应与亮适应　当外界光线亮度发生变化时,人眼的感受性也发生变化,这种感受性是对刺激的适应过程,所以叫做适应性。人眼对明暗环境的适应需经历一段时间。

当从明亮的地方走进黑暗的地方,会出现视觉的短暂消失,突然看不到物体,随后才慢慢恢复,逐渐能看到黑暗中的物体轮廓。这样一个视觉短暂稍失而后逐渐适应黑暗环境的过程叫暗适应。暗适应一般要经历 4~6 分钟,完全适应需经过 30~50 分钟。与暗适应相反,当从暗环境进入亮环境时,人眼也出现暂时性视物不清,这个视觉逐步适应的过程叫亮适应。亮适应过程所经历的时间要比暗适应短。亮适应是人眼感受性慢慢降低的过程,开始几秒钟内感受性迅速降低,大约 20 秒以后降低速度变得缓慢,经 60 秒达到完全适应。

2. 对比效应　当我们同时观看黑色背景上的灰点和白色背景上的灰点时,会感到后者比前者亮一些;观察彩色时也有类似情况,即暗背景中的彩色看起来比亮背景中的彩色明亮一些,这种对比效应称为亮度对比效应。用同样大小的红色小纸片分别贴在亮度相等的灰色和红色纸板上,相比之下,会感到红色纸板上的红色小纸片饱和度较低,这称为彩色饱和度对比效应。

3. 闪烁效应　当用一系列明暗交替的光线刺激眼球时,就会产生闪烁感觉,而随着刺激频率的增加到一定程度时,闪烁感觉消失,由连续的光感所代替。出现上述现象的频率称为极限融合频率(CFF),又称闪烁融合临界频率。

（四）视觉的感官检验

视觉检查是食品检验中经常用到的方法,通过视觉检查可知产品的质量,如腌腊肉的脂肪变黄,则说明脂肪已氧化酸败。面包和糕点的烘烤也可通过视觉控制烘烤时间和温度。随着科学技术的发展,有些外观指标可以由仪器测定或控制。如香肠的颜色就可以用仪器测定,但何种颜色的香肠可增加人的食欲,能受到人们的喜爱,这是仪器不能测定的。

视觉检查在生产过程及销售中占有很重要的地位。例如:①可根据果蔬的颜色判断水果与蔬菜的成熟度和新鲜度;②根据配酒的颜色可以判断调配酒的浓度;③检查罐头时,看它的外形有无鼓罐、凹罐现象;④对于鱼类、肉类检查时,可看它的颜色是否正常;⑤瓶装液体应该把瓶子倒过来看是否有杂质和沉淀物;⑥对于桶装的液体检查时,首先取出一部分放到透明的玻璃管中透过光线观察有无异常现象等。现在很多食品的视觉检查都是在食品生产中,企业或行业制定一定的标准(大多采用比色板作为标准),进行对照得到产品应该具有的等级。

实验证明,食品只有处于正常的颜色范围内才会使味觉和嗅觉在对该食品的评价上正常发挥,否则这些感觉的灵敏度会下降,甚至不能正常感觉。

另外,视觉作为第一印象,其视觉的感官检验在食品的喜好性分析中占有重要的地位。

二、颜色

（一）概述

颜色是光线与物体相互作用后,对其检测所得结果的感知。感觉到的物体颜色受三个实体的影响:物体的物理和化学组成、照射物体的光源光谱组成和接收者眼睛的光谱敏感性。正如我们将在下面讨论的,改变这三个实体中的任何一个,都可以改变感知到的物体颜色。

照在物体上的光线可以被物体折射、反射、传播或吸收。在电磁光谱可见光范围内,如果几乎所用的辐射能量均被一个不透明的表面所反射,那么,该物体呈现白色。如果光线在整个电磁光谱可见光范围内被部分吸收,那么,物体呈现灰色。如果可见光谱的光线几乎完全被吸收,那么,物体呈现黑色。这也取决于环境条件。本书的黑色字在日光直射下的白纸上比在台灯下的反射光更强,但是由于它们相对的光线反射率相同,字与纸在这两种条件下均呈现黑与白。

物体的颜色能在三个方面变化:色调,消费者通常将其代表性地作为物体的“色彩”(如:绿色的叶子、黄色的柠檬等);明亮度,也称为物体的亮度(如:绿色的亮与暗,柠檬的黄色较葡萄柚的黄色明亮);饱和度,也称为色彩的纯度(如:纯绿与灰绿)。

对物体颜色明亮度(值)的感知,表明了反射光与吸收光间的关系,但是没有考虑所含的特定波长。物体的感知色调是对物体色彩的感觉,这是由于物体对各个波长辐射能量吸收不同的结果。因此,如果物体吸收较多的长波而反射较多的短波(400～500nm),那么,物体将被描述为蓝色。在中等波长处有最大光反射的物体,其结果是在色彩上可描述为黄绿色物体,而在较长波长(600～700nm)处有最大光反射的物体会被描述为红色。颜色的色度(饱和度或纯度)表明某一特定色彩与灰色的差别有多大。

产生颜色的视觉感知是在电磁光谱的可见光范围内(380～780nm,见图2-4),某些波长比其他

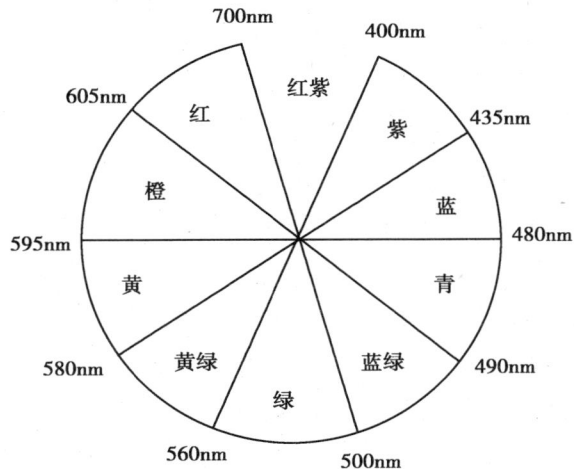

图 2-4　色环图

波长强度大的光线对视网膜的刺激而引起的。整个电磁光谱包含 γ 射线（波长 10^{-5}nm）到无线电波（波长 10^{13}nm）。但是，人眼只能对该能量中的很小范围作出反应。因此，颜色可归于光谱分布的一种外观性质，而视觉的颜色感知是光线与物体相互作用后的电磁波刺激视网膜进而作用于大脑而引起的反应。或者说，在没有被所视物体吸收的电磁光谱中，可见光部分的波长被眼睛所看到并被大脑翻译为颜色。

当然，颜色可归于物体所发散的光谱分布的物体的一种外观属性。但是，光泽、透明度、朦胧感和浊度都是材料的外观属性，可归于光线反射和传播的几何方式。反射是由物体表面引起的。当一束光照射到物体表面时，光滑的物体以定向方式反射（镜面反射），而不规则的、有图案的或有微粒的物体则广泛地反射光线（漫反射）。物体的外观受到与该物体相关的光学性质的影响，称为光线几何分布。如果光线可分布在物体表面和物体内部，这说明物体透明，可指物体的半透明性、颜色、光泽、大小、形状和黏度。

（二）食品的颜色

1. 食品的呈色原理　自然光由不同波长的射线组成，波长在 380～780nm 之间的光称为可见光，即能被肉眼见到的光。在可见光区域内，不同波长的光显示不同的颜色。不同的物质吸收不同波长的光，如果物质吸收的光其波长在可见光区域以外，那么这种物质就是无色；如果物质吸收的光其波长在可见光区域内，那么这种物质就呈现不同的颜色，其颜色与可见光中未被吸收的光波所反映出的颜色相同，即为吸收光的互补色。

2. 颜色的分类和基本特性　颜色可分为彩色系列和无彩色系列两大类。无彩色系列指黑色、白色和由两者按不同比例混合而产生的灰色。彩色系列指除无彩色系列以外的各种颜色。

颜色的基本特性主要包括色调、明度和饱和度。色调是指不同波长的可见光在视觉上的表现，如红、橙、黄、绿、青、蓝、紫等。明度是颜色的明暗程度。物体颜色的明度与物体的反射率有关，反射率的大小和明度的高低成正比，即物体对光的反射率越高，它的明度就越高。对彩色系列来说，掺入的白色光越多，就越明亮；掺入的黑色光越多，就越暗。饱和度指颜色的深浅、浓淡程度，即某种颜色色调的显著程度。物体反射光中,白色光越少,饱和度越高。

（三）食品色泽的评定

颜色本无好坏之分,但是人类在认知世界的过程中会对颜色有一定的评判,有一定的心理暗示。一般对食品来讲,以红色为主的食品使人感到味道浓厚,吃起来有畅快感,能刺激神经系统兴奋,增加肾上腺素分泌和增强血液循环;黄色食品往往给人清香、酥脆的感觉,可刺激神经和消化系统;绿色食品能给人明媚、鲜活、清凉、自然的感觉,淡绿和葱绿能突出食品(蔬菜)的新鲜感,使人倍觉清新味美,具有一定的镇静作用;白色食品则给人以质洁、嫩、清香之感,能调节人的视觉平衡及安定人的情绪等。某些颜色和颜色组合同某类食品在表现上有特殊联系,如白色和淡蓝色结合,往往同乳制品相配;红色和黄色往往同肉类制品相配等。如果一个颜色为黑色或蓝色的肉呈现给我们,大家会不喜欢,甚至惊讶。

要评定食品色泽的好坏,必须全面衡量和比较食品色泽的色调、明度和饱和度,这样才能得出公正、准确的结论。对食品色泽的色调、明度、饱和度的微小变化都能用语言或其他方式恰如其分地表达出来,是食品感官评价员必须掌握的知识。色调对食品的色泽影响最大,因为肉眼对色调的变化最为敏感,如果某食品的色泽色调不是该食品特有的颜色色调,说明该食品的品质低劣或不符合质量标准。明度和食品的新鲜程度关系密切,新鲜食品常有较高的明度,明度降低往往意味着食品不新鲜。饱和度和食品的成熟度有关,成熟度较高的食品,其色泽往往较深。

三、颜色的评价

在仪器测量技术出现之前,人们开发了一些视觉颜色体,用于描述颜色,Munsell(孟塞尔)颜色体就是其中之一。Munsell 颜色体是由 A. H. Munsell 在 20 世纪初时开发的。体系有三个品质:色调(H)、数值(V)和色度(C)。某一特定的颜色可以被描述为三维的色调-数值-色度空间中的一点(图2-5)。在 Munsell 颜色体(或颜色空间)中,各颜色的色调、数值和色度被安排在按相等视觉梯度分割的独立色"板"组成的球形范围内。色调沿着圆周被相等地分为 10 个主要色调(主要分为红、黄红、黄、黄绿、绿、蓝绿、蓝、蓝紫、紫和紫红),每个色调又被分为 10 个色调梯度。数值是一个暗或亮的标度,从全黑(在球形底部)到全白(在球形顶端)。色度位于与全黑和全白之间距离相等的数值上。色度是某一给定色调与相同数值的中等灰度偏离的数量。人们把色调的色度想象为在某一固定数值处,从球形中心到球形边缘所画的固定色调的直线。

视觉颜色体系统在想要指明一种颜色时是很有用的,但总需要有人来做样品颜色与颜色体颜色(通常是一个颜色薄片)的匹配工作。但是,由于颜色的特殊性质,不可能让一种仪器对 Munsell 符号指明的颜色进行测量。为了开发能够测量指定颜色的仪器,有必要建立一定的数学关系,对颜色(所谓的数学颜色体)进行描述。

近年来,将图像技术和计算机技术结合在一起,形成了数字图像处理分析技术,给颜色的测定带来了巨大的改变。数字图像处理技术发展比较迅速,基于机器视觉的各种检测技术逐步从研究领域走向实用化阶段。颜色检测用图像处理与识别技术测量颜色之间的差别,可以显著提高对颜色检测的工业生产的自动化程度。颜色检测技术通过图像采集设备采集待测物体表面颜色图像,利用参考

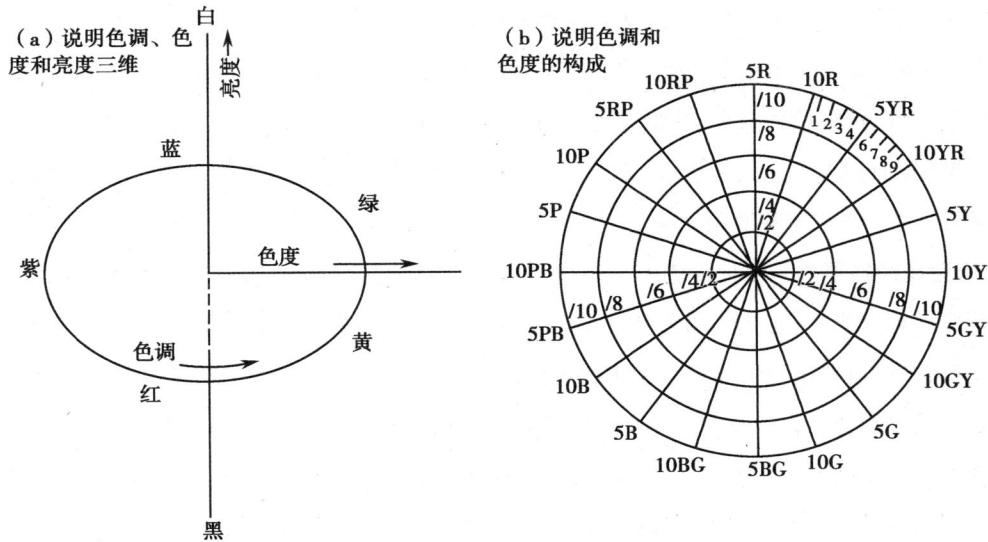

图 2-5　Munsell 颜色体示意图
R:红;YR:黄红;Y:黄;YR:黄绿;G:绿;
BG:蓝绿;B:蓝;PB:紫蓝;P:紫;RP:红紫

颜色标准,使用计算机对颜色图像进行算法计算,可以准确区别颜色之间的差别。比如,在线的水果成熟度测定、分级处理等,极大地提高了效率。

四、色卡的使用

(一)色卡的定义

色卡是自然界存在的颜色在某种材质(如:纸、面料、塑胶等)上的体现,主要用于色彩的选择、比对和沟通,是色彩实现在一定范围内统一标准的工具。中国颜色体系将色卡定义为:表示一定颜色的标准样品卡。色卡图册是根据特定的表色系统按一定规律所编排的颜色图册。

(二)色卡的种类

目前国际上存在的比较成熟的色卡有以下几种:美国的 PANTONE 色卡,提供平面设计、服装家居、涂料、印刷等行业专色色卡,是国际上广泛应用的色卡;德国的 RAL 色卡,同样在国际上广泛应用,又称欧标色卡、劳尔色卡;瑞典的 NCS 色卡,又称自然色彩系统,是以眼睛看颜色的方式来描述颜色,NCS 的研究始于 1611 年,现已经成为瑞典、挪威、西班牙等国的国家检验标准,它是欧洲使用最广泛的色彩系统;日本的 DIC 色卡,专门用于工业、平面设计、包装、纸张印刷、建筑涂料、油墨、纺织、印染、设计等方面;美国 MUNSELL(蒙赛尔)色卡,包含了 1600 多个蒙赛尔高光泽的颜色,每个颜色都按照 40 个固定的色相排列,并且可以自由抽取,同时还新增了 37 个"蒙塞尔"的灰系列,是国际通用的色卡,广泛用于纺织、服装、摄影、印刷、包装行业等方面。

我国有纺织服装行业 CNCS 色卡、中国建筑色卡、全国涂料和颜料标准化技术委员会漆膜颜色样卡等。目前国内外还没有专门的食品类色卡。

(三)标准色卡对照测定颜色

1. 试样的预处理　对于固体食品,测定时要尽量使表面平整,在可能的条件下最好把表面压平。对于糊状食品,最好采用适当的方法,使食品中各成分混合均匀。对于果蔬酱、汤汁、调味汁等样品,可以在不使其变质的前提下适当进行均质处理。颗粒食品测定时尽量使其颗粒粒径大小一致,例如适当的破损或筛分处理,减少观测的偏差。对于粉状食品,可以将表面压平。果汁类颜色的观测,应使试样面积大于光照面积,避免光散射。测定悬浮透明液体时应通过离心分离或过滤方法将悬浮颗粒去除,再进行观测。

2. 比色光线的要求 用标准色卡与试样比较颜色时,光线非常重要。一般要求采用国际照明协会所规定的标准光源,光线的照射角度要求为45°。在比较时,色卡与试样的观察面积不同也影响判断正确性,所以要求对试样进行一定的遮挡。如果没有合适的标准光源,那么在晴天时,利用北窗射进的自然光线也可以。总之要避免在阳光直接照射下比较。需要注意,即使光线条件合适,然而有光泽的食品表面或凹凸不平的食品,比如果酱、辣酱之类,比较起来也是相当困难的。目测法在食品上常用的有谷物、淀粉、水果、蔬菜等规格等级的鉴定。

3. PANTONE 色卡 PANTONE 色卡是目前国际上应用最广泛的色卡之一,每个颜色都是有其唯一的编号,根据使用者所掌握的编号就可以准确地知道所需的色卡种类。目前 PANTONE 色卡共有三类,6~7 款,分别印制在不同材质上。一类是 PANTONE 印刷色卡,适用于平面设计印刷行业,包括印制在铜版纸上的 PANTONE C 色卡和印制在胶版纸上的 PANTONE U 色卡;一类是 PANTONE 纺织色卡,适用于纺织和家居行业,包括纸板印制的 PANTONE TPX 色卡和棉布做的 TCX 色卡;一类是 PANTONE 塑胶色卡,适用于塑胶行业。PANTONE C 色卡,例如 PANTONE 印刷色卡中颜色的编号是以一组 3 或 4 位数字加字母 C 或 U 构成的,例如 PANTONE 100C 或 100U, PANTONE 1205C 或 1205U,字母 C 表示这个颜色是印制在铜版纸(coated)上,字母 U 表示这个颜色印制在胶版纸(uncoated)上,100C 即表示潘通 100 号颜色印制在光面铜版纸上的效果。每个 PANTONE 颜色均有相应的油墨调配配方,配色十分方便。

4. 色卡的老化与更换 色卡作为一种预设工具,长时间的使用是不可避免出现老化效应的。日常使用和空气暴露会使色彩变得不准确。色卡由于经常比对会受到接触的影响,比如手指的自然油脂和汗水会弄脏和去除颜料,另外纸页之间的摩擦、光照褪色、纸张老化以及环境的湿度也是影响色卡寿命的主要因素。建议 12~18 个月更换一次色卡。

知识链接

颜 色 模 式

1. Lab 颜色模式 是以一个亮度分量 L 及两个颜色分量 a 和 b 来表示颜色的。 其中 L 的取值范围是 0~100,a 分量代表由绿色到红色的光谱变化,b 分量代表由蓝色到黄色的光谱变化,a 和 b 的取值范围均为 −120~+120,a 越大越趋向于红色,b 越大越趋向于黄色。

2. RGB 模式 是基于自然界中 3 种基色光的混合原理,将红(Red)、绿(Green)和蓝(Blue)三种基色按照从 0(黑)到 255(白色)的亮度值在每个色阶中分配,从而指定其色彩。

点滴积累 ∨ ···

1. 视觉的感觉特征：适应性、色彩视觉、对比效应、闪烁效应、明暗效应。

2. 颜色的基本特性主要包括色调、明度和饱和度。

第七节 质地评价

一、质地概述

国际标准组织将食品质地定义为：质地（名词）是食品的所有力学特性（包括几何性质和表面性质），可用力学方法测定，可用触觉以及适当的视觉和听觉来感知（ISO 5492,1992）。2002 年,伯恩（Bourne）给出一个相对完善的食品质地定义：食品的质地性质是由食品结构要素产生的诸多物理性质的集合,主要通过触觉感知,与食品在力作用下的变形、断裂、流动有关,并可通过质量、时间和长度进行客观测量。

这个定义包含的内容有下面几个：

（1）质地是一种感官性质,只有人类才能够感知并对其进行描述,质地测定仪器能够检测并定量表达的仅是某些物理参数,要想使它们有意义,必须将其转变成相应的感官性质。

（2）质地是一种多参数指标,是诸多物理性质的集合,但是不包括化学感觉,如滋味和气味。

（3）质地是从食品的结构衍生出来的,是由食品结构产生的诸多物理性质的集合。

（4）质地的体会会通过多种感受,其中最重要的是接触和压力。另外,食品物理性质中的光学性质、电学性质、磁学性质、温度与热学性质等都不包含在食品质地概念中。

虽然不能像颜色和风味那样可以被消费者作为判断食品安全的指标,质地却可以用来表示食品质量,在一些食品当中,能被人感知到的质地是产品最重要的感官特征,对这些产品而言,能够感知到的质地上的缺陷会对产品产生很负面的影响,比如,湿乎乎的薯片、软塌塌的炸牛排、发蔫的青椒,没有一个消费者愿意购买这样的产品,因此,对消费者而言,食品质地十分重要。

从分类上讲,质地可分为听觉质地、视觉质地和触觉质地。听觉质地有脆性和易碎感,脆性一般是指含水分的食品,比如水果、蔬菜,而易碎感是指干的食品,比如饼干、薯片。视觉质地是指食品的表面质地,如粗糙度、光滑度,也包括一些表面特征,如光泽度、孔隙大小多少等。品评人员可以根据自己以往的经验通过视觉对产品做出质地评价。实验表明,通过口腔接触来对蛋糕的水分进行的评价和把蛋糕表面切开的视觉评价之间相关性是很高的。触觉质地包括口腔触觉质地（食品的大小、形状）、口感、口腔中的相变化（即溶化,如冰淇淋和巧克力）和触觉手感。

一个物体的质地可以通过视觉（视觉质地）、触觉（触觉质地）和听觉（听觉质地）来感知。在一些产品中,人们只需利用这些感觉的其中之一来感知产品的质地,而在另一些产品中,则需要通过这些感觉的组合来感知产品的质地。例如,橙子具有视觉和触觉的粗糙感,但苹果的表面却没有,土豆片的脆度在口中既是一种对触觉质地的感知,也是一种对听觉质地的感知。麦乳精在玻璃杯中可以用视觉来评估,而在用棍搅拌麦乳精时,又可用本受感觉(是指肌、腱、关节等运动器官本身在不同运动或静止状态时产生的感觉)来评估,在口中则用触觉质地来测定。

尽管食品质地对消费者来说十分重要,但是,不像颜色和风味那样可以被消费者用来指示产品的安全性,质地是被用于表示食品质量的指标。

在一些食品中,能被人感知到的质地是产品中最重要的感官特征。对这些产品而言,能感知到的质地缺陷会让消费者对产品的快感反应产生一个完全相反的影响,例如湿糊糊的(不脆的)土豆片、老(不嫩)牛排和蔫蔫的(不嘎吱响的)芹菜秆;在一些其他的食品中,虽然产品质地很重要,但它并不是产品的主要感官特征,如糖果、面包和大多数蔬菜;还有一些食品,能感知到的质地在产品的接受性中起的作用很小,如酒、汤和汽水。

对一个盘子中的食品或一餐中的食品进行质地对比十分重要。包括土豆泥、冬天的果汁泥和碾碎的牛排在内的一顿饭,听上去远不如 Salisbury 牛排、油炸土豆片和一大块冬天的果汁泥来得美味,尽管这两顿饭的区别都与质地有关。Schiffmnan 研究了质地特性在食品鉴定中的重要性,他将 29 种食品混合后捣烂,以消除这些产品的质地特征,然后,她请她的评价小组成员品尝这个食品并鉴定出这些食品组成。结果,正常体重的大学生正确识别了大约 40% 的食品组成,只有 4% 的评价小组成员能正确识别混合的包心菜,7% 的人能正确识别黄瓜泥,41% 的人能正确识别混合的牛排,63% 的人能正确辨别出胡萝卜,81% 的人能正确识别苹果泥。根据这些数据分析,美国消费者会使用质地信息对食品加以区别和分类。

一定的质地术语和感觉可以跨越文化的差异,具有国际性。因此,任何国家、文化或地区的感官专家应当不仅仅注意食品可感知到的风味、味道和颜色的量值,而且要注意能感知到的质地特征。有研究表明:不同国家的质地描述词汇大多数是相同的,如表 2-4 所示。

表 2-4　不同国家使用频率最大的 10 个质地术语

奥地利（1990 年）	日本（1970 年）	美国（1971 年）
脆的	坚硬的	脆的
坚硬的	软的	易碎的
软的	多汁的	多汁的
易碎的	咀嚼的	光滑的
多汁	油腻的	冰淇淋
黏性的	黏性的	软的
冰淇淋	滑的	黏性的
脂肪	冰淇淋	纤维的
水质的	脆的	绒毛的
粗糙	易碎的	嫩的

知识链接

感官分析质地术语

《GB/T10221-2012 感官分析 术语》标准中质地特性术语包含了：质地，硬性（柔软的、结实的、硬的），黏聚性，碎裂性（黏聚性的、易碎的、易裂的、脆的、松脆的、有硬壳的、粉碎的），咀嚼性（坚韧的、有嚼劲的、嫩的、融化的），咀嚼次数，胶黏性（松脆的、粉质的/粉状的、糊状的、胶黏的），黏性（流动的、稀薄的、滑腻的、黏的），稠度，弹性（可塑的、韧性的、弹性的），黏附性（发黏的、有黏性的、黏的、黏附性的），重的，紧密度，粒度（平滑的、细粒的、颗粒的、珠状的等），构型（纤维状的、囊包状的等）。

二、听觉、视觉和触觉质地

（一）听觉质地

声音是由机械振动后产生的。机械振动在空气或其他介质中产生了可以传播的声波。对于人类而言，主要通过两个途径获得声音，一个是气传导，一个是骨传导，这就是说食品质地的听觉感知也是通过这两个途径获得的。一般气传导的声音频率高于骨传导的声音频率。在咀嚼食物时用前牙咬食物时主要产生气传导的高频声音。

研究者已经对食品中两种噪音的产生机理进行了评估，在食品中能被感知到的噪音质地称为脆度或易碎感。脆度或易碎食品可分为两个类项，分别被称为湿食品和干食品。在这两类食品中，声音的产生原因是不同的。湿脆食品，例如新鲜的水果和蔬菜，如果被压碎或被咀嚼，细胞就会破裂从而产生噪音。把植物细胞放在足够潮湿的环境中，会增加细胞的膨胀压力以及能感知到的产品脆度。对于易碎的细胞而言，噪声是由于膨胀压力的突然释放。在一个充了气的气球中，爆破的声音是由气球内的压缩空气爆炸后蔓延所引起的。另一方面，将干脆的食品，如小甜饼、薄脆饼干、油炸土豆片和吐司放在潮湿的环境（湿空气）中，会减少食品可感知的脆度。这些产品中有空气小室或洞，分别被易碎的细胞或洞壁环绕。当这些洞壁破裂时，所有剩下的壁和碎片就会折断成它们原始的形状。壁的折断过程产生了振动，而振动就会产生声波（类似于音叉）。当水分增加时，壁就不可能折断，声音产生的音量就会变小。

消费者会发现：与食品品尝有关的声音（听觉质地）对与食品有关的快感反应有着一定的负面影响。例如，在吃没有洗干净的菠菜叶制成的菠菜提取物或有沙砾的米饭时，牙齿间发出的沙砾声音。另一方面，听觉质地也能增加吃东西的乐趣，影响其食欲。例如，与许多早餐谷物相关的脆声以及与吃多汁的苹果有关的易碎声。另外，消费者经常将声音作为食品质量的指标之一。我们利用"打检法"，例如，敲打西瓜来测定它的成熟度或敲打罐头判断真空度；也可通过折断一个胡萝卜来测定它的易碎程度；可以通过揉搓真空包装的袋子判断真空度；有经验的师傅也可通过油炸食品发出的声音判断油炸产品的成熟度（质量）。

听觉有音高、音响和音色三种属性。有学者研究与食品声音有关的感官特征，让评价小组成员评价钳子压碎食品产生的声音之间的相似性,其研究结果表明,食品的声音可以分为两个感官特征:声音的稳定程度和声音的响度。当声音的响度增加时,评价小组成员对易碎程度、脆度、破裂程度、尖锐程度、碎度、坚硬程度以及干脆度强度的感知也在增加。当声音连续发生时,评价成员感知到的质地为破裂或干脆度;而当声音不连续时,评价成员就感知为撕裂或摩擦。

特定食品的脆度或易碎程度可单独地靠声音测定,单独地靠口腔—触觉线索,或者靠听觉和口腔—触觉信息的结合来测定。脆度似乎与食品变形时产生的振动有声学联系。然而研究表明:听觉的脆度与口腔—触觉的脆度评估有关,而且还显示口腔—触觉对脆度的评价来说很重要。

当训练评价人员评价感知到的易碎强度时,应当训练他们在嘴闭着时用臼齿咀嚼。大多数高频声音将被软组织所缓冲,然后,易碎声音将通过头盖骨和颌骨被传递到耳朵。相似地,当训练评价员评价感觉到的脆度强度时,应当训练他们在嘴张开时,用臼齿咀嚼食品。虽然这种咀嚼方式会被认为是违背礼貌的做法,但在训练期间大多数评价人员会成功地利用这种方式进行咀嚼。大多数高频的声音将毫不失真地通过空气传递到耳朵中。研究发现酥脆食品的特点在于空气传导高频声音(5kHz)的高水平,易碎食品的特点是低频声音在空气中传导的高峰为 $1.25\sim2kHz$,破裂食品的特征在于有高水平骨传导的低频声音。

对脆的和易碎食品解释的另一种观点是观察被施加了压力后食品的断裂、变形和裂开的时间顺序。脆的食品在一个阶段发生断裂,而易碎的食品则会在几个连续的阶段内断裂。因此,不管怎样施力,脆的食品总是被人感觉为很脆,但易碎的食品则要根据施力的不同,可分别被感知为易碎的或脆的。一根胡萝卜用臼齿咀嚼时,会被人们感知为易碎的,因为它将在几个连续的步骤中断裂,但一根用手折断的胡萝卜就会被感知为是脆的,因为它一步就断裂了。

研究发现,只根据声音也可能评价感知到脆的食品的硬度,这可能是由于硬度是这些食品脆度的一种成分。然而,利用口腔—触觉感受对大多数食品的硬度评价比听觉感受更有用。Tickrs 也评价了食品发生破裂时的听觉成分,她发现像脆度和易碎程度一样,破裂程度也可以用声音或触觉来加以评价。尖锐程度、重复噪音的数量和振幅都与破裂程度的感觉有关。

（二）视觉质地

通过视觉可以获得90%的外界刺激信息,也是我们认识外部世界的主导感觉,从这个意义上讲,食品质地感知中的视觉质地是不容忽视的。早在 1957 年,Ball 就将食用肉的质地知觉分为视觉感知质地和触觉感知质地。视觉质地评价与食品的表面特征有关,如状态、颗粒度、光泽、光滑度、反射能力、组织纹理等。

食品的这些表面特征不仅会影响视觉感知到的产品外观,而且还会影响其质地感觉。蛋糕水分的口腔—触觉评价与蛋糕表面切开的视觉评价之间,具有很高的相关性。消费者根据以前的经验,知道木薯淀粉布丁中看到的团块在嘴里也会感觉到是个团块。同样,小甜饼的表面粗糙度既可以用视觉评价,也可以用口评价。流体的黏度可以通过在容器中倾倒流体,通过摇动容器或是通过评价流体在水平表面的展宽,用视觉进行评价。

（三）触觉质地

触觉质地可以分为口部触觉质地、口感特征、口腔中的相变化，以及用手接触物品（常用于纺织品和纸张质量的评价。）时感觉到的触觉质地。

1. 口腔触觉质地

（1）大小和形状：Tyle 评价了悬浮颗粒的大小、形状和硬度对糖浆砂性口部知觉的影响。他发现：柔软的、圆的，或者相对较硬的、扁的颗粒，大小约 80μm，人们都感觉不到有沙粒。然而，硬的、有棱角的颗粒在大于 11~22μm 的大小范围内时，人们就能感觉到口中有沙粒。一些评价员能区别平均大小低于 1μm 的脂肪球的分布（范围在 0.5~3μm，根据个人的情况有所不同）。

根据定义，特性是物质不依赖于评价方法而具有的特征。一个物质的特性，如果它的量值与使用的特定仪器、样品的质量以及大小无关的话，那么它就能被称为具有客观性。例如，不管被分析的冰淇淋数量如何，一种冰淇淋中的脂肪百分比含量是相同的。

但是，感官质地特性受到样品大小的影响。大的和小的样品，由于其大小的不同，在口中的感觉可能也会不一样。人类对样品大小间的差异是否会作出一些自动的补偿，或人类是否只对样品大小的很大变化敏感，仍是一个有争论的问题。1989 年，Cardello 和 Segars 研究了样品大小对质地感知的影响，而这个目的性明确的研究只是这方面研究的极少数之一。他们评价了样品（如奶油乳酪、美国干酪、生胡萝卜和中间切开的黑麦面包、无皮的牛肉以及糖果卷）大小对能感知到的咀嚼度的影响。被评价的样品大小（体积）为 0.125cm³、1.000cm³ 和 8.000cm³，实验条件与样品的顺序同时呈现，样品按大小的顺序进行排列或者以任意的顺序呈现。让蒙住了眼睛的和没有蒙住眼睛的评价成员对样品进行评价，并且有时允许、有时不允许评价成员触摸样品。其研究结果发现：即使评价员没有觉察到样品间大小的差异，但是样品的大小仍会影响评价员对样品质地强度的得分。因此，质地知觉与样品大小有关。专业的感官人员很重视样品大小和形状规格对质地的影响。

（2）口感：口感特征表现为触觉，但在通常情况下，其动态变化要比大多数其他口部触觉的质地特征更少。例如，当一个人口中有酒时，他不会感觉到与酒的收敛性有关的口感特性有变化，但在咀嚼过程中，他对一块牛排咀嚼度的感知将有所变化。经常引用的口感特征是收敛性、收缩性皱缩（与收敛化合物有关的感觉）；刺痛（与饮料中的碳有关）；热的、刺痛、炽烈（与在口中产生痛的化合物有关，如辣椒素）；冷的、麻的（与在口中产生凉感的化合物有关，如薄荷脑）；以及食品对口腔的亲和力。在这个例子中很明显的是，口感特征与破碎时用的力度和产品的流变学特性无关。但是，有些口感特征与产品的流变学或破碎时用的力度有关，如乳度、果肉浆、黏性。

正如后面将要看到的，原始的质地剖面法只有与口感相关的特征——"黏度"。Szczesniak（1979）将口感分为 11 类：关于黏度的（稀的、稠的），关于软组织表面相关的感觉（光滑的，有果肉浆的），与 CO_2 饱和相关的（刺痛的、泡沫的、起泡性的），与主体相关的（水质的、重的、轻的），与化学相关的（收敛的、麻木的、冷的），与口腔外部相关的（附着的、脂肪的、油脂的），与舌头运动的阻力相关的（黏糊糊的、黏性的、软弱的、浆状的），与嘴部的后感觉相关的（干净的、逗留的），与生理的后感觉相关的（充满的、渴望的），与温度相关的（热的、冷的），与湿润情况相关的（湿的、干的）。Jowitt（1974）定义了这些口感的许多术语。Bertino 和 Lawless（1995）使用多维度的分类和标度，在口腔健康产品中,测定了与口感特性相关的基本维数。他们发现,这些维数可以分成 3 组:收敛性、麻木感和疼痛感。

(3)口腔中的相变化(溶化):人们并没有对食品在口腔中的溶化行为以及与质地有关的变化进行扩展研究。由于在口腔中温度的增加,许多食品在口腔中会经历一个相变过程,巧克力和冰淇淋就是很好的例子。Hyde 和 Witherly(1995)提出了一个"冰淇淋效应"。他们认为动态的对比(口中感官质地瞬间变化的连续对比)是冰淇淋和其他产品高度美味的原因所在。而当今食品市场和产品发展的潮流,就是从食品中尽可能多地除去脂肪。但是,脂肪的相变是形成冰淇淋、巧克力、酸乳酪等食品在口腔中溶化的主要原因。因此,当产品开发者试图用氢化植物油等人造油脂来代替脂肪的口感特征时,应格外重视与相变化有关的特征。

2. 触觉手感　纤维或纸张的质地评价经常包括用手指对材料的触摸。这个领域中的许多工作都来自于纺织品艺术,但是,我们感觉到感官评价在这个领域和在食品领域一样,具有潜在的应用价值。我们会描述一些与纤维或纸张有关的单词,带着这样一种目的,当产生合适的结果时,就能刺激感官专家允许他们的评价小组偶尔"与食品打交道"。

Civille 和 Dus(1990)描述了与纤维和纸张相关的触觉性质,包括机械特性(强迫压缩、有弹力和坚硬)、几何特性(模糊的、有沙砾的)、湿度(油状的、湿润的)、耐热特性(温暖)以及非触觉性质(声音)。

食品的手感触觉属于非口腔触觉感知,在消费者选择食品或食用前处理食品时,手感触觉常常是一项比较重要的指标,例如,重量感、滑腻感、光滑感、粗糙感、柔软性、硬度等。由 Civille(1996)发展起来的纤维/纸张方法论建立在一般食品质地剖面的基础上,并且包括一系列用于每个评估特性的参考值和精确定义的标准标度。食品的触觉手感研究相对于纺织行业是非常落后的,还有待于进一步研究和开发应用。

三、质构仪及应用

(一) 质构仪的测试原理

质构仪又称物性测定仪、物性分析仪,是用于客观评价食品品质的主要仪器,可代替人的感官(口腔、牙齿、手等)对食品进行感观评价,把模糊的口感描述量化,从而精确地测试食品样品的感官特性和内部结构。例如食物的硬度、酥脆性、弹性、咀嚼度、坚实度、韧性、纤维强度、黏着性、胶着性、黏聚性、屈服点、延展性、回复性等物性学参数。

质构仪主要包括主机、专用软件、备用探头及附件。其基本结构一般是由一个能对样品产生变形作用的机械装置,一个用于盛装样品的容器和一个对力、时间和变形率进行记录的记录系统组成。测试围绕着距离(distance)、时间(time)、作用力(force)三者进行测试和结果分析,也就是说,物性分析仪所反映的主要是与力学特性有关的食品质地特性,其结果具有较高的灵敏性与客观性,并可通过配备的专用软件对结果进行准确的数量化处理,以量化的指标来客观全面地评价食品,从而避免了人为因素对食品品质评价结果的主观影响。

食品质构基本测定模式主要有压缩、穿刺、剪切及拉伸模式。在测定食品质构中压缩模式最常用,测定时探头面积比样品大,分为一次压缩、TPA(texture profile analysis)质地剖面分析、应力松弛与蠕变,其中 TPA 是应用最广泛的方法,测定参数有硬度、弹性、黏性、内聚性、胶黏性、回复性等。穿刺是模拟牙齿刺破样品的过程,测试时一般探头面积小于样品接触面积,测定参数有破断强度(曲线第一峰的力值)、凹陷深度(曲线第一峰的运行距离)、凝胶强度(第一峰的力值与运行距离的乘积)。剪切模式是模拟牙齿咬断样品的过程,主要用来衡量肉的嫩度,测试使用探头一般为平刀口或斜刀口,测定参数有剪切力(曲线的峰值,表示样品对抗剪切破裂的最大剪切力)和韧性(曲线下的面积,表示剪切力所做的功)。拉伸模式是模拟拉伸物料的动作,以拉力峰值及形变速度来表示样品的弹性和韧性,通常用于描述条状产品的韧性,如面条、粉丝、面包等。

　　1. TPA 质构剖面分析　　TPA 质构剖面分析方法建立于 1967 年左右,适用于通用的质构测定仪。TPA 质构测试又被称为两次咀嚼测试,主要是通过模拟人口腔的咀嚼运动,对固体、半固体样品进行两次压缩,测试与计算机连接,通过界面输出质构测试曲线,如图 2-6 所示。

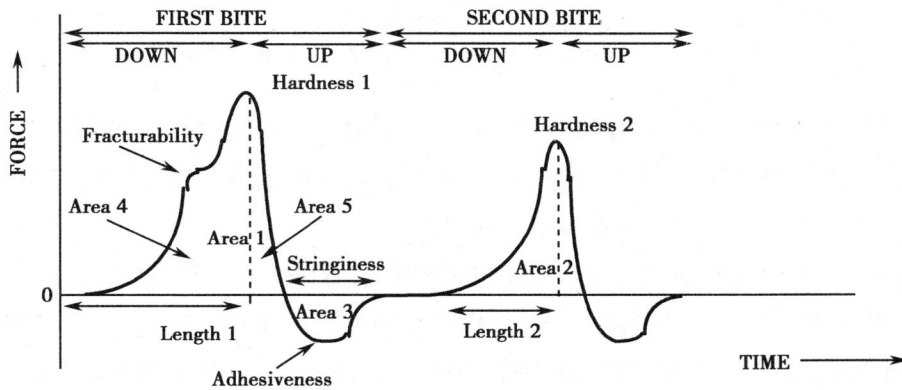

图 2-6　TPA 测试曲线图
(注:图来源于英国 SMSTA. XTPlus 质构仪安装培训技术手册)

　　从图 2-6 中可以分析质构特性参数,获得的指标有:脆性(fracturability)、硬度(hardness)、黏着性(adhesiveness)、弹性(springiness)、黏聚性(cohesiveness)、胶着性(gumminess)、咀嚼性(chewiness)和回复性(resilience)等。脆性是第一次压缩过程中,若是产生破裂现象,曲线中出现一个明显的峰,此峰值就定义为脆性;硬度是第一次压缩时的最大峰值,多数样品的硬度值出现在最大变形处;黏着性是第一次压缩曲线达到零点到第二次压缩曲线开始之间的曲线的负面积(图 2-6 中的 Area3);弹性是变形样品在去除压力后恢复到变形前的高度比率,用第二次压缩与第一次压缩的高度比值表示,即 Length2/Length1;黏聚性表示测试样品经过第一次压缩变形后所表现出来的对第二次压缩的相对抵抗能力,在曲线上表现为两次压缩所做正功之比,即 Area2/Area1;胶着性只用于描述半固态测试样品的黏性特性,数值上用硬度和黏聚性的乘积表示,即硬度×黏聚性;咀嚼性只用于描述固态测试样品,数值上用胶着性和弹性的乘积表示;回复性表示样品在第一次压缩过程中回弹的能力,是第一次压缩循环过程中返回样品所释放的弹性能与压缩时探头的耗能之比,在曲线上用面积 4 和面积 5 的比值来表示,即 Area4/Area5。

　　选择 TPA 测试方法(compression 模式)时的注意事项:①样品要有弹性;②TPA 模式测试中,测试速度和测后速度要保持一致;③样品要压缩20%～90%这个范围;④测试时质构仪探头的表面积一定要大于样品的表面积。

2. 穿刺实验 穿刺实验就是探头穿过样品表面,继续穿刺到样品内部,达到设定的目标位置后返回。典型图形如图2-7:

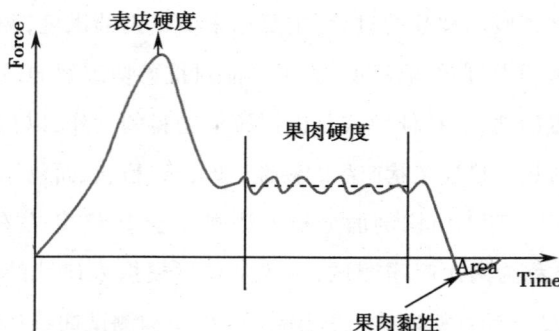

图2-7 穿刺测试曲线图
(注:图来源于英国SMSTA. XTPlus质构仪安装培训技术手册)

由图2-7可以得到表皮硬度、内部组织硬度、黏性等参数值。穿刺实验主要应用在苹果、梨子等果蔬类产品的表皮硬度、屈服点、果肉硬度、成熟度或新鲜度的测定;带馅料或夹层烘焙产品的内部馅料或夹层的质地测定;带包装火腿等肉制品的质地测定等。

质构仪有许多配套探头,如破裂测试探头HDP/TPB、黏着性探头A/DS、轻型刀片A/LKB、坚实度黏性测试探头HDP/PFS、抗拉测试探头A/SPR、柱型探头P/35等(表2-5)。在用质构仪评价食品品质时,首先要根据测试样品选择探头的形状、规格,然后再根据探头来选择操作模式如压缩模式或拉伸模式。通过不同种类的压缩、切割、挤压和拉伸模具进行测试,得出能够表示一些质构特性及相关关系的一个曲线图。

表2-5 常见质构仪探头及功能

类型	作用方式	功能
柱型探头	穿刺或压缩	可用于粮油制品、肉制品、乳制品、胶体等硬度、弹性、胶黏性、回复性测试
锥形探头	穿刺	可用于软滑质地流体、半流体稠度与延展性测试
针形探头	穿刺	可用于水果表皮硬度、屈服点或穿透度测试,判断水果成熟度
球形探头	挤压	可用于肉制品、乳制品、膨化食品、水果等强度、弹性,脆性表面硬度及胶黏性测试
切刀探头	切割	可用于面条、通心面等较软质地样品弹性、柔软度、咀嚼性测试
剪切探头	剪切或切断	可用于面团等剪切强度、韧性测试
压盘探头	压缩	可用于火腿肠等肉制品的硬度、回复性、弹性的测试
液体挤压探头	压缩	适用于胶体溶液、油脂、奶油、黄油、酱料的黏度、稠度、粘聚性等测试
面团黏性测试探头	压缩拉伸	可用于测定面团的黏性和米糕等黏弹性样品的胶黏性

（二）质构仪在食品中的应用

1. 质构仪在果蔬品质评价中的应用　质构仪在水果中的应用主要包括测试其成熟度、坚实度、果皮或果壳的硬度、果实的脆性及果皮或果肉的弹性等；在蔬菜中的应用主要指测试其成熟度、硬度、酥脆度、弹性、断裂强度、韧性、柔软性以及纤维度等。以苹果为例，随着贮藏时间的增加苹果表皮会变韧，汁液丰富度降低，果肉会变得绵软和脆性降低等现象，这些质地参数可以通过质构仪 TPA 试验（两次咀嚼试验）来测定并进行量化；通过比较红富士苹果与嘎拉苹果的脆度、黏着性、凝聚性、回复性、咀嚼性 5 项采后质地参数，可知道嘎拉苹果较红富士苹果更容易出现绵软现象。

2. 在面条品质评价中的应用　面条的品质主要是弹性、拉伸性和适口性。面条的质构测试主要在 TPA 模式和拉伸模式下进行。拉伸模式下测得的面条拉断力与拉断应力随面粉吸水率的增加呈上升趋势，而面粉吸水率越高，其湿面筋含量越高，故拉伸模式测定参数可以很好地反映面条的弹性和延伸性。另外，面条的适口性与其硬度、胶着性显著相关，弹性和回复性可以表征面条的黏性和光滑性，故 TPA 模式下的硬度、胶着性、弹性和回复性等参数可以表征面条的质构特性。尽管质构仪 TPA 指标硬度能较好地反映面条的软硬度和总评分，但尚不能完全代替感官评价，很多专业评价员建议采用仪器量化测定和感官相结合的方法评价面条品质。

3. 质构仪在大米品质评价中的应用　用质构仪在大米中的应用主要通过米饭的物性指标来衡量，可测定米饭的硬度、黏度、黏着性、弹性、回复能量、回复形变、最终负载、硬度能量、僵化度等参数。例如，通过对 13 种稻谷样品的蒸煮品质指标、质构品质及其相关性进行对比，发现米饭的弹性与膨胀率、碘蓝值呈显著的正相关，黏度与吸水率呈显著的正相关，黏着性与米汤干物质也有显著的相关性，而回复能量、回复形变等指标与蒸煮品质指标间没有显著的相关性。由于大米弹性、黏着性、硬度、黏度与大米的蒸煮指标之间存在显著的相关性，因此可以用质构仪测定的弹性、黏着性、硬度、黏度来代替蒸煮指标中的碘盐值、膨胀率、米汤干物质、吸水率来评价大米的食用品质。

4. 质构仪在肉制品品质评价中的应用　肉和肉制品的嫩度、坚实度、硬度、咀嚼性直接影响肉的品质和消费者的口感。肉制品的嫩度可使用质构仪的穿透法测得的曲线中的第一个极值点来较好的量化反映。例如，使用穿透法可将探头测量模式设置为阻力测试（measure force in compression）；探头运行方式为循环方式（total cycle）；探头下行速度和返回速度为 6.0mm/s，下行距离为 20mm，每次数据采集量为 200，样品厚度为 20mm；这样的测量模式测得的第一极值点可以准确便捷得获得肉制品的嫩度。

肉的弹性可用质构仪的一次压缩法测最大力、或一次压缩法测外力作功值的方法进行测定，两种方法的弹性测量值与感官对照值都有很好的相关性。例如，使用一次压缩测量最大力的方法来测量肉的弹性，测试条件如下：探头使用 p/0.5s，测量模式采用 measure force in conpression（压缩力测试），运行方式 Option 选择 return to slart，测式时探头下行速度为 2.0mm/s，探返回速度为 2.0mm/s，探头下行距离设置为 4.0mm，次数据采集量为 200。这样的测量模式测得的力值可准确便捷反映出肉的弹性。

5. 质构仪在乳制品品质评价中的应用　乳制品中酸奶的生产受很多因素的影响，比如奶源产地和批次、添加剂类型和比例、加工工艺等。可以利用质构仪的 A/BE 反挤压装置测定酸奶一系列力的变化反映出酸奶的质构特性,比如正的力值和面积越大,说明酸奶越稠厚、内聚力越大,对活塞下压时的抵抗力越大,也说明酸奶爽滑性、细腻度越差;负的力值说明酸奶对活塞的附着性,即力的绝对值越大,奶黏性越大,活塞上提时粘在其上的越多,一般较稠的酸奶黏性较大。这样能很好的把酸奶的口感品尝结果进行量化。

利用物性分析仪中冰淇淋专用测定探头和容器就其黏结性、弹性和硬度进行测定时,发现冰淇淋添加的代糖数量和种类对黏结性不产生影响,而添加数量越大,产品的硬度越低,并且测试结果与感官评定结果在黏结性和弹性有很好的相关性。

6. 质构仪在水产品品质评价中的应用 随着人们生活水平的提高,越来越多的水产加工食品受到了欢迎,从而对水产品的质构认识也越来越受到重视。例如,可用质构仪的柱型和球型探头来测定新鲜的大马哈鱼片的硬度,用刀型探头来测定剪切力,发现从鱼头到尾部硬度和剪切力均呈增加的趋势,并且在鱼身中部位置更加可信,剪切力的方法比前两种按压方法更加适用于实际操作。使用物性分析仪对新鲜大马哈鱼和冰冻 24 天的鱼进行测试后,发现鱼片的厚度在测试中起着重要作用的结论。进一步对喂食和饥饿两周后杀的鱼进行了测试,发现在最初切碎储存的 2 天内,喂食的鱼的硬度比饥饿的鱼下降得快。

质构仪由于可以克服感官鉴定方法中存在的不足,能够根据样品的物性特点做出数据化的准确表述,较好的反映食品质量的优劣,测定的结果具有较高的灵敏度和客观性,已经广泛被应用于许多食品的质构测定。但应注意的是:质构仪毕竟只是仪器,其测定结果与口感品尝会有一定的差距,所以在进行食品品质测定时,应采用质构仪测定与感官评定相结合的方法。获得仪器测量和感官测试测量质构时的高度相关性,一直是众多学科领域科学家们的研究目标,我们相信随着科学工作者对这方面研究的深入,越来越多的物性分析仪测试参数和感官指标将会建立起来。

点滴积累

1. 质地分为听觉质地、视觉质地和触觉质地。 触觉质地包括口腔触觉质地(食品的大小、形状)、口感、口腔中的相变化和触觉手感。
2. 质构仪又称物性测定仪,是用于客观评价食品品质的主要仪器,可代替人的感官(口腔、牙齿、手等)把模糊的口感描述量化,对食品进行感观评价。 质构仪主要包括主机、专用软件、备用探头及附件。

第八节 感官的相互作用

食品整体风味感觉中味觉与嗅觉相互影响的问题较为复杂。烹饪技术认为风味感觉是味觉与嗅觉的相互结合,并受质地、温度和外观等影响。但是,在一项心理物理学实验中,将蔗糖(口味物质)和柠檬醛(柠檬的气味/风味物质)简单混合,表现出几乎完全相加的效应,对单一物质(蔗糖、柠檬醛)的强度评分很少或没有影响。这使得烹饪专家的一般认识与心理物理学文献之间在关于味觉与嗅觉如何相互影响的问题上存在明显的差异,而食品专业人员和消费者普遍认为味觉和嗅觉是以某种方式相关联的。以上部分问题的产生是由于使用"口味"一词来表示食品风味的所有方面是不恰当的。但如果限定为口腔中被感知的非挥发性物质所产生的感觉,则主要表现为嗅觉的香气和挥发性风味物质相互有影响。下面我们从五个方面讨论这一问题。

第一,通过心理物理学的研究,我们知道感官强度是叠加的。Murphy 等在 1977 年测量了糖精钠与挥发性风味物质丁酸乙酯的混合物的气味感知强度、口味感知强度和总体感知强度。几年之后,Murphy 又分别对蔗糖-柠檬醛混合物和 NaCl-柠檬醛混合物进行了同样的评估,这两项研究的结果一致,强度评分显示了大约 90% 的叠加性。也就是说,当嗅觉和味觉被看作是简单累积时,这两种感觉方式之间没有相互影响作用。

第二,人们有时会将一些挥发性气味认为是"味觉"。正如前面提到的,后鼻嗅觉很难被定位,经常被作为口腔的味觉而被感知,因此会有以上错觉。丁酸己酯和柠檬醛虽然都是气味物质,但他们与"味觉"的判断有关。为了消除气味物质对味觉的影响,可以在品尝时将鼻孔捏紧,这样就关闭了挥发物质的后鼻通道,有效地消除了挥发性物质的影响。另外一个常见的错误认识就是味觉与嗅觉是相互影响的,而心理物理学的研究表明味觉和嗅觉的相互独立的程度大于相互影响的程度。

第三,令人不愉快的味觉一般抑制挥发性气味,而令人愉快的味觉则对挥发性气味有增强作用。例如,对加入不同量蔗糖的水果汁的口味和气味特性进行评分时发现,随着蔗糖浓度的提高,令人愉快的气味特性的得分会增加,令人不愉快的气味特性的得分则降低。而检测的结果表明挥发性气体浓度却没有变化。

第四,口味和风味间的相互影响会随它们的不同组合而改变。这种相互影响可能取决于特定的风味物质和口味物质的结合,故这种情况具有潜在的复杂性。阿斯巴甜增强了橘子和草莓溶液的果香味,但对蔗糖影响很小或没有影响,而且它对橘子比对草莓的增强作用稍强些。在一项相似的研究中,草莓香气对甜味有增强作用,而花生油气味却没有。随后,对大量口味物质的研究表明挥发性风味物质对氯化钠的咸味有一些抑制作用。

第五,对评价员的指令发生改变会影响风味、口味之间的相互作用。下达给评价员的指令会对感官得分产生很大影响。比如,有一对样品用三点检验法(只要求评价员说出二者是否存在总体差异)的结果是勉强能被发现有所不同,而当同样的两个样品用成对对比检验法检验,要求评价员就产品的甜度作出评定时,这两个产品的得分相差非常大。因此,当受试者的注意力被集中到某一特定品质上时,所得到的结果会与总体差别实验得到的结果不同。

另外两类相互影响的形式在食品中很重要,一是化学刺激与风味的相互影响,二是视觉对风味的影响。化学刺激会增强食品的风味,这我们都有所体验,比如,没人喜欢喝跑气的汽水,因为这样的汽水一般太甜;也没人喜欢喝跑气的啤酒和香槟,因为它们的口感和风味都会因此而改变。

心理物理学研究化学物质对三叉神经的刺激与口味和气味的相互作用的实验中,大多数仅仅注重单一化学物质在简单混合物中所感知的强度变化。最先考察化学刺激对嗅觉作用的研究人员发现了鼻中二氧化碳对嗅觉的抑制作用,即使二氧化碳麻刺感的出现比嗅觉的产生略微滞后,这一现象也会发生。由于许多气息也含有刺激性成分,有些抑制作用在日常风味感觉中也可能是一件平常的事情。如果有人对鼻腔刺激的敏感性降低了,芳香的风味感觉的均衡作用有可能被转换成嗅觉成分的风味。如果刺激减小,那么刺激的抑制效应也就减小。目前有关化学刺激对嗅觉和味觉的相互影响了解还不是很多。

人们对好的食品通常要求的是"色、香、味俱全",在许多具有成熟烹调艺术的社会中,食品的外观与它的风味、质地是同样重要的。消费者检验中的普遍现象是食品色泽越深,就会得到越高的风味强度得分。对全脂牛奶和脱脂牛奶的实验也可以说明视觉对风味的影响。一般情况下,品评人员是通过牛奶的外观(颜色)、口感和风味来得出结论,也就是说,全脂牛奶和脱脂牛奶是很容易区分的,但是把同样的实验挪到暗室之后,脱脂牛奶与全脂牛奶的区分即变得很困难,这说明视觉对风味的影响是很大的,当品评人员看到脱脂牛奶的稀薄状态、比较浅的颜色,首先就在心理认定它的牛奶风味不足,而在暗室中,这个效应被消除了,所以区分就变得不那么容易了。类似的情况还有,当果汁饮料不表现出典型颜色时,正确识别果味的次数就会显著降低,而当饮料颜色适当时,正确识别次数就增加。当要求品评人员对恰当和不恰当染色的乳酪、人造奶油、黑莓果冻和橘汁饮料的风味进行打分时,恰当染色的产品得分总是高于不恰当染色的产品。即使深色蔗糖溶液实际上比浅色对照液中的蔗糖含量低1%,品评员对深色溶液的甜度打分仍然要比浅色溶液高2%~10%。这一研究强调人类是对食品感官刺激的整体作出反应的,即使是较为"客观"的描述性评价员也可能会受视觉偏见的影响。

任何位于鼻中或口中的风味化学物质都可能有多重感官效应。食品的视觉和触觉印象对于正确评定和接受很关键,声音同样影响食品的整体感觉,咀嚼食物时产生的声音与食物是否酥脆有紧密的关系。总之,人类的各种感官是相互作用、相互影响的。在食品感官评定实施过程中,应该重视它们之间的相互影响对鉴评结果所产生的影响,以获得更加准确的鉴评结果。

点滴积累 ∨

感官的相互作用主要体现在:第一,不同感官的强度存在叠加现象。 第二,人们有时会将一些挥发性气味认为是"味觉"。 第三,令人不愉快的气味一般抑制挥发性气味,而令人愉快的味觉则对挥发性气味有增强作用。 第四,口味和风味间的相互影响会随它们的不同组合而改变。 第五,对评价员的指令发生改变会影响风味、口味之间的相互作用。

目标检测

一、选择题

（一）单项选择题

1. 味觉感受器就是(　　)

　　A. 舌尖　　　　　　　B. 味蕾　　　　　　　C. 舌面　　　　　　　D. 舌根

2. 最容易产生感觉疲劳的是(　　)

　　A. 视觉　　　　　　　B. 味觉　　　　　　　C. 嗅觉　　　　　　　D. 触觉

3. 食品的外观性状,如颜色、大小和形状、表面质地、透明度、充气情况等靠(　　)来评价。

A. 视觉   B. 味觉   C. 嗅觉   D. 触觉

4. "入芝兰之室,久而不闻其香"由感觉的(　　)产生的。

    A. 对比现象   B. 疲劳现象

    C. 掩蔽现象   D. 拮抗现象

5. 靠嗅觉评价的物质必需具有(　　)

    A. 一定的温度   B. 挥发性及可溶性

    C. 旋光性和异构性   D. 脆性和弹性

6. 感官评价宜在饭后(　　)小时内进行。

    A. 0.5   B. 1   C. 2~3   D. 8

7. 感官评价中,理想的食物温度,应以体温为中心,一般在(　　)℃的范围内。

    A. 1~15   B. 15~20   C. 25~30   D. 35~40

8. 4 种基本味用电生理法测得的反应时间为 0.02~0.06 秒,(　　)反应时间最短。

    A. 甜味   B. 咸味   C. 酸味   D. 苦味

9. 感官功能的测试通常要进行(　　)基本味道的识别。

    A. 酸甜苦辣   B. 酸甜苦咸   C. 酸甜苦涩   D. 酸甜苦淡

10. (　　)是指在某种呈味物质中加入另一种物质后阻碍了它与另一种相同浓度呈味物质进行味感比较的现象。

    A. 阻碍作用   B. 竞争作用   C. 补偿作用   D. 相乘作用

11. 检查罐头食品的真空度可以用(　　)检验。

    A. 视觉   B. 味觉   C. 触觉   D. 听觉

12. 眼是人类重要的感觉器官,其中视觉感受器位于以下哪一个结构中(　　)

    A. 视网膜   B. 晶状体   C. 睫状体   D. 视神经

13. 人的视觉感受器和听觉感受器分别位于(　　)

    A. 角膜、鼓膜   B. 晶状体、听小骨

    C. 视网膜、耳蜗   D. 虹膜、鼓膜

14. 视网膜上的感光细胞为(　　)

    A. 色素上皮细胞   B. 视锥和视杆细胞   C. 双极细胞   D. 神经节细胞

15. 正常人耳所能感受的振动频率范围为(　　)

    A. 0~20Hz   B. 20~20 000Hz

    C. 30 000~40 000Hz   D. 40~200Hz

16. 评价食品的质地要靠(　　)来完成。

    A. 视觉   B. 味觉   C. 嗅觉   D. 触觉

17. 下面哪一个不是颜色的表示方法(　　)

    A. 经验法   B. 标准色卡

    C. 孟赛尔颜色系统表示法   D. CIE 色度学系统颜色表示法

（二）多项选择题

1. 影响感觉的几种现象,除了疲劳现象、对比现象、变调现象外,还有（　　）

  A. 相乘作用   B. 协同作用

  C. 阻碍作用   D. 拮抗作用

2. 食品感官分析中的主要感觉,除了视觉、味觉,还有（　　）

  A. 手感   B. 嗅觉

  C. 触觉   D. 听觉

3. 感觉阈可分为（　　）

  A. 刺激阈   B. 识别阈

  C. 差别阈   D. 极限阈

4. 食物温度对感觉有明显影响,因此感官检验时将食物分为（　　）

  A. 常温食用食物   B. 冷吃食物

  C. 滚烫食物   D. 热吃食物

5. 影响感觉的几种现象,除了疲劳现象、对比现象、变调现象外,还有（　　）

  A. 相乘作用   B. 协同作用

  C. 阻碍作用   D. 拮抗作用

6. 视觉主要是对食品的（　　）进行评价。

  A. 色泽   B. 外观形态   C. 色调   D. 质感

二、简答题

1. 什么是感觉的疲劳现象、对比现象、拮抗作用、协同效应?

2. 影响人体感觉的主要因素有哪些?

3. 味觉的基本分类有哪些? 各种味之间的相互作用有哪些?

4. 嗅觉有哪些特征? 其影响因素是什么?

5. 什么是感觉阈、绝对感觉阈值和差别感觉阈值?

6. 食品质构有何特点?

7. 食品质构的感官检验与仪器测定有何区别和联系?

8. 影响闪光临界融合频率的因素有那些? 其应用有那些方面?

三、实例分析

1. 人从光亮处走进暗室,最初什么也看不见,经过一段时间后,就逐渐适应黑暗环境。请分析这属于什么现象,为什么会出现这种现象?

2. 在鱼或肉的烹调过程中加入葱、姜等调料可以掩盖鱼、肉的腥味,这种现象属于嗅觉的哪种特征?

3. 下图为水果咀嚼试验力—时间质地特征曲线,试说明图中 Frace、Hard 1、Hard 2、Area 1、Area 2、Area 3、Area 4、Area 5 各个标注点或所在区域代表的参数名称、意义及其特征内容?

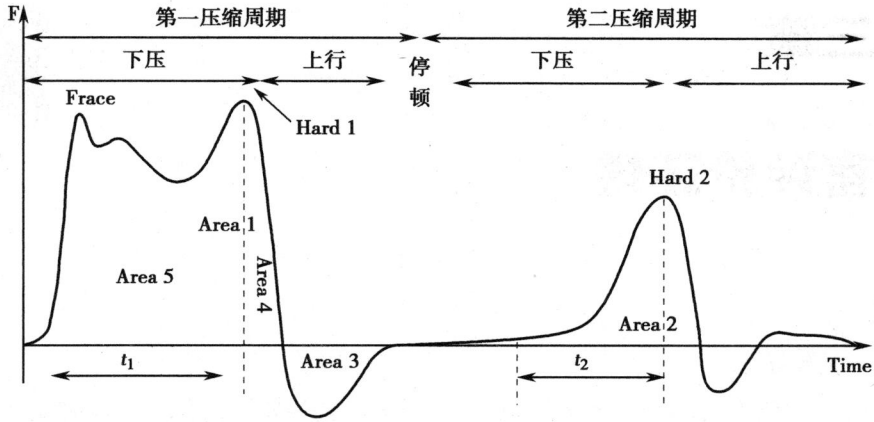

水果咀嚼试验力—时间质地特征曲线

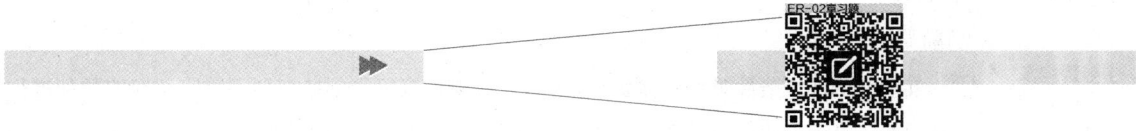

第三章

感官评价环境

▲

导学情景 ▽

情景描述:

某蛋糕店开发了一种新的蛋糕,请评价员对其产品进行感官评价。当评价员进入蛋糕店时,就看到了师傅正在制作蛋糕,并且闻到了蛋糕的香味,大家评价的时候,灯光非常亮,凸显了蛋糕的主题,大家围在一起品尝蛋糕并且填写评价表,最后由蛋糕店人员收集评价表并进行统计分析。

学前导语:

实验室的环境条件对食品感官评定有很大影响,应尽量创造有利于感官评定的顺利进行和评价员正常评价的良好环境,尽量减少评价员的精力分散以及可能引起的身体不适或心理上因素的变化使得判断上产生错觉。本章将带领同学们学习如何建立感官实验室以及食品感官检验实验室的各种要求。

第一节　食品感官检验实验室条件

一、食品感官检验实验室的设置

食品感官检验的实验室内两个基本核心组成:试验区和样品制备区。在条件允许的情况下,理想的感官检验室还应该包括休息室、办公室等部分,其中各个区、室都应该具备相应的各种设施和控制装置,目的在于尽量避免环境对评定人员和样品质量的影响。通常情况下,感官检验实验室应建立在环境清静交通便利的地区。在建立感官检验实验室时,应尽量创造有利于感官检验的顺利进行和评价员正常评价的良好环境,减少评价员的精力分散以及可能引起的身体不适或心理因素的变化,避免使其判断上产生错觉。

(一)样品制备区

样品制备区是进行感官评价实验的准备场所,在此完成选择相应试验器具、制备样品、样品与器具编码等工作,目的是为评价员提供一个符合检验要求、统一的样品及器具。制备区应紧靠检验区,其内部布局应合理,并留有余地。要避免评价员经过制备区看到所制备的各种样品和嗅到气味后产生影响。制备区通风性能要好,能快速排除异味。如图3-1。

(二)感官检验室的平面设计

食品感官检验实验室各个区的布置有各种类型,常见的形式如图3-2~图3-5。原则上应为评价

图 3-1 样品制备区
（图片来源于中粮营养健康研究院感官实验室）

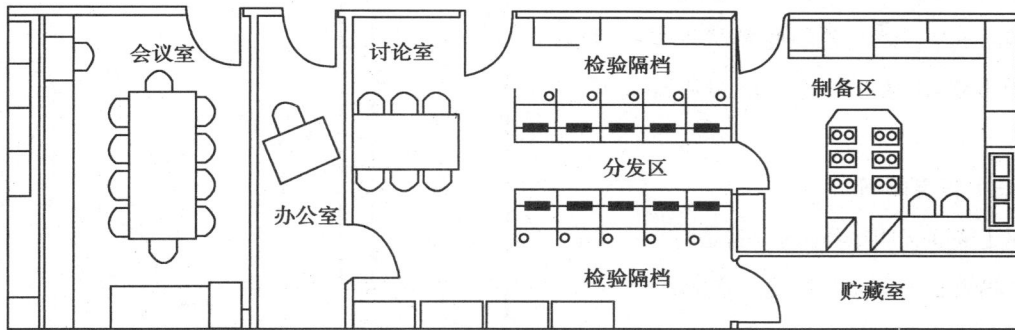

图 3-2 感官检验实验室平面图例 1

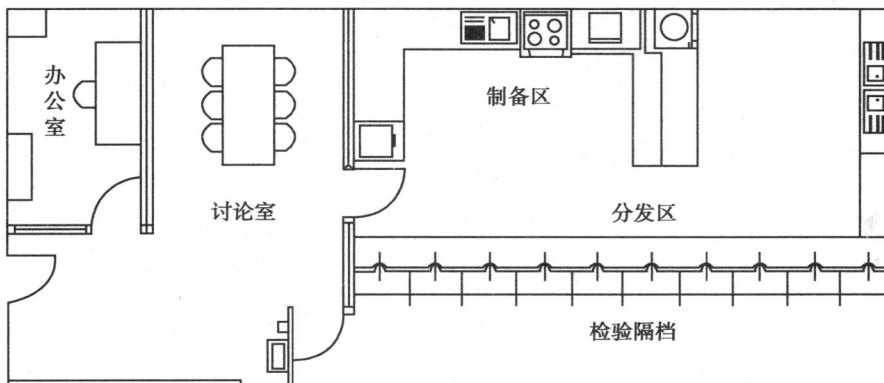

图 3-3 感官检验实验室平面图例 2

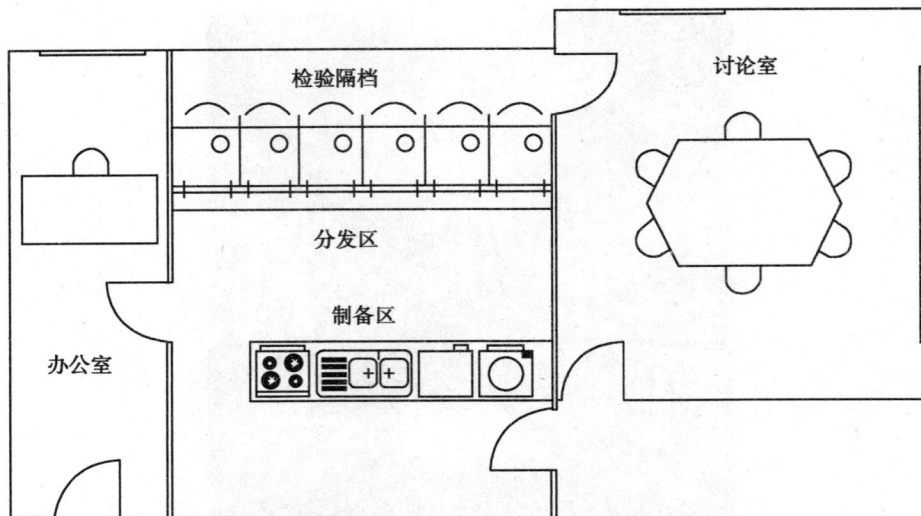

图 3-4　感官检验实验室平面图例 3

员最容易到达的地方,如果从外面请评价员,则最好建在建筑的入口处,检验室应与拥挤、嘈杂的地方隔一段距离,以避开噪音及其他方面的影响。检验区和制备区以不同的路径进入,而制备好的样品只能通过检验隔档上带活动门的窗口送入到检验工作台上。

（三）评定隔间

评定隔间又叫个体试验区,是每个评价员在互相隔离的空间完成检验工作的场所,通常个体试验区内可用隔档隔开多个空间,面积约为(0.9m×0.9m),只能容纳一名感官评价员进行独立工作。隔档的数目应根据检验区实际空间的大小和通常进行检验的类型而定,一般为 5~10 个,不得少于 3 个。每个小间内应设有工作台、座椅、漱口池和自来水等。如图 3-6~图 3-10。

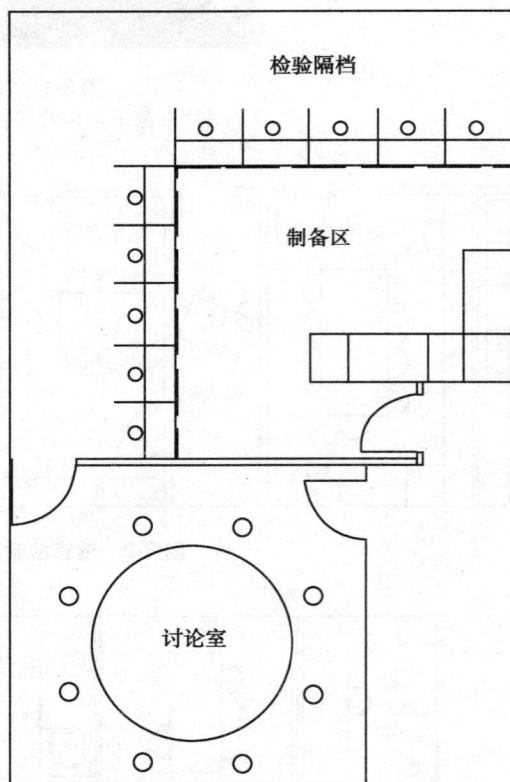

图 3-5　感官检验实验室平面图例 4

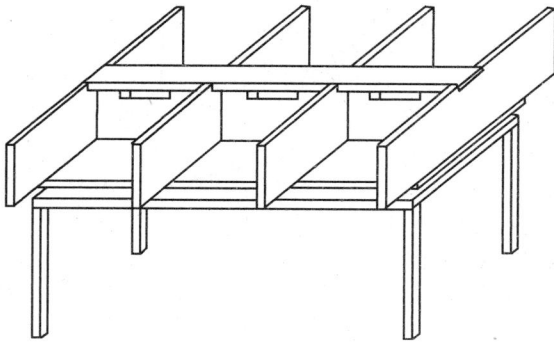

图 3-6　简易感官评价室

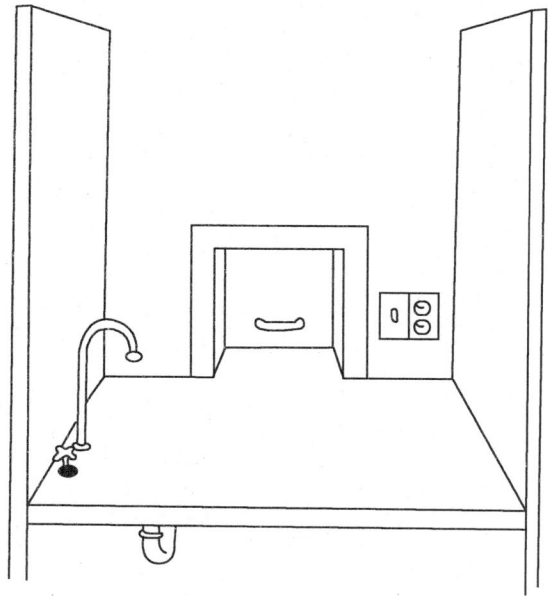

图 3-7　评价隔间平面图

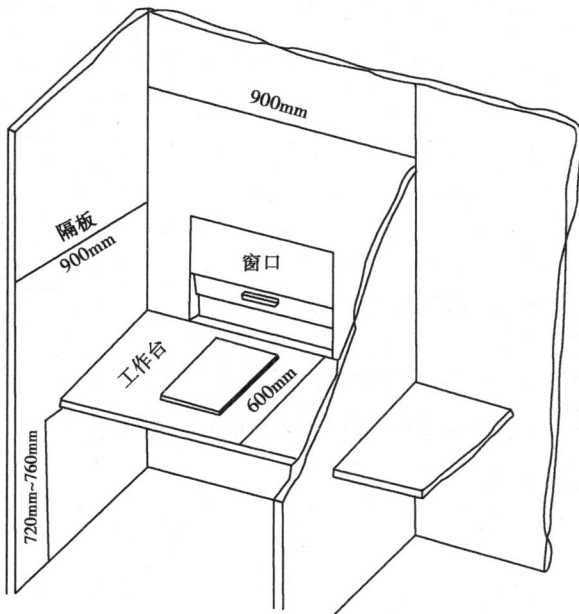

图 3-8　评价隔间的尺寸设计

图 3-9　评价隔间的实景图

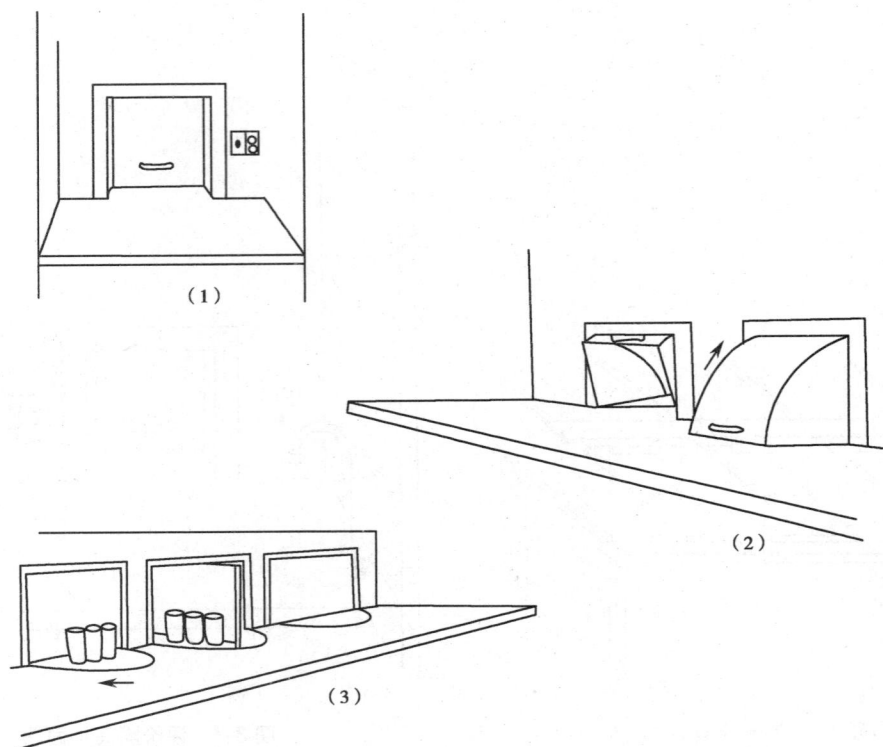

图 3-10 传递样品窗口的式样
(1)水平推拉;(2)上下推拉;(3)旋转式

（四）讨论室

讨论室是评价员集体工作的场所,也是评价员与组长等一起讨论问题,进行人员培训和试验前讲解的场所。讨论室一般类似于会议室,需要黑板、大圆(方)桌、椅子等设施,以方便讲解和讨论。见图 3-11。

图 3-11 讨论室
（图片来源于中粮营养健康研究院感官实验室）

▶ **课堂活动**

　　请你把你所在教室根据食品感官评价室的要求改造成一间食品感官评价室,并绘制平面图。

二、食品感官检验实验室的要求

（一）试验区环境要求

1. 试验区内的微气候 这里专指试验区工作环境内的气象条件,包括室温、湿度、换气速度和空气纯净程度。

（1）温度和湿度：温度和湿度对感官评定人员的舒适和味觉有一定的影响。当处于不适当的温度和湿度环境中时，或多或少会抑制感官感觉能力的发挥，如果条件进一步恶劣，还会生成一些生理上的反应。所以试验区内应有空气调节装置，室温保持在 25℃±2℃，相对湿度保持在 40%～70% 左右。

（2）换气速度：有些食品本身带有挥发性气味，加上试验人员的活动，加重了室内空气的污染。试验区内应有足够的换气装置，换气速度以半分钟左右置换一次室内空气为宜。

（3）空气的纯净度：检验区应安装带有磁过滤器的空调，用以清除异味。允许在检验区增大一定大气压强以减少外界气味的侵入。检验区的建筑材料和内部设施均应无味，不吸附和不散发气味。

2. 光线和照明　照明对感官检验特别是颜色检验非常重要。检验区的照明应是可调控的、无影的和均匀的，并且有足够的亮度以利于评价。桌面上的光照度应有 300～500lx，推荐的灯的色温为 6500K。在做消费者检验时，灯光应与消费者家中的照明相似。灯光一般有两种，一种是白灯，一种是颜色灯（或红或黄或绿）。颜色灯用来屏蔽食品颜色，白灯用来显示食品颜色。

3. 颜色　检验区墙壁的颜色和内部设施的颜色应为中性色，如用乳白色或中性浅灰色，目的在于不影响参试样的色泽。试验台不能使用颜色过于鲜艳的颜色，例如红色或黄色等，一般宜选用中性浅灰色或白色等。

4. 噪声　试验区应避开大楼门厅、楼梯、走廊等地。噪声会引起评价员听力障碍，血压上升，呼吸困难，焦躁，注意力分散，工作效率低等不良影响，试验区噪声控制一般要求在 40dB 以下，检验期间应控制噪声，推荐使用防噪声装置。

▶▶ **课堂活动**

　　请举例说明试验区的环境条件对食品感官评价的影响。

（二）制备区的设施与要求

样品制备区是准备感官品评样品的场所，该区域应靠近试验区。要避免检验人员进入区域时经过制备区看到所制备的各种样品和嗅到气味后产生影响。制备区应有良好的通风性能，防止样品在制备过程中气味传入检验区，并有合适的上下水装置。

1. 常用设施和用具　样品制备区应配备必要的加热、保温设施，如电炉、燃气炉、微波炉、恒温箱、冰箱、冷冻机等，用于样品的烹调和保存，以及必要的清洁设备，如洗碗机等。此外，还应有用于制备样品的必要设备，如厨具、容器、天平等；仓储设施；清洁设施；办公辅助设施等。

不能使用有味的建筑和装饰材料，用于制备和保存样品的容器应采用无味、无吸附性、易清洗的惰性材料制成。

2. 样品制备区工作人员　样品制备区工作人员应是经过一定培训，具有常规化学实验室工作能力、熟悉食品感官分析有关要求和规定的人员。

（三）附属设施的要求
食品感官检验实验室的一些附属部分包括办公室、休息室、更衣室、盥洗室等。

休息室是供试验人员在样品试验前等候,多个样品试验时中间休息的场所,有时也可用于宣布一些规定或传达有关通知。如果作为多功能考虑,兼作讨论室也是可行的。

盥洗室是用于清洗试验用品的场所。有些样品在试验前需要清洗,试验器具在评价员使用后也应及时被洗涤。

在感官评价环境中,办公室是评价表的设置、分类,分析资料的收集、处理,以及发布报告,与评价员就试验过程和试验结果进行个别讨论的场所。办公室的常备设施包括办公桌、书架、椅子、电话、档案柜、计算机等。

点滴积累　V

1. 食品感官检验的实验室内两个基本核心组成：试验区和样品制备区。

2. 试验区的环境条件主要包括：试验区内的微气候、光线和照明、颜色、噪声。

3. 制备区应紧靠检验区,应有良好的通风性能,防止样品在制备过程中气味传入检验区。

第二节　用具的选择

一、常用的感官评价用具

样品制备区应配备必要的加热、保温设施(电炉、燃气炉、微波炉、烤箱、恒温箱、干燥箱等),以保证样品能被适当处理和按要求维持在规定的温度下。样品制备区还应配置贮藏设施,以存放样品、实验器皿和用具。此外根据需要还可配备一定的厨房用具和办公用具。

1. 常用的设备及器具

(1)天平:用于样品或配料称重。

(2)玻璃器皿:用于样品的测量和储藏。

(3)计时器:用于样品制备过程的时间监测。

(4)不锈钢器具:用于混合或储藏样品。

(5)一次性器具:用于样品测量和储藏。

2. 器具的要求
食品感官检验实验所用器皿应符合实验要求,同一实验内所用器皿最好外形、颜色和大小相同。器皿本身应无气味或异味。大多数塑料器具、包装袋等都不适用于食品、饮料等的制备,因为这些材料中挥发性物质较多,其气味与食物气味之间的相互转移将影响样品本身的气味或风味特性。通常采用玻璃或陶瓷器皿比较合适,但清洗比较麻烦。也可采用一次性塑料或纸塑杯、盘作为感官评定实验用器皿。实验器皿和用具的清洗应慎重选择洗涤剂。不应使用会遗留气味的洗涤剂。清洗时应小心清洗并用毛巾擦拭干净,注意不要给器皿留下毛屑或布头,以免影响下次使用。木质材料不能用作切肉板、和面板、混合器具等,因为木材多孔,易于渗水和吸水,易沾油,并将油转移到与其接触的样品上。因此,用于样品的储藏、制备、呈送的器具最好是玻璃器具、光滑的陶瓷器具或不锈钢器具,因为这些材料中挥发性物质较少。

▶ **课堂活动**

请列举食品感官评价中常用的用具及要求。

二、茶叶的感官评价用具

1. 评审台 干平台高度 800~900mm,宽度 600~750mm,台面为黑色亚光(如图 3-12);湿平台高度 750~800mm,宽度 450~500mm,台面为白色亚光。评审台长度视实际需要而定。

图 3-12 评审台
(图片来源于中粮营养健康研究院中茶科技品评室)

2. 评茶专用杯碗 瓷质,大小、厚薄、色泽一致。

(1)初制茶(毛茶)审评杯碗:杯呈圆柱形,高 76mm,外径 82mm,内径 76mm,容量 250ml,具盖,杯盖上有一小孔,与杯柄相对的杯口上缘有一呈月牙形的滤茶口,口中心深 5mm,宽为 15mm。碗高 60mm,上口外径 100mm,上口内径 95mm,底外径 65mm,底内径 60mm,容量 300ml。

(2)精制茶(成品茶)审评杯碗:杯呈圆柱形,高 65mm,外径 66mm,内径 62mm,容量 150ml。具盖,盖上有一小孔,杯盖上面外径 72mm,下面内圈外径 60mm。与杯柄相对的杯口上缘有三个呈锯齿形的滤茶口,口中心深 3mm,宽为 2.5mm。碗高 55mm,上口外径 95mm,上口内径 90mm,下底外径 60mm,下底内径 54mm,容量 250ml。

(3)乌龙茶审评杯碗:杯呈倒钟形,高 55mm,上口外径 82mm,上口内径 78mm,底外径 46mm,底内径 40mm,容量 110ml。具盖,盖外径 70mm。碗高 52mm,上口外径 95mm,上口内径 90mm,底外径 46mm,底内径 40mm,容量 150ml(图 3-13)。

3. 评茶盘 木板或胶合板制成,正方形,外围边长 230mm,边高 33mm,盘的一角开有缺口,缺口呈倒等腰梯形,上宽 50mm,下宽 30mm。涂以白色油漆,要求无气味(图 3-14)。

图 3-13 评茶专用杯碗

4. 分样盘　木板或胶合板制成,正方形,内围边长 320mm,边高 35 mm,盘的两端各开一缺口,涂以白色,要求无气味。

5. 叶底盘　小木盘和白色搪瓷盘。小木盘为正方形,外径:边长 100mm,边高 15mm,供审评精制茶用;搪瓷盘为长方形,外径:长 230mm,宽 170mm,边高 30mm,一般供审评初制茶和名优茶叶底用(图 3-15)。

图 3-14　评茶盘

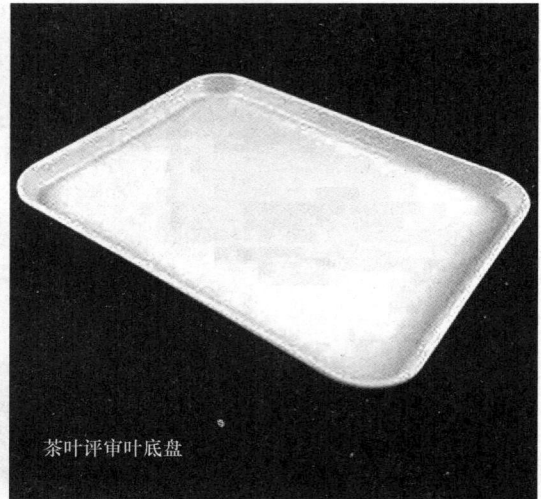

图 3-15　叶底盘

6. 称量用具　天平,感量 0.1g。

7. 计时器　定时钟或特制砂石计,精确到秒。

8. 其他

(1)刻度尺:刻度精确到毫米。

(2)网匙:不锈钢网制半圆形小勺子。捞取碗底沉淀的碎茶用。

(3)茶匙:不锈钢或瓷匙,容量约 10ml。

(4)其他用具:烧水壶、电炉、塑料桶等。

三、酒的感官评价用具

1. 评酒桌

(1)评酒室内应设有专用评酒桌,宜一人一桌,布局合理,使用方便。

(2)桌面颜色宜为中性浅灰色或乳白色,高度 720~760mm,长度 900~1000mm,宽度 600~800mm。

(3)桌与桌之间留有 1000mm 左右的距离间隔或增设高度 300mm 以上的挡板,保障品评人员舒适且不受相互影响。

(4)评酒桌的配套座椅高低合适,桌旁应放置痰盂或设置水池,以备吐漱口水用。

2. 品酒杯

(1)准备人员按样品数量等准备器具,宜使用统一的设备用具。

(2)标准品酒杯根据外形尺寸可分为有杯脚和无杯脚两款(图 3-16),均为无色透明玻璃材质,满容量 50~55ml,最大液面处容量为 15~20ml。有条件可在杯壁上增加容量刻度。

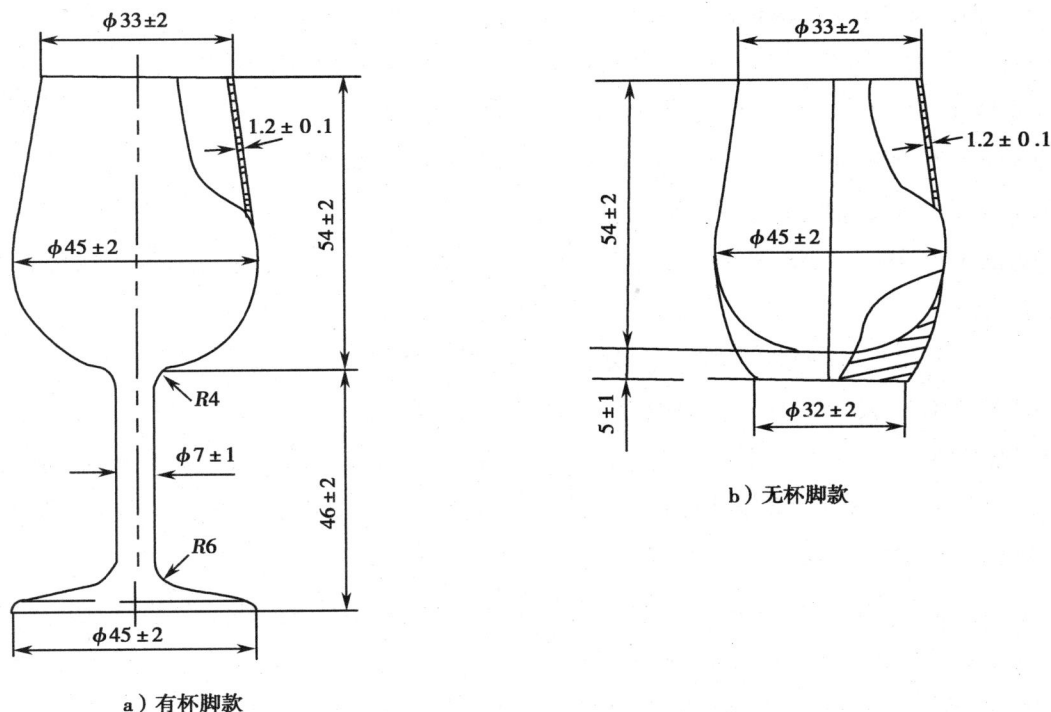

a)有杯脚款

b)无杯脚款

图 3-16 品酒杯
(图片来源于 GB/T 33404-2016)

点滴积累 ∨

1. 食品感官检验常用的用具有天平、玻璃器皿、计时器、不锈钢器具、一次性器具。

2. 茶叶感官评价常用的用具有评审台、评茶专用杯碗、评茶盘、分样盘、叶底盘、称量用具、计时器等。

3. 酒的感官评价常用的用具有评酒桌、品酒杯。

第三节　样品的制备与呈送

样品是感官检验的受体,样品制备的方式及制备好的样品呈送至评价员的方式对感官检验实验是否获得准确而可靠的结果有重要影响。在感官检验实验中,必须规定样品制备的要求、样品制备的控制及呈送过程中的各种外部影响因素。

一、样品的制备

(一)样品制备的要求

1. 均一性　要获得可重复、再现的结果,样品均一性十分关键,所谓均一性就是指制备的样品除所要评价的特性外,其他特性应完全相同。样品在其他感官质量上的差别会造成对所要评价特性的影响,甚至会使评定结果完全失去意义。

样品的一致性体现在以下几个方面:

(1)容器:盛放样品的容器一致,一般用玻璃、陶瓷、不锈钢材料的或一次性品尝杯。

(2)样品的大小、形状:固体则大小和形状一致,液体则含量相同。

(3)样品的混合:如样品是多种物质的混合物,须保证混合的时间和程度一致。

(4)样品的温度:原则是品评温度即食用温度。

以下列举了均一性要求的总则以及不同类型产品和不同类型检验中样品均一性保持的 7 个要点。

(1)实验样品在生产批次、包装尺寸、储存条件、保质期等方面必须一致。

(2)对于面包、蛋糕、饼干等表面和中心位置品质不同的烘焙样品,应从中心位置取样后放置密封容器里,以保证样品尺寸、颜色、硬度均一。另外,可根据实验目的决定是否对外表面进行评价;在对饼干、脆饼等样品进行取样时,要将样品正面朝上放置在密封袋中,不应采用碎片作为样品。

(3)对于冷冻产品,应提前制备并冷冻,以确保样品温度均匀后进行评定。同样的,对于正常情况是热吃的食品就应按通常方法制备并趁热评定。

(4)对于分层的液体产品,取样时要保证提供给评价员的样品在容器内同一位置。在制备液体或半固体饮料时,首先要搅拌均匀,不能出现沉淀、分层现象,搅拌时,注意搅拌速率和时间要一致,如有特殊需要,必须事先向评价员解释清楚,否则影响评价员的客观评价;对于碳酸饮料,倒出样品后要立即取样,以确保最优的碳酸饱和状态;对于热饮,实验间隙应将样品封盖,推荐使用容积相同的锥形瓶盛放样品以确保热量流失最小化。

(5)对于印有产品标识的样品(如巧克力棒),可将其切块或将商标刮掉;对于颜色不同的同一样品(如糖果)进行偏爱实验时,应向评价员提供相同颜色搭配的样品,而对于差别检验和描述性分析则没必要抽取颜色搭配相同的样品。

(6)控制样品的可变性:由于所有样品均具有可变性,样品制备人员要根据实验目的、处理好样品的可变性,除非实验目的是为了了解样品的可变性程度,否则应将其降至最低,以实现每名评价员受到的刺激是相同的。

(7)对风味进行差别检验时应掩蔽其他特性,以避免可能存在的交互作用。对于有颜色差异的样品,可使用滤光器、微暗的灯光或彩色玻璃器皿来掩饰样品差异。

2. 样品量　样品量中应考虑的因素有评价样品数、每次评价的样品量,以及评价所需的样品总量。

评价样品数一般每轮控制在 4~8 份样品,一次实验连续进行 3~5 轮。通常对于气味重、油脂高的样品,每次只能提供 1~2 个样品;对于含酒精饮料和带有强刺激感官特性的样品,评价样品数限制在 2~4 个;若只评价产品的外观,每次可提供的样品数为 20~30 个。

每次评价的样品量,首先应一致,以保证不同轮次试验以及不同评价员之间感官评价的可比性。此外,应考虑到评价员的感官响应、感官疲劳以及样品的经济性等来确定每次评价适宜的提供量。

若过少,则不能保证样品与感官之间充分作用而降低判断的灵敏性;若过多,则会增加感官负担,容易疲劳。一般,液体、半固体样品每份15~30ml,固体样品的大小、尺寸、质量根据预实验确定。

评价所需要的样品总量则根据实验设计中参加的评价员人数、评价的轮次数进行估算并留有富裕。稳定好的样品应在其保质期内留样以便对感官评价的结果质疑时可复检。

（二）盛样器具

明确实验目标,选择合适的器具。如进行香味评价需要提供具盖器具。根据样品的数量、形状、大小、食用温度、湿润度选择相应数量、形状及性能的器具盛装。在同一实验中,要求盛放样品的容器在大小、形状、颜色、材质、重量、透明度等方面一致。容器本身无色、无味、透明,外观上无文字或图案(三位随机编码除外)。

样品容器通常采用玻璃或陶瓷器皿,但应经过清洗和消毒。需使用洗涤剂时,洗涤剂应安全、无味。洗涤后,在93℃下烘烤数小时,以除去不良气味。

在实际工作中,通常评价容器的使用量较大,清洗起来比较麻烦,存贮也占用空间,常采用一次性塑料杯或纸质的杯子、托盘等作为盛装样品的器具,既避免清洗和消毒处理的工作量,又不易破碎,不占空间、容易摆放。当然,在使用一次性器皿时,需要特别注意环保以及安全卫生问题,在选购时应保证产品生产和运输渠道正规,避免使用会对样品沾染又非环境友好型器皿。在实验前2小时,应将评价容器提前准备好,经过初步挑选和清理,除去某些残次品后待用。

（三）样品加热或冻藏的方式

若需要数台微波炉、烤箱、烤炉或煎锅等加热样品时,应注意选择同一品牌、型号和输出功率的装置,同时打开运行,预实验校准后,将样品正面朝上放置炉内同一位置进行加热、烘焙或煎炸。在使用以上仪器对样品进行加热时,要选择重量、尺寸、形状相同的样品以确保加热均匀;有时,完全相同的加热时间不一定能达到相同的最终温度,可首先通过预实验确定加热时间。采用同一装置制备多个样品时,要确保产品变量相互间不受影响。对于油炸食品,在食品放入油锅之前保证油液面恒定,通过预实验确定食物在油炸过程中是否翻动或搅动,保证其受热均匀。为避免滋生微生物,所有需冻藏的样品必须保存在4℃以下,同时要注意空气流通,以防样品吸收设备或其他产品的不良气味。

（四）不能直接感官评价的样品制备

有些样品由于风味浓郁或物理状态(黏度、颜色、粉状度等)等原因而不能直接进行感官评价,如黄油、香精、调味料、糖浆等。为此,需根据检查目的进行适当稀释,或与化学组分确定的某一物质进行混合,或将样品添加到中性的食品载体中,按照直接感官评价的样品制备方法进行制备。

1. 与化学组分确定的物质混合

（1）将均匀定量的样品用一种化学组分确定的物质(水、乳糖、糊精等)稀释或在这些物质中分散样品,每个实验系列的每种样品使用相同的稀释倍数或分散比例。

（2）稀释会改变样品的原始风味,因此配制时应避免改变其所测特性。

（3）当确定风味剖面时,对于相同样品推荐使用增加稀释倍数和分散比例的方法。

2. 添加到中性的食品载体中

（1）在选择载体时，应避免二者之间的拮抗或协同效应。

（2）将样品定量地混入选用的载体（牛奶、油）中或放在载体（面条、大米饭、馒头、菜泥、面包、乳化剂和奶油等）上面，样品混入载体所展示的香气、味道、质感、外表应一致，任何的不一致将使产品本身产生偏差。

（3）在检验系列中，被评价的每种样品应使用相同的样品/载体比例。

▶▶ **课堂活动**

如果简单的将装于容器中的牛奶传到评定室中，由评价员自己加到谷物食品中，这种做法正确吗？为什么？

二、样品的呈送

（一）样品温度

温度变化会影响产品的风味、口感和组织状态，只有样品保持在恒定或适当的温度下进行评价，才能获得充分反应样品特点并可重复的结果。感官评价时不仅要求提供给每位评价员的每个样品的温度一致（样品数量较大时尤其如此），还应依据以下 5 点来确定适合的样品温度，即：

1. 通常食用温度。

2. 易检出品质差异的温度。

3. 实验中容易保持的温度。

4. 不易产生感官疲劳的温度。

5. 不使样品变性的温度。通常样品温度在 10~40℃时感觉较好，味觉最敏感的温度接近舌温为 15~30℃；气味样品温度保持在该产品日常食用的温度。

所有同次试验样品温度应保持一致且在预定的范围内。由于不同类型的样品食用温度各不相同，可根据推荐的温度范围选择。在试验前和评价期间，可采用热沙子、热水浴、具盖预热玻璃容器、碎冰、隔装的干冰（使用干冰时请勿将样品与干冰接触，若不慎接触，一律丢弃）等维持样品温度。

（二）样品编号

样品编号可采用字母编号、数字编号及其组合等多种方式。以字母编号时，避免使用字母表中相邻字母或开头与结尾字母，以双字母为最好，防止产生记号效应。使用数字编号时，最好使用三位随机数。同次试验中，提供给每位评价员的样品，其编号应位数相同而数字不相同，避免使用重复编号，以免评价员相互讨论与猜测。而且，每轮试验提供给同一评价员的样品编号也要求不同，以防止评价员的短期记忆。此外，不要选择评价员忌讳或喜好的数字，如中国人不喜欢 250，欧美人不喜欢4、9 等。在使用记号笔给样品编号时应注意其味道并做好消除味道的准备。

样品编码的基本原则：

1. 推荐编码方式应采取随机三位数字。

2. 字母编号要避免按顺序编写,编号关键是不带任何相关信息。

3. 同次试验编号位数应一致。

4. 所用样品在所有轮次中编多个不同号码或样品使用同一号码但是轮次出现顺序不同。

5. 同一品评员拿到的样品不能有相同编号。

（三）样品提供

样品提供需要遵循交叉、平衡的基本要求。通过合理的样品摆放或者摆放顺序随机化,避免所提供的样品呈现一定的规律,而被评价员猜测。当每个评价员需要评价多个样品时,所有样品应采用不同组合使得样品在每个位置上出现的概率相同以达到平衡,而提供给评价员时这些组合是随机的(随机不完全平衡),或让每位评价员评价所有组合的样品组(随机完全平衡)。必要时可以设计摆放成圆形,打破日常生活中从左到右或从右到左的顺序思维,或采用一一上样的方式以避免颜色细微差异的影响,减小形成预期误差。如,评价相似度很高的样品或在阈值附近进行评价时,常采用一一上样的方式。评价时,样品提供顺序一般遵循由易到难的方式,如从无色到有色,酒精度由低到高,香气由淡到浓,品质由低到高等。

所有样品都通过送样口提供,提供完后应将送样口关闭,保证评价员看不到样品准备过程,也不打扰评价员的正常评价。

点滴积累　∨

1. 样品制备要具有均一性，样品量一般每轮 4~8 份样品，一次试验连续进行 3~5 轮。

2. 通常样品温度保持在该产品日常食用的温度。

3. 样品编号可采用字母编号、数字编号及其组合等多种方式。

4. 样品摆放应使得样品在每个位置上出现的概率相同，必要时可以设计摆放成圆形。

第四节　食品感官评价程序

食品感官评价的程序主要包括感官实验室的建立、评价员的筛选与培训、样品的准备、方法的选择与分析。

一、感官评价的组织

食品感官评价的组织是感官评价能否达到预期目的的一个重要环节。一般感官评价的组织是由技术管理或技术开发部门组织。组织者及组织工作人员不能参与感官评价。组织者根据感官评价的目的做好以下工作:

1. 被检样品抽样　按有关抽样标准抽样。在无抽样标准情况下有关方面应协商一致,要使被抽检的样品具有代表性,以保证抽样结果的合理性。

2. 被检样品制备　根据样品本身的情况以及所关心的问题来定被检样品制备方式。尽可能使分给每个评价员的同种产品具有一致性。评价不适合直接品尝的产品如原料等时应使用某种载体;

对风味作差别检验时应掩蔽其他特性,避免存在交互作用,防止外来气味和味道的影响。

3. 问卷的设计与印制　组织者根据新产品开发或产品改进的诉求来设计和印制好统一的感官评价问卷。

4. 样品及问卷的分发　凡是被测试样品及问卷都应编码,并随机地分发给评价员,避免因样品分发次序的不同影响评价员的判断。注意每一次评价的数目不宜过多,以防止评价员产生感官疲劳和适应性。

5. 问卷的收集　当感官分析结束后,组织者要及时将各评价员所填写的问卷收集起来进行分析统计。

6. 问卷分析统计　组织者对收集回来的问卷须进行初步的统计分类,然后召集包括感官评价员在内的相关人员进行讨论、分析,根据讨论分析的结果做出最终结论。

二、感官评价员数量的确定和品评方法

在感官评价过程中,所需要的评价员的数量与所要求的结果的精度、检验的方法、评价员等级水平等因素有关。一般来讲,要求的精度越高,方法的功效越低,评价员水平越低,需要的评价员的数量越多。考虑到实际中评价员可能缺席的情况,因此评价员数量应超过所要求的评价员的数目,一般多出 50%。为保证评价质量,要求评价员在感官分析期间具有正常的生理状态,一般选择上午或下午的中间时间,这时评价员敏感性较高。评价员不能饥饿或过饱,在检验前 1 小时内不抽烟,不吃东西,但可以喝水。评价员不能使用有气味的化妆品,身体不适时不能参加检验。

在培训开始时,应告诉评价员评价样品的正确方法。在所有评价中,评价员首先应阅读感官评价问答表。

评价员检验样品的顺序为:

外观——气味——风味——质地——后味

评价员只评价某一具体指标时,不必按以上顺序进行。

当评价气味时,应告知评价员吸气要浅吸,吸的次数不要过多,以免嗅觉混乱和疲劳。对液体和固体样品,应告诉评价员样品用量的重要性(用口评价的样品),样品在口中停留时间和咀嚼后是否可以咽下。另外还应使评价员了解评价样品之间的标准间隔时间,清楚地标明每一步骤以便使评价员用同一方式评价产品。

▶▶ **课堂活动**

评价员检验样品的顺序是什么?

点滴积累　∨

1. 食品感官评价的程序主要包括感官实验室的建立、评价员的筛选与培训、样品的准备、方法的选择与分析。

2. 评价员检验样品的顺序为:外观——气味——风味——质地——后味

目标检测

一、选择题

（一）单项选择题

1. 盛样品的容器不可用的材质为（　　）

    A. 玻璃制品　　　　B. 陶瓷制品　　　　C. 不锈钢制品　　　　D. 塑料制品

2. （　　）是指制备的样品除所要评价的特性外，其他特性应完全相同。

    A. 代表性　　　　B. 均一性　　　　C. 协同性　　　　D. 一致性

3. 评价员检验样品的顺序为（　　）

    A. 外观——风味——气味——后味——质地

    B. 气味——外观——风味——质地——后味

    C. 外观——气味——质地——风味——后味

    D. 外观——气味——风味——质地——后味

4. 试验区噪声控制一般要求在（　　）以下。

    A. 30dB　　　　B. 40dB　　　　C. 50dB　　　　D. 60dB

（二）多项选择题

1. 感官评价的品评室工作环境工作内的气象条件包括室温和（　　）

    A. 湿度　　　　B. 换气速度　　　　C. 空气纯净程度　　　　D. 通风

2. 同一试验批次的器皿，要求（　　）应该一致。

    A. 外形　　　　B. 颜色　　　　C. 气味　　　　D. 大小

3. 呈送样品的器皿应为（　　）清洁方便的玻璃或陶瓷器皿比较适宜。

    A. 彩色　　　　B. 无气味　　　　C. 素色　　　　D. 洁净

4. 下列（　　）等食品是不能直接进行感官检验的。

    A. 香精　　　　B. 调味料　　　　C. 糖浆　　　　D. 卤汁

5. 感官分析小组按照组织单位的不同可分为生产厂家组织和（　　）

    A. 实验室组织　　　　　　　　B. 协作会议组织

    C. 地区性　　　　　　　　　　D. 全国性产品评优组织

6. 下列哪些属于茶叶感官评价常用的用具（　　）

    A. 评审台　　　　B. 评茶专用杯碗　　　　C. 分样盘　　　　D. 叶底盘

7. 食品感官检验的实验室内两个基本核心组成（　　）

    A. 休息区　　　　B. 办公区　　　　C. 试验区　　　　D. 制备区

8. 对不能直接感官评价食品，在与适宜载体混合时，应避免二者间的（　　）或（　　）作用。

    A. 阻碍　　　　B. 拮抗　　　　C. 变调　　　　D. 协同

二、简答题

1. 食品感官评价时对样品制备有哪些要求？

2. 简述食品感官实验室的基本设置？

3. 食品感官评价室的设计有何要求？

4. 感官分析小组按照组织单位的不同有几种形式？这几种形式的主要目的是什么？

5. 食品感官评价常用的用具及要求？

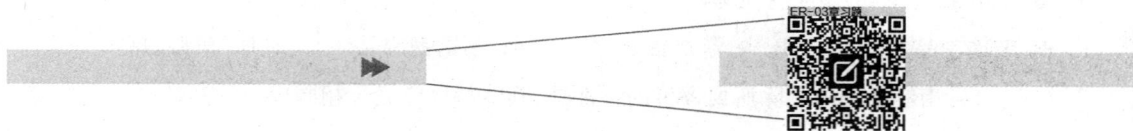

第四章

感官评价员

导学情景 ⋁

情景描述：

　　某大型乳品企业拟扩建企业感官品评队伍，为企业感官品评提供人员保障，保证感官品评测试长期高效进行。为此，他们采用的工作流程为发布招募信息、人员筛选、培训、考核与再培训、评价员感官评价能力维护。

学前导语：

　　食品感官评定实验种类繁多，各种实验对参加人员的要求不尽相同，而且能够参加食品感官评定实验的人员在感官评定上的经验及相应的培训层次也不相同，那么，你知道食品感官评价员有哪几种吗？他们是如何选拔与培训的？

第一节　食品感官评价员的类型

　　感官评价员根据开展的感官评价活动不同,可分为消费者类型评价员和分析型评价员。消费者类型评价员开展消费偏爱和接受性测试,主要是经常使用或可能使用某产品的消费者,即产品的目标消费者,感官评价前无须经过培训,也无严格的能力要求与级别划分。而分析型评价员则是分析型感官分析技术(差别检验、标度检验和描述性分析)中被使用的经过专门训练的专业性人员。

　　感官评价员根据其所能达到的感官评价能力,分为评价员(评价员可以是尚未完全满足判断准则的准评价员和已经参与过感官评价的初级评价员)、优选评价员和专家评价员,级别依次递增。不同级别的评价员能力要求不同,所能参与的感官检验难度也不同。一般规定:初级评价员只能参加差别检验,而优选评价员和专家评价员可参加标度检验和描述性分析。

一、评价员级别划分与能力要求

　　评价员级别的划分主要依据其感官评价的能力。感官评价能力即运用感官对产品刺激进行感觉测量的能力,包括定性的能力和定量的能力。定性感官评价能力主要指分辨差别和定性描述的能力,分辨差别要求在测量时既能区分有无差别,又能对差别大小进行排序;定性描述要求能对典型性的感官特性识别并加以合理描述。定量感官评价能力主要指对感官特性量化赋值的能力。无论是定性的还是定量的感官评价能力均要求评价员具有测量的信度与效度。信度即可信或不可信,也就是试验结果的可靠性(包括重复性和再现性),主要是测量精度的要求。效度即有效或无效,也就是试验方法达到试验目的的程度,主要是测量准确度的要求。对感官评价而言,信度主要指评价员/评价小组表现的重复性与再现性;效度则是评价员/评价小组的评价结果与真值(小组阈值或已知序列等)的符合性(一致性)。在感官评价的实践中,往往根据不同检验的要求选用不同级别的评价员,不同级别的评价员要求如下:

1. 候选评价员/准评价员 指经过感官功能测试和综合考虑初筛出来,但尚未经过感官分析基础培训与考核的评价员。

2. 初级评价员 指具有一般感官评价能力的评价员。初级评价员应具有差别检验的能力。

3. 优选评价员 指挑选出的具有较高感官评价能力的评价员。优选评价员应具备较好的差别检验能力、量值能力、描述能力。此外,还应具备一定嗅觉和味觉的生理学知识,具有连续 1~2 年的感官分析经历,掌握有无差别与差别大小感官检验中的一系列方法,有能力运用差别方向检验中的描述性分析方法对产品特性进行分解并评价。

4. 专家评价员 指具有高度的感官敏感性和丰富的感官分析方法经验,并能对所涉及领域内的各种产品做出一致的、可重复的感官评价的优选评价员。专家评价员除需具备优选评价员所必备的能力外,还需具备中等水平以上的感官记忆能力。培训优选评价员的试验大多依赖短期的感官记忆,而对于专家评价员则需要依赖长期的感官记忆。此外,专家评价员一般还应具有连续 5 年以上的感官分析经历,熟练掌握有无差别、差别大小和差别方向检验中的三大类感官分析方法,对相关产品及行业有深层理解,掌握不同产品以及同一产品不同等级的关键感官特征,能评价或预测原材料、配方、加工、储藏、老化等方面相关变化对产品感官质量的影响,并能将感官分析试验的结论运用于产品改进、质量控制以及新产品研发。

知识链接

评茶员简介

用感觉器官评定茶叶的品质(色、香、味、形)高低优次的人员叫做评茶员。 评茶员是经过国家认证的、以评茶为职业的人员,也是一种职业的名称。 按照《评茶员国家职业标准》的规定,可分为五个等级:初级、中级、高级评茶员、评茶师、高级评茶师。

评茶员应具备的基础知识:

1. 大宗茶类的基本分类及形成茶叶不同品质特征的关键加工工序。 茶叶感官审评的基础知识包括:茶叶感官审评室的环境条件要求;评查设施的规格要求;实物标准样的定义;大宗茶类的审评方法。

2. 熟悉茶叶的标准知识,如有关茶叶及检验方法的标准(企业标准)和有关茶叶质量的国家强制性标准(茶叶卫生标准)等。

3. 茶叶感官审评技术知识,包括评茶的基本功知识、双杯找对技术知识、评茶术语的定义知识及大宗茶类毛茶等级的判定原则。

4. 茶叶包装标识的基本知识。

5. 称量器具使用的基本知识,如天平及其他计量器的使用方法。

6. 相关的安全知识及有关法律法规知识。

二、评价员能力升级

评价员能力升级与评价员感官分析知识、产品知识等掌握的深度及广度，以及感官分析的经验息息相关。不同级别评价员，对其培训内容应各有侧重。

（一）不同级别评价员感官培训要点

初级评价员感官培训的重点在于基础感官分析培训，包括感官分析技术概要培训、差别检验方法学培训、感官敏感力提升训练，一定的感官检验实战训练以分析相关设施的使用培训。

优选评价员则强调系统的感官分析培训，包括感官分析方法学的全面培训，定期且定量的差别检验、分类检验、排序检验、评分检验等感官评价能力的训练与考核。

专家评价员则在优选评价员培训的基础之上增加产品专业知识和产品感官评价的训练，包括产品风味单体及复合体的辨识训练，不同产品类型、同类产品不同等级产品关键特征训练，可能出现的各类缺陷产品与不同成熟度产品的训练和原料、半成品、储藏期产品训练等。

（二）评价员能力升级步骤

评价员级别提升须通过正规培训和考核后确认，其能力升级步骤如图4-1所示。

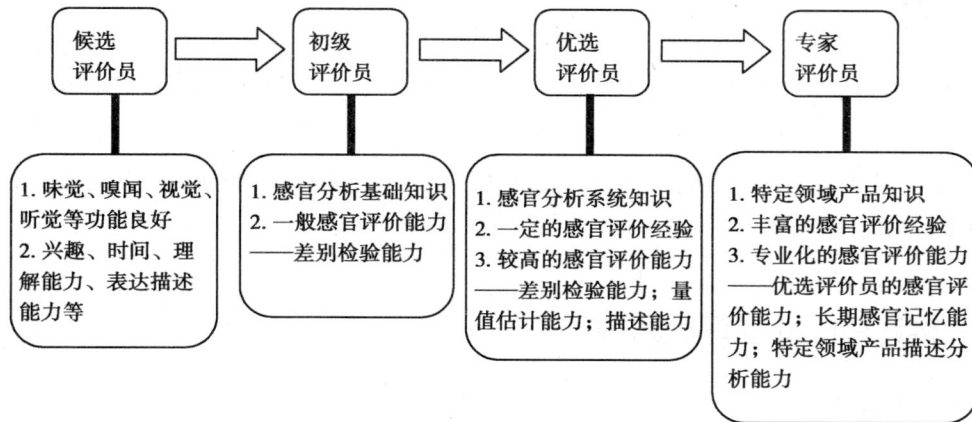

图 4-1　评价员能力升级程序图

（三）评价员自我培训

概括起来，分析型评价员主要应具备敏感力、识别力、记忆力和描述力四种基本能力：①敏感力即敏锐的感觉能力，能比一般人区分产品或特性之间更细微的感官差别；②识别力即辨识能力和鉴别能力，能抓住特征，准确进行产品与特性的识别；③记忆力即长期与短期记忆能力，具有一般人不具有的更强、更丰富的感官记忆；④描述力即表达能力，能将抽象的感受用形象、规范的言语表述。

这些能力的获得除通过参加系统的培训之外，还要通过坚持不懈的自我培训。感官分析基础知识要反复学习思考、温故而知新，加强自身对理论的理解，实践中的灵活运用。感官分析技巧要学而时习之，处处留心皆学问，方可熟能生巧、游刃有余。如有意识地去经历和记忆日常生活中所遇到的香气、滋味和口感的感觉体验，在实践中勇于创新且不断丰富感官记忆，特别对没吃过的、没闻过的、没见过的，加以尝试。对吃过的、闻过的、见过的，多在脑中联想与回放。这样，生活的每个场景、每个时刻都可以成为我们感官世界的游历，既提高了技艺又丰富了生活，真正将我们先天无意识具备的感官本能转变成后天有意识塑造的感官技能，目标明确地将自己设计培养成为一名优秀的感官评价员。

> **点滴积累** Ⅴ
>
> 感官评价员根据其感官评价能力分为候选评价员、初级评价员、优选评价员和专家评价员，不同级别的评价员能力要求不同，所能参与的感官检验难度也不同。

第二节　食品感官评价员的筛选

感官评价小组如同"测量仪器"，检测分析的结果依赖于每个成员，由于个体间感官灵敏性差异较大，而且有许多因素会影响到感官灵敏性的正常发挥，因此，感官评价员的选择是感官评定试验结果可靠和稳定的首要条件。

▶ **课堂活动**

招募是建立优选评价员小组的重要基础工作。有多种不同的招募方法和标准，以及各种测试来筛选候选人是否适应将来的培训。招募人员组建感官评价小组时应考虑以下三个问题：在哪里寻找组成该小组的人员？需要挑选多少人员？如何挑选人员？请设计招募候选人的方案，从中选择最适合培训的人员作为优选评价员。

一、候选评价员/准评价员的招募

（一）招募方式

1. 内部招募　从办公室、工厂或实验室职员中招募候选人。建议避免招募那些与被测样品密切相关的人员，特别是技术人员和销售人员，因为他们可能造成结果偏离。这种招募方式，最重要的是应得到单位的管理层和各级组织的支持，并明确指示承担的感官检验工作将作为个人工作的一部分。这些应在招募人员阶段予以明示。

内部招募优点有：人员都在现场；不用支付酬金（但为了保持积极性，提供小礼品或奖金更可取）；更好地确保结果的保密性（对于研究工作，这一点特别重要）；评价小组人员有更好的稳定性。

其缺点有：候选人的判断受到影响（由于了解产品）；本单位的产品难以升级（由于熟悉本单位的产品，候选人会受影响）；候选人替换较困难（小单位人员数量有限）；可用性低。

2. 外部招募　外部招募是指从单位外部招募。最常用的招募方式有：通过在当地出版社、专业刊物或免费报刊等的分类广告进行招募（此种情况下，会有各类人应聘，必须做初步筛选）；通过调查机构，这些机构能够提供可能感兴趣的候选人的姓名和联系方式；内部"消费者"档案，来自广告宣传活动或产品投诉记录;单位来访人员;个人推荐等。

外部招募优点有:挑选范围广;补充的新候选人能随叫随到;不存在级别问题;人员选拔更容易,淘汰不适合工作的评价人员时,不存在冒犯的风险;可用性高。

其缺点有:此办法费用高(酬劳、文书工作);更适用于居民人数众多的城市地区,而在乡村地区可用混合评价小组;由于必须招募有空闲时间的人员,有时会遇到过多的退休老人或家庭妇女,甚至学生等应聘,难以招募到在职人员;经过选拔和培训后,评价员可能随时退出。

3. 混合评价小组　混合评价小组由内部和外部招募人员以不同比例组成。

(二)挑选人员的数量

经验表明,招募后由于味觉灵敏度、身体状况等原因,选拔过程中大约要淘汰一半人,而且招募人数会依下列因素而改变:单位的经济状况和要求;需进行测试的类型和频度;是否有必要对结果进行统计分析。因此,评价小组工作时应该有不少于 10 名的优选评价员。需要招募人数至少是最后实际组成评价小组人数的 2~3 倍。例如:为了组成 10 个人的评价小组,需要招募 40 人,挑选 20 人。

(三)候选评价员的基本要求

候选评价员的背景资料可通过候选评价员自己填写清晰明了的调查表(参见表 4-1)以及经验丰富的感官分析人员对其进行面试综合得到。尽管不同类型的感官评价试验对评价员要求不完全相同,但下列几个因素在挑选候选评价员时是必须考虑的。

1. 兴趣和动机　那些对感官检验工作以及被调查产品感兴趣的候选人,比缺乏兴趣和动机的候选人可能更有积极性并能成为更好的感官评价员。

2. 对食品的态度　应确定候选评价员厌恶的某些食品或饮料,特别注意其中是否有将来可能会被评价的对象。同时应了解是否由于文化、种族或其他方面的原因而不食用某种食品或饮料,那些对某些食品有偏好的人常常会成为好的描述性分析评价员。

3. 知识和才能　候选人应能说明和表达出第一感知,这需要具备一定的知识和才能,同时具备思想集中和保持不受外界影响的能力。如果只要求候选评价员评价一种类型的产品,掌握该产品各方面的知识则利于评价,那么就有可能从对这种产品表现出感官评价才能的候选人中选拔出优选评价员。

4. 健康状况　候选评价员应健康状况良好,没有影响他们感官的功能缺失、过敏或疾病等,并且未服用损害感官能力进而影响感官判定可靠性的药物。了解感官评价员是否戴假牙是很有必要的,因为假牙能影响对某些质地味道等特性的感官评价。

感冒或其他暂时状态(例如怀孕)不应成为淘汰候选评价员的理由。

5. 表达能力　在考虑选拔描述性分析评价员时,候选人表达和描述感觉的能力特别重要。这种能力可在面试以及随后的筛选检验中考察。

6. 可用性　候选评价员应能参加培训和持续的感官评价工作。经常出差或工作繁重的人不宜从事感官检验工作。

7. 个性特点　候选评价员应在感官检验工作中表现出兴趣和积极性,能长时间集中精力工作,能准时出席评价会,并在工作中表现诚实可靠。

8. 其他因素 除上述几个因素外,另外有些因素在挑选人员时也应充分考虑,如年龄、性别、国籍、教育背景、现任职务和感官检验经验等。抽烟习惯等资料也要记录,但不能以此作为淘汰候选评价员的理由。

表4-1 候选评价员调查样表

姓　　名		性　　别		出生年月	
民　　族		目前职业		籍　贯	
文化程度		联系电话			
何处获悉该招聘信息		公司或学校名称			
参加原因或动机					
地址					
请如实详细填写下列项目 (在每一项后的空格中打"√"回答"有"或"无"或在备注中说明)					

项目名	是(有)	否	备注	项目名	是(有)	无	备注
繁忙				过敏史			
食物偏好				疾病史			
食物禁忌				近期有无服药			
吸烟				兴趣			
了解感官评价方法				感官分析经验			
口腔或牙龈疾病				假牙			
低血糖				糖尿病			
高血压							

一般来说,一周中您的时间安排怎样? 哪一天有空?

感官评价的知识及经验概况:

工作简介

二、候选评价员/准评价员的筛选

候选评价员的筛选工作要在初步确定评价候选人员后进行。筛选就是通过一定的筛选试验观察候选人员是否具有感官评价能力,如普通的感官分辨能力;对感官评价试验的兴趣;分辨和再现试验结果的能力等。根据筛选试验的结果决定候选人是否符合参加感官评价的条件,如果不符合,则淘汰,如果符合,则进一步考察适宜作为哪种类型的感官评价员。

(一)筛选检验的类型

三种类型的检验方法:旨在考察候选评价员感官能力的检验方法;旨在考察候选评价员感官灵敏度的检验方法;旨在考察候选评价员描述和表达感受的潜能的检验方法。这三种方法均具有使候选评价员熟悉感官检验方法和材料的双重功能。

应在熟悉并有了初步经验后再开展用于挑选优选评价员的测试。

筛选检验应在评价产品所要求的环境下进行(检验环境的要求参见 ISO 8589)。检验考核后再进行面试。

选择评价员应综合考虑其将要承担的任务类别、面试表现及其潜力,而不仅是当前的表现。获得较高测试成功率的候选评价员理应比其他人更有优势,但那些在重复工作中不断取得进步的候选评价员在培训中也可能表现优秀。

(二)候选评价员感官功能的检验

感官评价人员应具有正常的感官功能,每个候选者都要经过各种有关感官功能的检验,以确定其感官功能是否有视觉缺陷,是否有味觉缺失或嗅觉缺失等。此过程可采用相应的敏感性检验来完成,如味觉、嗅觉敏感性检验。

(三)候选评价员感官灵敏度的检验

确定候选人员具有正常的感官功能后,应对其感官灵敏度进行测试。感官评价员应不仅能区别不同产品之间的性质差异,还能区别相同产品某项性能差别程度或强弱。

1. **匹配检验**　制备明显高于阈值水平的有味道和(或)气味的物质样品。每个样品都编上不同的三位数随机号码。每种类型的样品提供一个给候选评价员,让其熟悉这些样品(参见 GB/T 10220)。相同的样品标上不同的编码后,提供给候选评价员,要求他们再与原来的样品一一匹配,并描述他们的感觉。提供的新样品数量是原样品的两倍。样品的浓度不能高至产生很强的遗留作用,从而影响以后的检验。品尝不同样品时应用无味道无气味的水来漱口。

表 4-2 给出了可用物质的实例。一般来说,如果候选评价员对这些物质和浓度的正确匹配率低于 80%,则不能作为优选评价员。最好能对样品产生的感觉作出正确描述,但这是次要的。

表 4-2　匹配检验的物质和浓度实例

味觉或气味		物质	室温下水溶液 g/L	室温下乙醇溶液[a] g/L
	甜	蔗糖	16	——
	酸	酒石酸或柠檬酸	1	——
	苦	咖啡因	0.5	——
	咸	氯化钠	5	——
味觉		鞣酸	1	——
	涩	或槲皮素[b]	0.5	——
		或硫酸铝钾(明矾)[c]	0.5	——
	金属的	水合硫酸亚铁($FeSO_4 \cdot 7H_2O$)	0.01	——

续表

味觉或气味		物质	室温下水溶液 g/L	室温下乙醇溶液[a] g/L
气味	鲜柠檬	柠檬醛($C_{10}H_{16}O$)	——	$1×10^{-3}$
	香子兰	香草醛($C_8H_8O_3$)	——	$1×10^{-3}$
	百里香	百里酚($C_{10}H_{14}O$)	——	$5×10^{-4}$
	花卉、山谷百合、茉莉	乙酸苄脂($C_8H_{12}O_2$)	——	$1×10^{-3}$

注:[a]原液用乙醇配制,配制后用水稀释,且乙醇含量(体积分数)不超过2%。
[b]此物质不易溶于水。
[c]为避免由于氧化作用而出现黄色显色作用,需要用中性或弱酸性水配制新溶液。如果出现黄色显色作用,将溶液在密闭不透明容器内或在暗光或有色光下保存。

2. 敏锐度和辨别能力

(1)刺激物识别测试:这些测试通过三点检验(见 GB/T12311)进行。每次测试一种被检材料(刺激物识别测试可用的物质实例见表4-3)。向每位候选评价员提供两份被检材料样品和一份水或其他中性介质的样品,或者一份被检材料样品和两份水或其他中性介质样品。被检材料的浓度应在阈值水平之上。

被检材料的浓度和中性介质(如果使用),由组织者根据候选评价员参加的评定类型来选择。最佳候选评价应能够100%正确识别。经过几次重复检验候选评价员还不能识别出差异,则表明其不适于这种检验工作。

表4-3　可用于刺激物识别测试的物质实例

物质	室温下水中浓度
咖啡因	0.27g/L
柠檬酸	0.60g/L
氯化钠	2g/L
蔗糖	12g/L
顺-3-己烯-1-醇	0.40ml/L

(2)刺激物强度水平之间辨别测试:这些测试基于 ISO 8587 所述的排序检验。测试中刺激物用于形成味道、气味(仅用非常小浓度进行测试)、质地(通过口和手来判断)和色彩。

在每次检验中,将四个具有不同特性强度的样品以随机顺序提供给候选评价员,要求他们以强度递增的顺序将样品排序。应以相同的顺序向所有候选评价员提供样品,以保证候选评价员排序结果的可比性,避免由于提供顺序的不同而造成的影响。

此项测试的良好结果仅能说明候选评价员在所试物质特定强度下的辨别能力。可用的产品实例见表4-4。对于规定的浓度,候选评价员如果将顺序排错一个以上,则认为其不适合作为该类分析的优选评价员。

表 4-4　可用于辨别测试的产品实例

测试	产品[a]	室温下水溶液浓度
味觉辨别	柠檬酸	0.1g/L;0.15g/L;0.22g/L;0.34g/L
气味辨别	乙酸异戊酯	5mg/kg;10mg/kg;20mg/kg;40mg/kg
质地辨别	适合有关产业(例如奶油干酪、果泥、明胶)	——
颜色辨别	布,颜色标度等	同一种颜色强度的排序,例如由深红至浅红

注:[a]也可以使用其他有等级特征的适宜产品。

（四）候选评价员描述和表达感官反应能力的检验

对于参加描述试验的评价员来说,只有分辨产品之间差别的能力是不够的,他们还应该具有对于关键感官性质进行描述的能力,并且能从量上正确地描述感官强度的不同。

描述能力测试的目的是检验候选评价员描述感官感觉的能力。提供两种测试,一种是气味刺激,另一种是质地刺激。本测试应通过评价和面试综合实施。

1. 气味描述测试　用来检验候选评价员描述气味刺激的能力。

向候选评价员提供5~10种不同的嗅觉刺激样品,这些刺激样品最好与最终评价的产品相关。样品系列应包括比较容易识别的和一些不太常见的样品。刺激强度应在识别阈值以上,但是不要显著高出其在实际产品中的可能水平。

样品准备可用直接法或鼻后法。直接法是使用包含气味的瓶子、嗅条或胶丸。鼻后法是从气体介质中评价气味,例如通过放置在口腔中的嗅条或含在嘴中的水溶液评价气味。

最常用的方法仍然是通过瓶子评价气味,具体操作为:将样品吸收在无气味的石蜡或棉绒中,再置于深色无气味的50~100ml旋盖细口玻璃瓶内,使之有足够的样品材料可挥发在瓶子上部。组织者应在将样品提供给评价员之前检查其强度。也可将样品吸收在嗅条上。

每次提供一个样品,要求候选评价员描述或记录其感受。初次评价后,组织者可以组织对样品的感官特性进行讨论,以便引出更多的评论以充分显露候选评价员描述刺激的能力。可用的嗅觉物质实例见表4-5,也可参照 ISO 5496。

表 4-5　气味描述测试用嗅觉物质实例

物质	通常与该气味相联的物品名称
苯甲醛	苦杏仁、樱桃
辛烯-3-醇	蘑菇
苯-2-乙酸乙酯	花卉
烯丙基硫醚	大蒜
樟脑	樟脑、药物
薄荷醇	薄荷

续表

物质	通常与该气味相联的物品名称
丁子香酚	丁香
茴香脑	茴香
香草醛	香子兰
紫罗酮	紫罗兰、悬钩子
丁酸	酸败的奶油
乙酸	醋
乙酸异戊酯	酸水果糖、梨
二甲基噻吩	烤洋葱

试验结束后,根据下列标准对候选人表现分类:3分,能正确识别或做出确切描述;2分,能大体上描述;1分,讨论之后能识别或做出合适描述;0分,描述不出。

应根据所使用的不同材料规定出合格操作水平。气味描述测试的候选评价员的得分至少达到满分的65%,否则不适合做此类检验。

2. 质地描述测试　用来检验候选评价员描述质地刺激的能力。

随机提供给候选评价员一系列样品,要求描述其质地特征。固体样品应加工成大小一致的块状,液体样品则使用不透明的容器盛放。可以应用的产品实例见表4-6。

表4-6　质地描述测试用产品实例

材料	通常与该产品相关的质地
橙子	多汁、汁胞粒
早餐谷物(玉米片)	酥脆
梨	砂粒结晶质的、硬而粗糙
砂糖	透明的、粗糙的
药用蜀葵调料	黏、有韧性
栗子泥	面糊状
粗面粉	有细粒的
二次分离稀奶油	油腻的
食用明胶	黏的
玉米松饼	易粉粹
太妃糖	胶黏的
枪乌贼(墨鱼)	弹性、有弹力、似橡胶
芹菜	纤维质
生胡萝卜	易碎的、硬

试验结束后,根据表现按下列标准对候选评价员分类:3 分,能正确识别或做出确切描述;2 分,能大体上描述;1 分,经讨论后能识别或做出合适描述;0 分,描述不出。

应根据所使用的不同材料规定出合格操作水平。质地描述测试的候选评价员的得分至少应达到满分的 65%,否则不适合做此类检验。

点滴积累 ∨ ···

1. 候选评价员/ 准评价员的招募方式有内部招募、外部招募和混合评价小组三种,需要招募人数至少是最后实际组成评价小组人数的 2～3 倍。
2. 候选评价员的基本要求:兴趣和动机、对食品的态度、知识和才能、健康状况、表达能力、可用性、个性特点等。
3. 候选评价员/ 准评价员的筛选主要从感官功能的检验、感官灵敏度的检验、描述和表达感官反应能力的检验三方面进行。

第三节 食品感官评价员的培训

经过一定程序和筛选实验挑选出来的人员,常常还要参加特定的培训才能真正适合感官评定的要求,以保证评价员都能以科学、专业的精神对待评定工作,并在不同的场合及不同的实验中获得真实可靠的结果。

一、感官评价员培训的目的

培训是向评价员提供感官检验程序的基本知识,提高他们觉察、识别和描述感官刺激的能力。培训评价员掌握感官评价的专门知识,并能熟练应用于特定产品的感官评价。对感官评价员进行培训的目的主要有:

1. 提高和稳定感官评价员的感官灵敏度 通过精心选择的感官培训方法,可以增加感官评价员在各种感官实验中运用感官的能力,减少各种因素对感官灵敏度的影响,使感官经常保持在一定的水平之上。

2. 降低感官评价员之间及感官评定结果之间的偏差 通过特定的培训,可以保证感官评价员对他们所要评定的物质的特性、评价标准、评价系统、感官刺激量和强度间关系等有一致的认识。特别是在用描述性词汇作为分度值的评分试验中,培训的效果更佳明显。通过培训可以使感官评价员对评分系统所用描述性词汇所代表的分度值有统一认识,减少感官评价员之间在评分上的差别及误差方差。

3. 降低外界因素对鉴评结果的影响 经过培训后,感官评价员能增强抵抗外界干扰的能力,并将注意力集中于试验中。

感官评定组织者在培训中不仅要选择适当的感官评定试验以达到培训的目的,也要向受培训的人员讲解感官评定的基本概念、感官分析程度和感官评定基本用语的定义和内涵,从基本感官知识和试验技能两方面对感官评价员进行培训。

二、培训过程中应注意的问题

1. 培训期间可以通过提供已知差异程度的样品做单向差异分析或通过评析与参考样品相同的试样特性,了解感官评价员培训的效果,决定何时停止培训,开始实际的感官评定工作。

2. 参加培训的感官评价员应比实际需要的人数多。一般参加培训的人数应是实际需要的评价员人数的 1.5~2 倍,以防因疾病、度假或因工作繁忙造成人员调配困难。

3. 已经接受过培训的感官评价员,若一段时间内未参加感官评定工作,要重新接受简单的培训,之后才能再参加感官评定工作。

4. 培训期间,每个参训人员至少应主持一次感官评定工作,负责样品制备、实验设计、数据收集整理和讨论会召集等,使每一位感官评价员都熟悉感官试验的整个程序和进行试验所应遵循的原则。

5. 除嗜好性感官试验外,在培训中应反复强调试验中客观评价样品的重要性,评价员在评析过程中不能掺杂个人情绪。所有参加培训的人员应明确集中注意力和独立完成试验的意义,试验中尽可能避免评价员之间谈话和讨论,使评价员能独立进行试验,从而理解整个试验,逐渐增强自信心。

6. 在培训期间,尤其是培训的开始阶段应严格要求感官评价员在试验前不接触或避免使用有气味化妆品及洗涤剂,避免味感受器官受到强烈刺激,如喝酒、咖啡、嚼口香糖、吸烟等;在试验前 30 分钟内不要接触食物或者有香味的物质;如果在试验中有过敏现象,应立即通知鉴评小组负责人;如果有感冒等疾病,则不应该参加试验。

7. 试验中应留意评价员的态度、情绪和行为的变化。这可能起因于评价员对试验过程的不理解,或者对试验失去兴趣,或者精力不集中。有些感官评定的结果不好,可能是由于评价员的状态不好,而试验组织者不能及时发现而造成的。

三、优选评价员的培训

对优选出来的评价员的培训包括感官分析技术的培训、感官分析方法的培训和产品知识的培训。

(一) 感官分析技术的培训

1. 认识感官特性的培训 认识感官特性的培训是使评价员能认识并熟悉各有关感官特性,如颜色、质地、气味、味道、声响等。

2. 接受感官刺激的培训 接受感官刺激的培训是培训候选评价员正确接受感官刺激的方法,例如在评价气味时,应浅吸而不应该深吸,并且吸的次数不要太多,以免嗅觉混乱和疲劳。对液体和固态样品,当用嘴评价时应事先告诉评价员可吃多少,样品在嘴中停留的大约时间,咀嚼的次数以及是否可以咽下。另外要告知如何适当地漱口以及两次评价之间的时间间隔以保证感觉的恢复,但要避免间隔时间过长以免失去区别能力。

3. 使用感官检验设备的培训 使用感官检验设备的培训是培训候选评价员正确并熟练使用有

关感官检验的设备。

（二）感官分析方法的培训

1. 味道和气味的测试与识别培训　匹配、识别、两点、三点和二-三点检验（见 GB/T 10220 和专门的国际标准）应被用来展示高、低浓度的味道，并且培训候选评价员去正确识别和描述它们（参见 ISO 3972）。还可采用同样的方法提高评价员对各种气味刺激物的敏感性（参见 ISO 5496）。刺激物最初仅给出水溶液，在一定经验后可用实际的食品或饮料替代，也可用两种或多种成分按不同比例混合的样品。在评价气味和味道差别时变换与样品的味道和气味无关的样品的外观（例如使用色灯）有助于增加评价的客观性。用于培训和测试的样品应具有其固有的特性、类型和质量，并且具有市场代表性。提供的样品数量和所处温度一般要与交易或使用时相符。应注意确保评价员不会因为测试过量的样品而出现感官疲劳。

表 4-7 给出了可用于该培训阶段的物质。如果条件允许，刺激物应与最终要评定的物质相关。

表 4-7　测试和识别培训物质举例

序号	测试和识别培训用物质
1	表 4-2 中物质
2	表 4-4 中产品
3	糖精（100mg/L）
4	硫酸奎宁（0.20g/L）
5	葡萄柚汁
6	苹果汁
7	野李汁
8	冷茶汁
9	蔗糖（10g/L、5g/L、1g/L、0.1g/L）
10	己烯醇（15mg/L）
11	乙醇苄脂（10mg/L）
12	4~7 项加不同蔗糖含量（参照第 9 条）
13	酒石酸（0.3g/L）加己烯醇（30mg/L）；酒石酸（0.7g/L）加己烯醇（15mg/L）
14	黄色橙味饮料；橙黄色橘味饮料；黄色柠檬味饮料
15	依次加咖啡因（0.8g/L）、酒石酸（0.4g/L）和蔗糖（5g/L）
16	依次加咖啡因（0.8g/L）、蔗糖（5g/L）、咖啡因（1.6g/L）和蔗糖（1.5g/L）

2. 标度使用的培训　按样品某一特性的强度，用单一气味、单一味道和单一质地的刺激物的初始等级系列，给评价员介绍等级、分类、间距和比例标度的概念（参见 GB/T 10220 和 ISO 4121）。使用各评估过程给样品赋予有意义的量值。表 4-8 给出了培训阶段可用的物质实例。如果条件允许，

刺激物应与最终要评价的产品相关。

表 4-8　标度使用的培训时可用的材料举例

序号	标度使用的培训时可用的材料
1	表 4-4 中产品和表 4-7 第 9 项的产品
2	咖啡因 0.15g/L、0.22g/L、0.34g/L、0.51g/L
3	酒石酸 0.05g/L、0.15g/L、0.4g/L、0.7g/L 乙酸己酯 0.5mg/L、5mg/L、20mg/L、50mg/L
4	干乳酪:成熟的硬干酪,如 Cheddar 或 Gruyere,成熟的软干酪,如 Camembert
5	果胶凝胶
6	柠檬汁和稀释的柠檬汁 10ml/L、50ml/L

3. 开发和使用描述词的培训　通过提供一系列简单样品给评价小组并要求开发描述其感官特性的术语,特别是那些能将样品区别的术语,向评价小组成员介绍剖面的概念。术语应由个人提出,然后通过研究讨论并产生一个至少包含 10 个术语且一致同意的术语表。此表可用于生成产品的剖面图,首先将适宜的术语用于每个样品,然后用上述标度使用中讨论的各种类型的标度对其强度打分。组织者将用这些结果生成产品的剖面。可用于描述词培训的产品实例见表 4-9。

表 4-9　产品描述词培训时可用产品的实例

序号	产品描述词培训时可用的产品
1	市售果汁产品和混合物
2	面包
3	干酪
4	粉碎的水果或蔬菜

注:参见 ISO 6564。

（三）产品知识的培训

通过讲解生产过程或到工厂参观,向评价员提供所需评价产品的基本知识。内容包括:商品学知识,特别是原料、配料和成品的一般和特殊的质量特征的知识;有关技术,特别是会改变产品质量特性的加工和贮藏技术。

四、感官评价员的考核与再培训

进行了一个阶段的培训后,需要对评价员进行考核以确定优选评价员的资格,从事特定检验的评价小组成员就从具有优选评价员资格的人员中产生。考核主要是检验候选人操作的正确性、稳定性和一致性。正确性,即考察每个候选评价员是否能够正确地评价样品。例如是否能正确区别、正确分类、正确排序、正确评分等。稳定性,即考察每个候选评价员对同一组样品先后评价的再现度。一致性,即考察各候选评价员之间是否掌握统一标准做出一致的评价。

已经接受过培训的优选评价员若一段时间内未参加感官评价工作,其评价水平可能会下降,因此对其操作水平应定期检查和考核,达不到规定要求的应重新培训。

五、评价员感官评价能力维护

评价员在感官分析中类似于理化分析中的仪器主要部件(智能感官的传感器),为保证其运行的灵敏性、稳定性,需对其表现进行定期维护和监测。维护周期为前 6 个月内每 2 个月 1 次,若表现稳定,则此后的维护周期为 6 个月 1 次。维护内容主要包括:嗅觉、味觉、触觉、视觉等方面的感官评价能力,按照各感觉分类进行维护和监测。采用的方法为成对比较检验法、"A"-"非 A"检验法、排序法、量值估计法等标准方法。

点滴积累 ∨

1. 对感官评价员进行培训的目的主要有:提高和稳定感官评价员的感官灵敏度、降低感官评价员之间及感官评定结果之间的偏差、降低外界因素对鉴评结果的影响。

2. 优选评价员的培训包括感官分析技术的培训、感官分析方法的培训和产品知识的培训。

3. 感官评价员的考核主要是检验候选人的操作的正确性、稳定性和一致性。 对优选评价员操作水平应定期检查和考核, 达不到规定要求的应重新培训。

4. 评价员感官评价能力维护周期为前 6 个月内每 2 个月 1 次, 若表现稳定, 则此后的维护周期为 6 个月 1 次。 维护内容主要包括:嗅觉、味觉、触觉、视觉等方面的感官评价。 采用的方法为成对比较检验法、"A"-"非 A"检验法、排序法、量值估计法等标准方法。

第四节 食品感官评价员的组织和管理

一、食品感官评价员的组织

食品感官分析依照不同的试验目的有多种组织形式,其中组织者的作用最为关键。组织者除了必备的感官识别能力和专业知识水平外,还要熟悉多种试验方式、精通感官试验的各个环节,可以根据实际问题正确的选择试验法、设计试验方案、统计分析试验结果并给出正确的结论,组织者还需要有相当的管理能力,如适时的召集会议,培训和筛选评价员等展开试验。

感官分析小组按照组织单位的不同有以下几种形式:生产厂家组织、实验室组织、协作会议组织及地区性和全国性产品评优组织。目的不外乎改进工艺,提高产品质量,了解市场,研究开发新产品,奖优评差,发现消费者喜爱产品等。

生产厂家所组织的评定小组是为了改进生产工艺,提高产品质量和加强原材料及半成品质量而建立。实验室组织是为研究开发新原料、研制新工艺、新产品的需要而设立的。协作会议组织是各地区之间同行业为经验交流、取长补短、改进和提高本行业生产工艺及产品质量而自发设置的。

产品评优组织的主要目的是评选地方和国家级优质食品,通常由政府部门召集组织。它的评价员应该具有广泛的代表性,要包括生产部门、商业销售部门和消费者代表及富有经验的专家型评价员,并且要考虑代表的地区分布,避免地区性和习惯性造成的偏差。而生产厂家和研究单位(实验室)组织的评价员除市场调查外,一般都来源于本企业或本单位,协作会议组织的评价员来自各协作单位,应都是生产行家。

▶ **课堂活动**

感官分析小组按照组织单位的不同有几种形式?　这几种形式的主要目的是什么?

二、食品感官评价员的管理

感官评价小组成员通常来自组织机构的内部,例如,研究机构内部、大学食品系内部或食品公司的研发室内部,在感官评价需要时由组织者将其召集起来,开展评价工作。有条件的单位可通过外聘来组织感官评价小组。外聘人员与内部人员各有所长。

评价员要自愿协助评定工作,不能由上级命令来参加评价工作,并且该项工作不能成为评价员的负担。评价员经常参加评定工作,经验得到积累,对样品的评判水平会发生变化。因此,需要定期的监督检查评价员的能力有效性和表现。检查的目的在于检验每位评价员的能力,确定其是否能得到可靠的和再现性好的结果,多数情况下该检查可以随检验工作同时进行。根据检查结果决定是否需要重新培训,根据评价员的应用领域,确定需要开展特殊的感官测试,由评价小组负责人选择测试项目,建议将记录结果作为以后的参考,并用于确定何时需要再培训。

评价员的健康问题对于评价工作也是非常重要的,所以必须对评价员的身体进行定期检查。除身体健康外,其心理状况也会极大地影响评价结果,长时间的工作会产生生理、心理疲劳,容易导致评价结果出现偏差,因此要掌握评价人员的心理状态。

在评价员培训和日常评价工作中,组织者都应事先将实验目的、评价内容、评价程序告诉评价员,评价结束后也应将结果、实验的操作状况告诉评价员,同时还应让评价员了解样品的复杂程度、实验的困难程度以及他们回答正确的可能性,要时常给予评价员物质上和精神上的奖励,使他们始终保持良好的工作兴趣。事后应组织评价员相互讨论,这样有利于提高评价员的评定能力。对于组织者,在整个感官评定过程中产生的数据,都应该加以收集和整理。

点滴积累 V

感官评价小组按照组织单位的不同可分为生产厂家组织、实验室组织、协作会议组织及地区性和全国性产品评优组织。

评价员需要定期的监督检查评价员的能力有效性和表现,对评价员的身体进行定期检查,同时要掌握评价人员的心理状态。

目标检测

一、选择题

（一）单项选择题

1. 经过感官功能测试和综合考虑初筛出来,但尚未经过感官分析基础培训与考核的评价员是
（　　）

    A. 候选评价员　　　　B. 初级评价员　　　　C. 优选评价员　　　　D. 专家评价员

2. 食品感官评价人员中层次最高的一类是（　　）

    A. 候选评价员　　　　B. 初级评价员　　　　C. 优选评价员　　　　D. 专家评价员

3. 选择感官评价员最基本的要求是（　　）

    A. 年龄一致　　　　　B. 自愿参加　　　　　C. 做过培训　　　　　D. 感官正常

4. （　　）是挑选感官候选人员的前提条件。

    A. 兴趣　　　　　　　B. 健康状况　　　　　C. 表达能力　　　　　D. 可用性

5. 参加培训的感官评价员应比实际需要的人数多,一般参加培训的人数应是实际需要的评价
员人数的（　　）

    A. 1. 5~2 倍　　　　　B. 2~2. 5 倍　　　　　C. 2~3 倍　　　　　　D. 3~4 倍

（二）多项选择题

1. 感官评价员根据其感官评价能力可分为（　　）

    A. 候选评价员　　　　B. 初级评价员　　　　C. 优选评价员　　　　D. 专家评价员

2. 候选评价员的筛选主要从（　　）方面进行。

    A. 感官功能的检验　　　　　　　　　　　B. 感官灵敏度的检验

    C. 感官准确度的检验　　　　　　　　　　D. 描述和表达感官反应能力的检验

3. 优选评价员的培训包括（　　）

    A. 产品知识的培训　　　　　　　　　　　B. 感官分析方法的培训

    C. 感官灵敏度的培训　　　　　　　　　　D. 感官分析技术的培训

4. 评价员感官评价能力维护内容主要包括（　　）方面的感官评价。

    A. 嗅觉　　　　　　　B. 味觉　　　　　　　C. 触觉　　　　　　　D. 视觉

5. 分析型评价员主要应具备（　　）基本能力。

    A. 敏感力　　　　　　B. 识别力　　　　　　C. 记忆力　　　　　　D. 描述力

二、简答题

1. 感官评价员的类型有哪些?

2. 挑选感官评定候选人员时需要考虑哪些因素?

3. 对感官评价员进行培训可以起到哪些作用?

三、实例分析

1. 某乳品公司拟招聘 10 名感官评价人员,请你设计一套简单的候选评价员基本情况调查表。

2. 某乳品公司拟招聘 10 名感官评价人员,在初步确定评价候选人员之后,请你设计一套候选评价员筛选的方案。

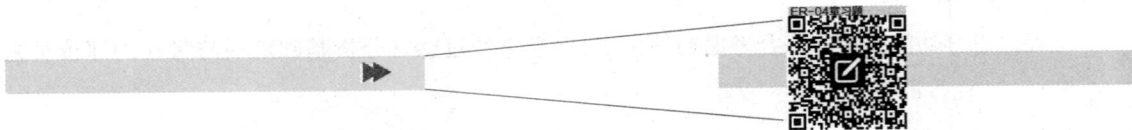

第五章

感官评价方法

导学情景 ∨ ···

情景描述：

　　某糕点生产厂为了扩大生产，决定增加奶油供应商，增加原料采购渠道以保障产品生产，但是为了保障产品的一致性，希望新采购的奶油与原采购奶油感官上一致，感官评价人员使用差异测试进行了原料的确定。某企业为了便于管理现有产品和研发新产品，决定建立产品感官数据库，感官评价人员使用定量描述测试对公司产品进行了分类整理。

学前导语：

　　企业在研发、生产、销售等过程中会遇到涉及产品感官属性的各类问题，本章将带领同学们学习分析解决感官问题的各类感官测试方法，及各类方法如何操作实施。

第一节　差别检验法

　　差别检验法常用于判断样品间是否存在感官属性差异，应用于食品、化妆品、制造业等领域产品研发、工艺调整、原料替换、评价员培训、筛选等过程中。判断两个样品之间是否有差异，常使用三点测试、二-三点测试、成对比较检验、五中选二检验，判断两个以上（多个）样品之间是否存在差异，则选择 R-Index 测试法、"A"-"非 A"检验。

一、成对比较检验法

　　成对比较检验（paired comparison tests）是检验两种样品间是否存在显著性差异的一种感官测试方法。成对比较有两种感官分析形式，定向成对比较检验和差别成对比较检验。决定采用哪种形式的检验，取决于研究目的。如果感官专业人员知道两种样品在某一特定感官属性上存在差别，那么建议采用定向成对比较检验；反之则应采用差别成对比较检验。在实际操作上，即使是仅调整一种原料或一个工艺参数，依旧难以确定两种样品在哪一种感官属性上存在差别，故使用定向成对比较检验的频率明显低于差别成对比较检验。

（一）定向成对比较检验

1. 方法原理　　定向成对比较检验（directional paired comparison method／2-AFC）中，试验者想要确定两个样品在某一特定感官属性强度上是否存在差异，或在整体水平感官强度上是否存在差异，如颜色、味道、口感等。两个样品同时呈送给评价员，要求评价员识别出在特定感官属性上程度较高或者较低的样品。

该检验是单侧的,因为试验者知道在某一指定属性上哪种样品程度较高。若只是随机选择(猜测),选择某一特定样品的概率是1/2,当评价员不能区别样品时,他们选择各样品的概率相等,即选择样品 A 的概率 P_A 等于选择样品 B 的概率 P_B,因此无差异假设为 H_0:$P_A = P_B = 1/2$。如果评价员能够根据指定的感官属性区别样品,那么指定属性较高的样品(例如 A)被选择的概率将会较高,因此对立假设 H_A:$P_A > 1/2$。

感官专业人员通过实验,统计选择特定样品的次数,从而计算概率 P;计算成对比较检验结果可使用二项式分布、t 检验、Page 检验、卡方检验进行统计分析。

2. 方法步骤

(1)招募、筛选、培训感官评价员;感官评价人员应在指定的感官属性和如何执行感官评价方面受过训练,以保证感官评价人员能够理解指定的感官特性和完成评价任务;

(2)根据实验目的以及 α、β、P_d 要求,确定实验所需评价员及样本数;

(3)设计实验问卷,如果使用计算机系统进行实验,那么在计算机系统内设置实验程序,如果使用纸质问卷进行测试,那么打印问卷;问卷示例如下:

姓名:

实验日期:

　　检验开始前,请用清水漱口,两组成对比较检验中各有两个样品需要评价,请按照样品编码从左至右依次品尝样品,由第一组样品开始,将全部样品摄入口中,请勿再次品尝;在每一对样品中选择甜度较高的样品,并在对应编号前的□内打"√"。在两组样品品尝之间使用清水漱口,并吐出所有的样品和水,然后进行下一组,重复品尝程序。此实验为强制选择检验,如果不能区别出不一样的样品,仍需给出答案。

样品组 1:　　□480　　□179

样品组 2:　　□285　　□653

---

(4)定向成对比较检验有两种样品呈送顺序(AB、BA),两种顺序应在评价员中交叉进行随机处理;

(5)准备实验样品,实验前使用分装容器统一分装样品,并对分装样品进行三位数编码并标识样品;

(6)邀请评价员进行评价,解释实验流程、样品评价方法、实验执行问题等;实验结束前不要询问关于实验的样品信息、评价员表现等问题;

(7)收集问卷,统计实验数据,计算实验结果,获得实验结论;

(8)出具实验报告,报告应包含样品信息、实验环境、实验条件、方法介绍、实验结论等。

3. 方法特点　定向成对比较检验是一种定向差别检验,检验不仅能够识别样品间是否存在差别,而且能够确定在特定感官属性上强度的差别,与其他差别检验相比,评价员需评估的样品少,尤其适用于单次实验评价样品有限的情况,如需涂抹半张脸、易引起感官疲劳或脱敏等状况。定向成对比较检验的执行简单,但评价员随机选择(猜测)正确的概率高,检验结果出现假阳性(Ⅰ类错误)的概率高。

4. 应用领域和范围　定向成对比较检验常用于样品间感官属性差异明确的差别检验,是一种定向差别检验方法,应用于产品研发、工艺调整、原料替换、评价员培训、筛选等过程中。在食品、化妆品、制造业等领域中均有应用。

5. 应用实例　某乳饮料生产企业为了降低一款香蕉牛奶的生产成本,配方中降低了香蕉香精的使用量,经过反复调整发现香蕉香精仅影响产品的香蕉味。为了最大限度降低香蕉香精使用量而不影响产品感官属性,工艺研究员按照原配方和调整配方生产了两种样品,想了解两种样品的香蕉味是否存在显著差异。感官专业人员使用定向成对比较检验进行测试。试验的样本数为50,选择调整配方样品香蕉味更浓的人数为22人。

方法一:查表法,参见附表3-5,使用近似值计算存在显著差别所需最少正确答案数:

$$x = (n/2) + Z\sqrt{n/4}$$
$$= (50/2) + 1.64\sqrt{50/4}$$
$$\approx 30.80$$

判断原则:回答正确人数≥临界值,则有显著性差异;

回答正确人数<临界值,则无显著性差异。

选择调整配方样品香蕉味更浓的人数22<30.80,在95%置信区间内,样间不存在显著性差异,企业可以降低香精的使用量。

方法二:二项式分布进行计算,按下列公式计算 P 值,在95%的置信区间内,如果 $P>95\%$,则样品间存在显著性差异;如果 $P<95\%$,则样品间不存在显著性差异。结果如下:

$$P = \sum_{n}^{k-1} p(k) = \sum_{50}^{21} C_{50}^{22}(\frac{1}{2})^{22}(\frac{1}{2})^{28}$$
$$\approx 0.240$$

在95%的置信区间内,$P<95\%$,样品间不存在显著性差异,在95%置信区间内,企业可以降低香精的使用量。

(二) 差别成对比较检验

1. 方法原理　差别成对比较检验(difference paired comparison method/same/different tests)类似于三点检验和二-三点检验,当样品间没有指定可能存在差别的方面,评价员想要确定两种样品间是否不同。实验中,两个样品同时呈送给评价员,要求评价员回答两个样品相同还是不同。

该检验是单侧的,因为评价员知道正确答案。若只是随机选择(猜测),答案正确的概率是1/2,当评价员不能区别样品时,他们选择各样品的概率相等,即正确答案的概率 $P_C = 0.5$,因此无差异假设为 $H_0: P_C = 1/2$。如果评价员能够区别样品,那么给出正确答案的概率将会较高,因此对立假设 $H_A: P_C > 1/2$。差别成对比较检验结果可使用二项式分布、卡方检验进行统计分析。

感官专业人员通过试验,统计正确答案数,从而计算概率 P。计算成对比较检验结果可使用卡方检验、二项式分布进行统计分析。常用置信区间为 95%、99%、99.9%，当概率 P 大于等于置信区间临界值时，样品间存在显著性差别。

2. 方法步骤　方法步骤同定向成对比较检验，不同点是问卷设计和样品呈送；差别成对比较检验有四种样品呈送顺序（AA，AB，BA，BB），这些顺序应在评价员中交叉进行随机处理。问卷示例如下：

姓名：

实验日期：

　　检验开始前，请用清水漱口，两组成对比较检验中各有两个样品需要评价，请按照样品编码从左至右依次品尝样品，由第一组样品开始，将全部样品摄入口中，请勿再次品尝；判断每一组样品是否相同，并在对应结果□内打"√"。在两组样品品尝之间使用清水漱口，并吐出所有的样品和水，然后进行下一组，重复品尝程序。此实验为强制选择检验，如果不能区别出不一样的样品，仍需给出答案。

样品组 1：　　480　　　179　　□相同　　□不相同

样品组 2：　　285　　　653　　□相同　　□不相同

---

3. 方法特点　差别成对比较检验是一种非定向差别检验，检验只能够识别样品间是否存在差别，不能确定在特定感官属性上强度的差别。

4. 应用领域和范围　差别成对比较检验常用于样品间感官属性差异未知的样品间的差别检验；应用于工艺调整、原料替换等过程中。在食品、化妆品、制造业等领域中均有应用。

5. 应用实例　某日化生产企业为降低一款修饰乳的生产成本，欲调整生产工艺，工艺研究员进行了一系列实验以求不影响产品感官属性，最终确定了新工艺。下线前工艺研究员想了解两种修饰乳在使用上是否存在显著差异。试验中要求评价员每个样品涂抹于半张脸，感官专业人员使用差别成对比较检验进行测试。实验的样本数为 50，正确答案数为 32；使用卡方检验进行计算，结果如下：

$$\chi^2 = \left[\frac{(\mid O_1 - E_1 \mid - 0.5)^2}{E_1} + \frac{(\mid O_2 - E_2 \mid - 0.5)^2}{E_2} \right]$$

$$= \left[\frac{(\mid 32 - 25 \mid - 0.5)^2}{25} + \frac{(\mid 18 - 25 \mid - 0.5)^2}{25} \right]$$

$$\approx 3.38$$

查 χ^2 表得 $0.1 < P < 0.05$，即在 90% 的置信区间内，拒绝原假设，样品间存在显著性差异，为保证产品感官属性不变，不建议使用现调整的工艺生产产品。

二、三点检验法

1. 方法原理　三点检验（triangle tests）是检验两种样品间是否存在差异常用的一种检验方法。检验中，三个样品同时呈送给评价员，其中两个样品是同一类型，另外一个是不同的类型；要求评价员选出不一样的样品。三点检验同成对比较检验一样，如果实验者知道样品在特定感官属性或整体属性上存在差异时,可要求评价员选出在特定属性上程度最强或者最弱的样品(即3-AFC);如果实验者不能确定样品间的差别是在哪种属性上,则需要求评价员选择(猜测)出不一样的样品。

该检验是单侧的,因为实验者知道评价员所回答问题的正确答案。若只是随机选择(猜测),选择某一特定样品的概率是1/3,当评价员不能觉察样品差异时,作出正确选择的概率(P_C)是1/3,因此无差异假设H_0:$P_C=1/3$。如果评价员能够觉察区别样品,那么评价员作出正确选择的概率将会较高,因此对立假设H_A:$P_t>1/3$。三点检验结果的计算可使用二项式分布进行计算。

2. **方法步骤**　方法步骤同成对比较,区别在于问卷设计和样品呈送顺序。三点检验中,样品的呈送顺序共六种(AAB、ABA、BAA、BBA、BAB、ABB),这些顺序应在评价员中交叉进行随机处理。问卷示例如下:

姓名:

实验日期:

　　检验开始前,请用清水漱口,两组三点检验中各有三个样品需要评价,请按照样品编码从左至右依次品尝样品,由第一组样品开始,将全部样品摄入口中,请勿再次品尝;每组样品中有一个样品与其他两个不同,找出不一样的样品,并在对应结果□内打"√"。在两组样品品尝之间使用清水漱口,并吐出所有的样品和水,然后进行下一组,重复品尝程序。此实验为强制选择检验,如果不能区别出不一样的样品,仍需给出答案。

样品组1:□582　　　□904　　　□173

样品组2:□651　　　□275　　　□496

---

3. **方法特点**　定向三点检验是定向差别检验,差别三点检验是非定向差别检验;三点检验的检验力要高于成对比较检验;相同检验力条件下,实验所需样本量要低于成对比较;实际操作中,执行相对简单。

4. **应用领域和范围**　三点检验是适用范围较广的一种差别检验方法,在食品、化妆品、包装行业均有应用。常用于成本优化、扩大生产、评价员培训等差别检验中。

5. **应用实例**　某薯片产品由于生产线相对成熟,企业为增大效益,欲调整工艺以降低产品生产成本。现经过工艺调整的样品在各项产品理化指标上均能达到相关要求,企业希望了解工艺调整前后产品间是否存在感官差异。感官专业人员根据要求进行三点检验。实验样本数为30,正确答案数为15,使用查表法,查附表3-2三点检验确定存在显著差别所需最少正确答案数;当$n=30$,$\alpha=0.05$时,存在显著差别所需最少正确答案数为15。实验正确答案数为15,在95%的置信区间,样品间存在显著性差异。

或者,使用二项式计算概率P,公式如下:

$$P = \sum_n^{k-1} p(k) = \sum_{30}^{14} C_{30}^{15} \left(\frac{1}{3}\right)^{15} \left(\frac{2}{3}\right)^{15}$$

$$\approx 0.957$$

在95%的置信区间内,$P>95\%$,样品间存在显著性差异,为保证产品感官属性不变,不建议使用调整工艺生产产品。

三、二-三点检验法

1. 方法原理 二-三点检验(duo-trio tests)是一种成对比较检验法的变形。检验中,评价员同时收到3个样品。一个样品标明"参照",该样品与另两个编码样品中的一个相同;评价员需挑选出一个与参照样品最相似的样品。二-三点检验有两种形式,固定参照二-三点检验和平衡参照二-三点检验。从评价员的角度,这两种检验是一致的。对于感官专业人员在准备试验时是不同的。

该检验是单侧的,因为试验者知道评价员所回答问题的正确答案。若只是随机选择(猜测),选择某一特定样品的概率是1/2,当评价员不能觉察样品差异时,作出正确选择的概率(P_C)是1/2,因此无差异假设$H_0: P_C = 1/2$。如果评价员能够觉察区别样品,那么作出正确选择的概率将会较高,因此对立假设$H_A: P_C > 1/2$。二-三点检验结果统计可使用二项式分布进行计算。

2. 方法步骤 方法步骤同成对比较,区别在于问卷设计和样品呈送顺序。二-三点检验中,固定参照二-三点检验的参照样品为固定样品,样品呈送顺序有两种($R_A AB$、$R_A BA$);平衡参照二-三点检验的参照样品包含两种样品,样品呈送顺序有四种($R_A AB$、$R_A BA$、$R_B AB$、$R_B BA$);不同样品呈送顺序应在评价员中交叉平衡。问卷示例如下:

姓名:

实验日期:

检验开始前,请用清水漱口,两组二-三点检验中各有三个样品需要评价,请按照样品编码从左至右依次品尝样品,由第一组样品开始,将全部样品摄入口中,请勿再次品尝;从中选择一个与参照样品R最相似的样品,并在对应结果□内打"√"。在两组样品品尝之间使用清水漱口,并吐出所有的样品和水,然后进行下一组,重复品尝程序。此实验为强制选择检验,如果不能区别出不一样的样品,仍需给出答案。

样品组1:R   □904   □173

样品组2:R   □275   □496

---

3. 方法特点 二-三点检验是一种非定向差别检验,检验只能识别样品间是否存在感官差别,不能识别差别的方向。

4. 应用领域和范围 与其他差别检验成对比较检验应用领域和范围相同。

5. 应用实例 某日化企业欲更换现有生产线,提高生产效率;现使用新生产线和配方模仿原旧生产线生产一款修饰乳;在替换生产线之前,企业需了解两种生产线所生产修饰乳是否存在差别,实验中将样品涂抹于手臂内侧;感官专业人员使用平衡二-三点检验法进行测试。实验样本量为40,正确答案数为28,使用查表法,查附表3-5,使用近似值计算存在显著差别所需最少正确答

案数, $\alpha = 0.01$, 结果如下:

$$x = (n/2) + Z\sqrt{n/4}$$

$$= (40/2) + 2.33\sqrt{40/4}$$

$$\approx 27.37$$

正确答案数 28 大于存在显著差别所需最少正确答案数 27.37, 在 99% 置信区间内, 样品间存在比较显著性差异, 新生产线所生产产品与原产品显著不同, 不建议替换现有生产线。

或使用二项式分布进行计算, 概率 P 计算结果如下:

$$P = \sum_{n}^{k-1} p(k) = \sum_{40}^{27} C_{40}^{28} \left(\frac{1}{2}\right)^{28} \left(\frac{1}{2}\right)^{12}$$

$$\approx 0.992$$

在 99% 的置信区间内, $P > 99\%$, 样品间存在比较显著性差异, 新生产线所生产产品与原产品显著不同, 不建议替换现有生产线。

四、"A"-"非 A"检验法

1. **方法原理**　"A"-"非 A"检验(A-notA tests)本质上是一种顺序成对差别检验。评价员得到并评价第一个样品, 然后撤掉该样品, 接下来评价员得到并评价第二个样品, 要求评价员指明这两个样品是相同的还是不同的; 试验中可连续评价一系列样品, 确定样品是否与给定样品相同或不同。由于评价员没有同时评价样品, 他们需对样品在内心进行比较, 故试验前需对评价员进行培训, 明确样品"A"和"非 A", 以保证评价员能够执行试验任务。

该检验是单侧的, 因为试验者知道评价员所回答问题的正确答案。若只是随机选择(猜测), 选择某一特定样品的概率是 1/2, 当评价员不能觉察样品差异时, 作出正确选择的概率(P_C)是 1/2, 因此无差异假设 H_0: $P_C = 1/2$。如果评价员能够觉察区别样品, 那么作出正确选择的概率将会较高, 因此对立假设 H_A: $P_C > 1/2$。"A"-"非 A"检验的实验结果可使用二项式分布、卡方检验进行计算。

2. **方法步骤**　方法步骤同成对比较, 区别在于问卷和样品呈送顺序, "A"-"非 A"检验样品有 4 中呈送顺序(AA、AB、BA、BB), 这些顺序应在评价员中交叉平衡。问卷示例如下:

姓名:

实验日期:

　　检验开始前, 请用清水漱口, "A"-"非 A"检验中有三个样品需要评价, 请按照样品编码从左至右依次品尝样品, 将全部样品摄入口中, 请勿再次品尝; 判断样品与给定样品 A 是否相同, 每评价一个样品后送出剩余样品并漱口; 在对应结果□内打"√"。此实验为强制选择检验, 如果不能区别出不一样的样品, 仍需给出答案。

A　904　□相同　　□不相同

873　□相同　　□不相同

---

3. **方法特点** "A"-"非A"检验是一种非定向差别检验;一般用于两种样品在外观上有细微差异,但是外观差异并不在考虑范围内时;如有色化妆品、饮料、商品包装等,调整样品的细微外观差异不是产品本身的重点属性,但是由于成本、原料、工艺的调整,导致了外观存在细微差异,不将两种样品放在一起时,外观细微差异难以被察觉,为了确定样品间是否存在感官差异时,"A"-"非A"检验更适合。

4. **应用领域和范围** 同其他差别检验方法。

5. **应用实例** 某乳饮料生产商欲使用不同批次的草莓果酱生产草莓乳饮料,两个批次的草莓果酱在颜色上存在细微差别,颜色并不是此乳饮料产品需要关注的主要感官指标,生产主管希望了解这两个批次生产的草莓味乳饮料在感官上是否存在差异,感官专业人员考虑到实验室无屏蔽灯的现状,且样品不放在一起难以发现颜色差别,感官专业人员使用"A"-"非A"检验法进行实验。实验样本数为60,正确答案数为34,使用二项式分布计算概率 P,结果如下:

$$P = \sum_{n}^{k-1} p(k) = \sum_{60}^{33} C_{60}^{34} (\frac{1}{2})^{34} (\frac{1}{2})^{22}$$

$$\approx 0.817$$

在95%的置信区间内,$P<95\%$,样品间不存在显著性差异,乳饮料生产厂在不考虑颜色的情况下,可以使用这两个批次的果酱进行乳饮料生产。

五、五中选二检验法

1. **方法原理** 五中选二检验(two out five tests)是一种分类(sorting)检验。检验中,评价员同时获得5个样品,要求评价员将样品分为两组,其中一组包含2个样品,这两个样品区别于另外的3个样品。

该检验是单侧的,因为实验者知道评价员所回答问题的正确答案。若只是随机选择(猜测),选择某一特定样品的概率是1/10,当评价员不能觉察样品差异时,作出正确选择的概率(P_C)是1/10,因此无差异假设 $H_0: P_C = 1/10$。如果评价员能够觉察区别样品,那么作出正确选择的概率将会较高,因此对立假设 $H_A: P_C > 1/10$。由于五中选二随机选择(猜测)正确的概率较低,检验出现假阴性(Ⅱ类错误)的可能性增加,故检验的检验力较低。五中选二检验结果的计算方法可使用二项式分布、z 检验进行计算。

2. **方法步骤** 方法步骤同定向差别检验法,区别是问卷设计和样品呈送,五中选二检验的样品呈送顺序有20种,这些顺序应在评价员种随机平衡。问卷示例如下:

姓名:

实验日期:

　　检验开始前,请用清水漱口,五中选二检验中有五个样品需要评价,请按照样品编码从左至右依次品尝样品,将全部样品摄入口中,请勿再次品尝,品尝样品间需使用清水漱口;选出两个最为相似的样品,在对应结果□内打"√"。此实验为强制选择检验,如果不能区别出不一样的样品,仍需给出答案。

□367 　□809 　□275 　□154 　□582

---

3. **方法特点**　五中选二检验是一种分类检验,同时是一种非定向差别检验;实验中需要评价的样品相对其他差别检验要多,容易引起感官疲劳和脱敏现象;但是在相同风险下,需要的评价员数要低于其他差别检验方法。

4. **应用领域和范围**　五中选二检验常用于不易引起感官疲劳的检验中,如气味阈值测试、液体颜色测试。

5. **应用实例**　某乳饮料生产商欲使用不同批次的草莓果酱生产草莓乳饮料,两个批次的草莓果酱在颜色上存在细微差别,生产主管希望了解这两个批次生产的草莓味乳饮料在颜色上是否存在差异,感官专业人员使用五中选二检验法进行试验,试验针对样品的外观进行评价。实验样本数为30,正确答案数为9;附表3-8,当 $n=30$,$\alpha=0.01$ 时,五中选二检验确定存在显著差异所需最少正确答案数为8,正确答案数9大于最少正确答案数为8,故在 $\alpha=0.01$ 时,样品间存在比较显著差异。

或者,使用二项式分布计算概率 P,结果如下:

$$P = \sum_{n}^{k-1} p(k) = \sum_{30}^{8} C_{30}^{9} \left(\frac{1}{10}\right)^9 \left(\frac{9}{10}\right)^{21}$$

$$\approx 0.998$$

在99%的置信区间内,$P>99\%$,样品间存在显著性差异,使用两个批次的草莓果酱生产乳饮料在外观上存在显著性差别,不建议该乳饮料同时使用这两个批次的草莓果酱进行生产。

六、其他差别检验方法

除以上列举出常用的方法之外,差别检验方法还有 R-index、tetrad test、ABX、n-AFC 等,目前这些方法的应用范围相对有限。

ABX 是一种反向二-三点检验方法。试验中,感官专业人员提供两种参照样品,要求评价员区别测试样品与哪种参照样品更为相似。此时,随机选择正确答案的概率为1/2,当正确答案的概率大于1/2时,说明两种样品间存在差别。

Tetrad Tests 是一种非定向差别检验,是三点检验法的拓展。试验中,评价员收到四个样品,第一个样品是参照样品,其他三个样品包含一个或两个参照样品,评价员根据相似性将四个样品分成两组;此时,随机选择正确答案的概率为1/6,当正确答案的概率大于1/6时,说明两种样品间存在差别。

R-index(ROC 曲线)是信号检测理论中计算受试者工作特征曲线的方法;感官评价员的表现可使用 R-index 进行统计分析,差别检验、喜好度检验、偏爱检验、排序检验均有应用 R-index 进行相关研究。

N 项必选法(n-AFC)是一种定向差别检验方法。当 n 为 2 时,同定向成对比较检验,当 n 为 3 时,同定向三点检验。试验中,评价员根据特定感官属性,在 n 个样品中选出感官属性最强或者最弱的样品,此时,随机选择正确答案的概率为 $1/n$,当正确答案的概率大于 $1/n$ 时,说明两种样品间存在差别。

七、实验样本数确定

为了保证检验力,差别检验抽样时需要充分考虑评价员的人数和级别。差别检验要求评价员的种类通常为初级评价员,即经过一定的筛选、培训、考核等的评价员,他(她)们明白如何执行测试及与测试相关的其他要求。之所以有这样的要求,一方面是为了提高检验的灵敏度,即剔除可能存在的感官缺失、感官不敏感人群对试验结果的影响;另一方面是为了保障差别检验可执行性。差别检验时,感官专业人员应根据试验的 I 类错误(α 风险,假阳性错误,即样品间无显著差异错判为存在显著差异的概率)、II 类错误(β 风险,假阴性错误,即样品间存在显著差异错判为不存在显著差异的概率)、P_d 值(识别人员比例)确定试验所需样本量,计算公式见式5-1:

$$N=\left\{\frac{Z_\alpha\sqrt{pq}+Z_\beta\sqrt{p_\alpha q_\alpha}}{p-p_\alpha}\right\}^2 \qquad (式 5\text{-}1)$$

其中:N—样本量

Z—与 α、β 相关的值,标准正态分布临界值

p—某特定检验的随机概率

q—随机概率对立假设的概率

p_α—正确数与鉴别者的比值

q_α—$1-p_\alpha$

正确者数、鉴别者数、样本量三者间的关系为正确者数等于鉴别者数与猜测者正确数之和,见公式5-2:即 $p_\alpha=C/N$,$q_\alpha=1-C/N$。

$$\frac{C}{N}=\frac{D}{N}+\frac{1}{X}\left(1-\frac{D}{N}\right) \qquad (式 5\text{-}2)$$

例:某感官实验室希望进行一次三点检验,其中单侧 α 风险为5%,β 风险为5%;所以 $Z_\alpha=Z_\beta\approx1.645$,鉴别者比例的上限为40%。三点检验的随机概率 $p=1/3$,则 $q=2/3$;此次试验的 $p_\alpha=0.4+1/3$ $(1-0.4)=0.6$,则 $q_\alpha=0.4$;代入式5-1:

$$N=\left\{\frac{Z_\alpha\sqrt{pq}+Z_\beta\sqrt{p_\alpha q_\alpha}}{p-p_\alpha}\right\}^2$$

$$=\left\{\frac{1.65\sqrt{\left(\frac{1}{3}\right)\left(\frac{2}{3}\right)}+1.65\sqrt{(0.6+0.4)}}{(1/3)-0.6}\right\}^2$$

$$\approx 35.165$$

即需要36个样本数来进行该试验。

八、差别检验法的统计方法

差别检验的结果,在判断样品间差别是否显著时,需要使用统计量概率 P 表示,即事件发生的概率。常用置信区间为95%、99%、99.9%,当概率 P 大于等于置信区间临界值时,样品间存在显著性

差别,$P \geqslant 0.95$,表明样品间差异显著;$P \geqslant 0.99$,表明样品间差异比较显著;$P \geqslant 0.999$,表明样品间差异极其显著。不同显著水平代表着差异的确定性,累计概率 P 越大,表示差别越明显,试验结论错误的概率越低。

(一) 二项式分布与表格

二项式分布事件中,独立事件发生的概率计算公式如式 5-3:

$$P(k) = C_n^k p^k q^{n-k} \tag{式 5-3}$$

式中:n—判断总数

　　k—正确判断的总数

　　p—随机做出正确判断的概率

　　q—随机做出错误判断的概率

在该式中,C_n^k 表示数学的阶乘函数。式 5-3 计算的结果为概率分布,即独立随机事件的发生概率,而三点检验分析时应计算累计概率。累计概率计算公式见式 5-4:

$$P = \sum_n^{k-1} p(k) = \sum_n^{k-1} C_n^k p^k q^{n-k} \tag{式 5-4}$$

随计算机和计算器的广泛使用,感官分析人员也可以使用这些设备进行计算,也可使用 Excel 内置函数 BINOM. DIST 或感官专业分析管理软件 FIZZ、XLstat 等进行计算。

(二) 经调整的卡方(χ^2)检验

卡方分布,可以使感官科学家将观察到的频率与对应的期望(假设)频率进行比较。卡方统计可按照式 5-5 计算:

$$\chi^2 = \left[\frac{(|O_1 - E_1| - 0.5)^2}{E_1} + \frac{(|O_2 - E_2| - 0.5)^2}{E_2} \right] \tag{式 5-5}$$

式中:O_1—观察到的正确选择数

　　O_2—观察到的不正确选择数

　　E_1—正确选择的期望值,等于总观察次数(n)乘以正确选择的概率(p),差别检验中对于一次独立判断;

　　　　$p=0.1$ 五中选二检验

　　　　$p=0.5$ 成对比较检验、二-三点检验、"A"-"非 A"检验

　　　　$p=1/3$ 三点检验

　　E_2—不正确选择的期望值,等于总观察次数(n)乘以不正确选择的概率(q),差别检验中对于一次独立判断;

　　　　$p=0.9$ 五中选二检验

　　　　$p=0.5$ 成对比较检验、二-三点检验、"A"-"非 A"检验

　　　　$p=2/3$ 三点检验

式中包含数字"-0.5"作为连续校正,因为卡方分布是连续的,需要连续性校正,而从区别检验中观察到的频率是整数,对于一个独立样本来说,只有一半得到正确答案是不可能的,所以统计的近似值最大可以舍去 1/2。利用区别检验可使感官分析人员确定两种产品在统计意义上是否有可觉

察到的不同,因此自由度为1,利用 $df=1$ 查阅表可查阅到显著水平的临界值,从而确定显著性水平,也可以使用统计分析软件如 SPSS、XLstat、FIZZ 等进行结果分析。

（三）z 检验

感官分析人员可利用常态分布曲线下的面积来估计区别检验结果的概率。下列公式可用于计算与某一特定区别检验结果相关的 z 值,见式5-6:

$$z = \frac{X - np - 0.5}{\sqrt{npq}}$$（式5-6）

式中:X—正确反应数

n—总反应数

p—正确判断的偶然概率

与计算一样,z 值计算也必须作连续校正。查阅 z 表(常态概率曲线下的面积)来确定作出选择的偶然概率。

（四）置信区间

当统计结果表明在某概率临界值的显著水平,两种样品间存在可被察觉的差异时,有时感官分析人员需要计算识别人群的比例,即有至少多少名评价员察觉或最多有多少名评价员察觉了样品间差异。计算能识别样品的人员比例的置信区间如下:

$$P_c = \frac{x}{n}$$

$$\overline{P_d} = \left(\frac{X}{X-1}\right) P_c - \left(\frac{1}{X-1}\right)$$

$$S_d = \left(\frac{X}{X-1}\right) \sqrt{P_c(1-P_c)/n}$$

置信上限:$\overline{P_d} + Z_\alpha S_d$ （式5-7）

置信下限:$\overline{P_d} - Z_\alpha S_d$ （式5-8）

式中:x—正确答案数

n—评价员总数

P_c—正确率

$\overline{P_d}$—识别人员比例

S_d—$\overline{P_d}$ 的标准偏差

Z_α—标准正态分布的临界值

例:三点检验中,有效样本数为30人,正确答案数为18,计算置信上限和置信下限。

$$P_c = \frac{x}{n} = \frac{18}{30} = 0.6$$

$$\overline{P_d} = \left(\frac{X}{X-1}\right) P_c - \left(\frac{1}{X-1}\right) = 1.5 \times 0.6 - 0.5 = 0.4$$

$$S_d = \left(\frac{X}{X-1}\right) \sqrt{P_c(1-P_c)/n} = 1.5 \sqrt{0.6 \times 0.4/30} \approx 0.134$$

$$置信上限:\overline{P_d}+Z_\alpha S_d = 0.4+1.645×0.134 ≈ 0.621$$

$$置信下限:\overline{P_d}-Z_\alpha S_d = 0.4-1.645×0.134 ≈ 0.179$$

在95%的置信区间内,不超过62.1%的评价员可以区别出样品间的差异,至少有17.9%的评价员能够识别出样品间差异。

（五）查表法

为了便于感官分析人员能够简单的分析实验结果,Roessler等人发表了一系列利用二项式公式计算的正确判断的数目和它们发生概率的表格,实验中可使用这些表格获得近似值。本书列举出一系列表格,可作为实验通过查表法快速获取实验数据或结论的工具。具体信息见附录三中的各个表格。

九、常见问题说明

（一）重复试验

重复试验会影响评价员的判断力和敏感度,但有时由于样品、评价员、成本等试验其他所需条件的限制,会对相同样品进行重复试验;如三点检验时10位评价员进行了3次重复试验,则样本数为30,此时尽管同样品进行了重复试验,但是样品的编码应该不同。尽管不建议使用重复性试验,但是在进行差别检验时一般受实验条件限制,可进行重复,对于相似性检验,不建议进行重复试验。

对于差别检验,如果不同重复试验结果间没有差异,则将重复试验的结果合并,对合并后的结果进行统计分析;如果重复试验结果间存在显著差异(比如有的重复试验显示样品间无差异,但是有的重复试验结果显示有差异),那么就需要仔细分析重复试验的方法、误差、检验力等。也可通过z检验分析重复试验结果能否合并;通过比较3种重复试验结果分析方法,发现不同方法会影响试验的检验力和误差。

（二）差别检验结果与消费者偏爱检验结果

如果已经适当地进行了差别检验,并且有一定的检验力,感官分析人员发现两种样品间不存在可觉察的差异,那么就没办法用这两种样品进行随后的消费者偏爱检验。因为,从逻辑上两种样品的感官属性是相同的,那么一个样品不会比另外一个样品更受偏爱。但是,如果随后的检验表明一个样品比另外一个样品更受偏爱,那么感官分析人员就必须仔细检查区别检验是否适当,特别是检验的检验力。任何检验都是一种抽样试验,所以错误决定的存在总是有一定的概率,因此一项区别检验显示没有可察觉的差异,而随后的偏爱检验有时则会显著。出现这种矛盾的原因也可能是由于消费者偏爱检验实验设计的误差导致,如所有消费者获得和评价样品的顺序一致而导致的顺序误差。同时消费者偏爱检验显示两种样品间无偏爱也不代表两种样品间不存在差别,区别检验与偏爱检验的结果间不存在充分必要关系。

（三）不同分析方法分析时结论差异

同一种检验方法可使用不同统计分析方法,当相同试验结果使用不同统计分析方法进行分析时,有时会存在试验结论不一致的情况,这是由不同统计分析方法的原理、模型、误差等差异导致。如果分析时存在这类问题,那么感官专业人员应该对不同统计方法进行分析说明,根据试验性质及目的给出试验结论。

点滴积累 V ....

1. 差别检验法种类比较多,实验方法的选择应综合考虑试验成本、评价员数量、试验灵敏度、样品特征。

2. 差别检验法的数据模型和理论相对成熟,同一计算方法往往有不同种,偶尔会出现相同试验,但结论不同的情况,这要考虑不同统计分析方法的 z 值不同,灵敏度不同。

3. 差别检验往往可以一次测试不同样品组,同时测试多个样品组时,一定注意样品组之间的间隔,通常建议不超过 3 个样品组,以免影响感官评价员的敏感度。

第二节 描述分析法

一、标度的选择

（一）常用标度方法

标度方法即使用数字来量化感官体验。现常用的标度方法有三种,最古老也是最广为使用的标度方法是类项评估,评价员根据特定而有限的反应,将数值赋予觉察到的感官刺激;第二种方法与此相对应,是量值估计法,使用这种方法评价员可以对感觉赋予任何数值来反映其比率;第三种常用方法是线性标度法,该方法是评价员采用在一条线上作标记来评价感觉强度或喜爱程度。

1. 类项标度 类项标度与线性标度的差别在于人们的选择受到很大的限制。图表标度技术给人的印象是—反应是连续分级的。实际上,作为数据,由于数据编码器具的限制,它们同样也被限制在不连续的可测量选项上,例如利用数字转换器的处理或通过光笔在触摸屏 CRT 上的像素分解的数值。但是在类项标度中,可选择的反应数目通常要少得多,典型的为 7~15 个类项。类项的多少取决于实际需要以及评价员对产品能够区别出来的级别数。随着评价人员训练的进行,对强度水平可感知差别的分辨能力会得到提高。类项标度有时也被通称为"评估标度",尽管这个术语也用于指所有的标度方法。最简单的,也是历史上最常见的形式是利用整数来反映逐渐增强的感官强度。作为一种心理物理学方法,它在早期文献中以"单刺激方法"出现,但与其他比较技术相比,它较少被用于测量绝对和辨别阈。不过,直接标度被认为是最经济的。也就是说,尽管可能是"廉价的数据",但它的优势在于对一个单一刺激,实验员至少可以得到一个数据点。如果是剖面或描述性分析,可以得到许多数据点,标度各个特征。在实际的感官工作中,由于检验完成时间的快慢和有竞争力的产品开发的紧迫性通常是重要因素,因此,对这种经济特性似乎要超过对标度有效性的关注。简单类项标度的例子如图所示。

类项标度举例：

（1）强度

1	2	3	4	5	6	7	8	9
弱								强

（2）甜度

□　　□　　□　　□　　□　　□　　□　　□　　□

弱　　　　　　　　　　　　R　　　　　　　　　强

（3）合适度（JAR）

1	2	3	4	5
极弱	较弱	合适	较强	极强

（4）喜好度（Liking）

1	2	3	4	5	6	7	8	9
极其	比较	不喜欢	有点	一般	有点	喜欢	比较	极其
不喜欢	←		既没有喜欢也没有不喜欢			→		喜欢

　　这类标度方法应用广泛。常见的例子是用大约9个点的整数反应。分级也可以更多，如Winakor等人用1～99的选项来评估织物的手感特征。在频谱方法中研究者使用了15点类项，但允许把每类再分成10等份，理论上相当于变成了至少150点的标度。在快感或情感检验中，常用两极标度，有一个0点或中性点位于中间位置。这比强度标度简略，例如，在对儿童使用的"笑脸"标度中，虽然对较年长的儿童可以使用9点法，但对很年幼的受试对象只采用3个选择。在之后的研究中，有研究者放弃使用标度或整数，以避免受试对象的偏见，因为人们常对特定的数字产生特定的含意。为解决这一问题，采用未标注的方格标度法。在类项标度的最初应用中，研究者的观点是让受试者把类项当作是等间距的。并且受试者可能被要求根据所提供的标度范围来确定他们的判断，因此，最强的刺激被评为最高类项，而最弱的刺激则被标示为最低类项，这种指示经常出现。现在大部分实施人避免让受试者采用高于或低于项目设置期望范围进行判断，即使受试者认为是合适的。事实上，大部分人都倾向于在标度范围内给出判断，但他们不喜欢过多使用标度上的某一部分，而是会将他们的判断移到相邻的反应类项上。数字类项标度中可用数字有上限的事实便于线性等距标度的实现。如果应用合理，类项11标度可以很接近等距测量。一个主要问题是要提供足够的选择，以表示评价人员能够分辨的差别。如果评价小组受过高度训练而能够辨别很多刺激水平，一个简单的3点标度是不够的。在风味剖面标度中，可能逐渐使用很多的标度点。然而，有规律表明使用太多的标度点会降低回收率，进一步的详细研究可以将产品更好地区别到某一点上，而额外的反应选择只不过是记录了随机误差波动，从而使回收率降低。当有个人倾向问题时，尤其在消费者工作中，会以去除选项或截去端点的方法来简化标度。回避端点会引起不良结果。一些受试者往往不愿使用端点类项，以防在后面的检验中出现更强或更弱的情况，因此，人们自然倾向于避免端点类项，而将9点标度截为7点标度，可能使评价者实际上只能得到5点标度的作用。所以，最好避免在试验计划

中截去标度点的倾向。试验设计者要考虑是否对中间标度点给予物理学示例。给出事例在端点类项中常见,在中间点类项中的使用要少一些。这种做法的优点是可以获得一定的标准水平,这是受过训练的有描述能力的评价人员所希望的特征。因此,我们发现在质地剖面方法中用 9 点标度评价硬度时,所有的类项点都有相应的物理学示例,从非常软的像白色的煮鸡蛋到非常硬的像硬糖块,两个相邻的样品间保持的间距大致相等。事例潜在的缺点是限制了受试者的标度。在实验者看来是等距的,在参与者看来却未必。这种情况下,最好的做法是让受试者在可选标度范围内确定判断,但不假设中间点的示例是真正等距的。这一选择取决于实验者,其决定反映了他是更关心希望得到标准还是更关心反映限制或潜在偏差。训练有素的评价小组进行感官分析时更喜欢标准,而消费者偏爱评估时则喜欢减少限制。在实践中,简单的类项标度对产品区别的敏感性几乎和其他标度技术,包括线性标度法和量值估计法一样。由于它们的简易性,所以特别适合于消费者工作。另外,它们在快速准确的数据编码和列表方面也有一些优势,因为它们的工作量要小于线性标度或变化更多的可能包含分数的量值估计法。当然,前提假设数据列表是手工进行的,如数据是利用计算机系统在线记录的,就不存在这一优势。具有固定类项的多种标度现在仍在使用,包括用于观点和态度的利开特(Liken)式标度,它的类项是基于人们对关于该产品的表述同意与否的程度,类别选项对很多情况具有灵活性。

2. 量值估计　量值估计方法是流行的标度技术,它不受限制地应用数字来表示感觉的比率。在此过程中,评价员允许使用任意正数并按指令给感觉定值,数字间的比率反映了感觉强度大小的比率。例如,假设产品 A 的甜度值为 20,产品 B 的甜度是它的 2 倍,那么 B 的甜度评估值就是 40。量值估计不依赖于像类项标度和线性标度技术中那样可见到选票。应用这种方法需要注意对受试者的指令以及数据分析技术。

量值估计有两种基本变化形式。第一种形式,给受试者一个标准刺激作为参照或基准,此标准刺激一般给它一个固定数值。所有其他刺激与此标准刺激相比较而得到标示,这种标准刺激有时称为"模数"。另一种主要的变化形式则不给出标准刺激,参与者可选择任意数字赋予第一个样品,然后所有样品与第一个样品的强度比较而得到标示。实践中受试者可能"一环套一环"地根据系列中最靠近的一个样品给出评估。在心理物理学实验室,量值估计得到了初步应用,一般每次只标度一种属性。但是,评估多个特征或剖面分析也被用于味觉研究,这种方法也自然地被沿用到具有多重味道和芳香特征的食品研究中。

参照样或赋以固定数值模数的量值估计应用示范指令如下:

品尝第一个样品并注意其甜度。这是一个参照样品,它的甜度值定为"10"。请根据该参照样品来评价所有其他样品,给这些样品相应的数值以表示样品间的甜度比率。例如,如果下一个样品的甜味是参照样的 2 倍,则将其定值为"20",如果其甜度是参照样的一半,则将其定值为"5",如果其甜度是 3.5 倍,则将其定值为"35"。可以使用任意的正数,包括分数和小数。在这种方法中有时允许用数字0,因为在检验时有些产品实际上没有甜味,或者没有需评价的感官特性。但参照样品不能用 0 来赋值,参照样最好能选择在强度范围的中间点附近。没有感觉特征的产品定值为 0 可以理解,但使数据分析复杂化了。

量值估计的另一个主要变化形式不使用参考点。这种情况指令如下：

请品尝第一个样品并注意其甜度。请根据该参照样来评价所有其他样品,并给这些样品相应的数字以表示样品间甜度的比率。例如,如果下一个样品的甜味是参照样的2倍,则给该样品定值为第一个样品的2倍;如果甜味是参照样的一半,则给其定值为第一个样品的一半;如果甜味是3.5倍,则给其定值为3.5倍。可以使用任意正数,包括分数和小数。参与者一般会选择他们感觉合适的数字范围,ASTM法建议第一个样品的值在30~100之间,应避免使用太小的数字。参与者应注意避免前面使用有界限类项标度的习惯,如限制数字范围为0~10。这对于以前受过训练使用其他标度方法的评价人员是一个很大的困难,因为他们总是习惯于坚持了解的而感到习惯的方法。有这种行为的评价人员可能没有理解指令中"比率"的特性。为避免这一问题,可以让参与者进行一些准备活动来帮助他们确切地理解标度指令。准备活动可以让他们估计不同几何图形的大小和面积或者线段的长度。有时,要求评价人员同时标度多个特征或将整体强度分解为特定的属性。如果需要这种"剖面",几何图形可以包含不同的阴影区域,或者不同颜色的线段。如果允许参加者选择自己的数字范围,那么,在统计分析之前有必要进行再标度,使每个人的数据落在一个正常的范围内。这样,可以消除受试对象选择极大数字而对集中趋势(平均值)测量和统计检验的不良影响。这一再标度过程也被称为"标准化"。

再标度的一种常用方法是:①计算每个人全部数据的几何平均值;②计算所有数据(将全部受试者综合起来)的总几何平均值;③对各受试者计算总几何平均值与各自几何平均值的比率,由此得到各受试者的再标度因子,构建这一因子也可以不用总几何平均值,而选用任何正数,例如选用数值100;④对于各受试者,用他们各自的数据点乘以他们相应的再标度因子。这样,产品就可以进行统计学比较,并得到集中趋势量度。如果数据在再标度前已经转化成对数值,那么,再标度因子则是基于对数的平均值,这样,它就变为用加法而不是用乘法。

量值估计的数据常常在数据分析前转换成对数,这主要是因为数据趋向于对数常态分布,或者至少是正偏离。在标度中有一些高度偏离值,而大部分标度位于较低的数值范围内。原因是标度在顶端是开放的,而在底部则以零为界。不过,当数据中包含零的时候,将数据转换成对数和几何平均值也会出现一些问题。0的对数是没有意义的,而在用乘法计算N次几何平均值时也将使结果为0。对于这个问题有几种办法。一种方法是将数据中的0赋予一个小的正数,比如取受试者给出的最小标度值的一半。当然,结果分析会受这种选择的影响。另一种方法是在计算标准化因子时使用算术平均值或中间值。对于再标度它是可行的,但并未去除数据的偏离。

在实践中,量值估计法可应用于训练有素的评价小组、消费者甚至是儿童。但是,比起受到限制的标度方法,量值估计法的数据变化更大,特别是出自未经训练的消费者之手的数据。该标度法的无界限特性,使得它特别适合于那些上限会限制评价人员在评估感官特征中区分感官体验能力的情况。例如,像辣椒的辣度这样的刺激或痛觉,在类项标度法中可能都被评估为接近上限的强度。但在端点开放的量值估计法中,允许评价人员有更大的自由度来运用数字反映极强烈的感觉变化。在喜爱和厌恶的快感标度中,使用量值标度还要考虑一个问题。这种技术的应用有两种选择,一种使用单侧或单极标度来表示喜爱的程度,另一种使用双极标度,可以使用正数和负数,外加一个中性点。在喜爱和厌恶的双极量值标度中,允许使用正数和负数来表示喜爱和厌恶的比率或比例。对正数和负数的选择只表示数字代表的是喜欢还是不喜欢。在单极量值估计中,则只允许使用正数(有时包括0)。低端表示厌恶,随着数值的增大,表明喜爱的程度成比例逐渐升高。设计这种标度时,实验者应明确单极标度对参与评价的人员是否合适,因为实验员可能没有认识到事实上存在中性反应的情况,也没有认识到存在明显的两种反应方式,即喜欢和不喜欢。如果能保证所有的结果都在快感的一侧——无论是都喜欢或都不喜欢,只是程度不同,那么单极标度才有意义。在少数情况下,对食品或消费产品的检验是可以采用单极标度的。这时,至少某些参与者可忽略变化或者观点的改变不明显。因此,9点类项标度的双极标度更符合常识。

　　3. 线性标度　线性标度也称为图表评估标度或视觉相似标度。自从发明了数字化设备以及随着在线计算机化数据输入程序的广泛应用,这种标度方法变得普遍起来。其基本思想是让评价员在一条线段上做标记以表示感官特性的强度或数量。大部分情况下,只有端点做了标示。标示点也可以从线段两端缩进一点儿以避免末端效应,其他中间点也可以标出来。一种常见的变化形式是标出一个中间的参考点,代表标准品或基线产品的标度值。所需检验的产品根据此参考点来进行标度,经过训练的评价员对多特性进行描述性分析时,这些技术是很常用的,而在消费者研究中则较少应用。

　　线性标度举例如下:

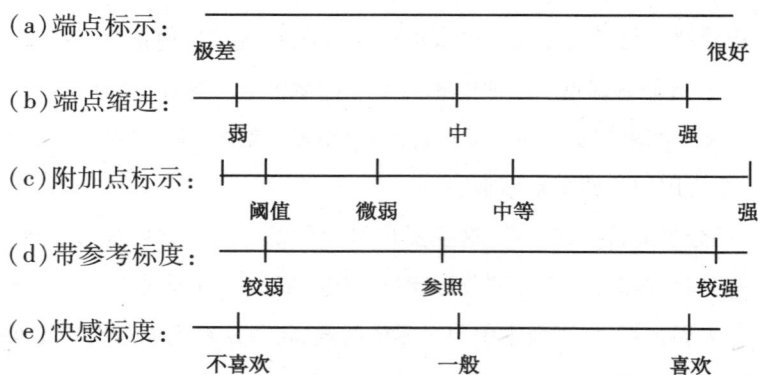

（a）端点标示：
极差　　　　　　　　　　　　　　　　很好

（b）端点缩进：
弱　　　　　　　　中　　　　　　　　强

（c）附加点标示：
阈值　微弱　　　中等　　　　　　　　强

（d）带参考标度：
较弱　　　　　参照　　　　　　　较强

（e）快感标度：
不喜欢　　　　　一般　　　　　　　喜欢

　　感官评价的线性标度起源于二次大战中美国密歇根州农业实验站的一次实验。在 Baten 的研究中,他为了检验各种贮存温度对苹果吸引力的影响,进行了简单的类项标度(从很理想到很不理想分成7个选项进行评估),又使用了6英寸的线性标度,线的左端标示为"极差",线的右端标示为"极好"。对显示在线上的反应用英寸为单位进行测量。Baten 的研究说明了以前的文献中许多研究者的观察敏锐性有多大。线性标度提供了选项的连续等级选择,只受限于数据列表的测量能力。Stone(Herbert Stone, 美国感官和消费服务部联合创始人兼前任主席,感官评价资深顾问。)等人推荐将线性标度用于定量描述分析(quantitative descriptive analysis,QDA),继而形成一种标示各种重要感官特性的新方法。在定量描述分析(QDA)中,使用一种近似于等距标度的标度方法是很重要的,因为在描述分析中方差分析已成为比较产品的标准统计技术。自 QDA 出现以来,线性标度技术已被用于需要感官反应的各种不同场合。例如,可以利用线性标度法让消费者成功地评价啤酒的风味强度、丰满度、苦味和后味特征。所谓"成功"是指在检验实例中获得了统计上的显著差别。线性标度法的应用并不局限于食品和消费产品,在临床上对痛觉和祛痛的度量也可利用水平线或垂直线进行线性标度法。利用线性标度技术并结合比率指令可以对口味和气味的强度及快感进行判断。这是一个综合的方法,受试者根据指令进行线性标度,如同进行量值评估一样。比如说,如果一种产品的甜度是前一种的 2 倍,那么就在线上 2 倍距离的位置标示出来。这种情况下,线的端点是一个问题,受试者被告知如果空间不够的话可以另附纸,但很少会出现这种情况。在比较类项标度、线性标度和量值评估时,线性标度方法对产品的差别与其他标度技术几乎同样灵敏。

（二）其他标度技术

1. 排序法　排序法是一种传统标度,该方法对受试者的指令简单,数据处理方便,而且测量水平的假设最少。虽然排序检验最常用于快感的数据中,但它也可应用于关于感官强度的问题。当要求对某一特定品质的强度,例如一些果汁的酸味排序,排序检验仅仅是多于两个样品的成对比较法的延伸。由于其简单性,在参与者理解标度指令有困难的情况下,排序法是一种适当的选择。在参与者为文盲、年幼的儿童、有文化背景差异或者有语言障碍的人的情况下,排序法是值得考虑的。

排序法仅能选出指标的排序结果,不能反映具体强度或内容,例如对几种核桃乳饮料的喜好度进行排序时,只能选出排序最好的产品,但是有可能几种核桃乳饮料都不被喜欢或接受。

排序法数据的分析方法也很简单,常用的方法有直接简单统计序列之和,以及对于序列数据中的差别非常灵敏的检验是 Friedman 检验,也可认为是"序数方差分析",具体见本节统计分析方法介绍。序数统计和 Friedman 检验是快速的、直截了当的,而且易于操作。当其他数据在常态分布受到怀疑时,也可能将其转换成序数,进而进行分析。

2. 标示量值标度　标示量值标度(LMS)是一种杂合的标度技术,反应是一种线性标示任务,而语言定位则根据比率标度指令的刻度分开。示例如下:

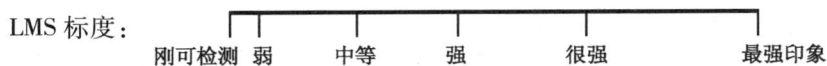

LMS 标度:

刚可检测　弱　　中等　　强　　　很强　　　　　最强印象

该方法早期主要是运用在感知的物理学应用领域。在发展这一标度法的过程中,假定语义描述符可以作为比率标度定义了感知强度水平,而且所有个体都经历了相同的感知范围。这些假设是否成立,仍存在疑问。

（三）方法比较

这些方法存在两大方面的差异。首先是评价员所允许的自由度及对反应的限制,开放式标度法不设上限,其优点是允许评价员选择任何合适的数值进行标度,不过,这种开放式的反应难以在不同评价员之间进行校准,数据编码、分析及翻译过程会复杂化;相反,简单的分类法则易于确定固定值或使参照标准化,便于校准评价员,而且数据编码与分析常常很直观。标度方法间差异的第二个方面是允许评价员的区别程度。有的允许评价员根据需要使用任意多个中间值,而有的则被限制只能使用有限的离散的选择。所幸的是,采用合适的标度点数量似乎可以减少这些差异。

许多实验成果已经转选入到关于哪种标度方法更可靠、有效或者比其他方法在某些方面更好的争论中。关于标度的争论主要集中在两方面,一方面是基于心理学领域,争论刺激、感觉、反应关系,其中比较重要、有代表性的是 Stevens 和 Glanter 于 1957 年进行的一次关键性比较,类项标度和量值标度通常数据是曲线相关的。另一方面争论基于感官从业者实践,他们不同于心理学领域理论方面的争论,争论主要是关于哪种标度在实际操作中更有效、结果重复性和实验参与者理解性更好等。一种常见的对比分析标度的标准是误差方差或者相似测量的程度,也有使用主成分分析和聚类分析探讨标度能否区别不同种类的样品。

一些实践问题应在任何特定标度方法用于感官检验时加以考虑,这些问题包括:充足的空间来区别产品,考虑端点效应,考虑观察者的参照框架(包括语言定位和物理强度标准),利用适当的、基本的和确切定义的特征,在分析前考察数据组是否可能违反统计假设。

二、风味剖面法

1. 方法原理 风味剖面(flavor profiling,FP)是一种定性描述检验方法,用于描述产品和产品评价本身,是一种一致性技术,可以通过评价小组成员达成一致性意见后获得。风味剖面考虑了一个食品系统中所有的风味,以及其中个人可检测到的风味成分。该技术描述了所有的风味及风味特征,并评估了这些属性的强度和整体印象,实验中使用类项标度。FP 技术提供一个表格,表格中有可感知的风味,它们的强度和感知的前后顺序,余味和整体印象。如果对评价小组成员训练,这张表格就有重现性。

随着数值标度的应用,风味剖面被重新命名为剖面特征分析(PAA)。由风味剖面特征分析得到的数据可以用来进行统计分析,PAA 比 FP 定量的程度更高,同时也可获得 FP 类型的一致性描述。平均数结果的一致性结论比 FP 的一致性结论有更小的变化系数。

2. 方法步骤

(1)招募评价员,在一定时间内对感官评价员进行感官属性、评价方法、感官灵敏度等进行培训,通常试验需要 4~6 名评价员,让他们能对产品类项的风味进行精确的定义。评价小组成员对使用过程中的描述语言进行复习和改进,在训练阶段也会产生每个描述语言的标准和定义。使用合适的标准可以提高一致性描述的精确度,训练完成阶段,评价小组成员已经为表达所用的描述语言强度定义成一个参比系。

(2)设计试验准备问卷,并打印。

(3)准备试验样品,使用三位数编码并统一进行分装。

(4)邀请评价员进行试验,对食品样品进行品尝后,把所有能感觉到的特征,按照芳香、风味、口感和余味,分别进行记录。

(5)评价小组领导者,可以根据评价小组的反应获得一致性的剖面。

(6)收集试验结果,实际应用中,风味剖面不是平均分的过程,而是通过评价小组成员和评价小组领导对产品进行讨论和重新评价获得的。

(7)出具试验报告。

3. 方法特点 风味剖面法是一种定性描述性分析法,风味剖面分析法是一种定量描述性分析法。风味剖面法应当进行长期使用性的筛选,训练一个评价小组需要花费时间、精力和财力,实验成本高。感官描述语言发展过程中和评价阶段中,评价小组的领导者是一个活跃的参与者,必须能够协调小组成员之间的关系,领导整个评价小组朝着一个完全一致的观念发展。

4. 应用领域和范围 风味剖面法应用于食品行业,进行产品开发、质量控制、竞品分析等均有应用,贯穿于产品生产线和生命周期中,尤其对于风味是主要感官属性的产品。

5. 应用实例 某乳品企业计划对新研发的一款产品制定销售策略,现欲了解该新研发产品的感官风味属性,以便根据风味特性明确市场定位。感官专业人员使用风味剖面法对该产品感官风味属性进行测试,测试流程如下:

(1)招募感官评价小组成员。

(2)确定感官风味描述词,并使用参照体系对评价小组成员进行培训。

(3)对评价小组的评价数据稳定性、一致性、重复性进行测试,达到要求后进行下一步。

(4)选用经培训的评价小组中4~6名评价员进行测试。

(5)评价人员分别评价新产品的风味,并按照风味出现的先后顺序,分别对风味强度进行打分或者分级。

(6)分别评价结束后,集体讨论风味的种类、出现顺序、强度等,最后获得一致性意见。

三、质地剖面法

1. 方法原理 质地剖面法(texture profiling)在风味剖面法概念的基础上,建立了一种利用工程原理,评价从咬到食品第一口到完成咀嚼整个过程的感官方法。质地剖面使用标准术语,对任何产品的质地特征进行描述。质地剖面评价人员可以通过一致性决定术语的定义以及出现的顺序。与质地术语具有相关性的评估标度经过了标准化,在每个标度中,特定参数的整个范围是由具有特定特征的、作为主要组成的产品来确定的,必须有效的评价参比产品,从而决定它是否符合用于测定特定强度增加的标准。

2. 方法步骤

(1)招募评价员,所有评价人员必须接受相同的质地原理和质地剖面过程的训练,应该严格控制样品的制备、呈现和评估。评价人员还应当按照标准的方式进行咬、咀嚼和吞咽的训练。评价小组训练期间,评价人员首先面对的是质地特征的分类;随后他们要训练最多种类的食品产品和参照标度;在第三阶段,评价人员要根据他们对一个特定食品类项中的各个质地特征进行辨认、识别和定量程度的技术训练,这些过程通常花上几个星期的日常训练时间。通常试验需要4~6名评价员。

(2)设计试验准备问卷,并打印。

(3)准备试验样品,使用三位数编码并统一进行分装。

(4)邀请评价员进行试验,对食品样品进行品尝后,把所有能感觉到的质地、口感,按照咬、咀嚼和吞咽等评价过程进行评价,分别进行记录。

(5)评价小组领导者,可以根据评价小组的反应获得一致性的剖面。

(6)收集试验结果,实际应用中,风味剖面不是平均分的过程,而是通过评价小组成员和评价小组领导对产品进行讨论和重新评价获得的。

（7）出具试验报告。

3. 方法特点　同风味剖面法。

4. 应用领域和范围　此方法对质量控制、质量分析、确定产品之间差异的性质、新产品研制、产品品质的改良等最为有效，并且可以提供与仪器检验数据对比的感器数据，如与质构仪、电子舌、黏度计等数据进行横向对比，提供产品特征的持久记录。

5. 应用实例　某冰淇淋生产企业根据消费者测试结果，计划改善现有一款冰淇淋口感，降低冰淇淋的融熔感，降低饱和脂肪酸的使用量，降低硬度，并尽量降低对其他口感的影响。研发人员根据原产品进行调整，并确定 2 种配方。为了节约消费者测试成本，提高消费者测试灵敏度，现研发人员想了解调整的 2 种配方中，哪种配方更切合质地调整要求，感官专业人员使用质构仪配合质地剖面法对该产品 3 种配方所生产产品的质地属性进行测试，测试流程如下：

（1）招募感官评价小组成员。

（2）确定感官质地描述词，并使用参照体系对评价小组成员进行培训。

（3）对评价小组的评价数据稳定性、一致性、重复性进行测试，达到要求后进行下一步。

（4）选用经培训的评价小组中 4~6 名评价员进行测试。

（5）评价人员分别评价 3 种产品的质地，并按照品尝先后顺序，分别对质地强度进行打分或者分级。

（6）分别评价结束后，集体讨论质地的种类、出现顺序、强度等，最后获得一致性意见。

（7）使用质构仪测试 3 种产品的质地。

（8）感官评价专业人员通过分析，得出试验结论。

饼干品质剖析

四、定量描述分析法

1. 方法原理　定量描述分析法（quantitative descriptive analysis，QDA）是一种定量分析法。试验中，评价员使用线性标度或者比率标度，对样品的感官属性，包含风味、质地、余味等全面进行评价。其数据不是通过一致性讨论而产生的，因定量描述分析法使用线性标度或者比率标度，数据为线性、连续的或者成比例，所以感官从业人员可对数据进行多种处理，一致性可通过均值或者数学运算获得。对不同样品的感官属性进行分析时，很多基于连续数据的统计分析方法可使用，如方差分析（ANOVA）、主成分分析法、聚类分析法等。通过这些分析，感官专业人员可获取试验结果、结果呈现形式可绘制统计分析图表，如常见的蜘蛛网状图、主成分分析 BI 图、聚类分析树状图等。这些图表能够更便利、清晰、详细的标示不同样品的感官属性差异及样品的关系，详细信息见典型事例。

与风味剖面法和质地剖面法不同的是，定量描述分析法的评价小组领导者不是一个活跃的参与者，试验中领导者极少参与讨论和试验，通常领导者不参加试验，领导者在试验中的职能是培训评价组、组织试验、执行试验等。

2. 方法步骤　步骤同风味剖面法和质地剖面法。不同点是 QDA 需要的评价员通常是 10~12 位，评价标度是线性标度或者比率标度，试验结果不需要讨论而达到一致性。

3．**方法特点**　定量描述分析法与风味剖面和质地剖面不同,其数据不是通过一致性讨论而产生的。定量描述分析法可以获得关于产品感官属性的全面数据,是一种定量分析方法,可以获得长期实验数据,不同实验数据在一定条件下可进行对比分析。同时评价小组领导者通常不参与试验,评价小组领导者对试验结果的影响比较小。

4．**应用领域和范围**　同质地剖面法,对质量控制、质量分析、确定产品之间差异的性质、新产品研制、产品品质的改良等最为有效,并且可以提供与仪器检验数据对比的感器数据,提供产品特征的持久记录。使用相同参照系和相同的评价小组,对相同产品的不同时间和不同试验,试验数据可以进行对比分析。

5．**应用实例**　某企业欲建立公司现有产品感官数据库,以便公司对产品的管理和新产品的研发。感官专业人员使用描述性分析法对公司同一类 12 种产品的 14 个感官属性进行测试,测试如表5-1:

（1）试验问卷:感官专业人员使用描述词 14 个,线性标度,转化分值 0～100。

（2）试验样品:12 个样品,使用三位数编码标记并重新分装试验样品。

（3）执行试验:邀请 12 位专家感官评价员按照问卷内容进行试验。

（4）结果统计分析,结果如下:

表 5-1　12 种产品的 14 个感官属性定量描述分析试验结果

样品	评价员	A1	A2	……	A14
A	Yvonne	1	50	……	55
B	Yvonne	1	70	……	34
C	Yvonne	2	45	……	45
D	Yvonne	2	45	……	45
E	Yvonne	5	35	……	35
F	Yvonne	8	45	……	42
G	Yvonne	9	55	……	50
H	Yvonne	12	55	……	50
I	Yvonne	18	46	……	50
J	Yvonne	18	46	……	50
K	Yvonne	25	48	……	45
L	Yvonne	47	50	……	55
……	……	……	……	……	……
K	Lily	25	72	……	38
L	Lily	40	58	……	55

计算样品各感官属性均值,获得各产品的感官属性,根据均值制作蜘蛛网图,见图 5-1(彩图 4,使用 Panelcheck 绘制)。由于试验样本量较小,数据一般不服从正态分析,稳妥起见,使用非参数的 F 检验计算样品间感官属性差异,感官属性 A2、A3、A4、A10、A12 的强度在各样品间不存在显著性差异,其他样品间感官属性差异情况见图 5-2(彩图 5,使用 Panelcheck 绘制)。使用主成分分析法,对

样品的 14 个感官属性进行降维运算,主成分一(PC1)和主成分二(PC2)共可解释方差的 96.3%。
通过拟合图谱发现样品 A、B、C、D 相近,样品 E、G、H 相近,而样品 L 与其他样品相差最大,主成分一
和主成分二对 L 的方差解释也比较大,详见图 5-3(彩图 6)。

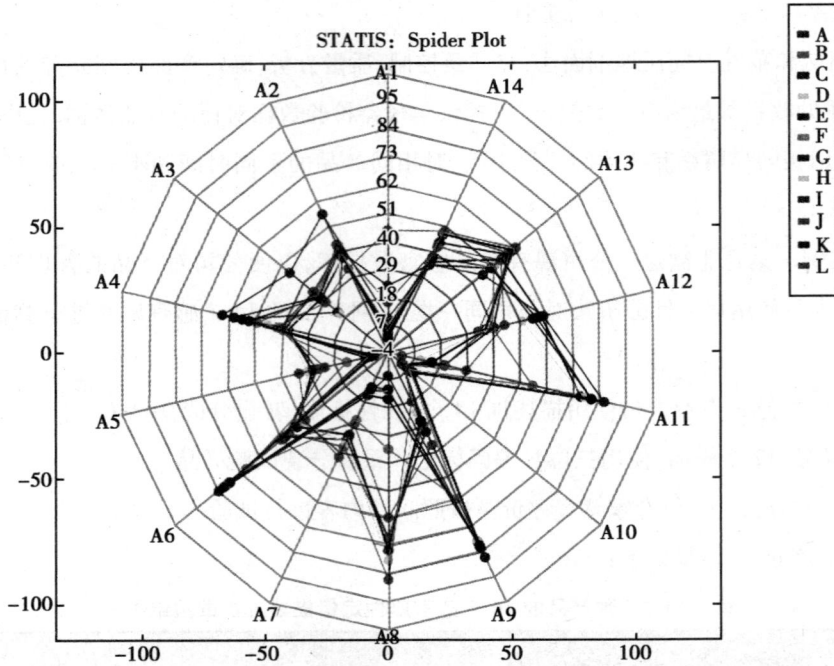

图 5-1　12 种产品的 14 个感官属性均值

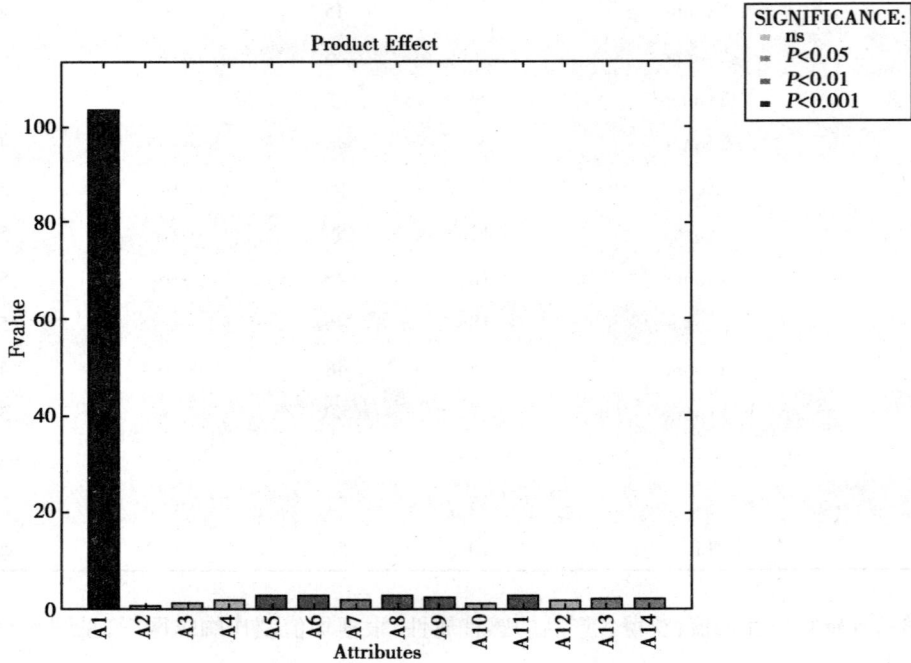

图 5-2　12 种产品的 14 个感官属性差异(F 检验)

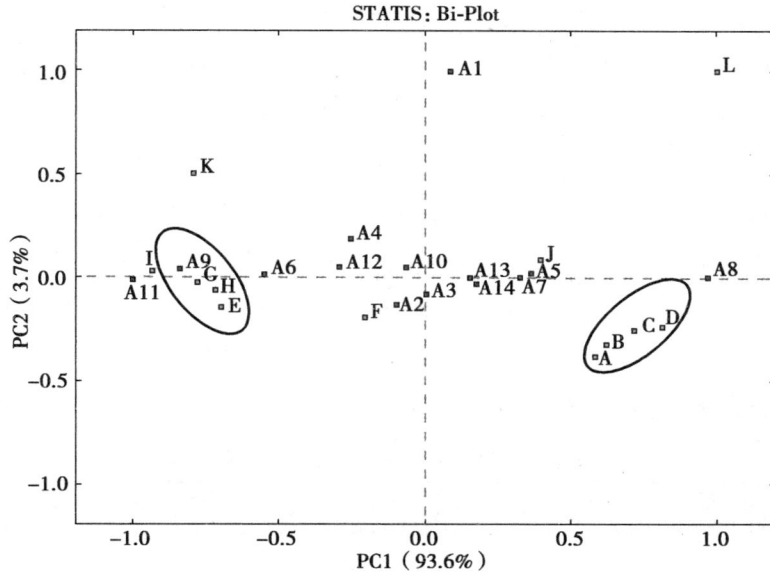

图 5-3　12 种产品的 14 个感官属性差异相关性分析(PCA)

五、其他描述分析法

传统描述性感官分析法还有时间-强度法、自由选择剖面法等。时间-强度法(TI)是一种动态感官评价方法,试验中,评价员针对特定感官属性,评价品尝或者使用过程中该属性轻度的变化,感官专业人员通过分析获得不同感官属性和比同产品感官属性强度及变化曲线。自由选择剖面法(free choice profile)要求每位评价员创造出他或她自己个人喜好的描述词语,而不是广泛的训练评价人员为产品创造出一致性的词汇,评价人员可以使用不同的方法评价产品,例如触摸、品尝或者闻,他们可以评价形状、颜色、光泽度或者其他。

随着感官科学的不断发展,感官从业人员的不断研究,新的感官评价方法正在不断涌现,如CATA 法、TDS 法、Sorting 等,与这些方法相比较,定量描述分析法、风味剖面法、质地剖面法等被称为传统描述性分析方法。

六、描述性分析法的统计方法

(一)方差分析法

方差分析(analysis of variance,ANOVA)又称"变异数分析"或"F 检验",用于两个及两个以上样本均数差别的显著性检验。通过分析研究不同来源的变异对总变异的贡献大小,从而确定可控因素对研究结果影响力的大小。

方差分析适用条件包括:①数据可比性。若资料中各组均数本身不具可比性则不适用方差分析。②数据呈正态分布,即偏态分布资料不适用方差分析。对偏态分布的资料应考虑用对数变换、平方根变换、倒数变换、平方根反正弦变换等变量变换方法变为正态或接近正态后再进行方差分析。③方差齐性,即若组间方差不齐则不适用方差分析。多个方差的齐性检验可用 Bartlett 法,它用卡方值作为检验统计量,结果判断需查阅卡方界值表。

根据试验设计类型的不同,有以下两种方差分析的方法:

1. 对成组设计的多个样本均数比较,应采用完全随机设计的方差分析,即单因素方差分析。

2. 对随机区组设计的多个样本均数比较,应采用配伍组设计的方差分析,即两因素方差分析。

两类方差分析的基本步骤相同,只是变异的分解方式不同,对成组设计的资料,总变异分解为组内变异和组间变异(随机误差),即:$SS_总 = SS_{组间} + SS_{组内}$。而对配伍组设计的资料,总变异除了分解为处理组变异和随机误差外还包括配伍组变异,即:$SS_总 = SS_{处理} + SS_{配伍} + SS_{误差}$。方差分析的无效假设 H_0:多个样本总体均数相等;备择假设 H_1:多个样本总体均数不相等或不全等。计算公式如下:

1. 完全随机设计的多个样本均数比较的方差计算 见表 5-2。

表 5-2 完全随机设计的多个样本均数比较的方差计算

变异来源	离均差平方和 SS	自由度 df	均方 MS	F
$SS_总$	$\sum_{i=1}^{k}\sum_{j=1}^{n_i} X_{ij}^2 - C$	$N-1$		
$SS_{组间}$	$\sum_{i=1}^{k} \frac{\left(\sum_{j=1}^{n_i} X_{ij}\right)^2}{n_i} - C$	$k-1$	$SS_{组间}/df_{组间}$	$MS_{组间}/MS_{组间}$
$SS_{组内}$	$\sum_{i=1}^{k}\sum_{j=1}^{n_i} (X_{ij} - \overline{X}_t)^2$	$n-k$	$SS_{组内}/df_{组内}$	

注:式中 $C=\dfrac{(\sum_{i=1}^{k}\sum_{j=1}^{n_i} x_{ij})^2}{N}$。,$N$—样本数,$k$—处理数。

2. 随机区组设计的多个样本均数比较的方差计算 见表 5-3。

表 5-3 随机区组设计的多个样本均数比较的方差计算

变异来源	离均差平方和 SS	自由度 df	均方 MS	F
$SS_总$	$\sum_{i=1}^{k}\sum_{j=1}^{n_i} X_{ij}^2 - C$	$N-1$		
$SS_{处理}$	$\frac{1}{n}\sum_{i=1}^{k}\left(\sum_{j=1}^{n} X_{ij}\right)^2 - C$	$k-1$	$SS_{处理}/df_{处理}$	$MS_{处理}/MS_{误差}$
$SS_{区组}$	$\frac{1}{n}\sum_{i=1}^{n}\left(\sum_{j=1}^{k} X_{ij}\right)^2 - C$	$b-1$	$SS_{区组}/df_{区组}$	$MS_{区组}/MS_{误差}$
$SS_{误差}$	$SS_总 - SS_{处理} - SS_{区组}$	$(n-1)(k-1)$	$SS_{误差}/df_{误差}$	

注:n—区组,k、C、N 同上。

如果均值不相等,那么 F 值将大于 1,拒绝原假设,接受备择假设,样品间存在显著性差异。查 F 值临界表,获得概率 P。

感官分析专业软件可直接进行分析,Panelcheck、XLstat、Fizz 等均可直接获得 F 值和 P 值,也可使用 Excel 内置函数、SPSS 等数据分析软件获取实验结果。

(二)t 检验法

t 检验是用 t 分布理论来推论差异发生的概率,从而比较两个平均数的差异是否显著。它与 z 检验、卡方检验并列。当总体分布是正态分布,如总体标准差未知且样本容量小于 30,那么样本平均数与总体平均数的离差统计量呈 t 分布。虚无假设 $H_0:\mu_1=\mu_2$,即先假定两个总体平均数之间没有显著差异。t 值计算公式 5-9、5-10,如下:

$$t=\frac{|\overline{X}-\mu_0|}{S_{\overline{x}}}=\frac{\overline{X}-\mu_0}{s/\sqrt{n}} \qquad (式 5-9)$$

$$t=\frac{\overline{d}}{S_d/\sqrt{n}} \qquad (式 5-10)$$

式中:$\overline{X}$—样本平均数

μ_0—总体平均数

n—样本数

$\overline{d}=\dfrac{\sum_{i=1}^{n}d_i}{n}$—配对样本差值之平均数

S_d—样本标准差

单样本 t 检验使用式 5-9 计算,配对样本 t 检验使用式 5-10 计算,根据自由度 $df=n-1$,查 t 值表,找出规定的 t 理论值并进行比较。t 值大于或者等于 t 值临界值时,样品间存在显著性差异,反之样品间不存在显著性差异。

(三)Friedman 秩和检验

Friedman 检验是一种非参数检验方法,是利用秩实现对多个总体分布是否存在显著差异的非参数检验方法,该方法用于多于两个样品的差异分析。其原假设是:多个配对样本来自的多个总体分布秩和无显著差异,即 $H_0:R_1=R_2=\cdots=R_p$,备择假设即为 $HA:R_1=R_2=\cdots=R_p$ 至少有一个不成立。

F 值计算公式 5-11、5-12 如下:

$$F=\frac{12}{jp(p+1)}(R_1^2+R_2^2+\cdots+R_p^2)-3j(p+1) \qquad (式 5-11)$$

$$F=\frac{12}{j\cdot p(k+1)}(R_1^2+R_2^2+\cdots+R_p^2)-\frac{3r\cdot n^2(k+1)}{g} \qquad (式 5-12)$$

式中:j—评价人数

p—样品数

R—样品秩和

k—每个评价员排序样品数

r—重复次数

n—每个样品被评价的次数

g—每两个样品被评价的次数

平衡完全区组设计使用式 5-11 进行计算,平衡不完全区组设计使用式 5-12 进行计算。如果 F 值大于 F 表中临界值,则拒绝原假设,即样品间存在显著性差异。当结果显示样品间存在显著性差异时,可进一步通过最小显差(LSD)进行计算,以确定哪些产品与其他产品间存在差异,计算公式 5-13、5-14 如下:

$$LSD = z\sqrt{\frac{j \cdot p(p+1)}{6}}$$　　　　　　（式 5-13）

$$LSD = z\sqrt{\frac{r(k+1)(n \cdot k - n + g)}{6}}$$　　　　　　（式 5-14）

平衡完全区组设计使用式 5-13 进行计算,平衡不完全区组实验设计使用式 5-14 进行计算。两种样品间的秩和之差大于或等于 LSD 值时,拒绝原假设,即产品件存在显著性差异;反之,产品间未发现显著性差异。

也可直接通过统计分析软件进行结果计算,如 SPSS 将自动计算 Friedman 统计量和对应的概率 P 值。如果概率 P 值小于给定的显著性水平 0.05,则拒绝原假设,认为各组样本的秩存在显著差异,多个配对样本来自的多个总体的分布有显著差异;反之,则不能拒绝原假设,可以认为各组样本的秩不存在显著性差异。

（四）符号检验

符号检验(sign test)是一种非参数检验方法。广义的符号检验是对连续变量 π 分位点 $Q\pi$ 进行的检验;而狭义的符号检验则是仅针对中位数(或 0.5 分位点)$M = Q0.5$ 进行的检验。感官分析中,使用排序法对两个样品进行排序时,可使用符号检验进行统计分析。

k_A 是样品 A 排在样品 B 前面的次数,k_B 是样品 B 排在样品 A 前面的次数,$k = \min\{k_A, k_B\}$,未区分 A 和 B 的评价不在统计的评价次数内。

原假设 H_0：$k_A = k_B$

备择假设 H_A：$k_A \neq k_B$

如果 k 小于符号检验的临界值,则接受备择假设,即样品间存在显著差异,反之则样品间不存在显著性差异。

也可直接通过统计分析软件进行结果计算,如 SPSS 将自动计算符号检验统计量和对应的概率 P 值。如果概率 P 值小于给定的显著性水平 0.05,则拒绝原假设,认为各组样品间存在显著差异;反之,则不能拒绝原假设,可以认为样品间不存在显著性差异。

（五）主成分分析法

主成分分析法(principal components analysis, PCA)也称主分量分析,旨在利用降维的思想,把多指标转化为少数几个综合指标,是一种简化数据集的技术。它是一个线性变换,这个变换把数据变换到一个新的坐标系统中,使得任何数据投影的第一大方差在第一个坐标(称为第一主成分)上,第二大方差在第二个坐标(第二主成分)上,依次类推。主成分分析经常用减少数据集的维数,同时保持数据集的对方差贡献最大的特征。PCA 步骤如下:

1. 原始指标数据的标准化采集 p 维随机向量 $x = (x_1, x_2, \cdots, x_p)t$,$n$ 个样品 $x_i = (x_{i1}, x_{i2}, \cdots, x_{ip})t$,$i = 1, 2, \cdots, n$,

$n > p$,构造样本阵,对样本阵元进行如下标准化变换:

$$Z_{ij} = \frac{x_{ij} - \overline{x_j}}{S_j}, i = 1, 2, \cdots, n; j = 1, 2, \cdots, p$$　　　　　　（式 5-15）

其中 $\bar{x}_j = \dfrac{\sum_{i=1}^{n} x_{ij}}{n}$，$s_j^2 = \dfrac{\sum_{i=1}^{n}(x_{ij}-\bar{x}_j)^2}{n-1}$，得标准化阵 Z。

2. 对标准化阵 Z 求相关系数矩阵

$$R = [r_{ij}]_p x p = \frac{Z^T Z}{n-1} \tag{式 5-16}$$

其中，$r_{ij} = \dfrac{\sum z_{kj} \cdot z_{kj}}{n-1}$，$i,j=1,2,\cdots,p$。

3. 解样本相关矩阵 R 的特征方程 $|R-\lambda I_p|=0$ 得 p 个特征根，确定主成分

按 $\dfrac{\sum_{j=1}^{m}\lambda_j}{\sum_{j=1}^{p}\lambda_j} \geq 0.85$ 确定 m 值，使信息的利用率达 85% 以上，对每个 λ_j，$j=1,2,\cdots,m$，解方程组 $R_b = \lambda_{jb}$ 得单位特征向量 b_j^o。

4. 将标准化后的指标变量转换为主成分

$$U_{ij} = z_i^T b_j^o, j=1,2,\cdots,m \tag{式 5-17}$$

U_1 称为第一主成分，U_2 称为第二主成分，$\cdots$，U_p 称为第 p 主成分。

5. 对 m 个主成分进行综合评价　对 m 个主成分进行加权求和，即得最终评价值，权数为每个主成分的方差贡献率。

进行主成分分析的计算量相对较大，通常会使用计算机进行运算，SPSS、SAS、Panelcheck 等软件均可进行主成分分析。

（六）惩罚分析法

见消费者测试。

（七）箱线图与四分位数剔除异常值

四分位数是将数列等分成四个部分的数，一个数列有三个四分位数，设下四分位数、中位数和上四分位数分别为 1、2、3，则：1、2、3 的位置可由下述公式确定：

Q1 的位置 1(n+1)/4

Q2 的位置 2(n+1)/4

Q3 的位置 3(n+1)/4

式中 n 表示资料的项数

在 Excel 表中可以使用公式 QUARTILE（array，quart）来很方便求得，例如：= QUARTILE（A3：A30，1）即为 Q1，= QUARTILE（A3：A30，3）即为 Q3。

在 Q3+1.5IQR（四分位距）和 Q1-1.5IQR 处画两条与中位线一样的线段，这两条线段为异常值截断点，称其为内限；在 F+3IQR 和 F-3IQR 处画两条线段，称其为外限。处于内限以外位置的点表示的数据都是异常值，其中在内限与外限之间的异常值为温和的异常值（mild outliers），在外限以外的为极端的异常值（extreme outliers）。

（八）其他分析方法

除以上列举出来的分析方法外，感官分析常用的分析方法还有多因素方差分析法（multiple factor analysis）、聚类分析法（cluster analysis）、偏最小二乘法（PLS）等，这些分析方法在运算上较复

杂,并且运算量大,通常不会使用人工方法进行运算,常使用统计分析软件 SPSS、SAS、R 等进行运算,与感官分析相关的分析可使用专业感官分析软件进行。

点滴积累 ∨

1. 感官测试使用标度对试验结果影响较大,在标度的选择时应充分考虑标度的灵敏性、标准样品的选择、打分误差、统计分析等问题,避免因标度的不恰当使用导致试验结果误差甚至错误。
2. 实践中,因为描述性试验的试验数据多数是连续性的,故统计分析方法使用上也比较多样,在使用复杂的统计分析方法时,注意分析方法使用的模型、使用条件、误差。

第三节 情感型感官分析

在食品感官评价中,情感型感官分析主要目的是估计目前和潜在的消费者对某种产品、产品的创意或产品的某种性质的喜爱或接受程度。

从检验的类型分,情感型感官分析分为两种基本的类型,一种是偏爱检验,另一种是可接受性或喜好检验。偏爱检验要求评价员在多个样品中挑选出喜好的样品或对样品进行评分,比较样品质量的优劣;可接受性检验要求评价员在一个标度上评估他们对产品的喜爱程度,并不一定要与另外的产品进行比较。

从检验人员角度分,可选择食品公司员工、消费者、儿童、老人等多种人群,应用最多的情感型感官分析是消费者试验。近几年来,消费者试验被应用的领域和数量都在不断扩大,除了生产厂家,消费者试验的应用还延伸到医院、银行等服务行业,甚至在部队也有应用,它已经成为产品设计和服务行业的一项主要工具。

可能许多人都有过参加消费者试验的经历,比如在某一超市,有人请你品尝一种食品,然后填写一份问卷。比较典型的消费者试验需要来自 3~4 所城市的 100~500 名消费者,比如,某次消费者试验的参加对象是从 18~34 岁,在最近 2 周内购买过进口啤酒的男性。试验人员的筛选可以通过电话或者消费场所直接询问,被选中而且愿意参加试验的人每人得到几种不同的啤酒和一份问答卷,问题涉及他们对产品的喜爱程度及原因、过去的购买习惯和一些个人情况,比如年龄、职业、收入等,结果以消费者对产品的总体和各单项(颜色、口感、气味等)喜好分数进行报告。

一项有效的消费者试验要求具备 3 个条件:试验设计合理、参评人员合格、被测产品具有代表性。而试验方法和试验人员的选择则要根据试验目的而定。消费者试验的费用一般比较大,因为需要的人数多,样品也多,相应的各项开支都会增加。

一、情感型感官分析中的参评人员/消费者

(一)人群样本

进行感官检验时,参评人员可以被看作是一个大的人群的样本,通过这些人员的表现可以预测大批人群的反应。在区别检验中,感官分析人员选择的参评人员是那些具有平均或平均水平以上区

别能力的人,如果这些人不能发现其中的差别,那么可以认为普通人群是不会觉察得出产品之间的差别的。但在情感型感官分析中,仅从大批人群中选择参评人员还不够,这些人员还应该是被测产品的目标消费者,测试地点也应是该产品一般被消费的地点,因为每种消费品都有其特定的消费对象和消费地区,比如甜的零食的目标消费者就是 4~12 岁的儿童,豆瓣酱的目标消费地应该是北方。

在进行消费者试验时,我们都希望使用具有代表性的消费者,但也必须考虑到严格精确的样本需要高额费用这一实际问题,有时就要在两者之间进行权衡、综合考虑。下面描述的是消费者人群的严格的样本模型的各项要求,在必要的时候可以进行适当变化。

1. **使用人群**　按某产品被使用的频率,使用者经常被分为低频、中频、高频使用者。这些词汇的使用在很大程度上同产品种类有关,如茶 1 杯/天是低频,而猪排骨 1 次/天就是高频。而那些特殊制品或新产品,它们的消费者试验费用就会很高,因为这些产品的食用不是很普遍,通常需要同大量人员联系、询问之后,才能最终找到合适的消费者。

2. **年龄**　4~12 岁的儿童选择的是玩具、甜食和谷物食品;12~19 岁的少年爱买的东西是衣服、杂志、零食、软饮料和娱乐工具;20~35 岁的年轻人是消费者试验最关心的对象。原因为:①此年龄段的人数多;②没有家庭负担,使得他们对消费品的支出增加;③人一生的生活习惯一般都会在这一阶段形成。35 岁以上的人要买房子并有了家庭负担;65 岁以上的人更关心的是健康。如果某种产品的消费群很广,比如软饮料,那么它的试验消费者就应该按比例从各个年龄段的使用人群中挑选,而不能只选一个年龄段的人。

3. **性别**　虽然一般认为女性容易购买衣服和消费用品,男性容易购买汽车、酒类或进行娱乐活动,但是对某种产品而言不同性别人群在购买习惯上的差异还是要通过试验来说明,而不能凭经验。对于方便食品、零食、个人用品和葡萄酒这些产品的使用者的性别,研究人员也要用最新的数字来说明,而不能凭经验或使用以前的数据。

4. **收入**　下面这些分类可以表示一般中国家庭的年收入(人民币)情况,在消费者调查上可以预先进行分类选择人群样本①20 000 元以下;②20 000 元到 40 000 元之间;③40 000 元到 80 000 元之间;④80 000 元以上。

5. **地理位置**　因为对许多产品的喜好都有地区差异,一种产品的试验应该在不同的地区进行,并且要避免为一般人群设计的产品在具有特殊喜好习惯的地区进行试验,比如嗜辣、嗜酸、嗜咸的地区。

6. **地区、民族、宗教、教育和职业等**　消费者试验人群的使用还和这些及其他一些因素(比如婚姻状况、家庭中子女人数、是否有宠物、住所大小等)有关,也应该仔细考虑。

(二) 试验人群来源

雇员、当地居民、一般人群。为了准确地选取试验人群样本,从原则上讲,公司雇员,公司所在地的居民都不应该纳入被选之列,但是由于这样做的费用会较高,加上消费者试验的间隔时间较长,公司出于方便考虑,还是会经常使用这些人来进行情感型感官分析。

如果试验目的是产品质量维护,公司职员和当地居民作为试验对象就没有什么风险;如果试验目的是保持某产品目前的"感官强度",公司雇员和当地居民作为试验对象就不合适,普通消费者认为很好的一项指标在他们看来可能就不那么好,因为他们对产品很熟悉,对产品的要求就会更苛刻。在这种情况下,可以使用公司雇员和当地居民来检验试验样品和某著名产品或对照样品之间接受性或喜好程度的差异。

如果使用得当并仅限于维护试验上,公司雇员的接受性试验还是非常有价值的,因为对产品和试验本身都很熟悉,他们一次能够评价更多的样品,对产品之间的差异也会识别得更好,答题也会很快,而且,这样的费用也比较低。雇员的接受性试验可以在工作时间在试验室内以中心地点试验的形式进行,也可以拿回家进行。

但是,对于新产品开发、产品优化或以提高产品质量为目的的试验,公司雇员和当地居民就不应该被用作试验人群,下面是使用公司雇员进行情感型感官分析可能会产生的试验误差。

1. 公司雇员希望他们或他们同事生产的产品受青睐,或者他们心态不好,就想办法找原因来拒绝这些产品,这种情况下,就一定要将被测产品伪装起来,如果无法进行伪装,就要使用消费者品评小组。

2. 公司雇员和消费者在对产品性质的重视程度上有所不同,比如,公司雇员知道最近改进了工艺使得产品的颜色比较淡,这就会使他们给颜色淡的产品打分比较高,而忽略了其他性质。这种情况下,要把产品的颜色屏蔽掉之后才能进行试验,否则,只能进行公司外试验。

3. 当公司为不同市场分别生产产品时,比如某国际快餐品牌针对中国市场、韩国市场和日本市场设计生产的三明治,一定要使用公司外的目标消费者进行试验,而不能使用本公司雇员。因为公司职员可能会知道这是为某市场设计的产品,这就违反了"盲目"试验(即试验人员对产品信息一无所知)的原则。

总之,试验的组织者要考虑充分,熟知每个可能产生误差的环节,而且,试验结果要和同类产品的真正消费者试验相对比,以确保试验的有效性。这样,试验组织者和员工品评小组就会逐渐了解市场需求,反过来这也可以更容易地发现并避免出现各种漏洞。

（三）试验地点的选择

试验场所和地点会对感官检验的结果有多种影响,因为地理位置、场地内的一些因素会对产品的取样和测试有所影响。同一批消费者在不同的场所进行同一个试验,得到的结果却很可能不同,造成这些结果不同的主要原因有以下几点:①试验时间不同;②产品对照样品的准备和通常使用样品的准备方法不同;③家庭成员的影响;④在中心地点(超市)得到一个单独的样品进行品尝与在家里和其他产品一起对样品进行品尝的不同;⑤问卷的长短和难易程度不同。

根据试验地点,情感型感官分析分类如下:

1. **实验室试验**　也叫公司内试验,这种试验的优缺点如下。

优点:①产品的准备和呈送可以严格控制;②容易通知雇员来参加试验;③颜色和其他视觉因素可以被屏蔽掉,以便使参评人员集中精力对风味或质地进行评价。

缺点:①由于参评人员对产品的熟悉,会对结果有所影响;②非正常意义上的食用(比如,只是少量食用而不是食用整个产品)会影响对产品品质的评价;③在准备和使用中产品的耐受性可能和家庭使用的产品有所不同。

2. 中心地点试验　中心地点试验通常在消费者比较集中或者比较容易召集的地点进行,比如集市、购物区、教堂、学校操场等地。对试验有兴趣的人可以经过筛选被带到试验区,也可以事先通过电话筛选然后到达指定地点。每个场地参加的人数一般在 50~300 人,准备样品时要回避参评人员,准备好的样品用统一的容器盛装,并用 3 位随机数字进行编号。试验指令和问卷的问题要清楚明了,以防产生误导或分散注意力,中心地点试验的优缺点如下。

优点:①参评人员在试验组织者的控制下品评产品,因此对试验中发生的问题会及时解决,得到反应的真实性很高;②产品由真正的消费者品评,试验结果的有效性很高;③问卷的回收率高(同将样品带回家的试验相比);④可以由一个消费者品尝多个产品,试验开支会降低。

缺点:①从产品的准备、每人消费量和食用时间等条件来说,产品进行试验的环境是人工的,而不是食用该产品的自然条件,如家里、聚会或饭店等地;②能被问到的问题总是有限的,总有一些问题问不到,这就会限制信息量的获得。

3. 家庭试验　家庭试验是消费者试验的终点,因为在家庭试验中,产品是在最自然的条件下被消费。参评人员要能够代表该产品消费群体,这种试验得到的结果是整个家庭的观点,而且家庭成员之间的相互影响也会被充分考虑。除了产品本身,家庭试验还会对产品的包装、产品说明等提供意见。一般来讲,家庭试验的规模是 3~4 所城市,每个城市 75~300 个家庭。一般是比较两种产品,先提供第一种产品,4~7 天后提供第二种产品。两种产品不要同时提供,以免误导或者填错问卷。

这种试验的优缺点如下。

优点:①产品在自然条件下使用;②有关产品喜好程度的信息是反复体会、品尝的结果,而不是中心地点试验那样仅凭第一感觉就得出的结果;③可以充分实施统计取样计划;④因为完成问卷的时间可以更长,因此有机会充分考虑产品的各项性质、包装、价格等,得到的信息量会更大。

缺点:①家庭试验耗时,一般要 1~4 周才能完成;②使用的品评人员范围较小,不像中心地点那样广泛;③试验完成情况不好,有的家庭干脆是忘记试验的事,有的在最后阶段想起来,于是匆匆完成问卷;④最多只能进行 3 个样品的比较,如果数目再多,对产品的使用条件就将是不自然的,这就违反了选择家庭作为试验地点的初衷,因此,有多个样品的试验时,比如产品优化试验,就不能进行家庭试验;⑤产品的准备可能没有按照标准进行,会对试验结果产生潜在影响。

二、定性法

(一) 应用领域

定性情感型感官分析是测定消费者对产品感官性质主观反应的方法,由参加品评的消费者以小组讨论或面谈的方式进行,应用领域如下:

1. 揭示和了解没有被表现出来的消费者需求,由包括人类学家在内的研究人员设计一些开放式的谈话内容,通过这种方式可以帮助市场人员了解消费者行为和产品使用的趋势。

2. 估计消费者对某种产品概念和产品模型的最初反应,当产品研究人员需要确定某种概念或者某种产品早期模型是否能被一般消费者接受,或者存在哪些明显的问题时,可以使用此方法。谈话可以使研究人员更好地了解消费者的最初反应,项目的方向可以依此做适当的调整。

3. 研究消费者使用的描述词汇在设计消费者问卷和广告时,使用消费者熟悉的词汇要比使用市场部门和开发部门使用的词汇效果要好,定性情感型感官分析可以使消费者用他们自己的话对产品性质进行自由讨论。

4. 研究使用某种特殊产品的消费者的行为,当产品研究人员希望确定消费者如何使用某种特殊产品或他们对使用过程的反应时,定性情感型感官分析可以提供帮助。

下面谈到的几种定性情感型感官分析需要受过高度培训的面试(谈话)人员,他们要做到在进行谈话或面试时不带个人感情色彩,同时还要具有洞察力,对事物进行综合、总结和汇报的能力。

（二）分类

1. **集中小组讨论（focus group）**　由 10~12 名消费者组成,进行 1~2 小时的会面谈话/讨论,谈话/讨论由小组负责人主持,尽量从参加讨论的人员中发掘更多的信息。一般来讲,这样的讨论要进行 2~3 次。最后,讨论的纪要和录音、录像材料都作为试验原始材料收集起来。

2. **集中品评小组（focus panel）**　这是集中小组讨论的一种变形,面试人还是利用 1 中使用的讨论小组,只是进行讨论的次数要多 2~3 次。这种方法的目的是先同小组进行初步的接触,就一些话题进行讨论,然后发给他们一些样品回家使用,使用产品之后再来讨论使用产品的感受。

3. **一对一面谈**　当研究人员想从每一个消费者那里得到大量信息,或者要讨论的话题比较敏感而不方便进行全组讨论时,可以采用一对一面谈的方式。面谈人可以连续对最多 50 名消费者进行面谈,谈话的形式基本类似,要注意每个消费者的反应。

这种方法的一种变形是让一个人在面试地点或回到家中准备或使用某种产品,并对整个过程做书面记录或录制下来,然后就此过程由面试人员与该消费者进行讨论。和消费者进行交谈会给公司提供一些与他们想象完全不同的信息。

一对一交谈或对消费者的行为进行观察,可以使研究人员更深入地了解消费者的深层需要,这样才能开发新产品或开展新的服务业务。

三、定量法（偏爱试验和接受试验）

（一）应用领域

定量情感型感官分析是确定数量较多的消费者(50 人到几百人)对一套有关喜好、喜爱程度和感官性质等问题的反映的方法,一般应用在以下几方面:

①确定消费者对某种产品的总体喜好情况;②确定消费者对产品的全面感官品质(气味、风味、外观、质地)的喜好情况,对产品的品质进行全面研究有助于理解影响产品总体喜好程度的因素;③测定消费者对产品某一特殊性质的反应。使用强度、喜好等标度对产品性质进行定量测定能够积累一些数据,然后将它们同喜好程度打分和描述分析得到的数据联系起来。

（二）定量方法的种类

按照试验任务,定量试验可以分成两大类,见表5-4。

表5-4　定量情感型感官分析的分类

任务	试验种类	问题
选择	喜好试验	你喜欢哪一个样品? 你更喜欢哪一个样品?
分级	接受试验	你对产品的喜爱程度如何? 产品的可接受性有多大?

除了以上问题外,还可以以其他方式进行提问,试验设计中,在喜好或接受性问题之后经常有第二个问题,就喜好或接受的原因进行提问。

1. 喜好试验　某项情感型感官分析是用喜好试验还是用接受试验要根据课题的目标来确定,如果课题的目的是设计某种产品的竞争产品,那么就要使用喜好试验。喜好试验是在两个或多个产品中一定选择一个较好的或最好的,但是它没有问消费者是否所有的产品他都喜欢或者都不喜欢。喜好试验分类见表5-5。

表5-5　喜好试验分类

试验种类	样品数量	喜好
成对喜好试验	2	从2个样品中挑出一个更好的(A-B)
排序喜好试验	3个以上	对样品喜好的顺序(A-B-C-D)
多对喜好试验(所有样品都组对)	3个以上	一系列成对样品,每个样品都和其他样品组成一对(A-B,A-C. A-D,B-C,B-D,C-D)
多对喜好试验(有选择的组对)	3个以上	一系列成对样品,由1、2个样品和2个以上样品组成一对(A-C,A-D,A-E,B-C,B-D,B-E)

（1）成对喜好试验:基本方法为评价员比较两个样品,品尝后指出更喜欢哪个样品的方法就是成对偏爱试验。通常在进行成对偏爱检验时要求评价员给予明确肯定的回答。但有时为了获得某些信息,也可使用无偏爱的回答选项。在进行成对偏爱检验时,只要求评价员回答一个问题,就是记录样品整体的感官反映,不单独评价产品的单个感官质量特性。

（2）排序喜好检测:基本方法为排序喜好检测是指在感官检验中要求评价员根据制定的感官特性按强度或按照偏爱或喜欢样品的程度对样品进行排序的一种检验方法。排序检验只能排出样品的顺序,不能评价样品间差异的大小。

在新产品的研究开发中,需要确定由于不同的原料、工艺条件、贮存方法等对产品质量的影响,排序喜好检验法就是一种较理想的方法。另外,本公司生产或开发的产品需要与竞争对手的产品进行比较,也可以用这种方法进行。排序喜好检测只能按一种特性或对样品的偏爱程度进行排序,如要比较样品的不同特性,则需要按不同的特性安排不同的排序实验。

排序检验结果的统计分析方法是使用 Friedman 检验计算统计量 Ftest。

若样品数或消费者人数未在表中列出,可将 Ftest 看做自由度为 $p-1$ 的χ^2分布,查χ^2检验表即可。

查 Friedman 检验的临界值表,若 Ftest>*F*,则消费者认为产品的秩次间存在显著差别,即消费者对各样品的偏爱程度存在显著差异;反之,则对各样品的偏爱程度不存在显著差异。

如果 Friedman 检验结果显示消费者对样品的偏爱程度存在显著性差异,则可进一步计算最小显著差(LSD)来确定消费者对哪些样品的偏爱程度与其他样品存在显著性差异。

计算每两个样品间的秩和之差的绝对值,与 LSD 值比较,若大于等于 LSD 值则消费者对两个样品间的偏爱程度差异显著,否则偏爱程度无显著差异,两样品在同一组内。

【例1】 成对喜好试验——咖啡实验

问题:应消费者的要求,提高咖啡产品的烘焙香气会使产品风味得到改善,研究人员研制出了咖啡香味浓度更高的产品,而且在差别试验中得到了证实。市场部门想进一步证实该产品在市场中是否会比目前已经销售很好的产品还受欢迎。

试验任务:确定新产品是否比原产品更受欢迎。

试验设计:筛选 100 名咖啡消费者,进行中心地点试验。每人得到两份样品,50 人的顺序是 A-B,另 50 人的顺序是 B-A,产品都以 3 位随机数字编号。要求参加试验人员必须从 2 份样品中选出较好的一个,$\alpha=0.05$。

试验结果:有 63 人选择新样品,新产品确实比原产品受欢迎。

结果解释:新产品可以上市,并标明"浓香型咖啡"。

2. 接受试验 当产品研究人员想确定消费者对某产品的"情感"状态时,即消费者对产品的喜爱程度,应该应用接受试验。试验是将样品同某知名品牌产品或者是竞争对手的产品相比较,用喜好标度来确定从"不接受"到"接受"或"不喜欢"到"喜欢"的各种程度。

如果用数字表示各种标度,从接受分值可以推断出喜好情况,分值越高被喜欢的程度就越高。平衡的标度效果比较好,"平衡"是指正面类和负面类选项的数目一样多,而且各等级之间的跨度一致。

【例2】 同竞争产品比较的新产品的接受试验。

问题:一家大型肉类食品生产厂决定进军有机肉制品食品市场,他们准备投入市场的有两种产品。而另外一家生产厂在市场中已经投入了一种产品,并且该产品的销售势头持续被看好,已经在有机肉制品中占据了领导地位。研究人员想知道同这种产品相比较,他们的两种新产品的接受度如何。

项目目标:确定这两种新产品和竞争产品相比,是否具有足够的接受度。

试验目标:在有机肉制品食品使用者中测定这三种食品的接受度。

试验设计:试验由 150 人参加,每人分别得到够食用 1 周的样品(新样品和竞争产品),将产品带回家食用,然后用 9 点语言标度法衡量产品的可接受度,填写问卷。一种产品被食用完之后,发放第二种产品,新产品和竞争产品的发放顺序要平衡。

试验操作:先发放给参加试验人员够 1 周食用的一种产品,1 周结束后上交问卷和剩余样品;发放第二种产品,第二周结束后收齐问卷和剩余样品。

结果分析:分别将两种产品同竞争产品做 *t* 检验,各产品的平均接受度数值如表 5-6:

表 5-6　有机肉制品的消费者接受性试验结果

项　目	新产品	竞争产品	差异	P 值
新产品 1	6.6	7.0	-0.4	<0.05
新产品 2	7.0	6.9	0.1	>0.05

第一种产品同竞争产品的分数差别是-0.4,P 值<0.05,说明第一种产品的可接受度远远低于竞争产品;第二种新产品同竞争产品的分数差别是 0.1,P 值>0.05,说明二者之间没有显著差别。

解释结果:该项目负责人得出结论,第二种新产品具有同竞争产品相同的接受度,建议将该产品投入有机肉制品食品市场。

四、消费者现场测试和问卷设计

(一) 问卷设计的概念与格式

在现代市场调查中,应有事先准备好的询问提纲或调查表作为调查的依据,这些文件统称问卷。它系统地记载了所需调查的具体内容,是了解市场信息资料、实现调查目的和任务的一种重要形式。采用问卷进行调查是国际通行的一种调查方式,也是我国近年来推行最快,应用最广的一种调查手段。

所谓问卷设计,它是根据调查目的,将所需调查的问题具体化,使调查者能顺利地获取必要的信息资料,并便于统计分析。由于问卷方式通常是靠被调查者通过问卷间接地向调查者提供资料,所以,作为调查者与被调查者之间中介物的调查问卷,其设计是否科学合理,将直接影响问卷的回收率,影响资料的真实性、实用性。因此,在市场调查中,应对问卷设计给予足够的重视。表 5-7 为消费者调查问卷实例。

表 5-7　消费者调查问卷实例

姓名:		性别:		年龄:
电话:		邮箱:		QQ:
说明:请在以下问题对应的答案右侧空格内划"√"				
1. 请问您食用果冻的频率是怎样的?				
一个月一次及以下				
两个月一次				
三个月一次				
四个月一次				
五个月一次				
六个月一次及以上				
2. 请问您平时是否会网购?				
是				
否				

3. 请问您是生活中食品的主要购买者吗？	
是	
否	
4. 请问您本人、家人中,有没有人目前在这些行业工作的?（复选）	
广告/公关/营销	
市场研究/管理顾问	
媒体(报纸杂志/广播电视)	
食品制造商/经销商/代理商	
量贩店/超级市场/评价中心/便利商店	
食品业制造者	
以上皆无	
5. 您是否愿意参加由我们组织的有偿座谈会呢？	
是	
否	

一份完整的调查问卷通常包括标题、问卷说明、被调查者基本情况、调查内容、编码号、调查者情况等内容。

1. 问卷的标题 问卷的标题是概括说明调查研究主题,使被调查者对所要回答什么方面的问题有一个大致的了解。确定标题应简明扼要,易于引起回答者的兴趣。例如"大学生食品消费状况调查""公众转基因食品观念调查"等。而不要简单采用"问卷调查"这样的标题,它容易引起回答者因不必要的怀疑而拒答。

2. 问卷说明 问卷说明旨在向被调查者说明调查的目的、意义。有些问卷还有填表须知、交表时间、地点及其他事项说明等。问卷说明一般放在问卷开头,通过它可以使被调查者了解调查目的,消除顾虑,并按一定的要求填写问卷。问卷说明既可采取比较简洁、开门见山的方式,也可在问卷说明中进行一定的宣传,以引起调查对象对问卷的重视。

3. 被调查者基本情况 这是指被调查者的一些主要特征,如在消费者调查中,消费者的性别、年龄、民族、家庭人口、婚姻状况、文化程度、职业、单位、收入、所在地区等。又如,对企业调查中的企业名称、地址、所有制性质、主管部门、职工人数、商品销售额(或产品销售量)等情况。通过这些项目,便于对调查资料进行统计分组、分析。在实际调查中,列入哪些项目,列入多少项目,应根据调查目的、调查要求而定,并非多多益善。

4. 调查主题内容 调查的主题内容是调查者所要了解的基本内容,也是调查问卷中最重要的部分。它主要是以提问的形式提供给被调查者,这部分内容设计的好坏直接影响整个调查的价值。主题内容主要包括以下几方面:①对人们的行为进行调查,包括对被调查者本人行为进行了解或通过被调查者了解他人的行为;②对人们的行为后果进行调查;③对人们的态度、意见、感觉、偏好等进行调查。

5. 编码　编码是将问卷中的调查项目变成数字的工作过程,大多数市场调查问卷均需加以编码,以便分类整理,易于进行计算机处理和统计分析。所以,在问卷设计时,应确定每一个调查项目的编号和为相应的编码做准备。通常是在每一个调查项目的最左边按顺序编号。如:①您的姓名;②您的职业;……。而在调查项目的最右边,根据每一调查项目允许选择的数目,在其下方划上相应的若干短线,以便编码时填上相应的数字代号。

6. 作业证明的记载　在调查表的最后,附上调查员的姓名、访问日期、时间等,以明确调查人员完成任务的性质。如有必要,还可写上被调查者的姓名、单位或家庭住址、电话等,以便于审核和进一步追踪调查。但对于一些涉及被调查者隐私的问卷,上述内容则不宜列入。

(二)问卷设计的原则与程序

1. 问卷调查面临的困难　一个成功的问卷设计应该具备两个功能:一是能将所要调查的问题明确地传达给被调查者;二是设法取得对方合作,并取得真实、准确的答案。但在实际调查中,由于被调查者的个性不同,他们的教育水准、理解能力、道德标准、宗教信仰、生活习惯、职业和家庭背景等都具有较大差异,加上调查者本身的专业知识与技能高低不同,将会给调查者带来困难,并影响调查的结果。具体表现为以下几方面:

第一,被调查者不了解或是误解问句的含义,不是无法回答就是答非所问。

第二,回答者虽了解问句的含义,愿意回答,但是自己记忆不清应有的答案。

第三,回答者了解问句的含义,也具备回答的条件,但不愿意回答,即拒答。具体表现在:①被调查者对问题毫无兴趣。导致这种情况发生的主要原因是,对问卷主题没有兴趣,问卷设计呆板、枯燥,调查环境和时间不适宜。②对问卷有畏难情绪。当问卷时间太长,内容过多,较难回答时,常会导致被调查者在开始或中途放弃回答,影响问卷的回收率和回答率。③对问卷提问内容有所顾虑,即担心如实填写会给自己带来麻烦。其结果是不回答,或随意作答,甚至做出迎合调查者意图的回答,这种情况的发生是调查资料失真的最主要原因。例如,在询问被调查者每月收入时,如被调查者每月收入超过 3500 元时,他就会将纳税联系在一起,从而有意压低收入的数字。

第四,回答者愿意回答,但无能力回答,包括回答者不善于表达的意见,不适合回答和不知道自己所拥有的答案等。例如,当询问消费者购买某种食品的动机时,有些消费者对动机的含义不了解,很难作出具体回答。

为了克服上述困难,完成问卷的两个主要功能,问卷设计时应遵循一定的原则和程序。

2. 问卷设计的原则

(1)目的性原则:问卷调查是通过向被调查者询问问题来进行调查的,所以,询问的问题必须是与调查主题有密切关联的问题。这就要求在问卷设计时,重点突出,避免可有可无的问题,并把主题分解为更详细的细目,即把它分别做成具体的询问形式供被调查者回答。

(2)可接受性原则:调查表的设计要比较容易让被调查者接受。由于被调查者对是否参加调查有着绝对的自由,调查对他们来说是一种额外负担,他们既可以采取合作的态度,接受调查;也可以采取对抗行为,拒答。因此,请求合作就成为问卷设计中一个十分重要的问题。应在问卷说明词中,将调查目的明确告诉被调查者,让对方知道该项调查的意义和自身回答对整个调查结果的重要性。问卷说明问要亲切、温和,提问部分要自然,有礼貌和有趣味,必要时可采用一些物质鼓励,并代被调查者保密,以消除其某种心理压力,使被调查者自愿参与,认真填好问卷。此外,还应使用适合被调查者身份、水平的用语,尽量避免列入一些会令被调查者难堪或反感的问题。

(3)顺序性原则:它是指在设计问卷时,要讲究问卷的排列顺序,使问卷条理清楚,顺理成章,以提高回答问题的效果。问卷中的问题一般可按下列顺序排列:

1)容易回答的问答(如行为性问题)放在前面;较难回答的问题(如态度性问题)放在中间;敏感性问题(如动机性、涉及隐私等问题)放在后面;关于个人情况的事实性问题放在末尾。

2)封闭性问题放在前面;开放性问题放在后面。这是由于封闭性问题已由设计者列出备选的全部答案,较易回答,而开放性问题需被调查者花费一些时间考虑,放在前面易使被调查者产生畏难情绪。

要注意问题的逻辑顺序,如可按时间顺序、类别顺序等合理排列。

(4)简明性原则:简明性原则主要体现在四个方面:①调查内容要简明。没有价值或无关紧要的问题不要列入,同时要避免出现重复,力求以最少的项目设计必要的、完整的信息资料。②调查时间要简短,问题和整个问卷都不宜过长。设计问卷时,不能单纯从调查者角度出发,而要为回答者着想。调查内容过多,调查时间过长,都会招致被调查者的反感。通常调查的场合一般都在路上、店内或居民家中,应答者行色匆匆,或不愿让调查者在家中久留等,而有些问卷多达几十页,让被调查者望而生畏,一时勉强做答也只有草率应付。根据经验,一般问卷回答时间应控制在 15 分钟左右,快消类食品应控制在 10 分钟以内。③问卷设计的形式要简明易懂,易读。

(5)匹配性原则:匹配性原则是指要使被调查者的回答便于进行检查、数据处理和分析。所提问题都应事先考虑到能对问题结果做适当分类和解释,使所得资料便于做交叉分析。

3. 问卷设计的程序　问卷设计是由一系列相关工作过程所构成的,为使问卷具有科学性和可行性,需要按照一定的程序进行。

(1)准备阶段:准备阶段是根据调查问卷的需要确定调查主题的范围和调查项目,将所需问卷资料一一列出,分析哪些是主要资料,哪些是次要资料,哪些是调查的必备资料,哪些是可要可不要的资料,并分析哪些资料需要通过问卷来取得,需要向谁调查等,对必要资料加以收集。同时要分析调查对象的各种特征,即分析了解各被调查对象的社会阶层、行为规范、社会环境等社会特征;文化程度、知识水平、理解能力等文化特征;需求动机、行为等心理特征;以此作为拟定问卷的基础。在此阶段,应充分征求各类有关人员的意见,以了解问卷中可能出现的问题,力求使问卷切合实际,能够充分满足各方面分析研究的需要。可以说,问卷设计的准备阶段是整个问卷设计的基础,是问卷调查能否成功的前提条件。

(2)初步设计:在准备工作基础上,设计者就可以根据收集到的资料,按照设计原则设计问卷初稿。主要是确定问卷结构,拟定并编排问题,在初步设计中,首先要标明每项资料需要采用何种方式提问,并尽量详尽地列出各种问题,然后对问题进行检查,筛选、编排,设计每个项目。对提出的每个问题,都要充分考虑是否有必要,能否得到答案。同时,要考虑问卷是否需要编码,或需要向被调查者说明调查目的、要求、基本注意事项等。这些都是设计调查问卷时十分重要的工作,必须精心研究,反复推敲。

(3)试答和修改:一般说来,所有设计出来的问卷都存在着一些问题,因此,需要将初步设计出来的问卷,在小范围内进行试验性调查,以便弄清问卷在初稿中存在的问题,了解被调查者是否乐意回答和能够回答所有的问题,哪些语句不清、多余或遗漏,问题的顺序是否符合逻辑,回答的时间是否过长等。如果发现问题,应做必要的修改,使问卷更加完善。试调查与正式调查的目的是不一样的,它并非要获得完整的问卷,而是要求回答者对问卷各方面提出意见,以便于修改。

(4)付印:付印就是将最后定稿的问卷,按照调查工作的需要打印复制,制成正式问卷。

▶▶ **课堂活动**

> 根据我们所学的问卷设计的原则和程序,请同学们自己尝试设计一个关于一款新口味酸奶市场调查的问卷。 要求获得以下信息:①被调查人是否适合做情感体验员;②对于目标人群新型酸奶是否受消费者欢迎。

(三)询问技术

问卷的语句由若干个问题所构成,问题是问卷的核心,在进行问卷设计时,必须对问题的类别和提问方法仔细考虑,否则会使整个问卷产生很大的偏差,导致市场调查的失败。因此,在设计问卷时,应对问题有较清楚的了解,并善于根据调查目的和具体情况选择适当的询问方式。

1. 问题的主要类型及询问方式

(1)直接性问题、间接性问题和假设性问题

1)直接性问题是指在问卷中能够通过直接提问方式得到答案的问题。直接性问题通常给回答者一个明确的范围,所问的是个人基本情况或意见,比如,"您的年龄""您的职业""您最喜欢的咖啡是什么牌子"等,这些都可获得明确的答案。这种提问对统计分析比较方便,但遇到一些窘迫性问题时,采用这种提问方式,可能无法得到所需要的答案。

2)间接性问题是指那些不宜直接回答,而采用间接地提问方式得到所需答案的问题。通常是指那些被调查者因对所需回答的问题产生顾虑,不敢或不愿真实地表达意见的问题。调查者不应为得到直接的结果而强迫被调查者,使他们感到不愉快或难堪。这时,如果采用间接回答方式,使被调查者认为很多意见已被其他调查者提出来了,他所要做的只不过是对这些意见加以评价罢了,这样,就能排除调查者和被调查者之间的某些障碍,使被调查者有可能对已得到的结论提出自己不带掩饰的意见。

例如,"您认为转基因食品是否可以运用到食品加工中?"大多数人都会回答,"是"或"不是"。而实际情况则表明许多人对转基因食品有着不同的看法。如果改问:

"A:有人认为转基因食品没有问题,可以作为原辅料运用到食品加工中。"

"B:另一部分人认为转基因食品并不应该作为原辅料运用到食品加工中。"

您认为哪些看法更为正确?

对 A 种看法的意见:①完全同意;②有保留的同意;③不同意。

对 B 种看法的意见:①完全同意;②有保留的同意;③不同意。

采用这种提问方式会比直接提问方式收集到更多的信息。

假设性问题是通过假设某一情景或现象存在而向被调查者提出的问题,例如:"有人认为目前的电视上食品广告过多,您的看法如何?""如果在购买功能性饮料和矿泉水中您只能选择一种,您会选择哪种?"这些语句都属于假设性提问。

(2)开放性问题和封闭性问题

1)所谓开放性问题是指所提出问题并不列出所有可能的答案,而是由被调查者自由做答的问题。开放性问题一般提问比较简单,回答比较真实,但结果难以作定量分析,在对其作定量分析时,通常是将回答进行分类。

2)所谓封闭性问题是指已事先设计了各种可能的答案的问题,被调查者只要或只能从中选定一个或几个现成答案的提问方式。封闭性问题由于答案标准化,不仅回答方便,而且易于进行各种统计处理和分析。但缺点是回答者只能在规定的范围内被迫回答,无法反映其他各种有目的的、真实的想法。

(3)事实性问题、行为性问题、动机性问题、态度性问题

1)事实性问题是要求被调查者回答一些有关事实性的问题:例如,"您通常什么时候看电视?"这类问题的主要目的是为了获得有关事实性资料。因此,问题的意见必须清楚,使被调查者容易理解并回答。

通常在一份问卷的开头和结尾都要求回答者填写其个人资料,如职业、年龄、收入、家庭状况、教育程度、居住条件等,这些问题均为事实性问题,对此类问题进行调查,可为分类统计和分析提供资料。

2)行为性问题是对回答者的行为特征进行调查:例如,"您是否拥有××物?""您是否做过某事?"

3)动机性问题是为了解被调查者行为的原因或动机问题:例如,"为什么购某物? 为什么做某事?"等。在提动机性问题时,应注意人们的行为可以是有意识动机,也可以是半意识动机或无意识动机产生的。对于前者,有时会因种种原因不愿真实回答;对于后两者,因回答者对自己的动机不十分清楚,也会造成回答的困难。

4)态度性问题是关于对回答者的态度、评价、意见等问题:例如:"您是否喜欢××牌子的饼干?"

以上是从不同的角度对各种问题所做的分类。应该注意的是,在实际调查中,几种类型的问题往往是结合使用的。在同一个问卷中,既有开放性问题,也有封闭性问题。甚至同一个问题中,也可将开放性问题与封闭性问题结合起来,组成结构式问题。例如,"您家里烧菜使用过鸡精吗? 有,无;若有,是什么牌子的?"。同样,事实性问题既可采取直接提问方式,对于回答者不愿直接回答的问题,也可以采取间接提问方式,问卷设计者可以根据具体情况选择不同的提问方式。

2. 问句的答案设计　在市场调查中,无论是何种类型的问题,都需要事先对问句答案进行设计。在设计答案时,可以根据具体情况采用不同的设计形式。

(1)二项选择法:二项选择法也称真伪法或二分法,是指提出的问题仅有两种答案可以选择。"是"或"否","有"或"无"等。这两种答案是对立的、排斥的,被调查者的回答非此即彼,不能有更多的选择。

这种方法的优点是:易于理解和可迅速得到明确的答案,便于统计处理,分析也比较容易。但回

答者没有进一步阐明理由的机会,难以反映被调查者意见与程度的差别,了解的情况也不够深入。这种方法,适用于互相排斥的两项择一式问题,及询问较为简单的事实性问题。

（2）多项选择法:多项选择法是指所提出的问题事先预备好两个以上的答案,回答者可任选其中的一项或几项。

例如,"您喜欢下列哪一种口味的方便面?"（在您认为合适的□内划"√"）

红烧牛肉味□　　香菇炖鸡味□

骨香浓汤味□　　海鲜味　　□

重庆麻辣味□　　黑椒牛肉味□

其他　　　　□

由于所设答案不一定能表达出填表人所有的看法,所以在问题的最后通常可设"其他"项目,以便使被调查者表达自己的看法。

这个方法的优点是比二项选择法的强制选择有所缓和,答案有一定的范围,也比较便于统计处理。但采用这种方法时,设计者要考虑以下两种情况:

1）要考虑到全部可能出现的结果,及答案可能出现的重复和遗漏。

2）是要注意根据选择答案的排列顺序。有些回答者常常喜欢选第一个答案,从而使调查结果发生偏差。此外,答案较多,使回答者无从选择,或产生厌烦。一般这种多项选择答案应控制在 8 个以内,当样本量有限时,多项选择易使结果分散,缺乏说服力。

（3）顺位法:顺位法是列出若干项目,由回答者按重要性决定先后顺序,顺位方法主要有两种:一种是对全部答案排序;另一种是只对其中的某些答案排序,究竟采用何种方法,应由调查者来决定。具体排列顺序,则由回答者根据自己所喜欢的事物和认识事物的程度等进行排序。

例如,"您选购食用油主要考虑的因素是（请将所给答案按重要顺序 1,2,3……填写在□中）

价格□　营养健康□　风味□　品牌知名度□　其他□

顺位法便于被调查者对其意见、动机、感觉等做衡量和比较性的表达,也便于对调查结果加以统计。但调查项目不宜过多,过多则容易分散,很难顺位,同时所询问的排列顺序也可能对被调查者产生某种暗示影响。

这种方法适用于对要求答案有先后顺序的问题。

（4）回忆法:回忆法是指通过回忆,了解被调查者对不同商品质量、牌子等方面印象的强弱。例如:"请您举出最近在电视广告中出现的饮品有哪些品牌",调查时可根据被调查者所回忆品牌的先后和快慢以及各种品牌被回忆出的频率进行分析研究。

（5）比较法:比较法是采用对比提问方式,要求被调查者作出肯定回答的方法。

例如,"请比较下列不同品牌的饮料,哪种更好喝?"（在各项您认为好喝的牌子方格□中划"√"）

```
┌─────────────────────────────┐
│   A 黄山□      B 天府□        │
│   B 天府□      C 百龄□        │
│   C 百龄□      D 奥林□        │
│   D 奥林□      E 可口□        │
│   E 可口□      F 百事□        │
│   F 百事□      A 黄山□        │
└─────────────────────────────┘
```

比较法适用于对质量和效用等问题作出评价。应用比较法要考虑被调查者对所要回答问题中的商品品牌等项目是否相当熟悉，否则将会导致空项发生。

（6）自由回答法：自由回答法是指提问时可自由提出问题，回答者可以自由发表意见，并无已经拟定好的答案。例如，"您觉得软包装饮料有哪些优、缺点？""您认为应该如何改进电视广告？"等。

这种方法的优点是涉及面广，灵活性大，回答者可充分发表意见，可为调查者搜集到某种意料之外的资料，缩短问者和答者之间的距离，迅速营造一个调查气氛，缺点是由于回答者提供答案的想法和角度不同，因此在答案分类时往往会出现困难，资料较难整理，还可能因回答者表达能力的差异形成调查偏差。同时，由于时间关系或缺乏心理准备，被调查者往往放弃回答或答非所问，因此，此种问题不宜过多。这种方法适用于那些不能预期答案或不能限定答案范围的问题。

（7）过滤法：过滤法又称"漏斗法"，是指最初提出的是离调查主题较远的广泛性问题，再根据被调查者回答的情况，逐渐缩小提问范围，最后有目的的引向要调查的某个专题性问题。这种方法询问及回答比较自然、灵活，使被调查者能够在活跃的气氛中回答问题，从而增强双方的合作，获得回答者较为真实的想法。但要求调查人员善于把握对方心理，善于引导并有较高的询问技巧。此方法的不足是不易控制调查时间。这种方法适合于被调查者在回答问题时有所顾虑，或者一时不便于直接表达对某个问题的具体意见时所采用。例如，对那些涉及被调查者自尊或隐私等问题，如收入、文化程度、妇女年龄等，可采取这种提问方式。

3. 问卷设计应注意的几个问题　对问卷设计总的要求是：问卷中的问句表达要简明、生动，注意概念的准确性，避免提似是而非的问题，具体应注意以下几点：

（1）避免提一般性的问题：一般性问题对实际调查工作并无指导意义。例如："您对某超市的印象如何？"这样的问题过于笼统，很难达到预期效果，可具体提问："您认为某超市商品品种是否齐全、营业时间是否恰当、服务态度怎样？"等。

（2）避免用不确切的词：例如"普通""经常""一些"等，以及一些形容词，如"美丽"等。这些词语，各人理解往往不同，在问卷设计中应避免或减少使用。例如："你是否经常购买可乐？"回答者不知经常是指一周、一个月还是一年，可以改问："你上月共购买了几次可乐？"

（3）避免使用含糊不清的句子：例如："你最近是出门旅游，还是休息？"出门旅游也是休息的一种形式，它和休息并不存在选择关系，正确的问法是："你最近是出门旅游，还是在家休息？"

（4）避免引导性提问：如果提出的问题不是"执中"的，而是暗示出调查者的观点和见解，力求使回答者跟着这种倾向回答，这种提问就是"引导性提问"。例如："消费者普遍认为××牌子的酱油好，你的印象如何?"引导性提问会导致两个不良后果:一是被调查者不加思考就同意所引导问题中暗示的结论;二是由于引导性提问大多是引用权威或大多数人的态度,被调查者考虑到这个结论既然已经是普遍的结论,就会产生心理上的顺向反应。此外,对于一些敏感性问题,在引导性提问下,不敢表达其他想法等。因此,这种提问是调查的大忌,常常会引出和事实相反的结论。

(5)避免提断定性的问题:例如:"你一天抽多少支烟?"这种问题即为断定性问题,被调查者如果根本不抽烟,就会造成无法回答。正确的处理办法是此问题可加一条"过滤"性问题。即:"你抽烟吗?"如果回答者回答"是",可继续提问,否则就可终止提问。

(6)避免提令被调查者难堪的问题:如果有些问题非问不可,也不能只顾自己的需要、穷追不舍,应考虑回答者的自尊心。例如,直接询问女士年龄也是不太礼貌的,可列出年龄段:20岁以下,20~30岁,30~40岁,40岁以上,由被调查者挑选。

(7)问句要考虑到时间性:时间过久的问题易使人遗忘,如"您去年家庭的食品支出是多少?"除非被调查者连续记账,否则很难回答出来。一般可问:"您家上月食品生活支出是多少?"显然,这样缩小时间范围可使问题回忆起来较容易,答案也比较准确。

(8)拟定问句要有明确的界限:对于年龄、家庭人口、经济收入等调查项目,通常会产生歧义的理解,如年龄有虚岁、实岁,家庭人口有常住人口和生活费开支在一起的人口,收入是仅指工资,还是包括奖金、补贴、其他收入、实物发放折款收入在内,如果调查者对此没有很明确的界定,调查结果也很难达到预期要求。

(9)问句要具体:一个问句最好只问一个要点,一个问句中如果包含过多询问内容,会使回答者无从答起,给统计处理也带来困难。例如:"您为何不吃牛肉吃猪肉?"这个问题包含了"您为何不吃牛肉?""您为何要吃猪肉?"和"什么原因使您改吃猪肉?"等。防止出现此类问题的办法是分离语句中的提问部分,使得一个语句只问一个要点。

点滴积累 ▽

1. 情感型感官分析的作用:产品质量维护;产品质量提高;新产品开发;市场潜能预测;产品种类调查;对广告的支持。
2. 问卷设计要遵循:目的性原则;可接受性原则;顺序性原则;简明性原则;匹配性原则。

第四节　感官检验新方法

在过去的几十年中,感官技术的使用发生了重大变化,在企业和大学里的感官专业人员改变了研究过程中方法使用方式和结果应用方式。感官和食品科学专业的学生学习研究一系列不同的感官技术,每年文献中所出版的新感官方法的数量也逐年增加。在食品工业中,由于时间限制、成本控制等实际情况下,评价小组的评价能力很难控制,描述性分析作为一个有效精准的工具,广泛应用存在很多的困难,这些问题驱动了技术的变革。本节将介绍几种感官分析新方法。

一、CATA 检验法

1. 方法原理　CATA(check all that apply)是一种广受欢迎的市场研究方法,方法基于消费者角度获取关于产品感官属性信息。尽管这种检验方法开始时,使用的评价员是经过培训的人员,鉴于问题格式能够减少参与者的负担,该方法现已广泛使用消费者作为评价员。

实验中,感官专业人员给出受访者一系列的描述语言,受访者试用产品并根据自身评价选择能够描述产品的所有描述词,描述词的个数不受限制。随着方法的发展,现在实验中使用的描述语言不局限于感官属性,也可能包含喜好度、使用方法等。描述语言需要简单易懂,消费者能够有简单的认识,具体 CATA 问题示例如下:

(1)请选择能够描述产品(食品)的词汇:

□ 奶香味　　□ 水果味　　□ 甜感　　□ 咸感　　□ 酸感

□ 酸奶味　　□ 香蕉味　　□ 涩　　□ 醇　　□ 苦

□ 膻味　　□ 淀粉味　　□ 脂肪感　　□ 余味浓　　□ 粉感

□ 清香　　□ 黏稠　　□ 薄　　□ 留香　　□ 酯味

(2)请选择能够描述产品(日化)的词汇:

□ 油腻　　□ 清爽　　□ 保湿　　□ 易涂抹　　□ 光滑

□ 柔软　　□ 粗糙　　□ 香味浓　　□ 堆起性差　　□ 拉丝

□ 黏　　□ 贴肤　　□ 易吸收　　□ 残留多　　□ 均一

问卷中也可包含关于喜好度的问题,数据形式同其他描述词;数据统计使用 0、1 二进制方式进行计算,选择描述词记为 1,反之为 0;实验结束后,感官专业人员根据问卷内容、实验目的、数据结果等,进行统计分析,获得实验结论。CATA 实验结果是关于感官属性的描述,该方法可作为快速感官评价方法代替传统感官评价方法。

2. 方法步骤

(1)设计实验问卷:CATA 最重要也是争论比较多的是关于描述词汇的选择,实验结果高度依赖于问卷中所列举的描述语言,所以实验前应充分准备描述产品的词汇和实验目的相关的其他描述词汇。CATA 中使用描述词汇通常是消费者能够轻松理解的,词汇数量一般在 10~40 个。根据实验目的和词汇设计问卷。

(2)准备样品:试验样品数量一般控制在 1~12 个,考虑偏好地图时,消费者需评价至少 6 个样品;实验前,使用三位数编码标记并重新分装试验样品。

(3)执行实验:邀请实验参与者按照问卷内容进行实验。实验通常需要 50~100 位消费者,考虑显著性分析时,需要消费者 60~80 位;考虑消费者喜好度时,通常需要消费者 100~120 位。

(4)结果统计分析:CATA 实验结果可直接统计频数,使用百分数和频数表述实验结果。为了获取更多的结果信息,CATA 数据分析常使用科克伦 Q 检验(Cochran Q test),该检验方法是一种非参数检验方法,基于均值检验多组配对样本是否存在差异性。无效假设 H_0:各个处理相同;备择假设 H_A:各个处理中,至少有一个不相同。计算公式 5-18 如下:

$$T = k(k-1) \frac{\sum_{j=1}^{k}(X_j - \frac{N}{k})^2}{\sum_{i=1}^{b} X_i(k-X_i)}$$

（式 5-18）

式中:k—处理数

b—区组数

N—总和

当 $T>$ 卡方表临界值时,即认为样品间有显著差异的。

采用科克伦 Q 检验计算概率 P 也可使用计算机资源,如使用 SPSS、Excel、TimeSense、Fizz 等进行统计分析。

除科克伦 Q 检验法外,使用相关性分析(correspondence analysis,CA)能够获得样品与描述次的感官地图,形象化的标示样品间的相似点和差异点,以及样品的主要感官属性;当实验要求评价产品的整体喜好度时,也可以使用惩罚分析(penalty analysis),分析感官属性对整体喜好度的影响。

（5）出具报告:报告应包含实验方法、步骤、产品信息、人员、结论等。

3. 方法特点　CATA 使用消费者获取与描述性分析类似的关于产品感官属性信息,能够有效的节省描述性分析测试中评价员的培训成本。同时,CATA 的提问方式简单,能够有效的减少参与者的负担。特点概括起来即快速、简单,以消费者主观兴趣喜好为主。

4. 应用领域和范围　当没有已经培训好的评价小组时,CATA 可作为描述性分析法的替代方法;尤其对于刚成立感官部门或者周期成本受限制时。

该方法现在大学和市场研究中均有使用,产品也不仅限于食品产品和日化产品,在对于一些产品概念测试中也有应用。

5. 应用实例　某企业欲了解市售橙汁感官属性上存在哪些差异,选取市场上广受欢迎的 6 种橙汁进行测试。感官专业人员使用 CATA 检验设计并执行实验。

（1）实验问卷:感官专业人员使用描述词 13 个,分别为橙子味、有果粒、酸、甜、味道浓、味道淡、自然、稀、稠、清爽、苦、涩、腻。

（2）准备样品:购买 6 个样品,使用三位数编码标记并重新分装试验样品。

（3）执行实验:邀请 60 位实验参与者按照问卷内容进行实验。

（4）结果统计分析。

结果如表 5-8:

表 5-8　橙汁 CATA 实验结果统计表

消费者	样品	橙子味	水果味	酸	……	涩	腻
1	A	1	0	1	……	1	0
1	B	1	1	0	……	0	0
1	C	1	1	1	……	0	1
1	D	0	0	1	……	0	0
1	E	1	0	1	……	0	0

续表

消费者	样品	橙子味	水果味	酸	……	涩	腻
1	F	1	1	0	……	0	0
……	……	……	……	……	……	……	……
60	A	1	0	1	……	1	0
60	B	1	1	0	……	0	0
60	C	1	1	1	……	0	1
60	D	0	0	1	……	0	0
60	E	1	0	1	……	0	0
60	F	1	1	0	……	0	0

使用科克伦 Q 检验进行分析,结果见表 5-9:

表 5-9 橙汁 CATA 实验科克伦 Q 检验结果统计表

属性	p	1	2	3	4	5	6
橙子味	0.389	0.917(a)	0.833(a)	0.950(a)	0.883(a)	0.867(a)	0.917(a)
有果粒	0.000	0(a)	1(b)	1(b)	0(a)	0(a)	1(b)
酸	0.000	1(b)	0(a)	1(b)	1(b)	1(b)	0(a)
甜	0.000	0(a)	0(a)	1(b)	1(b)	0(a)	1(b)
味道浓	0.000	0(a)	1(b)	1(b)	1(b)	0(a)	0(a)
味道淡	0.000	1(b)	0(a)	0(a)	0(a)	0(a)	1(b)
自然	0.000	1(b)	0.983(b)	1(b)	0(a)	0(a)	1(b)
稀	0.000	1(b)	0(a)	0(a)	1(b)	0.017(a)	0(a)
稠	0.000	0(a)	0(a)	0(a)	0(a)	0.983(b)	1(b)
清爽	0.000	0(a)	0(a)	1(b)	1(b)	1(b)	1(b)
苦	0.000	0(a)	0(a)	0(a)	0(a)	1(b)	0(a)
涩	0.000	1(b)	0(a)	0(a)	0(a)	0(a)	0(a)
腻	0.000	0(a)	0(a)	1(b)	0(a)	0(a)	0(a)

注:a、b 表示显著性差异,相同属性同为 a 说明两者之间不存在显著性差异;如果一个为 a,另一个为 b,说明两者之间存在显著性差异。

在 95% 置信区间内,6 种样品仅在橙子味上不存在显著性差异;样品分级信息见表 5-9。

使用卡方检验进行分析,在 95% 置信区间内,样品间存在显著性差异,详细结果如表 5-10:

表 5-10 橙汁 CATA 实验卡方检验结果统计表

卡方值(Observed value)	2479.410
卡方值(Critical value)	79.082
自由度(DF)	60
P 值(P-value)	< 0.0001
一类误差(alpha)	0.05

二、*Kappa* 检验

1. 方法原理　*Kappa* 检验是一种一致性检验。1960 年 Cohen 等提出用 *Kappa* 值作为评价判断一致性程度的指标,在临床试验中得到广泛的应用。感官评估中,在计数型测量系统中研究一个测量员重复两次(或测量结果与金标之间的一致性)测量结果的一致性,或者两个测量员结果之间的一致性;评价员做出判断后,统计频数,获得频数交叉表,见表 5-11。

表 5-11　实验结果交叉表

评价员 1	评价员 2				合计
	结果 1	结果 2	……	结果 R	
结果 1	A_{11}				n_1
结果 2		A_{22}			n_2
……			……		……
结果 R				A_{RR}	n_R
合计	m_1	m_2	……	m_R	n

根据频数计算 *Kappa* 值,具体公式 5-19(编号)如下:

$$kappa = \frac{P_0 - P_s}{1 - P_s} \qquad (式 5\text{-}19)$$

P_0 为实际一致率,检验员两次判断一致比例,计算公式 5-20 如下;P_s 为理论一致率,计算公式 5-21 如下。

$$P_0 = \frac{A_{11} + A_{22} + \cdots + A_{RR}}{n} \qquad (式 5\text{-}20)$$

$$P_s = \frac{n_1 m_1 + n_2 m_2 + \cdots + n_R m_R}{n^2} \qquad (式 5\text{-}21)$$

式中 A_{RR} 表示交叉表对角线的实际频数,n_1 和 m_1 分别代表对角线某实际数对应的行合计数和列合计数,n 代表总和计数。

对于用 *Kappa* 值判断一致性的建议参考标准为:

Kappa $=+1$,说明两次判断的结果完全一致;

Kappa $=-1$,说明两次判断的结果完全不一致;

Kappa $=0$,说明两次判断的结果是机遇造成;

Kappa<0,说明一致程度比机遇造成的还差,两次检查结果很不一致,但在实际应用中无意义;

Kappa>0,此时说明有意义,*Kappa* 值愈大,说明一致性愈好;

Kappa≥ 0.75,说明已经取得相当满意的一致程度;

$0.4<$*Kappa*<0.75,说明一致性中等;

$0<$*Kappa*≤ 0.4,说明一致程度不够理想。

Kappa 值为样本指标,对总体的推断需要做假设检验,计算加权 *Kappa* 值,统计量为 U,计算公式 5-22:

$$U = \frac{Kappa}{S_{\bar{k}}} \qquad\qquad （式5-22）$$

由于 $S_{\bar{k}}$ 的计算较复杂,可使用 SPSS 统计软件包进行计算;通过统计软件包获得概率 P,当 $P <$ 0.05 时,表示在 $\alpha = 0.05$ 的水平上拒绝原假设,差异有统计学意义,可以认为两位评价员的结果具有一致性。

$Kappa$ 值计算除可使用 SPSS 统计软件进行计算,还可使用 Minitab 进行计算。

2. 方法步骤

(1)测试点及人员确定;

(2)招募测试人员,并筛选合适参与测试人员;

(3)产品检验标准及培训;

(4)收集测试样品,执行测试,让每个测试员至少评价样品 2 次,测试结果收集;

(5)$Kappa$ 值计算。

3. 方法特点　$Kappa$ 值检验与其说是检验方法,不如说是检验值计算方法。$Kappa$ 系数的计算适用于两个评价人分级水平数相同的情况,即数据格式为行数和列数相等的方表。而在实际操作中,经常会出现分级水平数不一致,即行列数不等的情况。我们来看一个实例:两名医生按照某项指标的 1~4 个等级来评价 8 个病人。一个医生用全部 4 个等级进行评价,而另一医生只有 3 个等级进行评价。此时,对于两个医生来说,他们评价的级别范围不同。SPSS15.0 以上版本可以通过添加统计值获得 $Kappa$ 值及 P 值。

4. 应用领域和范围　$Kappa$ 值检验应用于制造业,如食品、日化、汽车行业等,在线监测和质量控制部门。

5. 应用实例　某制造企业使用两组感官评价队伍进行产品下线质量评估,评估产品是否为优质产品,现企业欲了解两组感官评估队伍在评价产品时是否具有一致性。感官专业人员设计实验,使用 $Kappa$ 检验,计算两组感官评价队伍的一致性。让两组感官队伍多次评价产品,并统计实验结果,获得交叉表如表 5-12:

表 5-12　实验结果交叉表

组 A	组 B		合计
	好	坏	
好	15	3	18
坏	4	24	28
合计	19	27	46

计算 $Kappa$ 值如下:

$$P_0 = \frac{15+24}{46} \approx 0.848$$

$$P_s = \frac{19\times18+27\times28}{46^2} \approx 0.519$$

$$Kappa = \frac{0.848 - 0.519}{1 - 0.519} \approx 0.684$$

Kappa 值介于 0.4 和 0.75 之间,说明感官评价组间具有一致性,一致性适中。

三、Flash Profile 法

1. 方法原理　Flash Profile(FP)法是最接近传统描述性分析的快速感官分析方法,是 Dairou 和 Sieffermann 在自由选择剖面的基础上提出的一种新方法,该方法舍去了传统方法中评价员的培训环节,增加了样品的排序环节。实验中,每一个评价员都有自己的感官属性清单和强度判断标尺,并根据感官属性强度进行排序。相较于评价员给出感官属性强度,这种方法更易执行。Flash Profile 检验法为使用未经培训的消费者作为评价员提供了可能性。

2. 方法步骤

(1)招募评价员,数量没有强制要求,通常不少于 4 位;评价员不必是产品专家,评价员不需要在特定产品上进行培训;当使用消费者作为评价员时,数量从 20~200 位均有,通常是 40~50 位。

(2)感官专业人员对评价员进行产品介绍,要求评价员根据自己对样品的理解产生对样品感知的所有描述词。

(3)评价员看其他评价员的描述词,再在自己的清单上增加或者替代,确定测试描述词。

(4)评价员评价样品,并对样品的不同感官属性强度进行排序;在排序阶段,允许重复品尝样品,根据自己的标尺把样品按由低到高的顺序排列。

(5)感官专业人员收集整理数据,分析实验数据,获得实验结论。统计分析方法可使用非参数统计方法,如 Friedman 检验、Page 检验、相关性分析等。

3. 方法特点　Flash Profile 法的优点是评价小组不必形成标准化的描述语言,因此也不需要具有明确定义的标准参比样;不需要针对某一个产品进行特定的培训,同时,只需要较少的时间收集数据,也更加地节约成本。

Flash Profile 法的缺点包括因为实验使用排序标度,因此每次排序至少需要对比两个样品,当评价多个样品时,工作量会剧增,一般评价样品不建议多于 6 个;实验结果仅适用于单次试验样品间比较,多次实验数据不能进行横向比较;因为数据是排序结果,不代表强度大小,不能获取关于感官属性强度之间具体差异。

4. 应用领域和范围　Flash Profile 法对感官属性不熟悉,或者对于在探索阶段的产品测试具有明显的优势;当实验同时测试了消费者喜好度时,能够获得喜好地图,对于产品开发具有较大意义;因此该方法常用于项目开始阶段。

5. 应用实例　试验样品为市售巧克力 11 种,巧克力在品牌、可可含量、成分上存在差别;使用学生作为评价员,实验前对感官进行使用方法上的培训;实验中要求评价员自由选择感官属性并对样品的感官属性强度进行性排序。

实验结束后,根据不同评价员的实验结果,生成样品描述语言;使用独立样本主成分分析法对实验结果进行分析,分析评价员的评价维度;使用广义 Procrustes 分析(GPA)和对因素分析(MFA)可

获得 FP 感官地图,如图 5-4 编号。FP 感官图能够清晰表示出样品的相关性、样品簇、方差;使用聚类分析可获得样品的树状图谱。通过树状图 5-5,可以便利的展示样品间的相关性。

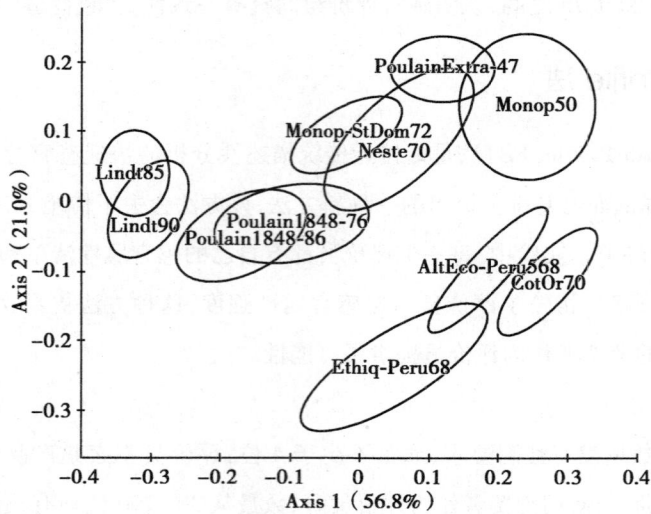

图 5-4　Flash Profile 感官图(GPA 分析)

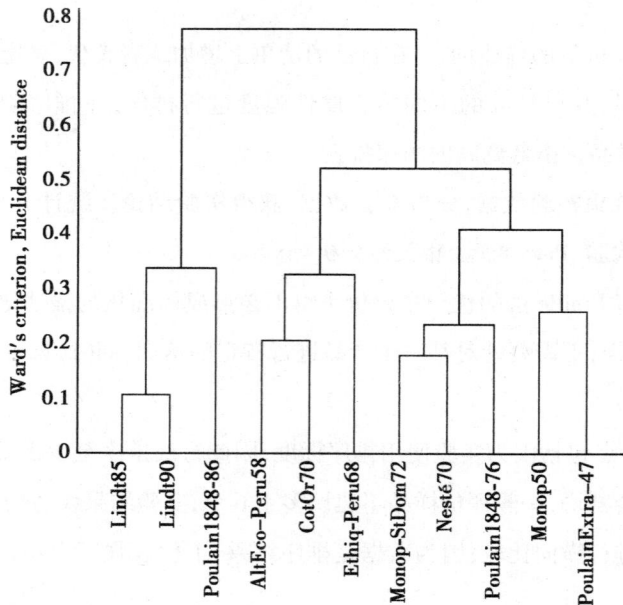

图 5-5　Flash Profile 检验树状图(GPA 分析)

四、Sorting 法

1. 方法原理　Sorting 法是一种分类检验方法,方法起源于语言学和心理学,广泛应用于探索和研究概念趋势、人群分类以及其他的社会科学。1980 年以后开始应用于感官分析中。该方法要求评价员根据自己对所有样品的理解,按照个人的方式把样品进行归类,并对分类方方进行描述。随着对该方法研究的推进,Sorting 已成为方法学的一个分支,包括 Free Sorting、The Q-sort methodology、 constrained sorting(or fixed-sorting)、free multiple sorting procedure、hierarchical sorting procedure。

2. 方法步骤

（1）感官专业人员给评价员一系列样品，并要求评价员根据自己的理解对样品进行分类，不限于分成几类，试验样品数量一般建议6~15；如果是专家评价员需要10~20位，若是消费者建议30人以上。

（2）分类结束后，要求评价员描述分类原则；一般会提供相关的描述词作为参考，如果评价员是消费者，那么描述语言可能会长。

（3）感官专业人员收集整理实验数据，分析实验结果，常用分析方法有聚类分析法和多因素分析法。

3. 方法特点 Sorting法没有标准化描述语言，评价员不需要评价感官属性，甚至也不要说明分类原则，能够减少因为误解感官属性而带来的实验误差；同时，操作简单。Sorting法可使用消费者作为评价员，可使用未经培训的人员作为评价员能够有效节省实验周期和成本，而且不受限制的分类，能够更好的充分利用本能，获取更加多样的数据和结果。但是，该方法由于分类不受约束，在数据处理和分析相对复杂，而且实验结果的重复性相对有限。同时，对于分类描述没有标准语言，分析起来耗时费力。因为实验操作复杂，当样品或者程序复杂时，容易引起感官疲劳。

4. 应用领域和范围 Free Sorting法主要应用于两方面：评估产品之间的相似之处，了解研究对象的形式类别。在食品领域，该研究方法应用广泛，如奶酪、快餐、饮用水、果胶等。

五、TDS法

1. 方法原理 TDS(temporal dominance of sensations)法是一种时间-强度(TI)方法的延伸，这两种方法都是随着计算机系统的应用而逐渐得以实现并发展的，均是动态感官评价的方法，不同的是时间-强度方法只针对一种感官属性的强度进行评价，而TDS法是针对多个感官属性进行评价。在TDS实验中，要求评价员动态的进行评价，并在一段时间内给出不同阶段占主导地位的感官属性，主要感官属性不一定是强度最大或者较大的感官属性，关于主要感官属性的定义有：能够引起注意的感官属性、持续增加并突然能被感知的感官属性。感官专业人员通过分析实验结果，从而获得不同样品的主要感官属性描述图，常见的结果呈现方式是TDS曲线。问题和结果示意图见图5-6、图5-7。

感官专业人员通过计算机系统收集实验结果，对于单个评价员而言，实验结果为一定时间内的一系列与时间相关的感官属性，可直接使用TDS图标示；对于样品而言，不同感官评价员的结果需进行计算，常用的计算方法同一时间内不同感官属性被选择的比例，当评价数据达到一定数量时，主要感官属性的比例会趋于稳定，即TDS图会变得相对稳定。

为了获取更多实验信息，Pineau等人对单独样品的TDS曲线添加两条辅助线，随机参考线（即感官属性被选择的随机概率）和显著性差异线（使用二项式分布计算单个感官属性被选择显著高于随机选择的概率）。

2. 方法步骤

（1）招募并培训评价员，根据待测样品感官属性进行培训，评价小组成员数量应根据感官属性

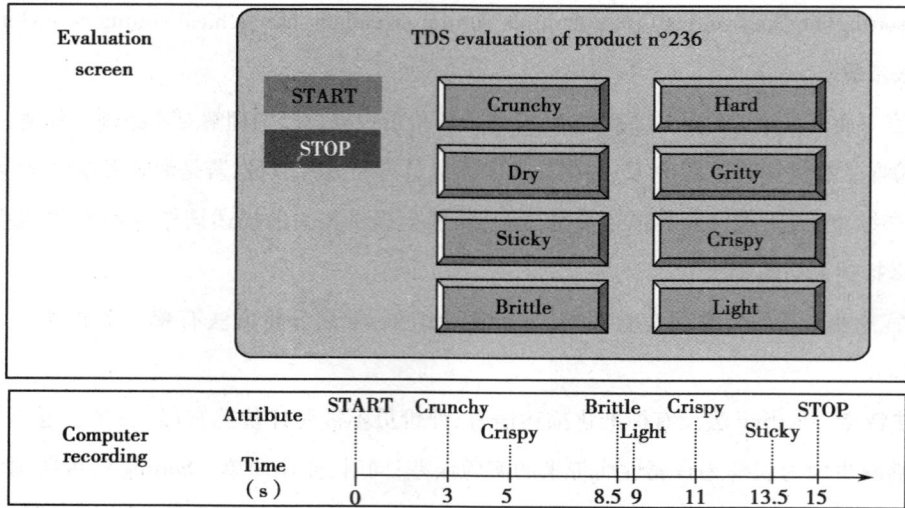

图 5-6　TDS 计算机问卷示例

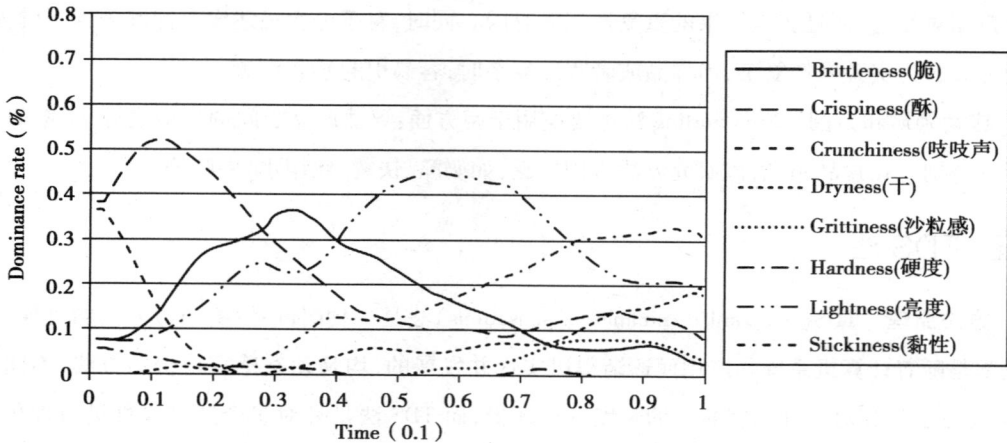

图 5-7　TDS 结果示例

和样品数量进行确定,通常数量大于定量感官描述分析,建议每个样品评价员不少于 30 人。

(2)确定测试感官属性,为保证实验数据有效性,通常不建议超过 10 个感官属性。

(3)确定测试使用标度,因为 TDS 法发展于 Fizz 和 Compusense 系统,这两种系统程序使用的标度实际上是两种标度的交叉,即属性和强度两种标度结合使用,但是这种标度实验难度大,执行复杂,建议使用仅主要感官属性进行评价。

(4)确定品尝流程,对于固体样品可从摄入到吞咽整个过程进行评价;对于液体饮料程序可能会更细致,依次评价摄入、含口中、咽下、余味。

(5)设计实验程序,不同样品评价顺序应相同,但样品较多时可使用平衡不完全区组实验设计;样品数量参照传统描述性分析实验。

(6)准备试验样品,实验前根据品尝习惯和实验要求,使用三位数编码标记试验样品,并统一使用分装容器进行分装。

(7)邀请评价员进行测试,开始品尝样品的同时开始评价,当样品的主要感官属性发生变化时,点击相应占主导地位的感官属性。

(8)感官专业人员整理分析实验数据,获取实验结论。

3. 方法特点　TDS法假设产品各感官属性是独立的;培训评价员时可不开展感官属性强度的培训,仅培训感官属性的概念;这可以节省实验成本和实验周期。实验中,通常不会进行关于强度的描述,实验结果是主导地位的感官属性。

关于TDS法的争论主要是不同感官评价员的评价行为可能导致感官属性的获得上存在差异,如咀嚼食物的时间、频率、吞咽动作的差别会导致感官属性上的差异及感官属性获得时间的差异。

TDS法在评价员的使用上存在差异;一种是感官从业者使用专家感官评价员进行实验,感官属性的定义、区分、实验执行均需要经过培训,并在一定程度上达成一致性,这样才能保证实验数据的重复性和精确性;另一种是感官从业者认为TDS法的实验更接近于消费者使用体验,使用消费者作为评价员更能体现产品真实使用的感官属性。使用消费者和专家感官评价员进行实验的研究均有报导。

4. 应用领域和范围　关于TDS法的应用主要有食品领域酒类感官评价和汽车工业中驾驶声音评价,方法主要用于产品开发及改进过程中的产品感官属性评价。

点滴积累 ∨

1. 感官检验新方法的应用能够更加高效、快速、便捷、低成本的通过感官途径解决应用问题,但是感官分析新方法往往在方法理论上研究相对较少,使用时应注意。

2. 感官检验新方法在评价员的使用上通常消费者和专家级评价员都有涉及,在方法学上哪种评价员更适合,研究人员持有不同的观点,存在争议,但是实践中共识是不交叉使用不同种类评价员。

3. 感官检验新方法通常伴随着统计分析新方法在感官评价上的新应用,掌握新的感官检验方法,了解统计学是关键。

目标检测

一、选择题

(一)单项选择题

1. 三点测试中,有效样本数为30,在置信区间95%,达到差异显著时所需最小正确答案数为(　　)

A. 13　　　　B. 14　　　　C. 15　　　　D. 16

2. 关于差别检验,以下说法中错误的是(　　)

A. 同一案例可采用不同的差别检验方法

B. 实验中由于受试验条件限制,可适当进行重复实验

C. 两个样品间进行差别检验时结果为无差异,那么进行消费者偏爱检验时可能存在消费者对两样品的偏爱程度不同

D. 同一样品作为差别检验的两个样品,结果一定是不存在差别

3. 下列差别检验方法中,在相同样本数、相同置信区间条件下,达到差别时所需正确答案数最少的是(　　　)

　　A. 成对比较检验法　　　　　　　　　B. 三点检验法

　　C. 五中选二检验法　　　　　　　　　D. "A"-"非 A"检验法

4. 差别检验法中随机选择获得正确答案概率排序顺序正确为(　　　)

　　A. 五中选二检验法>三点检验法>成对比较检验法>"A"-"非 A"检验法

　　B. 五中选二检验法>tetrad 检验法>三点检验>成对比较检验

　　C. 成对比较检验>三点检验>tetrad 检验法>五中选二检验法

　　D. tetrad 检验法>三点检验>五中选二检验法>"A"-"非 A"检验法

5. 差别检验法不包括(　　　)

　　A. 五中选二检验法　　　　　　　　　B. 分类检验法

　　C. 三点检验法　　　　　　　　　　　D. 成对比较检验法

6. 与三点检验法测试样品数相同的是(　　　)

　　A. "A"-"非 A"检验法　　　　　　　　B. 二-三点检验

　　C. 成对比较检验法　　　　　　　　　D. 五中选二检验法

7. 三点检验法给出的样品中相同的样品个数是(　　　)

　　A. 0　　　　　　　B. 1　　　　　　　C. 2　　　　　　　D. 3

8. 下列差别检验法中,定向差别检验法是(　　　)

　　A. 差别成对比较检验法　　　　　　　B. 五中选二检验法

　　C. 三点检验法　　　　　　　　　　　D. n-AFC 检验法

9. 下列统计分析方法中,不属于非参数统计的是(　　　)

　　A. Friedman 检验　　B. 卡方检验　　C. Cochran 检验　　D. Anova

10. 定量描述分析法常使用标度为(　　　)

　　A. 类项标度　　　B. 比率标度　　　C. 线性表度　　　D. 交叉标度

11. 系列不属于质地剖面法评价感官指标的是(　　　)

　　A. 口感　　　　　B. 硬度　　　　　C. 脆度　　　　　D. 风味

12. 下列检验方法中,属于动态感官评价的是(　　　)

　　A. TDS 法　　　　B. Mapping 法　　C. CATA 法　　　D. Sorting 法

13. 采用偏爱排序检验时,试验人员一般不少于(　　　)人。

　　A. 2　　　　　　　B. 4　　　　　　　C. 8　　　　　　　D. 10

14. 问题"您是否喜欢××牌子的薯片?"属于(　　　)问题。

　　A. 事实　　　　　B. 行为　　　　　C. 动机　　　　　D. 态度

(二) 多项选择题

1. 以下检验方法所用感官评价员需要培训的有(　　　)

A. 三点检验法　　　　　　　　　　　　B. 偏爱检验法

C. 定量描述分析法　　　　　　　　　　D. 消费者喜好度测试

2. 以下差别检验中,定向差别检验有(　　　)

A. 定向成对比较检验　　　　　　　　　B. 5-AFC

C. 差别成对比较检验　　　　　　　　　D. 3-AFC

3. 常见的标度有(　　　)

A. 线性表度　　　　B. 比率标度　　　　C. 类项标度　　　　D. 差异标度

4. 下列检验方法中,可使用消费者作为评价员的有(　　　)

A. CATA 检验法　　　B. 偏爱检验法　　　C. 三点检验法　　　D. 定量描述分析法

5. 下列标度属于类项标度的有(　　　)

A. 九点喜好度标度　　B. 五点序级标度　　C. 标示量值标度　　D. 排序标度

6. 常应用于差别检验数据分析的方法有(　　　)

A. 二项式分布　　　　B. 卡方检验　　　　C. z 检验　　　　D. 方差分析

7. 差别检验所需评价员数一般根据哪些参数进行确定(　　　)

A. α　　　　　　B. β　　　　　　C. P_d　　　　　　D. P

8. 下列用于识别两种样品间是否存在差异的检验方法有(　　　)

A. "A"-"非 A"检验法　　　　　　　　　B. 五中选二检验法

C. CATA 法　　　　　　　　　　　　　D. TDS 法

9. 下列检验方法中,可使用未经培训的评价员的是(　　　)

A. CATA 法　　　　B. 定量描述分析法　　C. TDS 法　　　　D. 偏爱检验法

10. 用于生产过程中质量控制,检验产品与标准品有无差异的检验方法有(　　　)

A. 三点检验法　　　B. 成对比较检验法　　C. 描述性性分析法　　D. Tetrad 检验法

11. 下列检验方法中,对感官属性强度进行评价的有(　　　)

A. CATA 法　　　　B. 定量描述分析法　　C. 质地剖面法　　　D. 自由定义剖面法

12. 与传统描述性分析法相较,下列方法属于快速描述性分析法的有(　　　)

A. TDS 法　　　　　B. CATA 检验法　　　C. Mapping 法　　　D. Sorting 法

二、简答题

1. 感官分析常用的标度有哪几类?

2. 列举常用的差别检验方法三种,并简述方法内容?

3. 简述三种快速描述性分析方法。

4. 简述三种描述性分析法常使用的统计分析方法。

5. 情感检验方法有哪些?

6. 在市场调查中,事先对问句答案的设计有几种形式,分别是什么?

三、实例分析

1. 三点检验法,样本数为 35,正确答案数为 19,置信区间为 95%,计算 P 值、置信上限、置信下限。

2. 某企业立项确定研发一款新橙子味乳饮料产品,为了做好市场定位并为市场营销提供产品基本感官属性信息,现选取 5 个同类市场竞品与新产品进行对比分析,请设计实验。

3. 数据计算:已知 $\alpha=0.05$、$\beta=0.10$,$P_d=40\%$,使用三点检验需要的样本数。

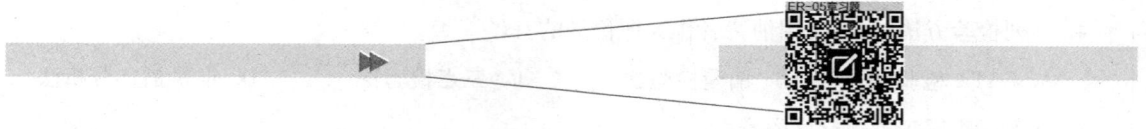

第六章

感官分析在企业中的实际应用

ER-06章PPT

导学情景 ∨

情景描述：

　　一个酱料生产商想要评测生产的酱料产品，他们想改进自己的产品，决定做一个风味分析，然而结果并不是厂商想要的结果，如果加测需要增加检测费用。双方沟通后，发现在测试初期感官评测方法选择不准确，进而造成了纠纷。

　　食品感官评价以人的感觉为基础，通过科学的评测手段来获取实验结果，因此具有很强的经验性和主观性，需要通过标准的程序和方法规范。在大多情况下，合适的感官评测方法可以帮助评测人员事半功倍。

学前导语：

　　针对食品产品进行感官评价时，合适的感官评测方法可以事半功倍，因此需要明确评测目的和评测能力，不同的感官评价方法对于人员具有不同的要求，很多情况下，感官分析师即使选择了合适的方法，但如果评价人员的能力不足以支持该种方法，评测结果的可靠性仍然得不到保证。在企业运用中，我们根据目的可以将感官评价分为以下几类：货架期、配方筛选、产品图谱、质量控制、风味模拟、消费者测试。针对食品产品进行感官评价时，需要明确评测目的和评测能力，不同的感官评价方法对于人员具有不同的要求，很多情况下，感官分析师即使选择了合适的方法，但如果评价人员的能力不足以支持该种方法，评测结果的可靠性仍然得不到保证。

第一节　感官分析在新产品开发中的应用

　　在企业实际工作中，感官评价被用于产品技术开发、质量控制、探索和开发新原料及生产工艺等方面，在传统意义上是属于研发范畴，与技术研究和生产更接近。随着对消费者需求和偏好研究的深入，关注的范围和领域越来越广，对于产品属性联系起来的消费者偏好和反映，可以应用感官评价的方法予以测量，并作为新产品开发的依据，生产出最吸引人，最令人满意的产品。

　　当企业在新产品开发环节中运用到感官评价时，研发人员以及营销人员会针对感官分析师提出很多问题。在企业运用中，我们根据目的可以将感官评价分为以下几类：货架期、配方筛选、产品图谱、质量控制、风味模拟、消费者测试，见表6-1。

　　不同的感官测试类型对于资源配置的要求也不同，具体涵盖：环境条件、样品条件和评价人员条件等。身为感官分析师,首先需要明确测试的目的,判断是否属于感官分析可以解决的范畴,明确自己的资源配置,然后再进行测试。

表 6-1　测试类型判断示例

问题	测试类型
问题 1:该产品保存多久会发生感官属性的变化?	货架期
问题 2:产品配方调整后是否和竞品风味相近?	风味模拟
问题 3:此类产品在市场上已有哪些风味?	产品图谱
问题 4:产品是否具有感官属性上的变化?	质量控制
问题 5:产品配方/工艺/包装改变后对产品的影响?	配方筛选
问题 6:部分人反映产品有异味,这异味的强度是多少?	质量控制
问题 7:哪个产品最受欢迎?	消费者测试

完整的新品开发流程具有很多环节,其中包含产品趋势分析,自有品牌分析,新品概念的生成,产品线规划,中试以及新品上市放行等。因此,在新品开发中感官评价的方法是综合性的,即多个感官测试贯穿于整个新品开发流程中。常见方法分布见图 6-1。

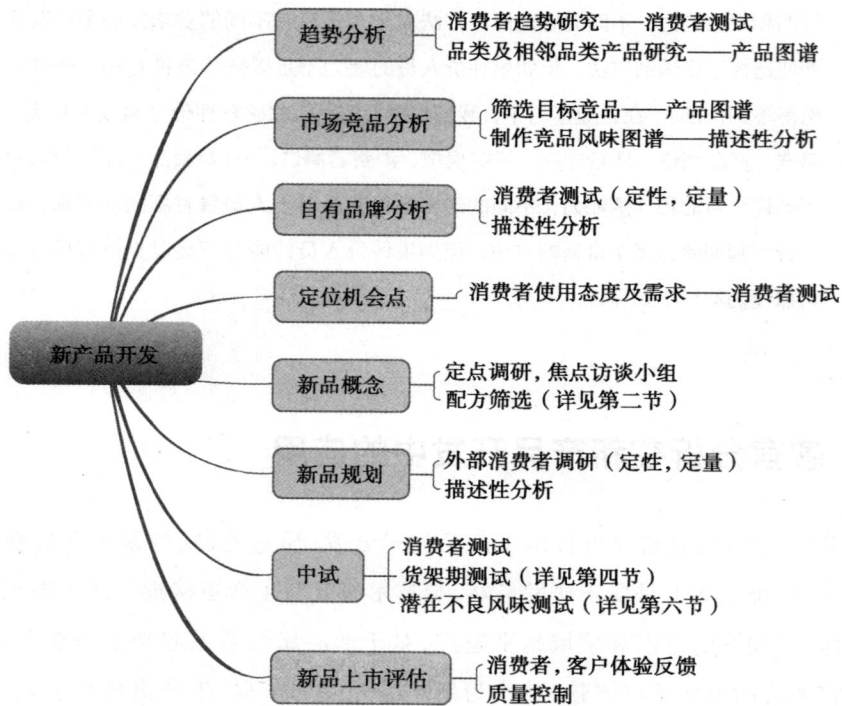

图 6-1　感官评价在新产品开发中的应用

概括的讲,感官评价是贯穿于新产品开发整个流程中的,其在新产品研发环节中可以起到两方面的作用:①可通过训练过的专业评价人员准确做出产品风味属性的“风味图”,找出产品的关键风味特征或进行产品特征分类;②研究消费者感知产品的方式,描述消费者感知,通过检验消费者心理,考察产品形象,品牌等其他因素对消费者的影响。

知识链接

聚 类 分 析

聚类分析(cluster analysis)又称群分析,是对样品或指标进行分类的一种多元统计分析方法,它们讨论的对象是大量的样品,要求能合理地按各自的特性来进行合理的分类,没有任何模式可供参考或依循,即是在没有先验知识的情况下进行的。聚类分析被应用于很多方面,在商业上,聚类分析被用来发现不同的客户群,并且通过购买模式刻画不同客户群的特征。

点滴积累 V

在企业实际工作中,感官评价被用于产品技术开发,质量控制,探索和开发新原料和生产工艺等方面,在传统意义上是属于研发范畴,与技术研究和生产更接近。其在新产品研发环节中可以起到两方面的作用:①可找出产品的关键风味特征或进行产品特征分类;②研究不同因素对消费者的影响。

第二节 感官分析在配方筛选中的应用

一、配方筛选

在食品企业中,面对波动的市场环境,为了获得利润和生机,企业通过不断调整生产成本,改良生产工艺,引进新技术等方式进行"降本增效"或"产品升级"。因此,配方筛选是感官评价在企业应用中非常重要的一方面。例如,为了适应原料价格波动,企业会采购或调换较便宜的原料进行"降本增效"。然而这些原料的改变会影响到产品的风味,在生产过程中需要相应的调整整体配方。可为了调整配方,企业不但需要付出更大的成本精力,产品质量也可能因此受到影响。因此,降本增效不是简单粗暴的节省,而是在保证一定质量的基础上削减成本,为企业带来更大的竞争优势。这种意义上的降本增效,在很大程度上需要借助于感官评价的判定。感官测试的结果可以证明配方调整前后,产品的风味是否有显著的改变,这些改变是否直接影响到了消费者的喜好。换句话说,感官评价可以为管理人员提供降本增效的判断依据。

二、配方筛选常用感官方法

针对配方筛选而言,常用的感官评价方法如下:

1. 判断产品配方调整后是否相似/显著性差异,可以选用差别检验,例如三点测试,四组测试(tetrad),两-三点,成对比较;

2. 判断产品配方调整后某一特定属性是否出现变化,可以选用 3-AFC、TDS 法;

3.判断产品配方调整后各个属性变化的程度,可以选用描述性分析,例如 QDA、风味剖面、质地剖面;

4.判断产品配方调整后与原配方在接受度和喜好程度上的差异,可以选用排序法、偏好测试、接受度测试。

三、应用示例

某公司生产一款产品,需要采用 A 公司生产的果葡糖浆,但由于原料价格上涨,该公司计划采用价格较低的 B 公司的果葡糖浆。采用新原料后,该公司品控发现新原料颜色发黄,具有轻微的焦煳味和酸味。因此研发部门采用了 A-B 两公司果葡糖浆复配的方式重新调整了配方。由于是实验室的小样,研发人员调配了 2 个配方。该公司希望最终锁定一个配方,替代原有产品。

测试目标:筛选和原有产品最相似的产品。

测试诊断:判断产品配方调整后是否相似/显著性差异。

测试方法:进行感官评价组内部预品尝,之后进行 30 人的三点测试 2 次(配方 1 VS 原配方,配方 2 VS 原配方)。

测试问卷:

三点测试
品尝说明:
1. 您将会收到 3 个样品,这三个样品有 1 个和其他 2 个样品不同;
2. 每个样品都标有三位随机数字;
3. 请从左到右品尝样品,找出不同的那个样品,并勾选其编号;
4. 品尝样品间请用清水漱口。
不同的那个样品编号: 　　　　□样品 389　　　　□样品 534　　　　□样品 209
针对本次测试请写出您的建议/感受:_____ _____
非常感谢!

结果分析:查表得出配方 2 与原配方相似。(查表方法见第五章)

点滴积累 ∨ ....

针对配方筛选而言,常用的感官评价方法如下:

1. 判断产品配方调整后是否相似/显著性差异:可以选用差别检验,例如三点测试,四组测试(tetrad),两-三点,成对比较;

2. 判断产品配方调整后某一特定属性是否出现变化:可以选用 3-AFC、TDS 法;

3. 判断产品配方调整后各个属性变化的程度：可以选用描述性分析，例如 QDA、风味剖面、质地剖面；

4. 判断产品配方调整后与原配方在接受度和喜好程度上的差异：可以选用排序法、偏好测试、接受度测试。

第三节　感官分析在市场预测中的应用

一、市场预测与产品图谱

市场预测是指企业通过市场调研获得一定资料的基础上，针对企业实际需要以及相关的现实环境因素，运用已有的知识、经验和科学方法，对企业和市场未来发展变化的趋势作出适当的分析和判断，为企业提供可靠依据的一种活动。

在食品感官分析中，产品图谱是一种有效的市场预测方法。产品图谱（product mapping）是指通过一致性感官测试数据分析，将产品的感官属性数据绘制成图谱的一类感官分析。产品图谱一般分为两类：产品-感官属性图谱和产品-市场图谱。企业可以通过产品图谱了解市场上同品类产品及相邻品类产品的感官属性信息，完成产品定位和市场预测。

二、产品图谱的方法

如果需要评价的样品很多（在市场扫货，需要测试 10 个及以上的产品），这里比较推荐快速方法来进行感官评价。如果需要评价的样品不太多（给出范围或者标准样品，测试样品在 5 个以内）则推荐传统的感官评价方法。

快速感官评价方法包括：浅尝法（napping）、映射法（mapping）、快检剖面法（flash profiling）、分类法（sorting）等，特点就是快捷，处理样品多，需要训练的时间短，成本低。缺点是精确度低，风味细分不够。

传统的感官分析方法包括：自由-选择剖面、QDA、风味剖面、质地剖面。

当然如果你评价的目的只是区分风味或者产品某一特定属性是否相似，也可以采用三点测试等。

针对快速方法和传统分析方法的取舍，其实已经有人进行过系统的研究：同样评价 9 个样品，传统方法训练的时间需要 9~10 个小时，快检剖面法需要 3 个小时，实用浅尝法（practical napping）需要 80 分钟，自由多样分类法（free multiple sorting）需要 60 分钟，全面浅尝法（global napping）需要 40 分钟。

如果只是进行简单的分类，比如：外观、风味、口感等大类的问题，快速方法可以大大降低评价时间，同时给出一个大致的分类，但如果你需要的分析结果很细化，那么传统方法的分类会更清晰。

三、应用示例

某公司计划推出一款老年人速食产品,该产品由三种蔬菜、鳕鱼、洋葱制成。含有 100 亿个 M-1 型乳酸菌,具有烹制容易,易消化等特点。需要与市面上其他 4 款产品比较,找出该产品的风味特点,且想快速获得产品与竞品比较结果。

测试诊断:此类测试属于消费者偏好结合产品图谱问题。

测试方法:由于老年人和儿童都是特殊群体,测试需要简单快捷,因此采用 CATA 法。

测试问题:

请选择能够描述产品(食品)的词汇:

☐ 奶香味   ☐ 辣味   ☐ 甜味   ☐ 咸感   ☐ 酸感

☐ 苹果味   ☐ 鱼味   ☐ 涩   ☐ 肉味   ☐ 苦

☐ 膻味   ☐ 淀粉味   ☐ 脂肪感   ☐ 余味浓   ☐ 粉感

☐ 清香   ☐ 黏稠   ☐ 薄   ☐ 留香   ☐ 酯味

测试结果:将样品 937 与其他 4 款同类产品比较,邀请 75 位老人(50~70 岁)进行品尝,结果表明该产品的风味更接近理想,具有咸味、甜味、辣味、苹果味(水果味)等特点,见图 6-2。同时,我们发现品尝人员对于该类产品的鱼味,甜味,苹果味,辣味和咸味的有明显的偏好趋势,见图 6-3。

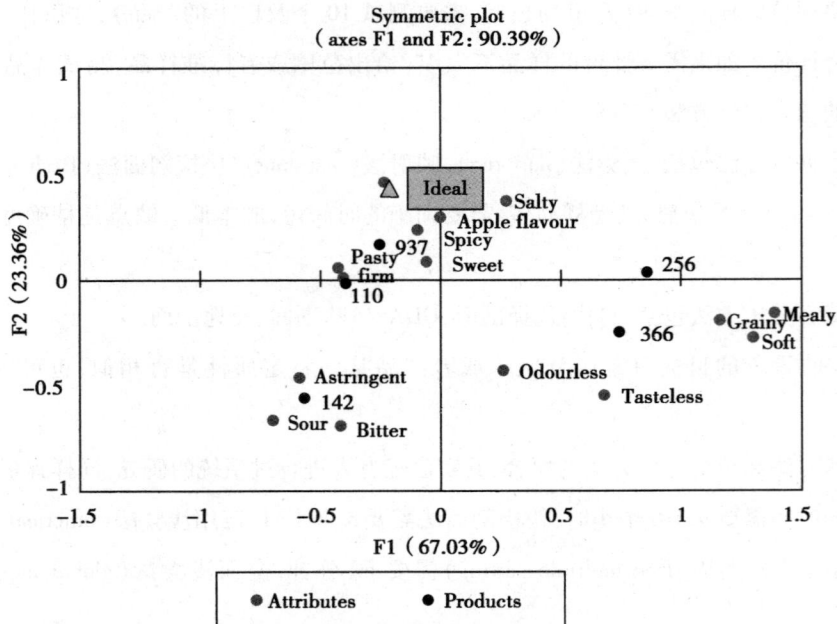

图 6-2 感官评价 CATA 法应用实例

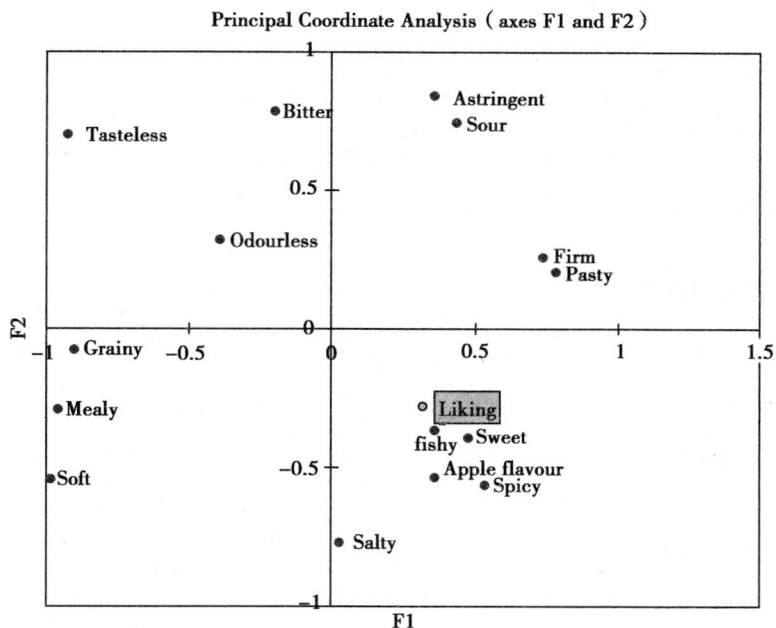

图 6-3 感官评价 CATA 法应用实例

知识链接

描 述 分 析

　　近年来描述分析法正朝着快速高效的方向逐步发展，同时对描述性分析方法的实用性和适用性的要求也不断提高。 快速描述性方法能够快速分析产品，提高效率和节约成本，但是也有一定的局限性。首先，其评价员未经过充分训练，需要人数较多，结果精确性较低；其次，快速方法不适用于不稳定或易受环境影响的样品，如冷冻产品等，也不适合进行货架期研究。

点滴积累 ∨

　　针对快速方法和传统分析方法的取舍，如果只是进行简单的分类，比如：外观、风味、口感等大类的问题，快速方法可以大大减少评价时间，同时给出一个大致的分类，但如果需要的分析结果很细化，那么传统方法的分类会更清晰。

第四节　感官分析在货架期中的应用

一、货架期的定义

　　食品的货架期，指在标签上规定的条件下，保持食品质量（品质）的期限。在此期限，食品完全适于销售，并符合标签上或产品标准中所规定的质量（品质）；超过此期限，在一定时间内食品仍然是可以食用的。

食品质量与食品安全休戚相关,尤其是对于食品企业来讲,保证食品质量更是重中之重。传统上大多通过理化、微生物检测来控制检测食品质量。但很多情况下,产品的理化指标没有发生明显变化,但感官属性却发生变化导致消费者接受度降低。通过食品货架期,消费者可以了解所购产品的质量状况,生产商可以指定正确的流通途径和销售模式。

二、检测货架期的方法

由于时间的限制,研发人员不可能对产品的货架期进行实际的测定,特别是那些经处理后不易滋生微生物产生腐败的食品。在这种情况下,研发人员一般先通过查阅资料,借鉴前人的货架期数据,并通过加速实验,通过加速破坏条件下得出的数据来预测估计产品的保质时间。产品上市后,可以通过实际货物留样的方式进一步验证货架期。

加速破坏性实验(ASLT),是指把最终产品储存于一些加速破坏的恶劣条件下,定期检验质量的变化确定此种条件下的货架期,然后以这些数据外推确定实际储存条件的货架期,其理论依据是和食品质量有关的化学动力学原理。根据 Labuza(Theodore P. Labuza, Ph. D. 食品货架期研究专家)的推理,食品体系中质量损失是各影响因素导致的共同结果,它们之间遵循动力学反应规律。

货架期实验中的质量指标不管是在加速破坏性实验中或实际货架情况下的观察实验中,食品质量变化的指标及其重要。一般消费者判定食品质量的好坏通常为感官的可接受程度。而在实验室研究中,一般选择对感官质量影响较大的某一种物理、化学、生物反应来精确地量化质量标准。感官指标这一指标是对产品进行综合的感官评定的结果。一组经过特定训练的成员定期对产品质量在外观、质地、风味、口感、可接受程度等各方面进行评价,通过统计计算出产品的货架期时间。食品货架期的常用的感官评价法主要有成对比较实验、三点实验等。

三、应用示例

某零食制造商生产一款主打"酥脆"的薯片零食,希望将其目前的保质期,从 16 周增加到 36 周。目前采用两种方式:①替换包材;②充氮气。研发人员计划进行相应的货架期测试。

测试目的:研究产品多久发生感官属性变化。

测试诊断:进行加速实验,同步进行感官测试。

测试方法:产品样本(3 种包材,1 种充氮气)被保存在 43.3℃及 90% ~100% RH(相对湿度)温控箱 5~6 星期,每周定期取样测试。测试项目包括样品水分活度、质地、脂肪氧化、顶空氧气含量、水分含量及感官属性。感官属性通过预试验确定 10 个关键感官属性(黄色、哈喇味、脆度、硬度)等。收集到的数据被用来测定在加速条件下各测试参数的变化率,然后以此预测常温储存条件下的变化率和随后的保质期。

为了预测货架期终点,根据其水分在 45℃和 25℃变化率为依据,确定该产品的 Q10 值为19。质地测试和感官评价表明,货架期达到终点时含水量为 5%,在这个湿度水平的薯片不再松脆而是变硬,费嚼劲,并伴有陈旧的味道。以此特征作为"结束保质期参数",对常温环境下的保质期预测计算。确定产品最终货架期为16周,替换包材且添加氮气的样品可将货架期延长至80周。

点滴积累　∨ ···

> 研究食品保质期问题,研发人员一般先通过查阅资料,借鉴前人的货架期数据,并采用加速实验。 一般消费者判定食品质量的好坏通常为感官的可接受程度。 而在实验室研究中,一般选择对感官质量影响较大的某一种物理、化学、生物反应来精确地量化质量标准。

第五节　感官分析在质量控制中的应用

一、感官评价与质量控制

食品质量是指食品固有特性满足要求的程度,包括食品的外观、品质、规格、数量、重量、包装以及安全卫生等。无论是生鲜食品还是加工食品,食品的质量控制都关系到食用者的身体健康以及食用的愉悦程度,关系到产品的市场表现。随着科学技术的进步,许多产品质量控制程序中的检测可由机器和仪器来完成。然而始终存在一些必需信息是依靠感官评价手段来得到的。如一些在线质量检验,由于生产环境中会发生各种不同的情况,并且只有少量的质量评价指标来评价,受到资源的限制,很可能无法进行一个详细的描述评论和统计分析,而一些简单有效的在线质量感官评价方法则可以起到较好评价效果。另外,一些质量属性只能通过感官评价来取得,特别是食品产品的气味和味觉等,可能产品质地没有发生可感知的变化,但风味上却发生了较大的变化。

概括来讲,感官评价在质量控制中起到两方面作用:①检验产品是否出现感官属性方面的波动,保证产品质量的稳定性;②检验产品是否具有潜在风险,如针对消费者反馈产品不良风味,进行追溯和研究。

二、质量控制中常用的感官方法

对产品品质特性进行描述常用描述分析法;评定两个及以上产品间是否存在感官差异常用差别检验;判断样品好坏及差异大小和方向,或样品归属的类别和等级常用评分法、排序法等。模糊数学评价法是一种较为新颖的方法,迄今已先后出现过"最大隶属度判别法""双权法""h 函数法""f 函数法"4 种方法。

三、应用示例

某公司生产盒装巧克力产品上市后受到了一些关于产品风味的投诉,经过质控人员调查,目前情况如下：

①新生产的产品没有不良风味；②库存的产品中发现不良风味；③问题产品的盒子中，不是所有巧克力都有不良风味；④不是所有产品的都有不良风味；⑤不清楚保存问题产品的货箱是否被重新拆卸过；⑥问题产品所在超市的全部产品被召回。

测试目的：检测产品的不良风味以及产生原因。

测试诊断：需要进行感官测试并结合物理化学分析。

测试方法：把问题产品单独分装，防止交叉污染。确定产品是否可被安全食用，是否能够进行专家品评，进行描述性测试，确定产品不良风味属性及相关描述词和参比样制作。验证包装材料，仓库，运输和问题超市仓库是否存在该种不良风味。结果发现超市仓库中有疑似不良风味，但因为通风过，无法确定。进行气相色谱-嗅闻试验，结果表明产品的不良风味与一些酯类相关。因此采用模拟实验，将盛放可可脂的玻璃容器置于超市仓库 72 小时，同时将同样的可可脂样品存放在实验室中进行对比分析。针对两个可可脂样品进行感官分析和风味化学分析。

点滴积累 ∨

感官评价在质量控制中起到两方面作用：①检验产品是否出现感官属性方面的波动，保证产品质量的稳定性；②检验产品是否具有潜在风险，如针对消费者反馈产品不良风味，进行追溯和研究。

常用方法：描述分析、差别检验、排序等，同时，模糊数学评价法是一种较为新颖的方法，迄今已先后出现过"最大隶属度判别法""双权法""h 函数法""f 函数法"4 种方法。

第六节　感官分析在风味模拟中的应用

一、风味模拟

在当今时代，食品产品之间存在着激烈的竞争，对于同品类及相邻品类的产品，尤其是配方更新换代快的品类，不少企业会进行针对引领风潮的竞品，进行风味模拟。这种方式周期性短，可以快速维护企业竞争优势和地位，增强企业活力，适应市场环境。

风味模拟可以有不同的目的，根据情况，可以进行快速，简易的模拟，例如筛选类似的香精香料，添加剂，直接调整配方；也可以进行复杂、详细的品评和专业仪器检定，例如针对未知风味，了解不同产地原料的感官特征，以及不同工艺处理带来的风味属性变化，最终模拟风味。

对于食品配方研发人员而言，通过感官评价来了解产品的现状和工艺，可以帮助他们直观、有效地了解产品信息，甚至剖析其工艺措施。因此，高超的感官分析能力，对于食品企业的研发团队，其重要性相当于画家的眼睛。

二、风味模拟中常用的感官方法

进行风味模拟时,常用的感官评价方法为描述性分析和仪器分析。

针对风味持续时间很短的产品,常用的即时性感官评价方法有:QDA、风味剖面和质地剖面。

针对风味较浓,持续时间长,风味层次多的产品,常用的感官评价方法有:Time-Intensity Scaling, TDS 等。

常用的仪器分析方法:气相色谱嗅闻(GC-MS-O),详见第八章。

知识链接

感官描述词筛选公式

运用几何平均值 M 将描述词的重要性初步分级,计算公式如下:

$$M = \sqrt{F \times I}$$

M:　产品出现的每一描述词频率 F 和相对强度 I 的积的平方根;

F:　描述词实际被述及的次数占该描述词所有可能被述及总次数(产品数×评价员数)的百分率;

I:　评价小组实际给出的一个描述词的强度和占该描述词最大可能所得强度(强度标度最大值×产品数×评价员数)的百分率。

F'、I'、M' 分别表示每个产品每个描述词的频率、相对强度和几何平均值。

三、应用示例

某巧克力公司发现国际市场上流行一款新口味巧克力产品,因此计划推出一款相似风味的巧克力产品,希望研发人员尽快做出配方。

测试目的:研究竞品风味特征,检验实验室样品风味是否和竞品相似。

测试诊断:进行风味模拟。

测试方法:进行预试验,内部讨论产品的外观、风味、滋味和口感,进行 3 轮小组讨论,将竞品刮去标识,切割成小块,呈送评价人员品尝。经过小组讨论后,列出产品风味属性,通过几何 M 值计算筛选用于建立感官剖面的描述词。描述词及参比样确定好后,进行评价人员考试,确定评价人员能够准确识别不同风味和浓度梯度的风味属性。之后进行产品评价,针对产品特性进行打分,制作"蜘蛛图"或"雷达图",通过多次风味评价,帮助研发人员筛选相近配方,必要时针对不同原料、工艺的样品进行品尝试验,找出特定风味变化规律。

点滴积累　$\vee$ ⋯⋯⋯⋯⋯⋯⋯⋯⋯⋯⋯⋯⋯⋯⋯⋯⋯⋯⋯⋯⋯⋯⋯⋯⋯⋯⋯⋯⋯⋯⋯⋯⋯⋯⋯⋯⋯⋯⋯

进行风味模拟时,常用的感官评价方法为描述性分析和仪器分析。

第七节　感官评价实践总结

一、感官评价中的一般注意事项

食品感官评价主要依据人的感受进行食品产品感官特性的品评,具有很强的经验性和主观性,决定检测结果的正确性和可靠性的因素有很多,包括:人员、设施和环境条件、检测和校准方法及方法确认、设备、测量的溯源性、抽样、检测和校准物品的处置。

因此,在企业中进行感官评价必须遵循一定的标准流程。所谓的标准流程,在标准实验室中,会以程序文件的形式存在。这些程序文件会以非常详细的形式规范和监管整个评测环节:

人员培训→收样→取样→制样→检测方法→结果分析→归档记录

不同食品品类的感官评价需要耗费大量的人力物力研究,一套完整的感官评测方法和管理程序具有极大的价值。

如果企业没有配置这些程序文件,或者只有一些前人积累的经验和档案。在进行感官评价实验之前,你需要自己制订一份操作管理流程。操作管理流程实际上就是帮助实验人员将繁杂的感官评价文件进行分类,以便日后进行数据追溯,同时可以减少人员交接的麻烦。

感官评价管理流程,主要包含以下几个方面:人员、仪器、样品、方法、环境。具体来讲,每一步流程都需要包含不同的控制文件:①人员控制:需要包含评价人员的资格与培训记录、保密文件、保险、内部管理文件;②仪器控制:需要包含计算机、软件、网络、仪器等调试及核查内容,保修证明等;③样品控制:需要包含采样、标准样品制备等相关记录;④方法控制:需要包含技术标准、新检测项目内检、数据结果等文件;⑤环境控制:需要包含温湿度记录以及其他环境条件控制记录文件。

一开始,这些记录文件可能非常简单,也许只是几张签到表或者几个仪器数字,但随着感官评价的进行和人员训练的增多,你会发现感官评价的文件数量之多,内容之繁杂,标准规范的记录可以帮助你循序渐进的完善感官评价资料。在方法方面,初始的内容不需要很多,可以通过经验积累来逐步完善。

二、感官评价中的经验法则

1. 人员筛选与维护　要组建评价小组,首先要进行评价员的招募与筛选。招募主要是收集候选人员的信息,再由感官分析师或评价小组组长从兴趣和动机、出勤保证、对评价对象的态度、知识和才能、健康状况、表达能力、个性特点及其他等八个方面对候选人员进行考察。除了考察评价人员感官敏感力和分辨力等基本生理条件是否良好外,评价人员对于感官测试的热情以及团队协作能力是维护稳定评价团队的关键。

2. 样品保存与制备　样品在感官评价中处于相当重要的地位,样品间的差异性是感官评价的核心,也是感官评价的对象和出发点。试验样品制备中所使用的设备、盛样器具以及制备的方式和过程都直接或间接地影响着评价结果的准确性和可靠性。同时,样品提供的顺序也会因导入时序误差、趋中误差、反差与趋同误差等对感官评价产生心理影响。因此,在感官评价前,应严格控制样品的均匀一致性、样品的温度、盛样的器具、样品的数量、样品加热或冻藏的方式、样品的编号、提供顺序等,同时采用合适的方式对不能直接进行感官评价的样品进行制备,尽可能保持样品间的真实差异,避免因为样品制备与提供而扩大或缩小这种差异。

3. **设施与环境** 感官实验室应确保其环境条件不会影响测试结果的准确性,例如实验室气压、温度、湿度、光照强度、屏蔽灯、通风条件、噪音等。对于感官分析仪器,温度和湿度尤其重要。因此,每次感官试验前,需确定实验室环境条件,对于风味较强的样品,需要注意通风,此外,通风系统需要进行静音配置,否则会造成噪音影响。

4. **样品呈送** 在进行样品呈送时,需保证评价人员看不到样品包装及样品分装过程。在进行非讨论类型的感官测试时,需借助信号灯进行送样,避免评价人员互相交谈。

三、感官评价中的实用技能

1. **评价员筛选中人数控制** 一般情况下,为支持后续的阈值筛选,初选应邀请2~3倍预计评价小组人数的候选评价员。

2. **评价员筛选和维护** 评价人员筛选及维护应该包含几部分:初筛、复筛、训练期。其中初筛包括评价人员招募,电话访谈,收集评价人员基本信息及参加意向;复筛需要针对评价人员的感官能力、性格和理解能力等进行测试;通过复筛的人员成为招募评价员。这些评价员需要进行训练,训练期间较长,通过训练期间积累的数据结果,可以针对评价人员打分的稳定性和准确度进行评价。

3. **评价员筛选方法** 按照《GB/T 16291.1-2012 感官分析 选拔与培训感官分析优选评价员导则》的技术要求,分别采用《GB/T 12311-2012 感官分析方法 三点检验》《GB/T 12310-2012 感官分析方法 成对比较检验》《GB/T 12316-1990 感官分析 "A"-"非A"检验》《GB/T 12315-2008 感官分析 方法学 排序法》《GB/T 19547-2004 感官分析 方法学 量值估计法》等标准方法对评价员的嗅觉、味觉、触觉、视觉等感官评价能力进行评价。

4. **偏好实验中的打分标度选取** 就偏好测试这个方面,打分计分的标准选择很重要,比如针对儿童以及一些文字识别或理解有困难的人群,我们应该用笑脸图形代替语言描述。针对非专业的人群,或者比较难细分的感官属性,我们采用更短的打分区间,如5分制、7分制来代替9分制。

5. **苦味参比样准备** 一般使用奎宁或咖啡因,但是需要公安备案,可以咨询具有此类物质的香精公司或大专院校。或者利用苦瓜、咖啡等物质稀释制作内部参比样。

6. **呈送样品时的温度控制** 在室温25℃左右,可以将样品加热比要求温度高出5℃,将样品分发完毕后,邀请评价人员评测。或者利用水杯加热垫,帮助样品保温。

7. **样品制备过程中的三个关键点**

(1)均一性:制备的样品除所评价特性外,其他特性完全相同。

实现均一性应做到:精心选择适当制备方法,减少出现特性差别的可能性;对不期望出现差别的特性,采用不同的方法消除样品间该特性上的差别。

(2)样品量:试验样品量可在相当大范围内变化,通常把样品获得的难易程度及物料安全性作为决定样品量的基础;每次试验样品数控制在4~8个,含酒精饮料和带强刺激感官特性样品的样品数控制在 3~4 个。

（3）样品制备的外部影响因素：①温度：恒定/适宜温度保证稳定结果，选择日常食用温度；②器皿：清洁、易编号、无色、易洗涤的玻璃或陶瓷容器，容量<50ml；③样品编号：随机编号；④样品摆放顺序：在每个位置上出现的几率相同。

▶ 课堂活动

进行感官评价包含哪些环节，需要控制哪些内容？

点滴积累 ∨

不同食品品类的感官评价需要耗费大量的人力物力研究，一套完整的感官评测方法和管理程序具有极大的价值。感官评价管理流程，主要包含以下几个方面：人员、仪器、样品、方法、环境。每个流程都需要严格控制，以保证结果的准确性。

目标检测

一、选择题

（一）单项选择题

1. 公司要针对"调味黄豆酱"进行三点测试，是否可以直接品尝？（　　　）

　　A. 可以直接品尝

　　B. 不可以，需要用馒头片作为载体

　　C. 可以，但只能尝一小勺

　　D. 不一定，但此类风味强的样品需馒头片作为载体，并用清水漱口

2. 进行感官评价时，应该先（　　　）

　　A. 进行预试验熟悉产品　　　　　　　　B. 明确测试目的和类型

　　C. 联系感官评价员　　　　　　　　　　D. 进行试验设计

3. 如果拥有 8 位专家感官评价员，可以进行（　　　）测试。

　　A. 偏好排序　　　　　　　　　　　　　B. 风味剖面

　　C. 三点测试　　　　　　　　　　　　　D. 两-三点测试

4. 保质期加速老化研究需要遵循"十规则"（温度系数 Q10），对于典型的化学反应，Q10 值为（　　　），温度必须在 0℃ 或 0K。

　　A. 1　　　　　　　　B. 0　　　　　　　　C. 2　　　　　　　　D. 10

5. "检测样品在配方调整后接近竞品？"应采取（　　　）测试。

　　A. QDA　　　　　　　　　　　　　　　B. 三点测试（相似）

　　C. DFC　　　　　　　　　　　　　　　D. 排序

（二）多项选择题

1. 一份感官评价管理流程，除了人员外，还包含（　　　）

A. 样品　　　　　　　　B. 环境　　　　　　　　C. 仪器　　　　　　　　D. 方法

2. 新品上市后,(　　)方面需进行感官测试。

    A. 产品图谱　　　　　　　　　　　　B. 消费者研究

    C. 潜在不良风味检验　　　　　　　　D. 质量控制

3. 将感官评价应用到质量控制时,需要检验(　　)

    A. 样品品质是否提升

    B. 样品品质的接受度是否变化

    C. 样品品质是否变化

    D. 样品品质是否下降

4. 进行产品保质期测试时,三点测试结果表明第 7 周加速试验的样品的封口处出现显著性差异,但其他部位的取样并没有出现显著差异,下面说法中错误的是(　　)

    A. 立即停止测试,计算保质期　　　　B. 多做几次重复再确定

    C. 不影响结果,继续试验 .　　　　　D. 对比理化结果,没有问题继续试验

5. 进行预试验时,发现产品瓶盖发霉了。下面说法中错误的是(　　)

    A. 吃不死人,继续试验　　　　　　　B. 整瓶样品放入灭菌锅,灭菌后再测试

    C. 进行微生物试验,没问题继续试验　D. 终止感官品评

二、简答题

1. 感官评价在新产品开发中的作用主要体现在哪五个方面?

2. 与评价人员打分的感官评价形式相比,感官仪器分析的优点和缺点有哪些?

3. 食品感官评定时对样品制备有哪些要求及外部影响因素?

三、实例分析

1. 评价人员参加感官评价时使用了带有香气的护手霜,请问该如何处理?

2. 评价人员在进行感官评价过程中受伤,请问该如何处理?

第七章

食品感官实用技术

FR-07章PPT

导学情景 ∨

情景描述：

　　某社区营养工作室的营养师，主要工作职责是对小区人员的一日三餐进行管理，提升人们的健康水平。其中一项重要内容，就是教人们如何利用人的感觉器官来挑选大米、食用油、肉类、鸡蛋、蜂蜜、茶叶等日常生活中常见的食品。

　　调香师和品酒师都是专家型的感官品评员。调香师一直是一类非常神秘的人，调香师能够调配出令人愉悦的香气，品酒师能通过酒的感官品评，对酒的品质进行分级评判。

学前导语：

　　怎样对日常生活中常见食品进行挑选和进行质量好坏的判断？怎样才能成为一名合格的调香师？如何进行葡萄酒的品评？本章将一一为您解答。主要包含三个内容：一是常见食品感官鉴别，介绍常见食品的质量等级分类及评判标准。二是调香技术，介绍辨香和评香技术、香精制造方法等。三是葡萄酒品酒技术，介绍葡萄树的种植、葡萄酒的酿造，接着重点阐述了葡萄酒的品评。

第一节　常见食品感官鉴别

一、食品鉴别及方法概述

　　食品质量感官鉴别就是凭借人体自身的感觉器官，具体地讲就是凭借眼、耳、鼻、口（包括唇和舌头）和手，对食品的质量状况作出客观的评价。也就是通过用眼睛看、鼻子嗅、耳朵听、用口品尝和用手触摸等方式，对食品的色、香、味和外观形态进行综合性的鉴别和评价。

　　食品质量的优劣最直接地表现在它的感官性状上，通过感官指标来鉴别食品的优劣和真伪，不仅简便易行，而且灵敏度高，直观而实用，与使用各种理化、微生物的仪器进行分析相比，有很多优点，因而它也是食品的生产、销售、管理人员所必须掌握的一门技能。广大消费者从维护自身权益角度讲，掌握这种方法也是十分必要的。应用感官手段来鉴别食品的质量有着非常重要的意义。

　　食品质量感官鉴别能否真实、准确地反映客观事物的本质，除了与人体感觉器官的健全程度和灵敏程度有关外，还与人们对客观事物的认识能力有直接的关系。只有当人体的感觉器官正常，又熟悉有关食品质量的基本常识时，才能比较准确地鉴别出食品质量的优劣。因此，通晓各类食品质量感官鉴别方法,为人们在日常生活中选购食品或食品原料、依法保护自己的正常权益不受侵犯提供了必要的客观依据。

1. 食品质量感官鉴别所依据的法律　《中华人民共和国食品安全法》第三十四条规定了禁止生产经营的食品,其中第六项是:"腐败变质、油脂酸败、霉变生虫、污秽不洁、混有异物、掺假掺杂或者感官性状异常的食品、食品添加剂"。这里所说的"感官性状异常"指食品失去了正常的感官性状,而出现的理化性质异常或者微生物污染等在感官方面的体现,或者说是食品内部发生不良改变或污染的外在警示。"感官性状异常"不仅是判定食品感官性状的专用术语,更是作为法律规定的内容和要求而严肃地提出来的。

2. 食品质量感官鉴别的优点　作为鉴别食品质量的有效方法,感官鉴别可以概括出以下三大优点:

(1)通过对食品感官性状的综合性检查,可以及时、准确地鉴别出食品质量有无异常,便于早期发现问题,及时进行处理,可避免对人体健康和生命安全造成损害。

(2)方法直观、手段简便,不需要借助任何仪器设备和专用、固定的检验场所以及专业人员。

(3)感官鉴别方法常能够察觉其他检验方法所无法鉴别的食品质量特殊性污染微量变化。

3. 食品质量感官鉴别的基本方法　食品质量感官鉴别的基本方法,其实质就是依靠视觉、嗅觉、味觉、触觉和听觉等来鉴定食品的外观形态、色泽、气味、滋味和硬度(稠度)。不论对何种食品进行感官质量评价,上述方法总是不可缺少的,而且常在理化和微生物检验方法之前进行。

4. 食品质量视觉鉴别注意事项　视觉鉴别是判断食品质量的一个重要感官手段。食品的外观形态和色泽对于评价食品的新鲜程度,食品是否有不良改变以及蔬菜、水果的成熟度等有着重要意义。视觉鉴别应在白昼的散射光线下进行,以免灯光隐色发生错觉。鉴别时应注意整体外观、大小、形态、块形的完整程度、清洁程度,表面有无光泽、颜色的深浅色调等。在鉴别液态食品时,要将它注入无色的玻璃器皿中,透过光线来观察,也可将瓶子颠倒过来,观察其中有无夹杂物下沉或絮状物悬浮。

5. 食品质量嗅觉鉴别注意事项　人的嗅觉器官相当敏感,甚至用仪器分析的方法也不一定能检查出来极轻微的变化,用嗅觉鉴别却能够发现,比如猪肉、鱼类的蛋白质在分解的最初阶段,用一般方法是测不出来的,但是我们用鼻子嗅,可嗅到一股氨味。当食品发生轻微的腐败变质时,就会有不同的异味产生,如核桃的核仁变质酸败所产生的哈喇味,西瓜变质会带有馊味等。食品的气味是一些具有挥发性的物质形成的,所以在进行嗅觉鉴别时常需稍稍加热,但最好是在 $15 \sim 25\,℃$ 的常温下进行,因为食品中的气味挥发性物质常随温度的高低而增减。在鉴别食品时,液态食品可滴在清洁的手掌上摩擦,以增加气味的挥发;识别畜肉等大块食品时,可将一把尖刀稍微加热刺入深部,拔出后立即嗅闻气味。

食品气味鉴别的顺序应当是先识别气味淡的,后鉴别气味浓的以免影响嗅觉的灵敏度,在鉴别前禁止吸烟。

6. 食品质量味觉鉴别注意事项　感官鉴别中的味觉对于辨别食品品质的优劣是非常重要的

一环。味觉器官不但能品尝到食品的滋味如何,而且对于食品中极轻微的变化也能敏感地察觉。做好的米饭存放到尚未变馊时,其味道即有相应的改变。味觉器官的敏感性与食品的温度有关,在进行食品的滋味鉴别时,最好使食品处在 20~45℃ 之间,以免温度的变化会增强或减低对味觉器官的刺激。几种不同味道的食品在进行感官评价时,应当按照刺激性由弱到强的顺序,最后鉴别味道强烈的食品。在进行大量样品鉴别时,中间必须休息,每鉴别一种食品之后必须用温水漱口。

7. 食品质量触觉鉴别注意事项　凭借触觉来鉴别食品的膨、松、软、硬、弹性(稠度),以评价食品品质的优劣,也是常用的感官鉴别方法之一。例如,根据鱼体肌肉的硬度和弹性,常常可以判断鱼是否新鲜或腐败;评价动物油脂的品质时,常须鉴别其稠度;检查谷类时我们可抓起一把评价它的水分、颗粒是否饱满等。在感官测定食品硬度(稠度)时,要求温度应在 15~20℃ 之间,因为温度的升降会影响到食品状态的改变。

8. 鉴别后的食品其食用与处理原则　鉴别和挑选食品时,遇有明显变化者,应当即做出能否供给食用的确切结论。对于感官变化不明显的食品,尚须借助理化指标和微生物指标的检验,才能得出综合性的鉴别结论。因此,通过感官鉴别之后,特别是对有疑虑和争议的食品,必须再进行实验室的理化和细菌检验,以便辅助感官鉴别。尤其是混入了有毒、有害物质或被分解蛋白质的致病菌所污染的食品,在感官评价后,必须做上述两种专业操作,以确保鉴别结论的正确性。并且应提出该食品是否存在有毒有害物质,注明其来源和含量、作用和危害,根据被鉴别食品的具体情况提出食用或处理原则。

食品的食用或处理原则是在确保人民群众身体健康的前提下,尽量减少国家、集体或个人的经济损失,并考虑到物尽其用的问题。具体方式通常有以下四种:

(1)正常食品:经过鉴别和挑选的食品,其感官性状正常,符合国家卫生标准,可供食用。

(2)无害化食品:食品在感官鉴别时发现了一些问题,对人体健康有一定危害,但经过处理后,可以被清除或控制,其危害不再会影响到食用者的健康。如高温加热、加工复制等。

(3)条件可食食品:有些食品在感官鉴别后,需要在特定的条件下才能供人食用。如有些食品已接近保质期,必须限制出售和限制供应对象。

(4)危害健康食品:在食品感官鉴别过程中发现的对人体健康有严重危害的食品,不能供给食用。但可在保证不扩大蔓延并对接触人员安全无危害的前提下,充分利用其经济价值,如作工业使用。但对严重危害人体健康且不能保证安全的食品,如畜、禽患有烈性传染病,或易造成在畜禽肉中蔓延的传染病,以及被剧毒毒物或被放射性物质污染的食品,必须在严格的监督下销毁。

二、谷物类及其制品的感官鉴别

▶▶ **课堂活动**

谷类是我国人民膳食结构中的主食,但谷类及其制品保管不当就容易吸潮变质,食用后会危害人们的身体健康,那么你知道如何对谷类及其制品进行感官鉴别吗?

感官鉴别谷类质量的优劣时,一般依据色泽、外观、气味、滋味等项目进行综合评价。眼睛观察可感知谷类颗粒的饱满程度,是否完整均匀,质地的紧密与疏松程度,以及其本身固有的正常色泽,并且可以看到有无霉变、虫蛀、杂物、结块等异常现象,鼻嗅和口尝则能够体会到谷物的气味和滋味是否正常,有无异臭异味。其中,注重观察其外观与色泽在对谷类作感官鉴别时有着尤其重要的意义。

(一)谷物类感官检验

谷物主要是指稻谷、小麦、玉米、大麦、燕麦、黑麦、粟、高粱等单子叶禾本科植物的种子。在我国消费量最大、应用范围最广的是大米、小麦、玉米、大豆四类。

1. 谷物类的感官检验方法

(1)色泽鉴别:取 20~30g 样品,放在手掌中均匀地摊平,在散射光线下仔细观察样品的整体颜色和光泽。对于色泽不易鉴定的样品,取 100~150g 样品,在黑色平板上均匀地摊成 15cm×20cm 的薄层,在散射光线下仔细观察样品的整体颜色和光泽。

(2)外观鉴别:取样品在纸上撒一层,在散射光下仔细观察,并注意有无杂质,最后取样品用牙咬,来感知其质地是否紧密。

(3)气味鉴别:取 20~50g 样品,放在手掌中用哈气或摩擦的方法,提高样品的温度后,立即嗅其气味。对于气味不易鉴定的样品,分取 20g 样品,放入广口瓶,置于 60~70℃ 的水浴锅中,盖上瓶塞,颗粒状样品保温 8~10 分钟,粉末状样品保温 3~5 分钟,开盖嗅辨气味。

(4)滋味鉴别:取少许样品进行咀嚼,品尝其滋味。

2. 常见谷物的感官要求

(1)大米:大米是稻谷经清理、砻谷、碾米、成品整理等工序后制成的成品。大米分籼米、粳米和糯米三类。大米的感官要求见表 7-1。

表 7-1 大米感官要求

项目	要求		
	良质大米	次质大米	劣质大米
色泽	呈清白色或者精白色,具有光泽,呈半透明状	呈白色或者微淡黄色,透明度差或者不透明	霉变的米粒色泽差,表面呈绿色、黄色、灰褐色、黑色
外观	米粒大小均匀、丰满光滑,很少有碎米、爆腰(米粒上有裂纹)、腹白(米粒上乳白色不透明部分叫腹白),无虫,不含杂质	米粒大小不均匀,饱满程度差,碎米较多,有爆腰、腹白,粒面发毛,有杂质,带壳粒含量超过 20 粒/kg	有结块、发霉现象,表面可见霉菌丝,组织疏松
气味	具有正常的清香味,无其他异味	稍有异味	有霉变气味、酸臭味、腐败味或其他不良气味
滋味	味佳,微甜,无任何异味	乏味或者微有异味	有酸味、苦味及其他不良味道

(2)小麦:小麦的感官要求见表 7-2。

表 7-2　小麦感官要求

项目	要求		
	良质小麦	次质小麦	劣质小麦
色泽	去壳后小麦皮色呈白色、黄白色、金黄色、红色、深红色、红褐色,有光泽	色泽变暗,无光泽	色泽灰暗或呈灰白色,胚芽发红,带红斑,无光泽
外观	颗粒饱满、完整、大小均匀,组织紧密,无害虫和杂质	颗粒饱满度差,有少量破损粒、生芽粒、虫蚀粒,有杂质	严重虫蚀,生芽,发霉结块,有多量赤霉病粒(被赤霉菌感染,麦粒皱缩,呆白,胚芽发红或带红斑,或有明显的粉红色霉状物,质地疏松),质地疏松
气味	具有小麦正常的气味,无任何其他异味	微有异味	有霉味、酸臭味或其他不良气味
滋味	味佳微甜,无异味	乏味或微有异味	有苦味、酸味或其他不良滋味

（3）玉米:玉米的感官要求见表 7-3。

表 7-3　玉米感官要求

项目	要求		
	良质玉米	次质玉米	劣质玉米
色泽	具有各种玉米的正常颜色,色泽鲜艳,有光泽	颜色发暗,无光泽	颜色灰暗无光泽,胚部有黄色或绿色,黑色的菌丝
外观	颗粒饱满完整,均匀一致,质地紧密,无杂质	颗粒饱满度差,有破损粒、生芽粒、虫蚀粒、未熟粒等,有杂质	有多量生芽粒、虫蚀粒,或发霉变质、质地疏松
气味	具有玉米固有的气味,无任何其他异味	微有异味	有霉味、腐败变质味或其他不良异味
滋味	具有玉米的固有滋味,微甜	微有异味	有酸味、苦味、辛辣味等不良滋味

（二）谷物制品感官检验

所谓谷物制品是指由谷物加工制成的产品。现将市场上常见的几种主要谷物制品的感官特性及感官检验方法介绍如下。

1. 面粉

（1）面粉的感官要求:不同品质的面粉感官要求见表 7-4。

表 7-4　面粉感官要求

项目	要求		
	良质面粉	次质面粉	劣质面粉
色泽	呈白色或微黄色,不发暗,无杂质的颜色	色泽暗淡	呈灰白或深黄色,发暗,色泽不均

续表

项目	要求		
	良质面粉	次质面粉	劣质面粉
组织状态	呈细粉末状,不含杂质,手指捻捏时无粗粒感,无虫子和结块,置于手中紧捏后放开不成团	手捏时有粗粒感,生虫或有杂质	面粉吸潮后霉变,有结块或手捏成团
气味	具有面粉的正常气味,无其他异味	微有异味	有霉臭味、酸味、煤油味以及其他异味
滋味	淡而微甜,没有发酸、刺喉、发苦、发甜以及其他滋味,咀嚼时没有砂声	淡而乏味,微有异味,咀嚼时有砂声	有苦味、酸味,发甜或其他异味,有刺喉感

(2)面粉的感官检验方法

1)色泽鉴别:将样品在黑纸上撒一薄层,然后与适当的标准颜色或标准样品做比较,仔细观察其色泽异同。

2)组织状态鉴别:将面粉样品在黑纸上撒一薄层,仔细观察有无发霉、结块、生虫及杂质等,然后用手捻捏,以试手感。

3)气味鉴别:取少量样品置于手掌中,用嘴哈气使之稍热,为了增强气味,也可将样品置于有塞的瓶中,加入60℃热水,紧塞片刻,然后将水倒出嗅其气味。

4)滋味鉴别:取少量样品细嚼,遇有可疑情况,应将样品加水煮沸后尝试之。

2. **方便面** 方便面是以小麦粉和(或)其他谷物粉、淀粉等为主要原料,添加或不添加辅料,经加工制成的面饼,添加或不添加方便调料的面条类预包装方便食品,包括油炸方便面和非油炸方便面。

(1)外观评价:在规定的照明条件下(见 GB/T21172),评价方便面面饼的色泽和表观状态。根据评价结果进行标度评价(打分),评分规则见表7-5。

(2)口感评价:用量杯量取面饼质量约5倍(保证加水量完全浸没面饼)以上体积的沸水(蒸馏水)注入评价容器中,加盖盖严(对于泡面的面饼);或者用量杯量取面饼质量约5倍(保证加水量完全浸没面饼)以上体积的蒸馏水,注入锅中,加热煮沸后将待评价面饼放入锅中进行煮制(对于煮面的面饼),用秒表开始计时。

达到该种方便面标识的冲泡或煮制时间后(如泡面一般4分钟),取适量的面条,由评价员主要利用口腔触觉和味觉感官评价方便面的复水性、光滑性、软硬度、韧性、黏性、耐泡性等。

表7-5 方便面感官评价评分规则

感官特性	评价标度		
	低	中	高
	1~3	4~6	7~9
色泽	有焦、生现象,亮度差	颜色不均匀,亮度一般	颜色标准、均匀,光亮
表观状态	起泡分层严重	有起泡或分层	表面结构细密、光滑
复水性	复水差	复水一般	复水好

续表

感官特性	评价标度		
	低	中	高
	1~3	4~6	7~9
光滑性	很不光滑	不光滑	适度光滑
软硬度	太软或太硬	较软或较硬	适中无硬心
韧性	咬劲差、弹性不足	咬劲和弹性一般	咬劲合适、弹性适中
黏性	不爽口、发黏或夹生	较爽口、稍黏牙或稍夹生	咀嚼爽口、不黏牙、无夹生
耐泡性	不耐泡	耐泡性较差	耐泡性适中

注：评价结果保留到小数点后一位。

三、食用植物油的感官鉴别

案例分析

案例

2011 年 9 月 13 日，中国公安部发布消息，统一指挥浙江、山东、河南等地公安机关首次全环节破获了一起特大利用地沟油制售食用油的系列案件，摧毁了涉及 14 个省的"地沟油"犯罪网络，捣毁生产销售"黑工厂""黑窝点"6 个，抓获 32 名主要犯罪嫌疑人。

分析

地沟油泛指在生活中存在的各类劣质油，可分为以下几类：一是狭义的地沟油，即将下水道中的油腻漂浮物或者将宾馆、酒楼的剩饭、剩菜(通称泔水)经过简单加工、提炼出的油；二是劣质猪肉、猪内脏、猪皮加工以及提炼后产出的油；三是用于油炸食品的油使用次数超过规定要求后，再被重复使用或往其中添加一些新油后重新使用的油。长期食用会导致消化不良、腹泻、腹痛甚至致癌，对人体的危害极大。

我国食品安全法中规定禁止生产经营"腐败变质、油脂酸败、霉变生虫、污秽不洁、混有异物、掺假掺杂或者感官性状异常的食品"，因此，食用油脂的质量必须符合国家相关要求。

(一) 大豆油的感官检验

大豆油是世界上最常用的食用油之一，是我国居民，特别是北方人的主要食用油之一。

1. 大豆油的感官检验方法

(1)色泽鉴别：纯净油脂是无色、透明、略带黏性的液体。但因油料本身带有各种色素，在加工过程这些色素溶解在油脂中而使油脂具有颜色。油脂色泽的深浅主要决定于油料所含脂溶性色素的种类及含量、油料籽品质的好坏、加工方法、精炼程度及油质脂储藏过程中的变化等。

进行大豆油色泽的感官鉴别时，将试样混匀并过滤于烧杯(直径 50mm，杯高 100mm)中，油层高度不得小于 5mm。在室温下先对着自然光观察，然后再置于白色背景前借其反射光线观察，并按下列词句描述:白色、灰白色、柠檬色、淡黄色、黄色、橙色、棕黄色、棕色、棕红色、棕褐色等。也可取少量油放在 25ml 比色管中,在白色背景下观察试样的颜色。冬季油脂易凝固,可取样 250g 左右,加热到 35~40℃,使之呈液态,并冷却至 20℃左右,按上述方法进行鉴别。

(2)透明度鉴别:品质正常的油质应该是完全透明的,如果油脂中含有磷脂、固体脂肪、蜡质以及含皂量过多或含水量较大时,就会出现浑浊,使透明度降低。

进行大豆油透明度的感官鉴别时,将 100ml 充分混合均匀的样品注入比色管中,在 20℃下静置 24 小时,然后置于白色背景前借助反射光线进行观察。

(3)水分含量鉴别:油脂是一种疏水性物质,一般情况下不易和水混合。但是油脂中常含有少量的磷脂、固醇和其他杂质等能吸收水分,而形成胶体物质悬浮于油脂中,所以油脂中仍有少量水分,同时还混入一些杂质,会促使油脂水解和酸败,影响油脂储存时的稳定性。

进行大豆油水分的感官鉴别时,可用以下 3 种方法进行。

①取样观察法:取干燥洁净的玻璃扦油管,斜插入装油容器内至底部,吸取油脂,在常温和直射光下进行观察。如油脂清晰透明,水分杂质含量在 0.3%以下;若出现浑浊,水分杂质在 0.4%以上;油脂出现明显浑浊并有悬浮物,则水分杂质在 0.5%以上;把扦油管的油放回原容器,观察扦油管内壁油迹,若有乳浊现象,观察模糊,则油中水分在 0.3%~0.4%。②烧纸验水法:取干燥洁净的扦油管,插入静置的油容器里,直到底部,抽取油样少许涂在易燃烧的纸片上点燃,听其发出声音,观察其燃烧现象。如果纸片燃烧正常,水分约在 0.2%以内;燃烧时纸面出现气泡,并发出“吱吱”的响声,水分约在 0.2%~0.25%;如果燃烧时油星四溅,并发出“叭叭”的爆炸声,水分约在 0.4%以上。③钢精勺加热法:取有代表性的油约 250g,放入普通的钢精勺内,在炉火或酒精灯上加热到 150~160℃,看其泡沫,听其声音和观察其沉淀情况(霉坏、冻伤的油料榨得的油例外),如出现大量泡沫,又发出“吱吱”响声,说明水分较大,约在 0.5%以上,如有泡沫但很稳定,也不发出任何声音,表示水分较小,一般在 0.25%左右。

(4)杂质和沉淀物鉴别:油脂在加工过程中混入机械性杂质(泥沙、料坯粉末、纤维等)和磷脂、蛋白、脂肪酸、黏液、树脂、固醇等非油脂性物质,在一定条件下沉入油脂的下层或悬浮于油脂中。

进行大豆油脂杂质和沉淀物的感官鉴别时,可用以下 3 种方法:

①取样观察法:用洁净的玻璃扦油管,插入到盛油容器的底部,吸取油脂,直接观察有无沉淀物、悬浮物及其量的多少。②加热观察法:取油样于钢精勺内加热不超过 160℃,拨去油沫,观察油的颜色。若油色没有变化,也没有沉淀,说明杂质少,一般在 0.2%以下;如油色变深,杂质约在 0.49%左右;如勺底有沉淀,说明杂质多,约在 1%以上。③高温加热观察法:取油于钢精勺内加热到 280℃,如油色不变,无析出物,说明油中无磷脂;若油色变深,有微量析出物,说明磷脂含量超标;若加热到 280℃,油色变黑,有大量的析出物,说明磷脂含量较高,超过国家标准;若油脂变成绿色,可能是油脂中铜含量过多所致。

(5)气味鉴别:进行大豆油气味的感官鉴别时,可以用以下三种方法进行:一是将少量试样倒入 100ml 烧杯中,均匀加热至 50℃后,离开热源,用玻璃棒边搅拌边嗅其气味;二是取 1~2 滴油样放在手掌或手背上,双手合拢快速摩擦至发热,闻其气味;三是盛装油脂的容器打开封口的瞬间,用鼻子挨近容器口,闻其气味。

（6）滋味鉴别:进行大豆油滋味的感官鉴别时,蘸取少许油样点在已漱过口的舌头上,辨其滋味,按正常、焦煳、酸败、苦辣等词句描述。

2. 大豆油的感官要求　具体见表7-6。

表7-6　大豆油感官要求

项目	要求		
	良质大豆油	次质大豆油	劣质大豆油
色泽	呈黄色至橙黄色	呈棕色至棕褐色	
透明度	完全清晰透明	稍浑浊,有少量悬浮物	油液浑浊,有大量悬浮物和沉淀物
水分含量	不超过 0.2%	超过 0.2%	
杂质和沉淀物	可以有微量沉淀物,其杂质含量不超过 0.2%,磷脂含量不超标	有悬浮物及沉淀物,其杂质含量不超过 0.2%,磷脂含量超过标准	有大量的悬浮物及沉淀物,有机械性杂质。将油加热到 280℃时,油色变黑,有较多沉淀物析出
气味	具有大豆固有的气味	大豆固有的气味平淡,微有异味,如青草等味	有霉味、焦味、哈喇味等不良气味
滋味	具有大豆固有的滋味,无异味	滋味平淡或稍有异味	有苦味、酸味、辣味及其他刺激味或不良滋味

（二）花生油的感官检验

花生油含不饱和脂肪酸80%以上(其中含油酸41.2%,亚油酸37.6%)。另外还含有软脂酸、硬脂酸和花生酸等饱和脂肪酸19.9%。花生油的脂肪酸构成是比较好的,易于人体消化吸收。

花生油色泽、透明度、水分含量、杂质和沉淀物、气味、滋味的感官鉴别,参照大豆油相关的感官鉴别方法进行。花生油的感官要求见表7-7。

表7-7　花生油感官要求

项目	要求		
	良质花生油	次质花生油	劣质花生油
色泽	呈淡黄色至棕黄色	呈棕黄色至棕色	呈棕红色至棕褐色,并且油色暗淡,在日光照射下有蓝色荧光
透明度	清晰透明	微浑浊,有少量悬浮物	油液浑浊
水分含量	0.2%以下	0.2%以上	
杂质和沉淀物	有微量沉淀物,杂质含量不超过 0.2%,加热至 280℃时,油色不变深		有大量悬浮物及沉淀物,加热至 280℃时,油色变黑,并有大量沉淀析出
气味	具有花生油固有的香味(未经蒸炒直接榨取的油香味较淡),无任何异味	花生油固有的香气平淡,微有异味,如青豆味、青草味等	有霉味、焦味、哈喇味等不良气味
滋味	具有花生油固有的滋味,无任何异味	花生油固有的滋味平淡,微有异味	具有苦味、酸味、辛辣味以及其他刺激性或不良滋味

（三）菜籽油的感官检验

菜籽油是以十字花科植物油菜的种子榨制所得的透明或半透明状的液体,一般呈深黄色或棕色,有一定的刺激气味,民间叫作"青气味",这种气味是其中含有一定量的芥子苷所致。菜籽油是我国主要食用油之一,主产于长江流域及西南、西北等地。菜籽油的感官要求见表7-8。

表7-8　菜籽油感官要求

项目	要求		
	良质菜籽油	次质菜籽油	劣质菜籽油
色泽	呈黄色至棕色	呈棕红色至棕褐色	呈褐色
透明度	清澈透明	微浑浊,有微量悬浮物	液体极浑浊
水分含量	不超过0.2%	超过0.2%	
杂质和沉淀物	无沉淀物或有微量沉淀物,杂质含量不超过0.2%,加热至280℃油色不变	有沉淀物及悬浮物,其杂质含量超过0.2%,加热至280℃油色变深且有沉淀物析出	有大量的悬浮物及沉淀物,加热至280℃时油色变黑。并有多量沉淀析出
气味	具有菜籽油固有的气味	菜籽油固有的气味平淡或微有异味	有霉味、焦味、干草味或哈喇味等不良气味
滋味	具有菜籽油特有的辛辣滋味,无任何异味	菜籽油滋味平淡或略有异味	有苦味、焦味、酸味等不良滋味

（四）芝麻油的感官检验

芝麻油又叫香油,是从芝麻中提炼出来的,具有特别香味,故称为香油,是一种普遍受到消费者欢迎的食用油,它不仅具有浓郁的香气,而且含有丰富的维生素E。芝麻油的感官要求见表7-9。

表7-9　芝麻油感官要求

项目	要求		
	良质芝麻油	次质芝麻油	劣质芝麻油
色泽 透明度	呈棕红色至棕褐色 清澈透明	色泽较浅(掺有其他油脂)或偏深 有少量悬浮物,略浑浊	呈褐色或黑褐色 油液浑浊
水分含量	不超过0.2%	超过0.2%	
杂质和沉淀物	有微量沉淀物,其杂质含量不超过0.2%,将油加热到280℃时,油色无变化且无沉淀物析出	有较少量沉淀物及悬浮物,其杂质含量超过0.2%,将油加热到280℃时,油色变深,有沉淀物析出	有大量的悬浮物及沉淀物存在,油被加热到280℃时,油色变黑且有较多沉淀物析出
气味	具有芝麻油特有的浓郁香味,无任何异味	芝麻油特有的香味平淡,稍有异味	除芝麻油微弱的香气外,还有霉味、焦味、油脂酸败味等不良气味
滋味	具有芝麻固有的滋味,口感滑爽,无任何异味	具有芝麻固有的滋味,但是显得淡薄,微有异味	有较浓重的苦味、焦味、酸味、刺激性辛辣味等不良滋味

知识链接

地沟油的鉴别方法

地沟油的鉴别可通过感官、水分含量、酸价、过氧化值、羰基价、碘值、金属污染电导率和钠离子含量等方面进行。对于消费者个人来说，则可通过看、闻、尝、听、问五个方面进行鉴别。

一看：看透明度，纯净的植物油呈透明状，在生产过程中由于混入了碱脂、蜡质、杂质等物，透明度会下降；看色泽，纯净的油为无色，在生产过程中由于油料中的色素溶于油中，油才会带色；看沉淀物，其主要成分是杂质。

二闻：每种油都有各自独特的气味。可以在手掌上滴一两滴油，双手合拢摩擦，发热时仔细闻其气味。有异味的油，说明质量有问题，有臭味的很可能就是地沟油；若有矿物油的气味更不能买。

三尝：用筷子取一滴油，仔细品尝其味道。口感带酸味的油是不合格产品，有焦苦味的油已发生酸败，有异味的油可能是"地沟油"。

四听：取油层底部的油一两滴，涂在易燃的纸片上，点燃并听其响声。燃烧正常无响声的是合格产品；燃烧不正常且发出"吱吱"声音的，水分超标，是不合格产品；燃烧时发出"噼叭"爆炸声，表明油的含水量严重超标，而且有可能是掺假产品，绝对不能购买。

五问：问商家的进货渠道，必要时索要进货发票或查看当地食品卫生监督部门抽样检测报告。

此外，食用油有一定成本，如果油的价格太低，就很可能有问题。

四、蛋类及蛋制品的感官鉴别

▶ **课堂活动**

蛋类由于其营养物质丰富，深受消费者的喜欢，那么你知道如何鉴别蛋类质量的好坏吗？

鲜蛋的感官鉴别分为蛋壳鉴别和打开鉴别。蛋壳鉴别包括眼看、手摸、耳听、鼻嗅等方法，也可借助于灯光透视进行鉴别。打开鉴别是将鲜蛋打开，观察其内容物的颜色、稠度、性状、有无血液、胚胎是否发育、有无异味和臭味等。

蛋制品的感官鉴别指标主要是色泽、外观形态、气味和滋味等。同时应注意杂质、异味、霉变、生虫和包装等情况，以及是否具有蛋品本身固有的气味或滋味。

（一）鲜蛋的感官要求

鲜蛋的感官要求应符合《食品安全国家标准　蛋与蛋制品的规定》（GB 2749-2015）（见表7-10）。

表7-10　鲜蛋的感官要求

项目	要求
色泽	灯光透视时整个蛋呈微红色；去壳后蛋黄橙橘黄色至橙色，蛋白澄清、透明，无其他异常颜色
气味	蛋液具有固有的蛋腥味，无异味
状态	蛋壳清洁完整，无裂纹，无霉斑，灯光透视时蛋内无黑点及异物；去壳后蛋黄凸起完整并带有韧性，蛋白稀稠分明，无正常视力可见外来异物

（二）鲜蛋的感官检验方法

取带壳鲜蛋在灯光下透视观察。去壳后适量试置于白色瓷盘中,在自然光下观察色泽和状态,闻其气味。

（三）鲜蛋的感官鉴别

1. 蛋壳的感官鉴别　蛋壳的感官鉴别具体要求见表7-11。

表 7-11　鲜蛋蛋壳的感官鉴别

项目	要求			
	良质鲜蛋	一类次质鲜蛋	二类次质鲜蛋	劣质鲜蛋
眼看	蛋壳清洁、完整、无光泽,壳上有一层白霜,色泽鲜明	蛋壳有裂纹、格窝现象,蛋壳破损、蛋清外溢或壳外有轻度霉斑等	蛋壳发暗,壳表破碎且破口较大,蛋清大部分流出	蛋壳表面的粉霜脱落,壳色油亮,呈乌灰色或暗黑色,有油样漫出,有较多或较大的霉斑
手摸	蛋壳粗糙,重量适当	蛋壳有裂纹、格窝或破损,手摸有光滑感	蛋壳破碎,蛋白流出,手掂重量轻,蛋拿在手掌上自转时总是一面向下(贴壳蛋)	手摸有光滑感,掂量时过轻或过重
耳听	蛋与蛋相互碰击声音清脆,手握蛋摇动无声	蛋与蛋碰击发出哑声(裂纹蛋),手拨动时内容物有流动感		蛋与蛋相互碰击发出嘎嘎声(孵化蛋)、空空声(水花蛋)。手握蛋摇动时内容物有晃动声
鼻嗅	有轻微的生石灰味	有轻微的生石灰味或轻度霉味		有霉味,酸味,臭味等不良气体

2. 鲜蛋的灯光透视鉴别　灯光透视是指在暗室中用手握住蛋体紧贴在照蛋器的光线洞口上,前后上下左右来回轻轻转动,靠光线的帮助看蛋壳有无裂纹、气室大小、蛋黄移动的影子、内容物的澄明度、蛋内异物,以及蛋壳内表面的霉斑,胚的发育等情况。在市场上无暗室和照蛋设备时,可用手电筒围上暗色纸筒(照蛋端直径稍小于蛋)进行鉴别。如有阳光也可以用纸筒对着阳光直接观察。鲜蛋的灯光透视鉴别具体要求见表7-12。

表 7-12　鲜蛋的灯光透视鉴别

项目	要求			
	良质鲜蛋	一类次质鲜蛋	二类次质鲜蛋	劣质鲜蛋
眼看	气室直径小于11mm,整个蛋呈微红色,蛋黄略见阴影或无阴影,且位于中央,不移动,蛋壳无裂纹	蛋壳有裂纹,蛋黄部呈现鲜红色小血圈	透视时可见蛋黄上呈现血环,环中及边缘呈现少许血丝;蛋黄透光度增强而蛋黄周围有阴影;气室大于11mm;蛋壳某一部位呈绿色或黑色;蛋黄不完整,散如云状,蛋壳膜内壁有霉点;蛋内有活动的阴影	透视时黄,白混杂不清,呈均匀灰黄色;蛋全部或大部不透光,呈灰黑色,蛋壳及内部均有黑色或粉红色斑点;蛋壳某一部分呈黑色且占蛋黄面积的二分之一以上;有圆形黑影(胚胎)

3. **鲜蛋打开鉴别** 将鲜蛋打开,将其内容物置于玻璃平皿或瓷碟上,观察蛋黄与蛋清的颜色、稠度、性状,有无血液,胚胎是否发育,有无异味等。鲜蛋打开鉴别的具体要求见表 7-13。

表 7-13 鲜蛋打开鉴别

项目	要求			
	良质鲜蛋	一类次质鲜蛋	二类次质鲜蛋	劣质鲜蛋
颜色	蛋黄、蛋清色泽分明,无异常颜色	颜色正常,蛋黄有圆形或网状血红色,蛋清颜色发绿,其他部分正常	蛋黄颜色变浅,色泽分布不均匀,有较大的环状或网状血红色,蛋壳内壁有黄中带黑的粘痕或霉点,蛋清与蛋黄混杂	蛋内液态流体呈灰黄色、灰绿色或暗黄色,内杂有黑色霉斑
性状	蛋黄呈圆形凸起而完整,并带有韧性,蛋清浓厚、稀稠分明,系带粗白而有韧性,并紧贴蛋黄的两端	性状正常或蛋黄呈红色的小血圈或网状直丝	蛋黄扩大,扁平,蛋黄膜增厚发白,蛋黄中呈现大血环,环中或周围可见少许血丝,蛋清变得稀薄,蛋壳内壁有蛋黄的粘连痕迹,蛋清与蛋黄相混杂(蛋无异味),蛋内有小的虫体	蛋清和蛋黄全部变得稀薄浑浊,蛋膜和蛋液中都有霉斑或蛋清呈胶冻样霉变,胚胎形成长大
气味	具有鲜蛋的正常气味,无异味	具有鲜蛋的正常气味,无异味		有臭味、霉变味或其他不良气味

(四)蛋制品的感官检验

1. **蛋制品的感官要求** 蛋制品的感官要求应符合《食品安全国家标准 蛋与蛋制品》(GB 2749-2015)的规定(见表 7-14)。

表 7-14 蛋制品的感官要求

项目	要求
色泽	具有产品正常的色泽
滋味、气味	具有产品正常的滋味、气味,无异味
状态	具有产品正常的形状、形态,无酸败、霉变、生虫及其他危害食品安全的异物

2. **蛋制品的感官检验方法** 取适量试样置于白色瓷盘中,在自然光下观察色泽和状态。尝其滋味,闻其气味。

知识链接

鲜鸡蛋、鲜鸭蛋的分级

在 SB/T10638-2011 鲜鸡蛋、鲜鸭蛋的分级中,将鲜鸡蛋、鲜鸭蛋品质分为 AA 级、A 级和 B 级三个等级,分级要求如下:

1. 蛋壳 清洁、完整,呈规则卵圆形,具有蛋壳固有的色泽,表明无肉眼可见污物。

2. 蛋白

AA 级——黏稠、透明,浓蛋白、稀蛋白。

A 级——较黏稠、透明,浓蛋白、稀蛋白。

B 级——较黏稠、透明。

3. 蛋黄

AA 级——居中,轮廓清晰,胚胎未发育。

A 级——居中或稍偏,轮廓清晰,胚胎未发育。

B 级——居中或稍偏,轮廓较清晰,胚胎未发育。

4. 异物　蛋内容物中无血斑、肉斑等异物。

5. 哈夫单位　根据蛋重和浓厚蛋白高度,按一定公式计算出来的值,用来衡量蛋的新鲜程度。

AA 级——≥72

A 级——≥60

B 级——≥55

五、乳类及乳制品的感官鉴别

感官鉴别乳及乳制品,主要指的是眼观其色泽和组织状态、嗅其气味和尝其滋味,应做到三者并重,缺一不可。

对于乳而言,应注意其色泽是否正常、质地是否均匀细腻、滋味是否纯正以及乳香味如何,同时应留意杂质、沉淀、异味等情况,以便作出综合性的评价。

对于乳制品而言,除注意上述鉴别内容以外,有针对性地观察了解诸如酸乳有无乳清分离、奶粉有无结块,奶酪切面有无水珠和霉斑等情况,对于感官鉴别也有重要意义。必要时可以将乳制品冲调后进行感官鉴别。

（一）生乳、巴氏杀菌乳、灭菌乳

1. **感官要求**　生乳、巴氏杀菌乳、灭菌乳的感官要求应符合《食品安全国家标准 生乳》(GB 19301-2010)、《食品安全国家标准 巴氏杀菌乳》(GB 19645-2010)、《食品安全国家标准 灭菌乳》(GB 25190-2010)的规定(见表 7-15)。

表 7-15　生乳、巴氏杀菌乳、灭菌乳的感官要求

项目	要求
色泽	呈乳白色或微黄色
滋味、气味	具有乳固有的香味,无异味
组织状态	呈均匀一致液体,无凝块、无沉淀、无正常视力可见异物

2. **感官检验方法**　取适量试样置于 50ml 烧杯中,在自然光下观察色泽和组织状态。闻其气

味,用温开水漱口,品尝滋味。

3. 感官鉴别　生乳、巴氏杀菌乳、灭菌乳的感官鉴别见表 7-16。

表 7-16　生乳、巴氏杀菌乳、灭菌乳的感官鉴别

项目	要求		
	良质鲜乳	次质鲜乳	劣质鲜乳
色泽	为乳白色或稍带微黄色	色泽较良质鲜乳为差,白色中稍带青色	呈浅粉色或显著的黄绿色,或是色泽灰暗
组织状态	呈均匀的流体,无沉淀、凝块和机械杂质,无黏稠和浓厚现象	呈均匀的流体,无凝块,但可见少量微小的颗粒,脂肪聚粘表层呈液化状态	呈稠而不匀的溶液状,有乳凝结成的致密凝块或絮状物
气味	具有乳特有的乳香味,无其他任何异味	乳中固有的香味稍淡或有异味	有明显的异味,如酸臭味、牛粪味、金属味、鱼腥味、汽油味等
滋味	具有鲜乳独具的纯香味,滋味可口而稍甜,无其他任何异常滋味	有微酸味(表明乳已开始酸败),或有其他轻微的异味	有酸味、咸味、苦味等

(二) 发酵乳

1. 发酵乳感官要求　应符合《食品安全国家标准 发酵乳》(GB 19302-2010)的规定(见表 7-17)。

表 7-17　发酵乳的感官要求

项目	要求	
	发酵乳	风味发酵乳
色泽	均匀一致,呈乳白色或微黄色	具有与添加成分相符的色泽
滋味、气味	具有发酵乳特有的滋味、气味	具有与添加成分相符的滋味和气味
组织状态	组织细腻、均匀,允许有少量乳清析出;风味发酵乳具有添加成分特有的组织状态	

2. 发酵乳感官检验方法　取适量试样置于 50ml 烧杯中,在自然光下观察色泽和组织状态。闻其气味,用温开水漱口,品尝滋味。

3. 发酵乳感官鉴别　发酵乳的感官鉴别见表 7-18。

表 7-18　发酵乳的感官鉴别

项目	要求		
	良质发酵乳	次质发酵乳	劣质发酵乳
色泽	色泽均匀一致,呈乳白色或稍带微黄色	色泽不匀,呈微黄色或浅灰色	色泽灰暗或出现其他异常颜色
组织状态	凝乳均匀细腻,无气泡,允许有少量黄色脂膜和少量乳清	凝乳不均匀也不结实,有乳清析出	凝乳不良,有气泡,乳清析出严重或乳清分离。瓶口及酸奶表面均有霉斑

项目	要求		
	良质发酵乳	次质发酵乳	劣质发酵乳
气味	具有发酵乳特有的清香、纯正的气味	发酵乳香气平淡或有轻微异味	有腐败味、霉变味、酒精发酵及其他不良气味
滋味	有纯正的发酵乳味,酸甜适口	酸味过度或有其他不良滋味	有苦味、涩味或其他不良滋味

（三）炼乳

1. 炼乳感官要求　应符合《食品安全国家标准 炼乳》(GB 13102-2010)的规定(见表7-19)。

表7-19　炼乳的感官要求

项目	要求	
	淡炼乳	加糖炼乳
色泽	呈均匀一致的乳白色或乳黄色,有光泽	
滋味、气味	具有乳的滋味和气味	具有乳的香味,甜味纯正
组织状态	组织细腻,质地均匀,黏度适中	

2. 炼乳感官检验方法

(1)气味:取定量包装试样,开启罐盖(或瓶盖),闻气味。

(2)色泽和组织状态:将上述试样缓慢倒入烧杯中,在自然光下观察色泽和组织状态。待样品倒净后,将罐(瓶)口朝上,倾斜45°放置,观察罐(瓶)底部有无沉淀。

(3)滋味:用温开水漱口,品尝滋味。

3. 炼乳感官鉴别　炼乳的感官鉴别见表7-20。

表7-20　炼乳的感官鉴别

项目	要求		
	良质炼乳	次质炼乳	劣质炼乳
色泽	呈均匀一致的乳白色或稍带微黄色,有光泽	色泽有轻度变化,呈米色或淡肉桂色	色泽有明显变化,呈肉桂色或淡褐色
组织状态	组织细腻,质地均匀,黏度适中,无脂肪上浮,无乳糖沉淀,无杂质	黏度过高,稍有一些脂肪上浮,有沙粒状沉淀物	凝结成软膏状,冲调后脂肪分离较明显,有结块和机械杂质
气味	具有明显的牛乳乳香味,无任何异味	乳香味淡或稍有异味	有酸臭味及较浓重的其他异味
滋味	淡炼乳具有明显的牛乳滋味,加糖炼乳具有纯正的甜味,均无任何异物	滋味平淡或稍差,有轻度异味	有不纯正的滋味和较重的异味

（四）奶油

1. 奶油感官要求　应符合《食品安全国家标准 稀奶油、奶油和无水奶油》(GB 19646-2010)的规定(见表 7-21)。

表 7-21　奶油的感官要求

项目	要求
色泽	呈均匀一致的乳白色、乳黄色或相应辅料应有的色泽
滋味、气味	具有稀奶油、奶油、无水奶油或相应辅料应有的滋味和气味,无异味
组织状态	均匀一致,允许有相应辅料的沉淀物,无正常视力可见异物

2. 奶油感官检验方法

(1)色泽和组织状态:打开试样外包装,取适量样品置于 50ml 烧杯中,在自然光下观察色泽和组织状态。

(2)滋味和气味:取适量试样,先闻气味,然后用温开水漱口,品尝滋味。

3. 奶油感官鉴别　奶油的感官鉴别见表 7-22。

表 7-22　奶油的感官鉴别

项目	要求		
	良质奶油	次质奶油	劣质奶油
色泽	呈均匀一致的乳白色或乳黄色,有光泽	色泽较差且不均匀,呈白色或着色过度,无光泽	色泽不匀,表面有霉斑,甚至深部发生霉变,外表面浸水
组织状态	组织均匀紧密,稠度、弹性和延展性适宜,切面无水珠,边缘与中心部位均匀一致	组织状态不均匀,有少量乳隙,切面有水珠渗出,水珠呈白浊而略黏。有食盐结晶(加盐奶油)	组织不均匀,黏软、发腻、粘刀或脆硬疏松且无延展性,且面有大水珠,呈白浊色,有较大的孔隙及风干现象
气味	具有奶油固有的纯正香味,无其他异味	香气平淡、无味或微有异味	有明显的异味,如鱼腥味、酸败味、霉变味、椰子味等
滋味	具有奶油独具的纯正滋味,无任何其他异味,加盐奶油有咸味,酸奶油有纯正的乳酸味	奶油滋味不纯正或平淡,有轻微的异味	有明显的不愉快味道,如苦味、肥皂味,金属味等

(五)奶粉

1. 奶粉感官要求　应符合《食品安全国家标准 乳粉》(GB 19644-2010)的规定(见表 7-23)。

表 7-23　乳粉的感官要求

项目	要求	
	乳粉	调制乳粉
色泽	呈均匀一致的乳黄色	具有应有的色泽
滋味、气味	具有纯正的乳香味	具有应有的滋味、气味
组织状态	干燥均匀的粉末	

2. 奶粉感官检验方法　将适量试样置于 50ml 烧杯中,在自然光下观察色泽和组织状态。闻其气味,用温开水漱口,品尝滋味。

冲调性:将 11.2g(全脂乳粉、全脂加糖乳粉)或 8.3g(脱脂乳粉、调味乳粉)试样放入盛有 100ml 40℃水的 200ml 烧杯中,用搅拌棒搅拌均匀后观察样品溶解状况。

3. 奶粉感官鉴别　奶粉的感官鉴别见表 7-24。

表 7-24　奶粉的感官鉴别

项目	要求		
	良质奶粉	次质奶粉	劣质奶粉
色泽	色泽均匀一致,呈乳黄色,脱脂奶粉为白色,有光泽	色泽呈浅白或灰暗,无光泽	色泽灰暗或呈褐色
组织状态	粉粒大小均匀,手感疏松,无结块,无杂质	有松散的结块或少量硬颗粒、焦粉粒、小黑点等	有焦硬的、不易散开的结块,有肉眼可见的杂质或异物
气味	具有纯正的乳香味,无其他异味	乳香味平淡或有轻微异味	有陈腐味、发霉味、脂肪哈喇味等
滋味	有纯正的乳香滋味,加糖奶粉有适口的甜味,无任何其他异味	滋味平淡或有轻度异味,加糖奶粉甜度过大	有苦涩或其他较重异味

若经初步感官鉴别仍不能断定奶粉质量好坏,可加水冲调,检查其冲调还原奶的质量。冲调后的还原奶,在光线明亮处进行感官鉴别。①色泽鉴别:良质奶粉呈乳白色;次质奶粉呈乳白色;劣质奶粉呈白色凝块,乳清呈淡黄绿色。②组织状态鉴别:取少量冲调奶置于平皿内观察。良质奶粉呈均匀的胶状液;次质奶粉带有小颗粒或有少量脂肪析出;劣质奶粉胶态液不均匀,有大的颗粒或凝块,甚至水乳分离,表层有游离脂肪上浮。③冲调奶的气味与滋味感官鉴别同于固体奶粉的鉴别方法。

六、畜禽肉及肉制品的感官鉴别

对畜禽肉进行感官鉴别时,一般是按照如下顺序进行:首先是眼看其外观、色泽,特别应注意肉的表面和切口处的颜色与光泽,有无色泽灰暗,是否存在淤血、水肿、囊肿和污染等情况。其次是嗅肉品的气味,不仅要了解肉表面上的气味,还应感知其切开时和试煮后的气味,注意是否有腥臭味。最后用手指按压,触摸以感知其弹性和黏度,结合脂肪以及试煮后肉汤的情况,才能对肉进行综合性的感官评价和鉴别。

肉类制品包括灌肠(肚)类、酱卤肉类、烧烤肉类、肴肉咸肉、腊肉火腿以及板鸭等。在鉴别和挑选这类食品时,一般是以外观、色泽、组织状态、气味和滋味等感官指标为依据。应当留意肉类制品的色泽是否鲜明,有无加入人工合成色素;肉质的坚实程度和弹性如何,有无异臭、异物、霉斑等;是否具有该类制品所特有的正常气味和滋味。其中注意观察肉制品的颜色、光泽是否有变化,品尝其滋味是否鲜美,有无异味在感官鉴别过程中尤为重要。

(一)鲜(冻)畜、禽产品感官要求
应符合《食品安全国家标准 鲜(冻)畜、禽产品》(GB 2707-2016)的规定(见表 7-25)。

表7-25　鲜(冻)畜、禽产品的感官要求

项目	要求
色泽	具有产品应有的色泽
气味	具有产品应有的气味,无异味
状态	具有产品应有的状态,无正常视力下可见外来异物

（二）鲜(冻)畜、禽产品感官检验方法

将适量试样置洁净的白色盘(瓷盘或同类容器)中,在自然光下观察色泽和状态,闻其气味。

（三）鲜肉的感官鉴别

1. 鲜猪肉　鲜猪肉的感官鉴别具体见表7-26。

表7-26　鲜猪肉的感官鉴别

项目	要求		
	新鲜猪肉	次鲜猪肉	变质猪肉
外观	表面有一层微干或微湿的外膜,呈淡红色,有光泽,切断面稍湿、不粘手,肉汁透明	表面有一层风干或潮湿的外膜,呈暗灰色,无光泽,切断面的色泽比新鲜的肉暗,有黏性,肉汁浑浊	表面外膜极度干燥或粘手,呈灰色或淡绿色、发黏并有霉变现象,切断面也呈暗灰或淡绿色、很黏,肉汁严重浑浊
气味	具有鲜猪肉正常的气味	在肉的表层能嗅到轻微的氨味,酸味或酸霉味,但在肉的深层却没有这些气味	腐败变质的肉,不论在肉的表层还是深层均有腐臭气味
弹性	质地紧密却富有弹性,用手指按压凹陷后会立即复原	肉质比新鲜肉柔软、弹性小,用手指按压凹陷后不能完全复原	腐败变质肉由于自身被分解严重,组织失去原有的弹性而出现不同程度的腐烂,用手指按压后凹陷,不但不能复原,有时手指还可以把肉刺穿
脂肪	脂肪呈白色,具有光泽,有时呈肌肉红色,柔软而富于弹性	脂肪呈灰色,无光泽,容易粘手,有时略带油脂酸败味和哈喇味	脂肪表面污秽、有黏液,霉变呈淡绿色,脂肪组织很软,具有油脂酸败气味
肉汤	肉汤透明、芳香,汤表面聚集大量油滴,油脂的气味和滋味鲜美。	肉汤浑浊,汤表面浮油滴较少,没有鲜香的滋味,常略有轻微的油脂酸败的气味及味道	肉汤极浑浊,汤内漂浮着有如絮状的烂肉片,汤表面几乎无油滴,具有浓厚的油脂酸败或显著的腐败臭味

2. 鲜牛肉　鲜牛肉的感官鉴别具体见表7-27。

表 7-27 鲜牛肉的感官鉴别

项目	要求	
	良质鲜牛肉	次质鲜牛肉
色泽	肌肉有光泽,红色均匀,脂肪洁白或淡黄色	肌肉色稍暗,用刀切开截面尚有光泽,脂肪缺乏光泽
气味	具有牛肉的正常气味	牛肉稍有氨味或酸味
黏度	外表微干或有风干的膜,不粘手	外表干燥或粘手,用刀切开的截面上有湿润现象
弹性	用手指按压后的凹陷能完全恢复	用手指按压后的凹陷恢复慢,且不能完全恢复到原状
肉汤	肉汤透明澄清,脂肪团聚于肉汤表面,具有牛肉特有的香味和鲜味	肉汤稍有浑浊,脂肪呈小滴状浮于肉汤表面,香味差或无鲜味

3. 鲜羊肉 鲜羊肉的感官鉴别具体见表 7-28。

表 7-28 鲜羊肉的感官鉴别

项目	要求	
	良质鲜羊肉	次质鲜羊肉
色泽	肌肉有光泽,红色均匀,脂肪洁白或淡黄色,质坚硬而脆	肌肉色稍暗淡,用刀切开的截面尚有光泽,脂肪缺乏光泽
气味	有明显的羊肉膻味	羊肉稍有氨味或酸味
黏度	外表微干或有风干的膜,不粘手	外表干燥或粘手,用刀切开的截面上有湿润现象
弹性	用手指按压后的凹陷,能立即恢复原状	用手指按压后凹陷恢复慢,且不能完全恢复到原状
肉汤	肉汤透明澄清,脂肪团聚于肉汤表面,具有羊肉特有的香味和鲜味	肉汤稍有浑浊,脂肪呈小滴状浮于肉汤表面,香味差或无鲜味

4. 鲜光鸡 鲜光鸡的感官鉴别具体见表 7-29。

表 7-29 鲜光鸡的感官鉴别

项目	要求		
	新鲜鸡肉	次鲜鸡肉	变质鸡肉
眼球	眼球饱满	眼球皱缩凹陷,晶体稍显混浊	眼球干缩凹陷,晶体混浊
色泽	皮肤有光泽,因品种不同可呈淡黄、淡红和灰白等颜色,肌肉切面具有光泽	皮肤色泽转暗,但肌肉切面有光泽	体表无光泽,头颈部常带有暗褐色
气味	具有鲜鸡肉的正常气味	仅在腹腔内可嗅到轻度不快味,无其他异味	体表和腹腔均有不快味甚至臭味
黏度	外表微干或微湿润,不粘手	外表干燥或粘手,新切面湿润	外表干燥或粘手腻滑,新切面发黏

项目	要求		
	新鲜鸡肉	次鲜鸡肉	变质鸡肉
弹性	指压后的凹陷能立即恢复	指压后的凹陷恢复较慢,且不完全恢复	指压后的凹陷不能恢复,且留有明显的痕迹
肉汤	肉汤澄清透明,脂肪团聚于表面,具有香味	肉汤稍有浑浊,脂肪呈小滴浮于表面,香味差或无褐色	肉汤浑浊,有白色或黄色絮状物,脂肪浮于表面者很少,甚至能嗅到腥臭味

（四）腌腊肉制品的感官鉴别

腌腊肉制品是以鲜(冻)畜、禽肉或其可食副产品为原料,添加或不添加辅料,经腌制、烘干(或晒干、风干)等工艺加工而成的非即食肉制品。包括火腿、腊肉、咸肉、香(腊)肠。

1. 腌腊肉制品的感官要求　应符合《食品安全国家标准 腌腊肉制品》(GB 2730-2015)的规定(见表 7-30)。

表 7-30　腌腊肉制品的感官要求

项目	要求
色泽	具有产品应有的色泽,无黏液、无霉点
气味	具有产品应有的气味,无异味、无酸败味
状态	具有产品应有的组织性状,无正常视力可见外来异物

2. 腌腊肉制品的感官检验方法　将适量试样置于白瓷盘中,在自然光下观察色泽和状态,闻其气味。

知识链接

鉴别注水猪肉质量的方法

1. 观察　正常的新鲜猪肉,肌肉有光泽,红色均匀,脂肪洁白,表面微干;注水后的猪肉,肌肉缺乏光泽,表面有水淋淋的亮光。

2. 手触　正常的新鲜猪肉,手触有弹性,有粘手感;注水后的猪肉,手触弹性差,亦无黏性。

3. 刀切　正常的新鲜猪肉,用刀切后,切面无水流出,肌肉间无冰块残留;注水后的切面,有水流出,如果是冻肉,肌肉间还有冰块残留,严重时瘦肉的肌纤维被冻结冰胀裂,营养流失。

4. 纸试　纸试有多种方法。第一种方法是用普通薄纸贴在肉面上,正常的新鲜猪肉有一定黏性,贴上的纸不易揭下;注了水的猪肉,没有黏性,贴上的纸容易揭下。第二种方法是用卫生纸贴在刚切开的切面上,新鲜的猪肉,纸上没有明显的浸润;注水的猪肉则有明显的湿润。第三种方法是用卷烟纸贴在肌肉的切面上数分钟,揭下后用火柴点燃,如有明火的,说明纸上有油,是没有注水的肉;反之,点燃不着的则是注水的肉。

七、水产品及其制品的感官鉴别

感官鉴别水产品的质量优劣时,主要是通过体表形态、鲜活程度、色泽、气味、肉质的弹性和洁净程度等感官指标来进行综合评价的。对于水产品来讲,首先是观察其鲜活程度如何,是否具备一定的生命活力;其次是看外观形体的完整性,注意有无伤痕、鳞爪脱落,骨肉分离等现象;再次是观察其体表卫生洁净程度,即有无污秽物和杂质等;然后才是看其色泽,嗅其气味,有必要的话还要品尝其滋味。综上所述再进行感官评价。

对于水产制品而言,感官鉴别也主要是外观、色泽、气味和滋味几项内容。其中是否具有该类制品的特有的正常气味与风味,对于做出正确判断有着重要意义。

(一) 鱼类的感官鉴别

1. 鲜鱼 在进行鱼的感官鉴别时,先观察其眼睛和鳃,然后检查其全身和鳞片,并同时用一块洁净的吸水纸漫吸鳞片上的黏液来观察和嗅闻,鉴别黏液的质量。必要时用竹签刺入鱼肉中,拔出后立即嗅其气味,或者切割小块鱼肉,煮沸后测定鱼汤的气味与滋味。鲜鱼的感官鉴别具体见表7-31。

表 7-31　鲜鱼的感官鉴别

项目	要求		
	新鲜鱼	次鲜鱼	腐败鱼
眼球	眼球饱满突出,角膜透明清亮,有弹性	眼球不突出,眼角膜起皱,稍变混浊,有时有内溢血发红	眼球塌陷或干瘪,角膜皱缩或有破裂
鱼鳃	鳃丝清晰呈鲜红色,黏液透明,具有海水鱼的咸腥味或淡水鱼的土腥味,无异臭味	鳃色变暗呈灰红或灰紫色,黏液轻度腥臭,气味不佳	鳃呈褐色或灰白色,有污秽的黏液,带有不愉快的腐臭气味
体表	有透明的黏液,鳞片有光泽且与鱼体贴附紧密,不易脱落(鲳、大黄鱼、小黄鱼除外)	黏液多不透明,鳞片光泽度差且较易脱落,黏液黏腻而混浊	体表暗淡无光,表面附有污秽黏液,鳞片与鱼皮脱离贻尽,具有腐臭味
肌肉	肌肉坚实有弹性,指压后凹陷立即消失,无异味,肌肉切面有光泽	肌肉稍呈松散,指压后凹陷消失得较慢,稍有腥臭味,肌肉切面有光泽	肌肉松散,易与鱼骨分离,指压时形成的凹陷不能恢复或手指可将鱼肉刺穿
腹部	正常、不膨胀,肛孔白色,凹陷	膨胀不明显,肛门稍突出	膨胀、变软或破裂,表面发暗灰色或有淡绿色斑点,肛门突出或破裂

2. 冻鱼

(1)冻品感官要求

1)单冻产品:冰衣透明光亮,应将鱼体完全包覆,基本保持鱼体原有形态,不变形,个体间应易于分离,无明显干耗和软化现象。

2)块冻产品:冻块清洁、坚实、表面平整不破碎,冰被均匀盖没鱼体,需要排列的鱼体排列整齐,允许个别冻鱼块表面有不大的凹陷。

（2）解冻后感官要求：应符合《食品安全国家标准 冻鱼》（GB/T 18109-2011）的规定（见表7-32）。

表7-32 解冻后鱼体的感官要求

项目	要求
鱼体外观	未去内脏鱼：鱼体完整，无破肚现象 去内脏鱼：内脏去除干净 剖割鱼：内脏去除干净，切面平整，大小基本一致，部位搭配合理
色泽	具有鲜鱼固有色泽及花纹，有光泽，无干耗、变色现象，有鳞鱼鳞片紧贴鱼体
气味	体表和腮丝具有正常鱼特有气味，无异味
肌肉	肌肉组织紧密有弹性，鱼肉无异常
杂质	无外来杂质

（3）冻鱼的感官检验方法：在光线充足、无异味的环境中，将试样倒在白色搪瓷盘或不锈钢工作台上，按感官要求逐项进行检验：

1）通过测定只能用小刀或其他利器除去的面积，检查冻结样品中脱水的情况。测量样品单位的总表面积，计算受影响的面积百分比。

2）解冻并逐条检查样品有无外来杂质。

3）在鱼颈部背后撕开或切开裂缝，对暴露的鱼肉表面进行鱼肉气味的检测和评价。

4）对在解冻后未蒸煮状态下无法最终判定其气味的样品，则应从样品单位中截取一小部分（约200g），并按照标准中规定的方法进行蒸煮试验，确定其气味和风味。

3. 咸鱼 咸鱼的感官指标应符合《食品安全国家标准 咸鱼》（GB/T 30894-2014）的规定（见表7-33）。

表7-33 咸鱼的感官指标

项目	要求
外观	体表不发黏、无霉斑、无虫蛀，具有咸鱼应有的自然色泽，无红斑、褐变及明显的油烧现象
肌肉	肌肉纤维清晰
气味	具有咸鱼特有的气味，无油脂酸败味及异臭味
其他	无明显杂质、鱼体表面、腮部和腹腔无寄生虫

（二）虾类的感官鉴别

1. 对虾 对虾的质量优劣，是从色泽、体表、肌肉、气味等方面鉴别。

（1）色泽：质量好的对虾，色泽正常，卵黄按不同产期呈现出自然的光泽，质量差的对虾色泽发红，卵黄呈现出不同的暗灰色。

（2）体表：质量好的对虾，虾体清洁而完整，甲壳和尾肢无脱落现象，虾尾未变色或有极轻微的变色；质量差的对虾，虾体不完整，全身黑斑多，甲壳和尾肢脱落，虾尾变色面大。

（3）肌肉：好的对虾，肌肉组织坚实紧密，手触弹性好；质量差的对虾，肌肉组织很松弛，手触弹性差。

(4)气味:质量好的对虾,闻上去气味正常,无异味感觉;质量差的对虾,闻上去气味不正常,一般有异臭味感觉。

2. 青虾　青虾又名河虾、沼虾。属于淡水虾,端午节前后为盛产期。青虾的特点是,头部有须,胸前有爪,两眼突出,尾呈"又"形,体表青色,肉质脆嫩,滋味鲜美。青虾的质量优劣,可从虾的体表颜色,头体连接程度和肌肉状况鉴别。

(1)体表颜色:质量好的虾,色泽青灰,外壳清晰透明;质量差的虾,色泽灰白,外壳透明较差。

(2)头体连接程度:质量好的虾,头体连接紧密,不易脱落;质量差的虾,头体连接不紧,容易脱离。

(3)肌肉:质量好的虾,色泽青白,肉质紧密,尾节伸屈性强;质量差的虾色泽青白度差,肉质稍松,尾节伸屈性稍差。

3. 虾油

(1)良质虾油:纯虾油不串卤,色泽清而不混,油质浓稠。气味鲜浓而清香。咸味轻,洁净卫生。

(2)次质虾油:色泽清而不混,但油质较稀,气味鲜但无浓郁的清香感觉。咸味轻重不一,清洁卫生。

(3)劣质虾油:色泽暗淡浑浊,油质稀薄如水。鲜味不浓,更无清香。口感苦咸而涩。

4. 虾酱

(1)良质虾酱:色泽粉红,有光泽,味清香。酱体呈黏稠糊状。无杂质,卫生清洁。

(2)劣质虾酱:呈土红色,无光泽,味腥臭。酱体稀薄而不黏稠。混有杂质,不卫生。

（三）蟹类的感官鉴别

1. 海蟹　海蟹的感官鉴别具体见表7-34。

表 7-34　海蟹的感官鉴别

项目	要求		
	新鲜海蟹	次鲜海蟹	腐败海蟹
体表	体表色泽鲜艳,背壳纹理清晰而有光泽。腹部甲壳和中央沟部位的色泽洁白且有光泽,脐上部无胃印	体表色泽微暗,光泽度差,腹脐部可出现轻微的"印迹",腹面中央沟色泽变暗	体表及腹部甲壳色暗,无光泽,腹部中沟出现灰褐色斑纹或斑块,或能见到黄色颗粒状滚动物质
蟹鳃	鳃丝清晰,白色或稍带微褐色	鳃丝尚清晰,色变暗,无异味	鳃丝污秽模糊,呈暗褐色或暗灰色
肢体	刚捕获不久的活蟹,肢体连接紧密,提起蟹体时,不松弛也不下垂。活蟹反应机敏,动作快速有力	生命力明显衰减的活蟹,反应迟钝,动作缓慢而软弱无力。肢体连接程度较差,提起蟹体时,蟹足轻度下垂或挠动	全无生命的死蟹,已不能活动。肢体连接程度很差,在提起蟹体时蟹足与蟹背呈垂直状态,足残缺不全

2. 河蟹

(1)新鲜河蟹:活动能力很强的活蟹,动作灵敏、能爬放在手掌上掂量感觉到厚实沉重。

(2)次鲜河蟹:撑腿蟹,仰放时不能翻身,但蟹足能稍微活动。掂重时可感觉份量尚可。

（3）劣质河蟹：完全不能动的死蟹体，蟹足全部伸展下垂。掂量时给人以空虚轻飘的感觉。

（四）贝类的感官鉴别

1. 河蚌　新鲜的河蚌，蚌壳盖是紧密关闭的，用手不易掰开，闻之无异臭的腥味，用刀打开蚌壳，内部颜色光亮，肉呈白色。如蚌壳关闭不紧，用手一掰就开，有一股腥臭味，肉色灰暗，则是死河蚌，细菌最易繁殖，肉质容易分解产生腐败物，这种河蚌不能食用。

2. 牡蛎　牡蛎又名海蛎子，是一种味道鲜美的贝类食品。新鲜而质量好的牡蛎，它的蛎体饱满或稍软，呈乳白色，体液澄清，白色或淡灰色，有牡蛎固有的气味。质量差的牡蛎，色泽发暗，体液浑浊，有异臭味，不能食用。

3. 蚶子　蚶子又名瓦楞子，是我国的特产。新鲜的蚶子，外壳亮洁，两片贝壳紧闭严密，不易打开，闻之无异味。如果壳体皮毛脱落，外壳变黑，两片贝壳开启，闻之有异臭味的，说明是死蚶子，不能食之。

4. 花蛤　新鲜的花蛤，外壳具固有的色泽，平时微张口，受惊时两片贝壳紧密闭合，斧足和触管伸缩灵活，具固有气味。如果两片贝壳开口，足和触管无伸缩能力，闻之有异臭味的，不能食之。

（五）水产加工品的感官鉴别

水产加工品是指以鲜、冻水产品为原料加工制成的产品。水产加工品分为干制水产品、盐渍水产品和鱼糜制品。本书仅例举主要干制水产品的感官鉴别方法。

干制水产品是以鲜、冻动物性水产品、海水藻类为原料经相应工艺加工制成的产品。主要包括干海参、虾米、干贝、鱿鱼丝、鱿鱼干、干燥裙带菜叶、干海带、紫菜等。

（1）干海参：是以新鲜海参为原料经水煮、干燥等工序制成的产品。

1）感官要求：应符合《食品安全国家标准 干海参（刺参）》（SC/T 3206-2009）的规定（见表7-35）。

表 7-35　干海参的感官要求

项目	特级（纯干）	一级	二级	三级
色泽	黑褐色、黑灰色或灰色，色泽较均匀			
气味	海参特有的气味，无异味			
外观	体形肥满，刺参棘挺直、整齐、无残缺，个体坚硬，切口整齐，表面无损伤，嘴部无石灰质露出	体形饱满，刺参棘挺直、较整齐、个别有残缺，个体坚硬，切口较整齐，嘴部基本无石灰质露出		体形较饱满，刺参棘挺直，个别有残缺，嘴部有少量石灰质露出
杂质	无外来杂质			
复水后	体形肥满，肉质厚实，弹性及韧性好，刺参棘挺直、无残缺	体形饱满，肉质厚实，刺参棘挺直、较整齐，个别有残缺		体形较饱满，肉质较厚实，刺参棘挺直，个别有残缺

2）感官检验方法：将样品平摊于白瓷盘内，于光线充足无异味的环境中，按感官要求检查色泽、气味、外观。

复水后感官：按规定复水后的海参，检查其肉质、外形、弹性等。

（2）虾米：以对虾科、长臂虾科、褐虾科及长额虾科的中小型虾为原料，经蒸煮、干燥、脱壳等工序制成的产品。

1)感官要求:应符合《食品安全国家标准 虾米》(SC/T 3204-2012)的规定(见表7-36)。

表7-36　虾米的感官要求

项目	一级品	二级品	二级品
色泽	具有虾米的固有色泽,光泽较好	具有虾米固有色泽,稍有光泽	具有虾米固有色泽
组织与形态	肉质坚实,大小基本均匀,虾体基本无黏壳、附肢,基本无虾糠	肉质较坚实,大小较均匀,虾体允许有少量黏壳、附肢,虾糠少	肉质较坚实,虾体黏壳、附肢和虾糠稍多
口味及气味	鲜香,细嚼有鲜甜味	较鲜,无氨味等异味	无氨味等异味
其他	无泥沙,塑料线等外来杂质,无霉变现象		

2)感官检验方法:将试样置于白色搪瓷盘或不锈钢工作台上,于光线充足、无异味的环境中,按感官要求逐项进行感官检验。

(3)干贝:用栉孔扇贝、海湾扇贝等扇贝的新鲜闭壳肌为原料,经盐水煮熟、干燥等工序制成的干品。

1)感官要求:应符合《食品安全国家标准 干贝》(SC/T 3207-2000)的规定(见表7-37)。

表7-37　干贝的感官要求

项目	一级品	二级品	二级品
光泽	光泽好,半透明	光泽较好	光泽暗淡
组织形态	颗粒坚实,饱满	颗粒坚实较饱满	颗粒不整齐
滋味、气味	味鲜美,具浓厚特有的香味	味较鲜美,具特有的香味	味较鲜,无异味
其他	体表洁净,无杂质,无污染,无虫害,无霉变		

2)感官检验方法:将样品平摊于白搪瓷盘内,于光线充足、无异味的环境中,按感官要求逐项检查。

(4)鱿鱼丝:以鲜、冻鱿鱼为原料,经原料处理、水煮、调味、干燥、熟制、拉丝等工序制成的脱皮、烤制、熏制、风味等即食鱿鱼丝产品。

1)感官要求:应符合《食品安全国家标准 鱿鱼丝》(GB/T 23497-2009)的规定(见表7-38)。

表7-38　鱿鱼丝的感官要求

项目	脱皮鱿鱼丝	烤制鱿鱼丝	熏制鱿鱼丝	风味鱿鱼丝
外观	包装袋完整、无破损,封口严密平整,产品形状良好,无霉斑			
色泽	呈玉白色或淡黄色,色泽均匀	呈棕褐色,色泽均匀	呈黄色或黄褐色,色泽均匀	呈其加入辅料或食品添加剂后的自然色泽,色泽均匀
组织形态	组织紧密适度,呈丝条状			

续表

项目	脱皮鱿鱼丝	烤制鱿鱼丝	熏制鱿鱼丝	风味鱿鱼丝
滋味及气味	滋味鲜美,口味适宜,具有鱿鱼丝特有香味,无异味			
杂质	无外来杂质			

2)感官检验方法:将试样平摊于白搪瓷盘内,于光线充足、无异味、清洁卫生的环境中,用眼、鼻、口、手等感觉器官按感官特性的要求进行逐项检验。

(5)鱿鱼干:新鲜鱿鱼经剖腹、去内脏、眼球,干燥、整形加工而成的生干品。

1)感官要求:应符合《食品安全国家标准 鱿鱼干》(SC/T 3208-2001)的规定(见表7-39)。

表7-39　鱿鱼干的感官指标

项目	一级品	二级品	三级品
形态	体形完整、匀称呈扁平片状,肉腕无残缺,肉体洁净、无损伤	体形基本完整、匀称呈扁平片状,肉腕允许有残缺;肉体洁净允许略有损伤	体形不够完整匀称,肉腕有残缺,肉体有损伤,有部分断头
色泽	呈黄白色或粉红色,半透明略有白霜	呈粉红色或肉红色,半透明,霜薄	呈暗红色或暗灰色,不透明,霜多
肉质	肉质结实、肥厚	肉质稍松软、较薄	肉质松软、较薄
气味	呈鱿鱼特有香味,无霉味或异味		
其他	体表无尘沙等杂质附着,无霉斑、虫蛀现象		

2)感官检验方法:将样品平摊于白搪瓷盘中,按感官特性的要求逐项检验。

(6)干裙带菜叶:以盐渍裙带菜叶为原料,经脱盐、清洗、脱水、切割、烘干等工序加工而成的产品。

1)感官要求:应符合《食品安全国家标准 干裙带菜叶》(SC/T 3213-2002)的规定(见表7-40)。

表7-40　干裙带菜叶的感官要求

项目	一级品	二级品
外观	无枯叶、暗斑、花斑、盐屑、明显毛刺	无盐屑,有轻微毛刺、花斑、暗斑、枯叶
色泽	呈墨绿色	呈绿色、绿褐色或绿黄色或二种颜色同时存在
杂质	无泥沙、铁屑、塑料丝、杂藻等外来杂质	
气味	具有干裙带菜叶固有的气味,无异味	

2)感官检验方法:在光线充足、无异味的环境中,将样品摊于白搪瓷盘中,查看干裙带菜叶的色泽及有无杂质和盐屑;以正常嗅觉检查产品气味;用适量水浸泡菜体,待叶片展开后,查看枯叶、花斑、暗斑、毛刺情况。

(7)干海带:鲜海带直接晒干或烘干制成的干海带产品。

1)感官要求:应符合《食品安全国家标准 干海带》(SC/T 3202-2012)的规定(见表7-41)。

表 7-41　干海带的感官要求

项目	一级品	二级品	三级品
外观	呈海带固有的深绿色或褐色,叶体清洁平展,两棵间无粘贴、无霉变、无花斑、无海带根		
黄白边、黄白梢	无	允许叶体一侧或两侧长度之和不超过 10cm,无黄白梢	允许叶体一侧或两侧黄白边长度之和不超过 15cm,黄白梢不超过 10cm

2)感官检验方法:在光线充足、无异味或其他干扰的环境中,将海带叶体展开观察看外观,以分度值为 0.5cm 的直尺测叶体黄白边、花斑。

(8)紫菜:以新鲜紫菜为原料,经切菜、成型、脱水、干制、剥离等工艺制成的干品。干紫菜产品可分为非即食干紫菜和速食干紫菜。

1)感官要求:非即食干坛紫菜和速食干坛紫菜产品的感官应符合《食品安全国家标准 干紫菜》(GB/T 23597-2009)的要求(见表 7-42)。

表 7-42　干坛紫菜感官要求

项目	要求
形态	呈方、圆形片状或其他不规则状,干燥均匀,无霉变
色泽	呈褐色或黑褐色,具有干坛紫菜特有光泽
气味及滋味	具有干坛紫菜固有的气味与滋味,无异味,无霉味
杂质	无正常视力可见的外来机械杂质,但允许有少量的硅藻、绿藻等杂藻

非即食干条斑紫菜和速食干条斑紫菜产品的感官应符合表 7-43 的要求。

表 7-43　干条斑紫菜感官要求

项目	特级	一级	二级	三级	四级
形态	方形片张平整、厚薄均匀、边缘整齐。无破损、僵斑、菊花斑、孔洞和死斑	方形片张平整、厚薄均匀、边缘整齐。无菊花斑和死斑。允许不多于5%的片张中有 2mm 以下孔洞 3～5 个	方形片张基本平整、厚薄较均匀、边缘整齐。无菊花斑和死斑。允许不多于5%的片张中有 5mm 以下的缺角、缺边或裂缝、3mm 以下孔洞不多于4个	方形片张较平整、厚薄较均匀。允许不多于5%的片张中有 10mm 以下的缺角、缺边或裂缝、3mm 以下孔洞不多于4个	方形片张厚薄较均匀、有明显的皱纹、菊花斑、死斑、孔洞及其他不影响食用的各种缺陷
色泽	深黑褐色,光泽极明亮	深黑褐色略浅于特级,光明亮	黑褐色,光泽亮	浅黑褐色,光泽较亮	浅黑较黄,光泽暗
气味及滋味	具有条斑紫菜固有的气味与滋味,无异味,无霉味				
杂质	无正常视力可见的外来机械杂质,除特级品外允许有少量的硅藻、绿藻等杂藻				

2)感官检验方法:在光线充足、无异味的环境下,采用目测、鼻嗅、口尝等方法进行检验,孔洞大小采用毫米单位的尺子测量。

八、茶叶类的感官鉴别

▶▶ **课堂活动**

中国是茶叶大国，茶同咖啡、可可并称为当今世界的三大无酒精饮料。 那么，你们知道或喝过哪些茶？ 如何辨别茶叶的好坏？

茶叶是山茶科植物茶树的叶子经加工制成的饮品。我国的茶叶种类甚多，花色更是纷繁复杂，根据制作方法不同和颜色的差异，一般将茶叶分为绿茶、红茶、乌龙茶(即青茶)、白茶、黄茶和黑茶六大类。

（一）茶叶的感官鉴别要点

茶叶的优与劣，新与陈，真与假主要是通过感官来鉴别的。一般而言，茶叶质量的感官鉴别都分为两个阶段，即按照先"干看"（即冲泡前鉴别）后"湿看"（即冲泡后鉴别）的顺序进行。"干看"包括了对茶叶的形态、嫩度、色泽、净度、香气滋味等五方面指标的体察与目测。不同种类的茶叶外形各异，但一般都是以细密、紧固、光滑、质量等的程度作为衡量标准的，这是共性；接着观察茶叶的油润程度、芽尖和白毫的多寡、茶梗、籽、片、末的含量，并由此来判断茶叶的色泽、嫩度和净度；最后通过鼻嗅和口嚼来评价茶香是否浓郁，有无苦、涩、霉、焦等异味。"湿看"则包括了对茶叶冲泡成茶汤后的气味、汤色、滋味、叶底等四项内容的鉴别。即闻一闻茶汤的香气是否醇厚浓郁、观察其色度、亮度和清浊度，品尝其味道是否醇香甘甜、叶底的色泽、薄厚与软硬程度等。归纳以上所有各项识别结果来综合评价茶叶的质量。

（二）茶叶的感官审评方法

1. 外形审评方法　将缩分后的有代表性的茶样 200~300g，置于评茶盘中，双手握住茶盘对角，用回旋筛转法，使茶样按粗细、长短、大小、整碎顺序分层并顺势收于评茶盘中间呈圆馒头形，根据上层（也称面张、上段）、中层（也称中段、中档）、下层（也称下段），按干茶的外形、嫩度、色泽、匀整度和净度等指标，用目测、手感等方法，通过调换位置、反复察看比较外形。

（1）初制茶：用目测审评面张茶后，审评人员用手轻轻地将大部分上、中段茶抓在手中，审评没有抓起的留在评茶盘中的下段茶的品质；然后，抓茶的手反转、手心朝上摊开，将茶摊放在手中，用目测审评中段茶的品质。同时，用手掂估同等体积茶（身骨）的重量。

（2）精制茶：用目测审评面张茶后，审评人员双手握住评茶盘，用"簸"的手法，让评茶盘中的茶叶按形态的大小从里向外从大到小在评茶盘中排布，在评茶盘中分出上、中、下档，然后目测审评。

2. 茶汤制备方法与审评顺序

（1）红茶、绿茶、黄茶、白茶、乌龙茶：从评茶盘中抒取充分混匀的有代表性的茶样 3.0~5.0g，茶水比为 1∶50，置于相应的评茶杯中，注满沸水、加盖、计时，根据如下茶类要求选择冲泡时间，到规定时间后按冲泡顺序依次等速将茶汤滤入评茶碗中，留叶底于杯中，按香气（热嗅）、汤色、香气（温嗅）、滋味、香气（冷嗅）、叶底的顺序逐项审评。

各类茶茶汤准备冲泡时间：普通（大宗）绿茶 5 分钟、名优绿茶 4 分钟、红茶 5 分钟、乌龙茶（条型、拳曲型、螺钉型）5 分钟、乌龙茶（颗粒型）6 分钟、白茶 5 分钟、黄茶 5 分钟。

(2)乌龙茶(盖碗审评法):先用沸水将评茶杯碗烫热,随即称取有代表性茶样5g,置于110ml倒钟形评茶杯中,迅速注满沸水,并立即用杯盖刮去液面泡沫,加盖。1分钟后,揭盖嗅其盖香,评茶叶香气,至2分钟将茶汤沥入评茶碗中,用于评汤色和滋味,并闻嗅叶底香气。接着第二次注满沸水,加盖,2分钟后,揭盖嗅其盖香,评茶叶香气,至3分钟将茶汤沥入评茶碗中,再评茶水的汤色和滋味,并闻嗅叶底香气。接着第三次再注满沸水,加盖,3分钟后,揭盖嗅其盖香,评茶叶香气,至5分钟将茶汤沥入评茶碗中,再用于评汤色和滋味,比较其耐泡程度,然后审评叶底香气。最后将杯中叶底倒入叶底盘中,审评叶底。

(3)黑茶与紧压茶:称取有代表性的茶样5.0g,置于250ml毛茶审评杯中,注满沸水,加盖浸泡2分钟,按冲泡次序依次等速将茶汤沥入评茶碗中,用于审评汤色与滋味,留叶底于杯中,审评香气。然后第二次注入沸水,加盖浸泡至5分钟,按冲泡次序依次等速将茶汤沥入评茶碗中,按先汤色、香气,后滋味、叶底的顺序逐项审评。汤色结果以第一次为主要依据,香气、滋味以第二次为主要依据。

(4)花茶:首先拣除茶样中的花干、花萼等花的成分,然后称取有代表性的茶样3.0g,置于150ml精制茶评茶杯中,注满沸水,加盖,计时,浸泡至3分钟,按冲泡次序依次等速将茶汤沥入评茶碗中,用于审评汤色与滋味,留叶底于杯中,审评杯内叶底香气的鲜灵度和纯度。然后第二次注满沸水,加盖,计时,浸泡至5分钟,再按冲泡次序依次等速将茶汤沥入评茶碗中,再次评汤色和滋味,留叶底于杯中,用于审评香气的浓度和持久性。然后综合审评汤色、香气和滋味。最后审评叶底。

(5)袋泡茶:取一有代表性的茶袋置于150ml审评杯中,注满沸水并加盖,冲泡3分钟后揭盖上下提动袋茶两次(每分钟一次),提动后随即盖上杯盖,至5分钟时将茶汤沥入茶碗中,依次审评汤色、香气、滋味和叶底。叶底审评茶袋冲泡后的完整性,必要时可检视茶渣的色泽、嫩度与均匀度。

(6)粉茶:扦取0.4g茶样,置于200ml的评茶碗中,冲入150ml的沸水,依次审评其汤色与香味。

3. 内质审评方法

(1)汤色:审评汤色时,用目测审评茶汤。审评时应注意光线、评茶用具对茶汤审评结果的影响,随时可调换审评碗的位置以减少环境对汤色审评的影响。

各碗茶汤水平要一致,茶汤中混入茶渣残叶,应用网匙捞出,后用茶匙在碗内打一圆圈,沉淀物集中于碗中央,后按汤色浓淡、明暗、清浊等评比优次。

(2)香气:审评香气时,一手持杯,一手持盖,靠近鼻孔,半开杯盖,嗅评从杯中散发出来的香气,每次持续2~3秒,后随即合上杯盖。可反复1~2次。判断香气的质量,并热嗅(杯温约75℃左右)、温嗅(杯温约45℃左右)、冷嗅(杯温接近室温)结合进行。热嗅重点判别香气正常与否及香气类型和高低;温嗅重点判别香气的优次;冷嗅重点了解香气的持久性程度。评后分出香气优次,把杯子作前后移动,好的往前移,次的往后摆。

(3)滋味:审评滋味时,用茶匙取适量(约5ml)茶汤于口内,用舌头让茶汤在口腔内循环打转,使茶汤与舌头各部位充分接触,并感受刺激,随后将茶汤吐入吐茶桶中或咽下,审评滋味。审评滋味最适宜的茶汤温度在50℃左右。品尝第二碗时,匙中残留茶液应倒尽或在开水汤杯中漂净,不致互相影响,审评滋味主要按浓淡、强弱、爽涩、鲜陈、粗细及纯杂等评定优次。

(4)叶底:审评叶底时,精制茶采用黑色木制叶底盘,毛茶与名优绿茶采用白色搪瓷叶底盘,操作时应将杯中的茶叶全部倒入叶底盘中,其中白色搪瓷叶底盘中要加入适量清水,让叶底漂浮起来,用目测、手感等方法审评叶底。

审评叶底时,要充分发挥眼睛和手指的作用,手指按掀叶的软硬、厚薄、平突、壮瘦等。眼看芽头含量、叶张卷、色泽等。

(三) 红茶的质量鉴别

红茶按照其加工的方法与出品的茶形,一般可分为红碎茶、工夫红茶和小种红茶三大类。

1. 红碎茶　红碎茶产品分为大叶种红碎茶和中小叶种红碎茶两个品种。红碎茶的品质优劣,特别着重内质的汤味和香气,外形是第二位的。

大叶种红碎茶各花色感官品质应符合表 7-44 的要求。

表 7-44　大叶种红碎茶各花色感官品质要求

花色	要求				
	外形	内质			
		香气	滋味	汤色	叶底
碎茶 1 号	颗粒紧实、金毫显露、匀净、色润	嫩香、强烈持久	浓强鲜爽	红艳明亮	嫩匀红亮
碎茶 2 号	颗粒紧实、重实、匀净、色润	香高持久	浓强尚鲜爽	红艳明亮	红匀明亮
碎茶 3 号	颗粒紧实、尚重实、较匀净、色润	香高	鲜爽尚浓强	红亮	红匀明亮
碎茶 4 号	颗粒尚紧实、尚匀净、色尚润	香浓	浓尚鲜	红亮	红匀亮
碎茶 5 号	颗粒尚紧、尚匀净、色尚润	香浓	浓厚尚鲜	红亮	红匀亮
片茶 1 号	片状皱褶、尚匀净、色尚润	尚高	尚浓厚	红明	红匀尚明亮
片茶 2 号	片状皱褶、尚匀、色尚润	尚浓	尚浓	尚红明	红匀尚明
末茶	细砂粒状、较重实、较匀净、色尚润	纯正	浓强	深红尚明	红匀

中小叶种红碎茶各花色感官品质应符合表 7-45 的要求。

表 7-45　中小叶种红碎茶各花色感官品质要求

花色	要求				
	外形	内质			
		香气	滋味	汤色	叶底
碎茶 1 号	颗粒紧实、重实、匀净、色润	香高持久	鲜爽浓厚	红亮	嫩匀红亮
碎茶 2 号	颗粒紧结、重实、匀净、色润	香高	鲜浓	红亮	尚嫩匀红亮
碎茶 3 号	颗粒较紧结、尚重实、尚匀净、色尚润	香浓	尚浓	红明	红尚亮
片茶上档	片状皱褶、匀齐、色尚润	纯正	醇和	尚红明	红匀
片茶下档	夹片状、尚匀齐、色欠润	略粗	平和	尚红	尚红
末茶上档	细砂粒状、匀齐、色尚润	尚高	浓	深红尚明	红匀尚亮
末茶下档	细砂粒状、尚匀齐、色欠润	平正	尚浓	深红	红稍暗

2. 工夫红茶　工夫红茶根据茶树品种和产品要求的不同,分为大叶工夫和中小叶工夫两种产品。

大叶工夫产品各等级的感官品质应符合表 7-46 的要求。

表 7-46　大叶工夫产品各等级的感官品质要求

级别	项目							
	外形				内质			
	条索	整碎	净度	色泽	香气	滋味	汤色	叶底
特级	肥壮紧结,多锋苗	匀齐	净	乌褐油润,金毫显露	甜香浓郁	鲜浓醇厚	红艳	肥嫩多芽、红匀明亮
一级	肥壮紧结,有锋苗	较匀齐	较净	乌褐润,多金毫	甜香浓	鲜醇较浓	红尚艳	肥嫩有芽、红匀亮
二级	肥壮紧实	匀整	尚净稍有嫩芽	乌褐尚润,有金毫	香浓	醇浓	红亮	柔嫩,红尚亮
三级	紧实	较匀整	尚净有筋梗	乌褐,稍有毫	纯正尚浓	醇尚浓	较红亮	柔软尚红亮
四级	紧实	较匀整	有梗朴	褐欠润,略有毫	纯正	尚浓	红尚亮	尚软尚红
五级	稍松	尚匀	多梗朴	棕褐稍花	尚纯	尚浓略涩	红欠亮	稍粗尚红稍暗
六级	粗松	欠匀	多梗多朴片	棕稍枯	稍粗	稍粗涩	红稍暗	粗、花杂

中小叶工夫产品各等级的感官品质应符合表 7-47 的要求。

表 7-47　中小叶工夫产品各等级的感官品质要求

级别	项目							
	外形				内质			
	条索	整碎	净度	色泽	香气	滋味	汤色	叶底
特级	细紧多锋苗	匀齐	净	乌黑油润	鲜嫩甜香	醇厚甘爽	红明亮	细嫩显芽、红匀明亮
一级	紧细有锋苗	较匀齐	净稍含嫩茎	乌润	嫩甜香	醇厚爽口	红亮	匀嫩有芽、红亮
二级	紧细	匀整	尚净稍有嫩茎	乌尚润	甜香	醇和尚爽	红明	嫩匀,红尚亮
三级	尚紧细	较匀整	尚净稍有筋梗	尚乌润	纯正	醇和	红尚明	尚嫩匀,尚红亮
四级	尚紧	尚匀整	有梗朴	尚乌稍灰	平正	纯和	尚红	尚匀尚红
五级	稍粗	尚匀	多梗朴	棕黑稍花	稍粗	稍粗	稍红暗	稍粗硬尚红稍花
六级	较粗松	欠匀	多梗多朴片	棕稍枯	粗	较粗淡	暗红	粗硬红暗花杂

3. 小种红茶　小种红茶根据产地、加工和品质的不同,分为正山小种和烟小种两种产品。

正山小种产品各等级的感官品质应符合表 7-48 的要求。

表 7-48　正山小种产品各等级的感官品质要求

级别	项目							
	外形				内质			
	条索	整碎	净度	色泽	香气	滋味	汤色	叶底
特级	壮实紧结	匀齐	净	乌黑油润	纯正高长、似桂圆干香或松烟香明显	醇厚回甘、显高山韵、似桂圆汤味明显	橙红明亮	尚嫩较软有皱褶，古铜色匀齐
一级	尚壮实	较匀齐	稍有茎梗	乌尚润	纯正、似桂圆干香	厚尚醇回甘、尚显高山韵、似桂圆汤味尚明	橙红尚亮	有皱褶，古铜色稍暗，尚匀亮
二级	稍粗实	较匀整	有茎梗	欠乌润	松烟香稍淡	尚厚，略有似桂圆汤味	橙红欠亮	稍粗硬，铜色稍暗
三级	粗松	欠匀	带粗梗	乌、显花杂	平正、略有松烟香	略粗、似桂圆汤味欠明、平和	暗红	稍花杂

烟小种产品各等级的感官品质应符合表 7-49 的要求。

表 7-49　烟小种产品各等级的感官品质要求

级别	项目							
	外形				内质			
	条索	整碎	净度	色泽	香气	滋味	汤色	叶底
特级	紧细	匀整	净	乌黑润	松烟香浓长	醇和尚爽	红明亮	嫩匀红尚亮
一级	紧结	较匀整	净稍含嫩茎	乌黑稍润	松烟香浓	醇和	红尚亮	尚嫩匀尚红亮
二级	尚紧结	尚匀整	稍有茎梗	乌黑欠润	松烟香尚浓	尚醇和	红欠亮	摊张、红欠亮
三级	稍粗松	尚匀	有茎梗	黑褐稍花	松烟香稍淡	平和	红稍暗	摊张稍粗、红暗
四级	粗松弯曲	欠匀	多茎梗	黑褐花杂	松烟香淡稍带粗青气	粗淡	暗红	粗老、暗红

国外部分地区习惯采用加牛乳审评的方法:每杯茶汤中加入数量约为茶汤的十分之一的鲜牛奶，加量过多不利于鉴别汤味。加奶后，汤色以粉红明亮或棕红明亮为好，淡黄微红或淡红的较好，暗褐、淡灰、灰白的为不好。加奶后的汤味，要求仍能尝出明显的茶味，这是茶汤浓的反应。茶汤入口后，两腮立即有明显的刺激性，是茶汤强度的反应，如果只感到明显的奶味，而茶味淡薄，则此茶品质差。

（四）绿茶的质量鉴别

绿茶产品根据加工工艺的不同，分为炒青绿茶、烘青绿茶、蒸青绿茶和晒青绿茶。绿茶是外形和内质并重的茶类，尤其是珠茶更重视外形。本书仅列举大叶种绿茶的感官品质要求。

1. 蒸青茶　鲜叶用蒸汽杀青后，经脱水（初烘）、揉捻、烘干，车色机蒸青茶各级的感官品质应符合表 7-50 的要求。

表 7-50　蒸青茶各级感官品质要求

级别	项目							
	外形				内质			
	条索	整碎	净度	色泽	香气	滋味	汤色	叶底
特级（针形）	紧细重实	匀整	匀净	乌绿油润、白毫显露	清高持久	浓醇鲜爽	绿明亮	肥嫩绿明亮
特级（条形）	紧细重实	匀整	匀净	灰绿润	清高持久	浓醇爽	绿明亮	肥嫩绿亮
一级	紧细尚重实	匀整	有嫩茎	灰绿润	清香	浓醇	黄绿亮	嫩匀黄绿亮
二级	尚紧结	尚匀整	有茎梗	灰绿尚润	纯正	浓尚醇	黄绿	尚嫩黄绿
三级	粗实	欠匀整	有梗朴	灰绿稍花	平正	浓欠醇	绿黄	叶张尚厚实、黄绿稍暗

2. 炒青茶　鲜叶用锅炒或滚筒高温杀青,经揉捻、初烘、滚炒干燥制成的毛茶,和经筛分整理、拼配等精制工艺制成的精制茶(或成品茶),这里仅介绍炒青精制茶各级感官品质要求(见表 7-51)。

表 7-51　炒青精制茶各级感官品质要求

级别	项目							
	外形				内质			
	条索	整碎	净度	色泽	香气	滋味	汤色	叶底
特级	肥嫩紧结、显锋苗	匀整平伏	洁净	灰绿光润	清高持久	浓厚鲜爽	黄绿明亮	肥嫩匀、黄绿明亮
一级	肥嫩紧结、有锋苗	匀整	稍有嫩梗	灰绿润	清高	浓厚	黄绿亮	肥厚、黄绿亮
二级	尚紧结	尚匀整	有嫩梗、卷片	黄绿	纯正	浓尚醇	黄绿尚亮	厚实尚匀、黄绿尚亮
三级	粗实	欠匀整	有梗片	黄绿稍花	平正	浓带粗涩	绿黄	欠匀绿黄

3. 烘青茶　鲜叶高温杀青后,经揉捻、全烘干燥制成的毛茶,和经筛分整理、拼配等精制工艺制成的精制茶(或成品茶),这里仅介绍烘青精制茶各级感官品质要求(见表 7-52)。

表 7-52　烘青精制茶各级感官品质要求

级别	项目							
	外形				内质			
	条索	整碎	净度	色泽	香气	滋味	汤色	叶底
特级	肥壮有锋苗、有毫	匀整	净	绿油润	嫩香	浓厚鲜爽	黄绿明亮	肥嫩软、匀齐绿明亮
一级	紧结有锋苗	匀整	尚净	绿润	清香	浓醇爽	黄绿、尚明亮	嫩匀绿明亮
二级	尚紧结	尚匀整	有嫩茎	绿尚润	尚清香	尚浓爽	黄绿尚亮	嫩尚匀明亮
三级	尚紧	尚匀整	稍有茎梗	尚绿润	纯正	醇和	黄绿稍明	尚嫩匀尚绿亮
四级	稍松	尚匀	有茎梗	黄绿	平正	尚醇和	黄绿	稍有摊张、黄绿

续表

级别	项目							
	外形				内质			
	条索	整碎	净度	色泽	香气	滋味	汤色	叶底
五级	稍粗松	尚匀	有梗朴	黄绿稍枯	稍粗	平和	黄稍暗	稍粗大、黄绿稍暗
六级	粗松、轻飘	欠匀	多梗朴片	黄稍枯	粗	粗淡	黄暗	粗硬稍黄暗

4. 晒青茶 鲜叶高温杀青后,经揉捻、日晒方式干燥制成的条形毛茶,和经筛分整理、拼配等精制工艺制成的条形精制茶(或成品茶),这里仅介绍晒青精制茶各级感官品质要求(见表7-53)。

表7-53 晒青精制茶各级感官品质要求

级别	项目							
	外形				内质			
	条索	整碎	净度	色泽	香气	滋味	汤色	叶底
特级（春蕊）	肥嫩紧直、显锋苗	匀整	净	墨绿润泽、白毫特多	清香浓郁	醇厚爽口	黄绿清澈	肥嫩多芽、黄绿明亮
一级（春芽）	肥嫩紧结、有锋苗	匀整	稍有嫩茎	墨绿尚润、白毫多	清香	浓醇	黄绿明亮	嫩匀有芽、黄绿尚亮
二级（春尖）	肥嫩尚紧、尚有锋苗	尚匀整	有嫩茎	墨绿尚匀、白毫尚多	尚清香	浓尚醇	黄绿尚亮	尚嫩匀黄绿、稍有红梗红叶
三级（甲配）	粗壮尚紧	尚匀整	稍有朴片	墨绿欠匀、有白毫	纯正	平和	绿黄尚亮	尚匀黄绿、稍有红梗红叶
四级（乙配）	粗壮稍松	欠匀整	有朴片	墨绿稍花、稍有白毫	平正	稍粗淡	绿黄	欠匀黄绿、有红梗红叶
五级（丙配）	粗松	欠匀整	朴片稍多	绿黄花杂	稍粗	粗淡	绿黄稍暗	欠匀黄稍暗、有红梗红叶

（五）乌龙茶的质量鉴别

乌龙茶根据茶树品种不同,分为铁观音、黄金桂、水仙、肉桂、单枞、佛手、大红袍等产品。乌龙茶的审评重视内质,因为香气和滋味是决定乌龙茶品质的重要条件,其次才是外形和茶底,而茶汤仅是审计的参考。本书仅列举铁观音各等级感官指标(见表7-54、表7-55和表7-56)。

表7-54 清香型铁观音感官指标

级别	项目							
	外形				内质			
	条索	整碎	净度	色泽	香气	滋味	汤色	叶底
特级	紧结、重实	匀整	洁净	翠绿润、砂绿明显	清高、持久	清醇鲜爽、音韵明显	金黄带绿、清澈	肥厚软亮、匀整

续表

级别	项目							
	外形				内质			
	条索	整碎	净度	色泽	香气	滋味	汤色	叶底
一级	紧结	匀整	净	绿油润、砂绿明	较清高持久	清醇较爽、音韵较明显	金黄带绿、明亮	较软亮、尚匀整
二级	较紧结	尚匀整	尚净、稍有细嫩梗	乌绿	稍清高	醇和、音韵尚明	清黄	稍软亮、尚匀整
三级	尚紧结	尚匀整	尚净、稍有细嫩梗	乌绿、稍带黄	平正	平和	尚清黄	尚匀整

表 7-55 浓香型铁观音感官指标

级别	项目							
	外形				内质			
	条索	整碎	净度	色泽	香气	滋味	汤色	叶底
特级	紧结、重实	匀整	洁净	乌油润、砂绿显	浓郁	醇厚回甘、音韵明显	金黄、清澈	肥厚、软亮匀整、红边明
一级	紧结	匀整	净	乌润、砂绿较明	较浓郁	较醇厚、音韵明	深金黄、明亮	较软亮、匀整、有红边
二级	稍紧结	尚匀整	较净、稍有嫩梗	黑褐	尚清高	醇和	橙黄	稍软亮、略匀整
三级	尚紧结	稍匀整	稍净、有嫩梗	黑褐、稍带褐红点	平正	平和	深橙黄	稍匀整、带褐红色
四级	略粗松	欠匀整	欠净、有梗片	带褐红色	稍粗飘	稍粗	橙红	欠匀整、有粗叶及褐红叶

表 7-56 陈香型铁观音感官指标

级别	项目							
	外形				内质			
	条索	整碎	净度	色泽	香气	滋味	汤色	叶底
特级	紧结	匀整	洁净	乌褐	陈香浓	醇和回甘,有音韵	深红清澈	乌褐柔软,匀整
一级	较紧结	较匀整	洁净	较乌褐	陈香明显	醇和	橙红清澈	较乌褐柔软,较匀整
二级	稍紧结	稍匀整	较洁净	稍乌褐	陈香较明显	尚醇和	橙红	稍乌褐,稍匀整

(六) 白茶的质量鉴别

白茶根据茶树品种和原料要求的不同,分为白毫银针、白牡丹和贡眉三种产品。

1. 白毫银针 白毫银针的感官品质应符合表 7-57 的要求。

表 7-57　白毫银针的感官品质要求

级别	项目							
	外形				内质			
	叶态	嫩度	净度	色泽	香气	滋味	汤色	叶底
特级	芽针肥壮、匀齐	肥嫩、茸毛厚	洁净	银灰白富有光泽	清纯、毫香显露	清鲜醇爽、毫味足	浅杏黄、清澈明亮	肥壮、软嫩、明亮
一级	芽针瘦长、较匀齐	瘦嫩、茸毛略薄	洁净	银灰白	清纯、毫显香	鲜醇爽、毫味显	杏黄、清澈明亮	嫩匀明亮

2. 白牡丹　白牡丹的感官品质应符合表 7-58 的要求。

表 7-58　白牡丹的感官品质要求

级别	项目							
	外形				内质			
	叶态	嫩度	净度	色泽	香气	滋味	汤色	叶底
特级	芽叶连枝叶缘垂卷匀整	毫心多肥壮、叶背多茸毛	洁净	灰绿润	鲜嫩、纯爽毫香显	清甜醇爽、毫味足	黄、清澈	毫心多,叶张肥嫩明亮
一级	芽叶尚连枝叶缘垂卷尚匀整	毫心较显尚壮、叶张嫩	较洁净	灰绿尚润	尚鲜嫩、纯爽有毫香	较清甜、醇爽	尚黄、清澈	毫心尚显,叶张嫩,尚明
二级	芽叶部分连枝叶缘尚垂卷、尚匀	毫心尚显、叶张尚嫩	含少量黄绿片	尚灰绿	浓纯、略有毫香	尚清甜、醇厚	橙黄	有毫心、叶张尚嫩,稍有红张
三级	叶缘略卷、有平展叶、破张叶	毫心瘦稍露、叶张稍粗	稍夹黄片蜡片	灰绿稍暗	尚浓纯	尚厚	尚橙黄	叶张尚软,有破张、红张稍多

3. 贡眉　贡眉的感官品质应符合表 7-59 的要求。

表 7-59　贡眉的感官品质要求

级别	项目							
	外形				内质			
	叶态	嫩度	净度	色泽	香气	滋味	汤色	叶底
特级	芽叶部分连枝、叶态紧卷、匀整	毫尖显、叶张细嫩	洁净	灰绿或墨绿	鲜嫩,有毫香	清甜醇爽	橙黄	有芽尖、叶张嫩亮
一级	叶态尚紧卷、尚匀	毫尖尚显、叶张尚嫩	较洁净	尚灰绿	鲜纯,有嫩香	醇厚尚爽	尚橙黄	稍有芽尖、叶张软尚亮
二级	叶态略卷稍展、有破张	有尖芽、叶张较粗	夹黄片铁板片少量蜡片	灰绿稍暗、夹红	浓纯	浓厚	深黄	叶张较粗、稍摊、有红张
三级	叶态平展、破张多	小尖芽稀露叶张粗	含鱼叶蜡片较多	灰黄夹红稍葳	浓、稍粗	厚、稍粗	深黄微红	叶张粗杂、红张多

（七）黄茶的质量鉴别

黄茶根据鲜叶原料和加工要求的不同,可分为芽型(单芽或一芽一叶初展)、芽叶型(一芽一叶、一芽二叶初展)和大叶型(一芽多叶)三种。其感官品质应符合表7-60的规定。

表 7-60　黄茶的感官品质要求

种类	项目							
	外形				内质			
	形状	整碎	净度	色泽	香气	滋味	汤色	叶底
芽型	针形或雀舌形	匀齐	净	杏黄	清鲜	甘甜醇和	嫩黄明亮	肥嫩黄亮
芽叶型	自然型或条形、扁形	较匀齐	净	浅黄	清高	醇厚回甘	黄明亮	柔嫩黄亮
大叶型	叶大多梗、卷曲略松	尚匀	有梗片	褐黄	纯正	浓厚春河	深黄明亮	尚软、黄尚亮

点滴积累 ∨

1. 食品质量感官鉴别就是通过用眼睛看、鼻子嗅、耳朵听、用口品尝和用手触摸等方式,对食品的色、香、味和外观形态进行综合性的鉴别和评价。
2. 谷物类及其制品的感官鉴别一般依据色泽、外观、气味、滋味等项目进行综合评价。
3. 食用植物油的感官鉴别大致归纳为色泽、气味、滋味等几项,再结合透明度、含水量、杂质沉淀物等情况进行综合判断。
4. 鲜蛋的感官鉴别分为蛋壳鉴别和打开鉴别,蛋制品的感官鉴别指标主要是色泽、外观形态、气味和滋味等。
5. 乳类及乳制品的感官鉴别主要是眼观其色泽和组织状态、嗅其气味和尝其滋味。
6. 畜禽肉及肉制品的感官鉴别一般是以外观、色泽、组织状态、气味和滋味等感官指标为依据的。
7. 水产品的感官鉴别主要是通过体表形态、鲜活程度、色泽、气味、肉质的弹性和洁净程度等感官指标来进行综合评价的。 水产制品的感官鉴别也主要是外观、色泽、气味和滋味几项内容。
8. 茶叶质量的感官鉴别都分为两个阶段,即按照先"干看"(即冲泡前鉴别)后"湿看"(即冲泡后鉴别)的顺序进行。"干看"包括了对茶叶的形态、嫩度、色泽、净度、香气滋味等五方面指标的体察与目测。"湿看"则包括了对茶叶冲泡成茶汤后的气味、汤色、滋味、叶底等四项内容的鉴别。

第二节　调香技术

一、概述

从香气扑鼻的各式香水,到气味诱人的各类食品,我们的生活中充斥着各式各样的香气。香味不仅能带来嗅觉上的体验,更能影响人的情绪,拥有令人怦然心动的魅力。随着社会的不断发展,人们需要越来越多愉悦的芳香以增添生活的情趣,进而,香精香料的需求量也随之快速增长。

（一）香料

香料的历史悠久，国内最早可追溯到五千年前，当时人们通过采集植物的花、果实、树脂等芳香物质作为医药用品或用以敬神明、祭祀、丧葬和清净身心，之后，逐渐用于美容、装饰和饮食之上。香料在国外的使用的历史也有数千年，公元前 3500 年埃及国王晏乃斯陵墓的油膏缸中的膏质物质至今仍旧散发着香气，它在 1987 年被发掘，现存于英国博物馆和埃及开罗博物馆之中。公元前 1350 年，埃及人用香油或香膏沐浴以保护肌肤。公元前 7 世纪，希腊、罗马的贵族阶级对香料追捧不已，甚至为了寻求世界各地的香料，而推动了远洋航海。

香料是一种能被嗅觉嗅出香气或味觉尝出香味的物质，具有令人愉快的芳香气味，能用于调配香精的化合物或混合物，它是制作香精的原料。按其来源不同有天然香料和人造香料之分。

1. 天然香料　天然香料，是从含香的动、植物的器官或分泌物中经过加工提取出来的致香成分，按照其来源可分为植物性天然香料和动物性天然香料。

（1）植物性天然香料：植物性天然香料是用芳香植物的花、枝、叶、草、根、皮、茎、籽或果等为原料，用水蒸气蒸馏法、浸提法、压榨法和吸收法等方法，生产出来的精油、浸膏、酊剂、香脂、香树脂和净油等，如玫瑰油、茉莉浸膏、香荚兰酊、白兰香脂、吐鲁香树脂和水仙净油等。含精油的植物分布在许多科属，主要有唇形科、桃金娘科、菊科和芸香科等，其产区遍布于世界各地。例如中国的薄荷、桂皮、桂叶、八角茴香、山苍子、香茅、桂花、小花茉莉、白兰和树兰等，印度的檀香和柠檬草，埃及的大花茉莉，圭亚那的玫瑰木，坦桑尼亚的丁香，斯里兰卡的肉桂，马达加斯加的香荚兰，巴拉圭的苦橙叶，法国的薰衣草，保加利亚的玫瑰，美国的留兰香以及意大利的柑橘等，这些都是在国际上极负盛名的代表性香料。国际上常用的天然香料约 200~300 种，中国可生产有 100 种以上，其中小花茉莉、白兰和树兰等是中国的独有产品。

（2）动物性天然香料：动物性天然香料是动物的分泌物或排泄物。动物性天然香料有十几种，但是，能够形成商品和经常应用的只有麝香、龙涎香、灵猫香和海狸香 4 种。

此外，利用生物技术（如发酵）生产的香料如丁酸、丁二酮、苯甲醛等也都归属天然香料，这类香料在食用香精中应用较多且有良好的发展前景。

知识链接

中国香料概况

中国是世界香料植物资源最为丰富的国家之一，从南到北都有香料植物的分布，拥有分属 62 个科的 400 余种香料植物，其中已工业化生产的天然香料约 120 多种，约占天然香料总数的 60%。 从国内香料工业地域分布来看，中国香料产地主要集中在长江以南地区，以广西、贵州、海南、云南、湖南、广东、福建、四川、湖北等产量最大。

目前，中国盛产的香料精油品种如薄荷油、桉叶油、留兰香油、山苍子油、香茅油、茴香油、桂油、松节油、柏木油等产品的年产量均已占全球产量的相当份额，其中薄荷油、桉叶油、山苍子油、桂油、茴香油的年产量已位居世界首位。 中国在香料植物资源和天然香料品种及数量方面均已在国际上占有重要地位，并已成为全球天然香料生产大国之一。

2. 人造香料　人造香料,是用化工原料合成或从天然精油中分离得到的香料,按照其生产方法可分为合成香料和单离香料。

(1)合成香料:指用化工原料合成的香料,也称全合成香料,如香豆素、苯乙醇以及芳樟醇(由乙炔、丙酮合成)等。合成香料的生产不受自然条件的限制,产品质量稳定、价格较为低廉,并且,有不少产品是自然界不存在而具独特香气的,故近 20 多年来发展迅速。常用的合成香料品种不少于 2000 种,产量多少各不相同。

1)合成香料分类和结构:根据化学结构可分为烃、卤化烃、醇、酚、醚、酸、酯、内酯、醛、酮、缩醛(酮)、腈、杂环等。合成香料的分子量在 50~300 之间,分子量愈大,挥发性愈小,香气就减弱。分子结构的微小变化包括取代基的位置不同、几何异构、立体异构等均可导致香气差异,如香兰素(3-甲氧基-4-羟基苯甲醛)具有愉快的香荚兰豆香气,而其异构 2-羟基-3-甲氧基苯甲醛则有类似苯酚的不愉快气味;橙花醇和香叶醇是顺反式几何异构体,而前者香气更为柔和而清甜;顺反式玫瑰醚是立体异构体,顺式的香气更佳。关于香料分子结构和感官性能之间的关系,是目前香料化学家们积极研究的课题。

2)生产方法:香料的合成方法涉及许多有机反应,主要可归为氧化、还原、酯化、取代、缩合、加成、环化和异构化等几大类。由于合成香料中只要有不愉快气味的微量杂质存在,就将破坏整体质量,因此,合成香料的精制是一个极重要的问题,常用的精制手段是减压蒸馏和结晶。中国合成香料的生产发展于 20 世纪 50 年代,主要集中在上海、天津等地。生产所用主要原料有香茅油、芳樟油、山苍子油、黄樟油、松节油、柏木油、蓖麻油、杂醇油、酚类和芳烃等。产品种类在 600 种以上,其中香兰素、香豆素、洋茉莉醛、苯乙醇和人造檀香等在国际市场上已有相当声誉。

(2)单离香料:指用物理或化学方法从天然香料精油中分出的单体香料。由于成分相对单一纯净,香气较原来精油更为独特而更有价值。例如从薄荷油中分出的薄荷脑(薄荷油中含有 75%的薄荷醇,用重结晶的方法从薄荷油中分离出来的薄荷醇就是单离香料,俗名为薄荷脑),从丁子香油中分出的丁子香酚,从山苍子油中分出的柠檬醛,从鸢尾根油中分出的鸢尾酮。此外,借用蒸馏法从香茅油中分离出来的具有玫瑰香气的香叶醇和香茅醇是具有单个结构且利用价值高的化合物。单离香料的主要作用是作为调和香精的重要原料,同时,也可用作制备合成香料的原料。

(二)香精

香精,是以天然香料和人造香料为原料,通过分析技术、生物工程技术、新型分离和深加工技术等手段萃取或混合而成的芳香类混合物。香精具有品种多、用量少、作用大以及专用性和配套性强等特点,是现代香精香料工业“高、精、新”技术的集中体现。根据产品应用领域的不同,通常将香精划分为食用香精、烟用香精和日化香精等。

1. 食用香精　食用香精是一种能够赋予食品或其他加香产品香味的混合物,其作用就是为食品或其他加香产品增香提味。根据国际食品香料香精工业组织(International Organization of the Flavour Industry, IOFI)的定义,食用香精中除了含有对食品香味有贡献的物质外,还允许有对食品香味没有贡献的物质,如溶剂、抗氧化剂、防腐剂、载体等。

食用香精是香精中的一个重要分支,虽然其在食品配料中所占比例较低,但却对食品的香气和口味的呈现与表达有着不可或缺的作用。它的主要作用为:给食品原料赋香,矫正食品中的不良气味,补充食品中原有香气的不足,稳定和辅助食品中的固有香气。

食用香精在食品工业中的应用十分广泛。在硬糖、充气糖果、焦香糖果、果汁糖、凝胶糖果、口香糖及泡泡糖等糖果的生产中,食用香精是其不可缺少的重要添加成分;在肉制品、膨化食品、饼干和方便面等方便食品生产中,适当添加食用香精可以弥补香气不足的缺陷,让消费者享受到"色、香、味"俱全的美味食品;在含乳制品如冰淇淋、雪糕和乳酸饮料的生产中,添加适量食用香精,能使其保持新鲜怡人的口感;在饮料中食用香精起到赋香、固香、调解口味、中和口感等作用,通过添加不同风味组分的香精可调配出符合市场消费需求的各类新型饮料产品。

2. 烟用香精　烟用香精在现代烟草加工业应用广泛。其主要作用为:调节卷烟的香气和口味、提升卷烟品质;修饰或掩盖烟叶原料的缺陷,弥补、增强、调节及改善卷烟的理化特性。

3. 日化香精　日化香精是指用于对香水、化妆品、盥洗用品和工业制品加香矫味的香精。主要应用于香水、古龙水、花露水、美容化妆品、护肤化妆品、香皂、浴用剂和洗涤剂等。

一般来说,大多数香精是一种由人工调配出来的含有两种以上乃至几十种香料(一般含有适宜的溶剂或载体)的混合物。直接加入加香产品中的香精需要加入一定比例的溶剂,如甘油、含水乙醇、丙二醇、邻苯二甲酸二乙酯等。另外,有些香精不是直接加到加香产品中的,而是作为在调配直接加香用的香精时的"香料组分"之一使用的,例如:某些专用的香基、配制精油和配制浸膏等。香精的剂型一般可以划分为液态(包括浆状、乳状),固态(包括粉状、块状)等类型。香精如按它的溶解性能划分为水溶性(包括醇溶性)和油溶性两类。

由此可见,作为一种香精,应具有以下的主要条件:

(1)有一定的香型、香气或香味特征;

(2)有一定的香料(包括载体、辅料、溶剂或其他添加剂)配合比例及配制工艺;

(3)对人体是安全的;

(4)适合一定的加香应用要求(包括适合加香工艺条件、价格要求等);

(5)要与加香介质的性能和效用相适应,并能保持一定的稳定性和持久性;

(6)要符合规定的剂型。

二、调香

调香是调香技术的简称,是指调配香精的技艺与艺术,是科学技术和艺术的完美结合。调香就是将有关香料经过调配达到具有一定香型或香韵和一定用途的香精的一种技艺,其工作的目的是调配出令人们喜爱,安全,适合于加香产品的性质,使加香产品在使用或食用过程中具有一定的香味效果的香精。

(一)中外调香历史

调香的历史悠久,我国古代便开始使用香料植物调配制作香粉、熏香或香囊。早在夏商周三代便有"纣烧铅锡作粉"(《博物志》),"胭脂起于纣"(《中华古今注》)等对香粉胭脂的记载。春秋以后,民间妇女也开始使用宫粉胭脂。《齐民要术》记有"杀花法""作燕支法"等用于配制胭脂、面粉、兰膏与磨膏的方法。

1370年最古老的香水即"匈牙利水"问世,这也是用乙醇提取植物中芳香物质的最早尝试。最早时,其可能只对迷迭香一个品种进行蒸馏制取,其后慢慢加入薰衣草和甘牛至等。这时,调香比以前原始的用纯粹的天然香料植物来调香前进了一大步,已有辛香、花香、果香、木香等精油和其他香料植物精油、香膏等供调香者使用,香气或香韵也渐趋复杂。

1708年,古龙水(Eau de cologne,亦称科隆水)问世,它原本的制作初衷是为了清毒杀菌,但是,由于它带有的药草香和柑橘香令人感兴趣而又协调,于是就迅速地被人们作为漱用水。这种香型流传到了世界各地,普及率极高,至今仍然风行不衰,并有了很大地改进和发展,这是一种极为成功的调香创作。

（二）调香技术

香精的香气或香味效果,被视为加香产品的"灵魂",使人们在使用加香产品时嗅觉和味觉上感到舒适和喜爱。要掌握调香技艺,要有两方面的基本功:一方面要有调配处方的技艺,另一方面要有香精应用技术的基本知识。

1. 调香基本功　掌握香精的调配与处方技艺,要具有"辨香""仿香"和"创香"三方面的知识和基本功。掌握香精应用技术知识,要求了解有关加香产品介质(如烟草)的特性、加香要求、工艺条件以及加香产品的使用方法等。香精的调配与处方技术中的"辨香""仿香"和"创香"三个方面是互相联系的,也是学习调香技艺过程中的三个阶段。这三个阶段,既可循序进行,也可适当的交叉进行,使之相辅相成不断地深化。

(1)辨香:所谓"辨香"简单地说就是要能够区分、辨别出各类或各种香气,能评定它的好坏以及鉴定其品质等级。如果是辨别一个香料混合物或加香产品,还要求能够说出其中香气和香味大体上是来自哪些香料,辨别出其中"不受欢迎"的香气和香味是来自何处。练好"辨香"这一基本功,首先要掌握目前国内常用的数百种香料的性能,熟悉其香气特征、香韵等;熟悉香气和香韵的分类、各香料间的香气异同和作用等;坚持不懈地多锻炼、熟记,并在实践中加深体会,才能辨别真伪、优劣,便于在调配应用中做到合理和恰到好处地使用。

(2)仿香:所谓"仿香"就是运用辨香的知识,将多种香料按适宜的配比调配成需要模仿的香气或香味。仿香一般有两种要求:一种是模仿天然香气,这是因为某些天然香料价格较贵或来源不足,要求应用其他的香料特别是来源较丰富的合成香料去仿制出与仿制对象具有相同或是相近的香气的"香精"(如配制精油),从而可以代替或部分代替这些天然产品;另一种要求是对某些国内外加香产品的香气或香味特征的模仿。对于模仿天然品,往往可以借助文献来走捷径,但对模仿一个加香产品的香气或香味,则要复杂和困难得多,这就要有足够的辨香基本功。

(3)创香:所谓"创香",简单地说就是运用科学与艺术的方法,在"辨香"与"仿香"的实践基础上,设计创拟出具有新颖的香气或香味(或香型)的香精,来满足某一特定的产品的加香需要。

2. 香精的基本组成

(1)香基或主剂(base):也叫基调剂,决定香精香气的类型,是赋予特征香气绝对必要的成分,它的气味形成了香精香气的主体和轮廓。

（2）调和剂（blender）：也叫和合剂，目的在于调和各种成分的香气，有调和效果，可使香气浓郁、圆润。

（3）矫香剂（modifier）：又叫修饰剂或变调剂，是用一种香料的香气去修饰另一种香料的香气，使之在香精中发出特定效果香气。

（4）定香剂（fixative）：也叫保留剂，目的是长时间地保持香精独特的香气，作用机理是全体香料紧密地结合在一起，并使其挥发速度保持均匀，总是以同样的状况发出香气。

3. 香精香料的挥发程度

（1）头香或顶香（top note）：最初闻到的香气叫头香。如香水瓶打开盖子时立刻闻到的那部分香气。挥发程度高，在评香条上认为在 2 小时以内挥发散尽，不留香气者为头香。一般总是选择嗜好性强，能融洽地与其他香气融合为一体，且清新爽快能使全体香气上升以及有些独创性的香气成分作为顶香。所有柑橘型香料、玫瑰油、果味香料、轻快的清香味香料都属此范围。

（2）中段香韵，简称中韵（middle note）：又叫体香（body note），挥发程度中等。头香过去之后，继之而来的一股丰盈的香气。在评香条上香气持续 2~6 小时，是显示香精香料香气特色的重要部分。适宜这部分的香料有茉莉、玫瑰、铃兰、丁香等花香，及醛类、辛香料等。

（3）尾香，也叫基香、晚香、底香（base note）或残香、香迹（dry out）：挥发程度低而富有保留性，在评香条上香气残留 6 小时以上或几天或数月。

4. 调香基本要求　不同的加香产品要调配不同的香精，共同的要求是：①香韵要吻合选定的要求；②不同用途用不同香料来处方；③不同等级要选用不同香料来适应成本要求；④要注意各香料的组成，正确选用主体、辅助或修饰与定香等香料；⑤头、中、尾三层香气要前后协调、稳定，头香还要有好的扩散力，体香（中香）要浓厚，基香（尾香）要持久；⑥处方中要注意各香料间化学反应可能性，如酯交换、水解、氧化、聚合、缩合等，谨慎选用香料品种；⑦必须符合卫生标准。

表 7-61 列举出了紫丁香（lilac）香精配方的组成。

表 7-61　紫丁香（lilac）香精配方组成

香料名称	用量（重量）	挥发系数		在香精中所占比例
乙酸苄酯	35	1		
松油醇	100	3		
苯乙醇	240	4	头香	37.5%
洋茉莉醛	180	15		
大茴香醛	10	21	体香	19.0%
桂醛	130	65		
羟基香茅醇	290	80	基香	43.5%
异丁香酚	5	100		
苯乙醛（10%）	10	100		
千分比（重量）	1000			100.0%

5. 香气的分类（国内）　自 1959 年以来，原轻工业部香料工业科学研究所的叶心农、汪清如和张承曾等调香专家对香料的香气分类工作进行了探讨。从调香应用入手，结合各类香气间的区别和

联系,先将香料的香气划分为花香和非花香两大类。在花香方面又分为四个正韵和四个双韵;在非花香方面分为十二类。并分别在花香香韵与非花香香韵内,依次排列出香气辅成环,用以说明它们之间的前后联系环渡的意义。

(1)花香香气分类:常见的花香 35 种归入八个香韵中。

1)清(青)韵—正香韵:以梅花(plum blossom)为代表。归入本香韵的香花还有山楂花(hawthorn)、薰衣草花(lavender)、菊花(chrysanthemum)、洋甘菊(chamomile)等。

2)清(青)甜香韵—双香韵:以香石竹花(carnation)为代表。归入本香韵的香花还有丁香花(lilac)、蔷薇花(rose)等。

3)甜韵—正香韵:以玫瑰(rose)花为代表。归入此香韵的香花还有月季(Chinese rose)花、蔷薇花(rose)等。

4)甜鲜香韵—双香韵:以风信子(hyacinth)花为代表。归入此香韵的香花还有栀子花(gardenia)、忍冬花(honeysuckle)等。

5)鲜韵—正香韵:以茉莉花(jasmine)为代表。归入此香韵的香花还有橙花(neroli)、含笑花(michelia)、依兰花(ylang)、树兰花(aglaia)等。

6)鲜幽香韵—双香韵:以紫丁香花(lilac)为代表。归入此香韵的香花还有铃兰花(lily)、兔耳草花(cyclamen)、广玉兰花(magnolia)等。

7)幽韵—正香韵:以水仙花(narcissus)为代表。归入此香韵的香花还有黄水仙花(jonquille)、晚香玉花(tuberose)等。

8)幽清(青)香韵—双香韵:以金合欢花(cassie)为代表。归入此香韵的香花还有紫罗兰花(violet)、桂花(osmanthus)、木樨草花(reseda)、银白金合欢花(习称含羞花,mimosa)、刺槐花(acacia)、葵花(sunflower)、甜豆花(sweet pea)、香罗兰花(wallflower)等。

它们的环渡是:清(青)→清(青)甜→甜→甜鲜→鲜→鲜幽→幽→幽清(青)→然后再回到清(青),成为花香韵辅成环。

(2)非花香香气分类:非花香分为十二个香韵。

1)青滋香(包括清香):合成香料包括大茴香醛、大茴香醇、乙酸松油酯、芳樟醇、苯乙醛、桉叶素、薄荷脑、乙酸己酯等;天然香料包括紫罗兰叶净油及浸膏、玫瑰木油、薄荷油、留兰香油等。

2)草香(包括芳草及药草):合成香料包括香茅醛、苯乙酮、二苯醚、百里香酚、水杨酸甲酯、苯甲酸甲酯等;天然香料包括香茅油、柠檬桉油、迷迭香油、鼠尾草油、冬青油、白樟油等。

3)木香:包括檀香醇、柏木醇、人造檀香、乙酸岩兰草酯等合成香料;檀香油、柏木油、楠木油、香附子油等天然香料。

4)蜜甜香:包括紫罗兰酮类、桂醇、苯丙醇、橙花醇、"结晶玫瑰"(乙酸三氯甲基苯基原酯)、金合欢醇、十四酸乙酯、苯甲酸苯乙酯等合成香料。香叶油、玫瑰草油、鸢尾凝脂、姜草油等天然香料。

5)脂蜡香(包括醛香):辛醛、壬醛、癸醛、十一醛、十二醛、辛醇、壬醇、癸醇、十一醇、十二醇、甲酸癸酯、丁二酮等。

6)膏香(包括树脂香):合成香料包括苯甲酸、桂酸、桂酸苯乙酯、桂酸桂酯、苯丙醛、水杨酸苯乙酯等;天然香料包括吐鲁香树脂、安息香香树脂、乳香香树脂、芸香香树脂等。

7)琥珀香:包括水杨酸苄酯、苯甲酸异丁酯、降龙涎香醚、麝葵子油、香紫苏油等香料。

8)动物香:包括十五酮、十六酮、葵子麝香、佳乐麝香、麝香105、昆仑麝香、灵猫酮、吲哚、甲基吲哚等合成香料,及龙涎香、麝香、灵猫香、海狸香等天然香料。

9)辛香(包括焦香、烟草香、革香):合成香料包括丁香酚、大茴香脑、桂醛、乙酰基异丁香酚、茴萝醛、对异丁基喹啉等;天然香料包括八角茴香油、丁香油、黄樟油、月桂油、芹菜子油、姜油、桂皮油、花椒油等。

10)豆香(包括粉香):合成香料包括香兰素、对甲基苯乙酮、水杨醛、苄醚等;天然香料包括香荚兰豆浸膏(酊)、黑香豆浸膏(酊)、可可酊等。

11)果香(包括坚果香、浆果香与瓜香):合成香料包括"桃醛"、"杨梅醛"、"凤梨醛"、柠檬醛、丁酸苄酯、丁酸乙酯等;天然香料包括苦杏仁油、柠檬油、柚皮油、柠檬草油、山苍子油、山楂浸膏等。

12)酒香:包括庚酸乙酯、壬酸苯乙酯、人造康酿克油、乙酸乙酯、己酸乙酯等香料物质。

它们的环渡是:青滋(清)香→草香→木香→蜜甜香→脂蜡香→膏香→琥珀香→动物香→辛香→豆香→果香→酒香→然后再回到青滋(清)香,成为非花香韵辅成环。

6. 调香实例　除了上述内容,作为一名调香师还应广泛嗅试各种具有代表性的香基、特制香料及各类著名的制品,并通过实际使用熟悉、记忆它们的香气。在广泛培养自己香料素质的过程中研究和掌握取得香气平衡的决窍。学习前辈成功的香精香料配方和经验,在理论联系实际的工作中不断提高。

在"创香"或"仿香"时,首先要选择使目的香型香气再现所必须的香料,且最少应有4~5种。在决定了主要香料之后,选择适宜的配比进行调和。当断定已经很好地达到了香气平衡时,在不损害香气特征和平衡的前提下,进一步把香料数目增加下去。最多增加到20~30种香料时调香基本完成,这时如加入一些天然香料,香气显然会变得更好,但最重要的是不要一味追求非常复杂的配方,而是要找到香气平衡这个关键。

综上所述,香精配方的设计可分为以下几个步骤:

(1)首先确定所要调制的香型,以此作为调香的目标。

(2)选择、准备符合香型要求的香料。

(3)试制香精的主体部分。

(4)如主体部分符合要求再加入富有魅力的顶香部分。

(5)加入可使香气浓郁的调和剂和使香气美妙的变调剂。

(6)考虑香气的扩散性、持续性和创造性等各个方面。

【应用实例】

以玫瑰香精的调配实例,进一步加深对调香工作的了解。

玫瑰香韵香气是最主要和最常用的花香,是正宗的甜韵,是三种主要甜香的合韵,这三种甜香是醇香(玫瑰甜)、蜜腊甜(脂腊甜)与酿甜(属酒香甜)。在玫瑰香精配方选料时,要根据不同玫瑰的品种及其香气差别,恰当地选用这三种甜香的香料,并恰到好处地配合其他香料,形成按不同品种玫瑰的香气。

基调剂：可选用玫瑰醇、苯乙醇、香茅醇、香叶醇、四氢香叶醇、橙花醇、壬醛，及玫瑰醇、香茅醇、香叶醇的甲酸或乙酸的酯类，玫瑰醚、除萜香叶油、山秋油、康酿克油、墨红浸膏及净油等。

调和剂：芳樟醇、桂醇、苯乙酸、丁香酚、异丁香酚、柠檬醛、甲基紫罗兰酮、羟基香茅醛、甲酸桂酯、玫瑰草油、愈创木油等。

修饰剂：苯乙醛、苯乙二甲缩醛、辛醛、癸醛、铃兰醛、松油醇、二甲基苄基醇及其乙酸酯、檀香油、岩兰草油、广藿香油等。

定香剂：苯甲酸、桂酸、结晶玫瑰、佳乐麝香、香兰素、乙基香兰素和秘鲁香膏制品等。

增强天然感的香料：各种玫瑰浸膏和净油，墨红浸膏和净油，金合欢浸膏和净油等。

具体调配配方见表7-62。

表 7-62　玫瑰香精调配示范配方

序号	香料名称	配方1	配方2	配方3
1	苯乙醇	200	90	200
2	玫瑰醇	250	130	---
3	除萜香叶油	---	---	230
4	壬醛二苯乙缩醛	---	---	30
5	金合欢醇	5	---	---
6	山秋油	40	---	115
7	康酿克油	12	---	35
8	壬醛	1	---	---
9	香叶醇	200	70	140
10	香茅醇	100	100	50
11	橙花醇	80	---	100
12	柠檬醛(97%)	5	10	10
13	芳樟醇	25	---	10
14	四清香叶醇	---	20	---
15	壬酸乙酯	---	10	---
16	桂酸苯乙酯	---	50	---
17	丁香酚	10	---	20
18	癸醇	2	2	---
19	苯乙二甲缩醛	20	20	20
20	乙酸香叶酯	---	20	---
21	甲基紫罗兰酮	---	20	20
22	除萜白兰叶油	---	10	---
23	玳玳叶油	---	---	20

续表

序号	香料名称	配方1	配方2	配方3
24	姜油	---	20	---
25	楠叶油	---	5	---
26	癸醛	---	1	---
27	邻苯二甲二乙酯	---	50	---
28	玫瑰精油	50	40	---
29	玳玳花浸膏	---	10	---
30	玫瑰和合基*	---	350	---
	千分比(重量)	1000	1000	1000

*注:玫瑰和合基制法:千分比(重量)苯乙醇100,香叶醇700,香茅醇80,芳樟醇70,丁香酚30,异丁香酚20,苯甲酸50。以上香料在烧瓶中混匀于沸水浴上搅拌加热6小时(瓶口干燥装置)冷却备用。

三、辨香与评香技术

辨香是识辨香气,评香是对比香气或鉴定香气。

1. 通过辨香与评香,要做到以下几点:

(1)识辨出被辨评样品的香气特征,如:香韵、香型、强弱、扩散程度和留香持久性等。作为调香工作者,尤其是初学者,必须每天安排一定时间来认辨、熟悉和记忆香气。

(2)要辨别出不同品种和品类,包括要了解其真伪、优劣、有无掺杂等,以及尽可能了解到样品的来源、产地、加工方式和使用的起始原料情况等。

(3)在香料或香精或加香产品生产过程中,评香人员要对进厂的香料或香精的香气做出鉴定,并对本厂的每批产品的香气质量进行评定,做出是否合格的结论。

(4)在研究配制香精的过程中(包括加入到介质后),嗅辨和比较其香韵,头香、体香、基香、协调程度、留香程度、相像程度、香气的稳定程度和色泽的变化等。

2. 要进行辨香与评香,必须注意下列几点:

(1)要有合适的场所。工作场所要通风良好,清静而温暖。室内在不使用时不能置放任何有香物质。评香人员进入室内不能穿着有香的工作服,不宜吸烟。

(2)思想要集中。应舒适地坐着评辨,全神贯注,根据样品香气的强弱和特点,评辨者根据自身嗅觉能力来掌握评辨的时间间歇。一般而言,一次评辨香气的时间不宜过长,要有间歇,有休息,以便嗅觉在饱和、疲劳和迟钝下能恢复其敏感性,这样做效果就好。一般开始时的间歇是每次几秒钟,最初嗅的三四次最为重要;易挥发香料要在几分钟内间歇地嗅辨;香气复杂的,有不同挥发阶段的,除开始外,可间歇5~10分钟,再延长至半小时,1小时乃至1天,或持续若干天,重复多次,观察不同时段香料的香气变化。

(3)要有好的心情。这一点看似多余和不好理解,却很关键。个人的情绪波动,会导致以下两种情况:①在某些强烈的情绪下,会使得调香师加强或忽略对一部分香气分路的印象和判断;②情绪波动导致人体内的化学环境的不稳定,也会影响调香师对香气的嗅闻,因此请尽量保持平和的心情。

(4)要有好的标样(要严格地选择)。不同品种、不同地区、不同起始原料、不同工艺、不同等级,都应详细标明。装标样的容器,最好是深色(蓝、棕、绿)的玻璃小瓶,标样要选择新鲜的装满于瓶中,盖紧(用后亦然),在冷藏柜中保存好,到一定时间要更换。

(5)辨嗅时要用辨香纸。通常是用厚度适宜的吸水纸,纸条适用于液态样品,宜为 0.5~1cm 宽,10~18cm 长。最好一端窄一些,以便在窄口瓶中蘸样。对固态样品宜用纸片,宜为 8cm 长,10cm 宽。辨香纸在存放时要松散些,要防止沾染或吸入任何香气。

(6)辨嗅时的香料香精要有合适的浓度。过浓,嗅觉容易饱和、麻痹或疲劳,因此有必要把香料或香精用纯净无臭的 95%乙醇或纯净邻苯二甲酸二乙酯,稀释到 1%~10%,甚至更淡些来辨别,特别是香气强度高,或是固态树脂态的品种。

(7)辨香的准备和要求。首先要在辨香纸上写明被辨评对象的名称、号码,甚至日期和时间,然后,如是用纸条,将其一头浸入拟辨香料或香精中,蘸上约 1~2cm,对比时要蘸得相等;如是用纸片,可将固态样品少量置于纸片中心,嗅辨时,样品不要触及鼻子,要有一定的距离(刚可嗅到)。

随时记录嗅辨香气的结果,包括香韵、香型、特征、强度、挥发程度,并根据自己的体会,用贴切的词汇描述香气。要每阶段记录,最后写出全貌。若是评比则写出它们之间的区别,如有关纯度、相像程度、强度、挥发度等意见,最后写出评定好坏、真假等的评语。

3. 嗅闻技术方法是做适当用力的吸气(收缩鼻孔)或扇动鼻翼做急促的呼吸,并且把头稍微低下对准被嗅物质,以保证气体分子接触嗅上皮。

(1)直接嗅闻法:包括嗅条法和嗅瓶法。

嗅条法是将样品放置在一个瓶中,用嗅条蘸取适量样品,距离鼻子几厘米处轻轻挥动,通过吸嗅评价气味,嗅闻过程中评香人员要保持闭口状态。

嗅瓶法是直接对样品瓶嗅闻。要求旋开瓶盖、闭口、用鼻子深呼吸或短促的吸闻,再迅速盖上盖子。

(2)鼻后嗅闻法——范氏技术

方法:用手捏住鼻孔通过张口呼吸,然后把一个盛有气味物质的小瓶放在张开的口旁(注意:瓶颈靠近口但不能咀嚼),迅速地吸入一口气并立即拿走小瓶,闭口,放开鼻孔使气流通过鼻孔流出(口仍闭着),评价气味。

这个试验已广泛地应用于训练和扩展人们的嗅觉能力。

(3)鼻后嗅闻法——液体鼻后法

方法:评价员捏紧鼻子,喝一口溶液,然后立即移走嗅瓶,松开鼻子,吞咽溶液,在随后的呼气过程中评价气味。

4. 嗅闻技术要点

(1)嗅闻距离:每次嗅闻,鼻子与样品之间的距离尽量一致,鼻子不能沾到样品。

(2)嗅闻力度:嗅闻力度一致,吸气要平稳,不能过猛,不能忽大忽小,尽量保证嗅闻吸入量一致。

（3）嗅闻次数：嗅闻次数要加以控制，对于刺激性较强的样品，不宜超过三次。

（4）嗅闻清零：测试前嗅闻手背、衣袖、呼吸新鲜空气、嗅闻其他气味或无气味的物体或者空白，帮助鼻子清零和防止嗅觉疲劳。

（5）嗅闻强度：嗅闻时间不宜过长，鼻子闻 1~2 秒，要求浅吸而避免深吸，以免疲劳。

（6）嗅闻休息：两个样品之间一般有休息时间，嗅闻 3 个样品后必须休息，休息时间一般 2~3 分钟。

知识链接

GC-MS 技术评价香气

因为气相色谱-质谱（GC-MS）检测具有高灵敏度、大的谱库容量、快速图谱扫描等优点，在香精分析中发挥着重要作用。但 GC-MS 的初步分析结果有一个很大的局限性，就是只能显示有哪些化合物，却不能显示哪些化合物是原本就天然存在于精油中的，哪些是人工添加的。要解决这个问题，大概有两种可行的方法：①进一步分析 GC-MS 的离子流图，做同位素比对；②调香师凭经验和嗅觉加以判断。理论上前者具有优势，但就当前的技术水平而论，后者利用人体感官评定显然更具有实用性。

四、食品香精的制造方法

创制食品香精的人员国外称为香料师（flavorist），创制化妆品香精的称为调香师（perfumer），我国都称为调香师。在我国有此职称的人数不超过 500 人（估算，包括酿酒和制茶行业）。调香师选择良好的原料，自由调合，再三试验得到目的香气或香味，运用积累多年的经验、独特的创造性和敏锐的感受性而不断创新。表 7-63 为食用香精香料生产单元分类。

表 7-63　食用香精香料生产单元分类

序号	产品单元	产品小类	产品举例
1	天然香料	蒸馏类	香叶油
		浸提类	桂花浸膏
		冷榨（磨）类	冷磨柠檬油
		其他类	天然薄荷脑
2	生物技术香料	不分类	发酵法丁二酮
3	合成香料	不分类	香兰素
4	香精	液体类	水溶性香精
		浆（膏）状类	指香精在常温下或稍经加热搅拌即成为流动的黏稠体态,如猪肉膏状香精
		固体（粉末）类	指以香料与其他添加剂、载体等,经过搅拌制成均匀的拌和型粉末香精和(或)利用某些壁材(高分子物质),将芯材(香料等混合物)包裹成微小囊状物的微胶囊型粉末香精等,如鸡肉粉末香精

食品香精最典型的调香过程如图 7-1 所示。首先从选择香料素材开始,将选好几种素材调和后,制造出组成目的香香气骨格的单位,这种香气骨格单位称为本体、主体或体香(body);然后加入与主体香料相称的调和剂,以增加本体的宽度和深度;再加入修饰香调、调整风格的变调剂和表现出香气微妙特征的辅助剂;最后加入调整挥发性、保香性的定香剂;放置一定的时间(4 小时至 24 小时),使之熟化(aging),这样就形成了一种食品香精的基本类型,称为香基(base)。

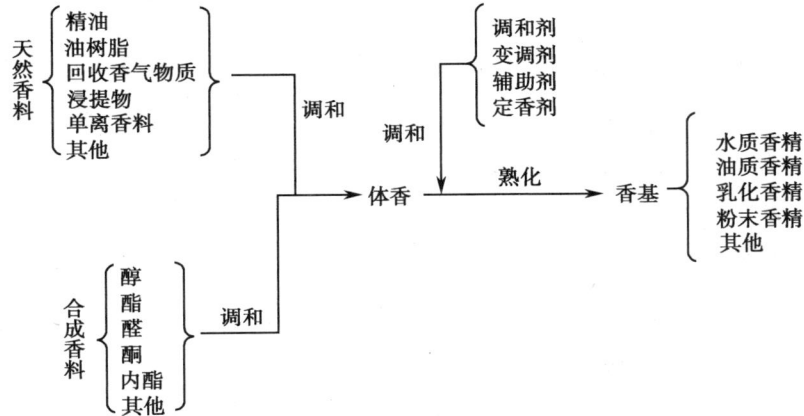

图 7-1　食品香精的调和方法

上述一系列工作由调香师完成,而且每个步骤没有一定的方式,全靠在试验中总结成功和失败两方面的经验,因此调香师除了要有才能外,还要有相当的经验和毅力。

熟化是香精制造工艺中应特别注意的重要环节。目前还不能用科学理论得到令人满意的解释,主要根据经验采用熟化的条件和方法,如温度、时间和容器等。熟化使溶解或混合在分子级别上进行;另外在熟化的过程中,可能发生一些化学反应,产生一些微量物质,而这些物质对香气起决定的作用。

最普遍的方法是把制得的香精在容器中放置一定时间令其自然熟化,熟化后香气变得十分和谐、滋润,全无熟化前的粗杂感。乳化香精和胶囊型粉末香精在制造过程中有促进熟化的作用,所以可以省去熟化工序。

点滴积累 ∨ ┄┄

1. 香料是一种能被嗅觉嗅出香气或味觉尝出香味的物质,按照来源可分为天然香料和人造香料。

2. 香精是一种人工调配出来的,以天然香料和人造香料为原料的芳香混合物。

3. 调香即调香技术,是指调配香精的技艺和艺术,需要掌握"辨香""仿香"和"创香"三方面的知识和基本功。

4. 通过辨香与评香,要做到:①识辨出被辨评样品的香气特征;②辨别出不同品种和品类;③在香精、香料的生产过程中要对产品做出香气质量的合格性评价;④要嗅辨出香韵、头香、体香、基香、协调程度、留香程度、相像程度、香气的稳定程度和色泽的变化等。

第三节　葡萄酒品酒技术

一、品酒师行业概述

（一）职业概况

中国酿酒业以其悠久的历史、独特的工艺技术闻名于世。品评是影响酿酒水平的关键技术之一。掌握品评技术的品酒师对酿酒工艺技术的改进、产品质量的控制、新产品的开发起着重要作用。新中国成立以后,通过组织历届国家评酒活动,中国酿酒行业逐步形成了一整套品酒人员的培训、考核办法。各名优酿酒企业参照国家级品酒人员的考核办法逐步建立了企业内部的专职品酒队伍。

品酒师是应用感官品评技术,评价酒体质量,指导酿酒工艺、贮存和勾调,进行酒体设计和新产品开发的人员。品酒师是一种非常辛苦的职业,平均每年要品尝 3000 多种新酒。脑子里储存了 10 000 种以上的味道,某种滋味第二次出现的时候,一般都要与记忆库的信息对上号,尤其是好酒名酒。品酒也是非常考验品酒师意志力一项工作。品酒师很少把酒喝下去,而是在嘴里品出感觉后就把酒吐掉,据说好的品酒师几乎从不饮酒。

对于品酒师而言,为了保持鉴赏能力,从饮食到日常生活的其他各个方面,都有严格的戒律。而且,品酒师要保持一个良好健康的心态,每天品酒至少十种。品酒师的伟大当然还包括他们每次都会使用同一种品酒方法,很乏味、很机械化。但同时也是最为专业、最理想的方法,大有乐此不疲的忘我精神。他们可以透过美酒华丽的外表,用心来品味真正的葡萄酒。

目前,中国酿酒企业有 15 600 余家,从业人员超过 800 万,从事品酒的技术人员接近 30 万人。然而,随着酿酒行业的发展,这一数量已远远满足不了企业的需要。据中国酿酒工业协会统计,目前中国有 60% 的酿酒企业感到专职品酒师数量不足,还有 20% 的企业没有专职品酒师。另一方面,生物技术和计算机集成制造等先进技术的广泛应用以及饮料酒国家标准的纷纷建立,对现有品酒师的职业技能也提出了新要求。随着生活水平的提高,人们对饮料酒的数量和品质都有了更高的要求。品酒师的数量和素质与酿酒行业进一步发展不相适应的矛盾将更加突出。设立品酒师这一新职业,对于改变酿酒行业品酒从业人员的数量少和技术技能水平偏低的状况,推动中国酿酒行业技术进步和产品质量提高具有重要意义。

（二）品酒师工作内容

1. 入库半成品酒进行分级和质量评价;

2. 提出发酵、蒸馏工艺改进建议;

3. 对酒的贮存过程进行质量鉴定;

4. 对酒的组合和调味方案进行评价;

5. 对酒产品的感官质量进行监控;

6. 选择合理的酿酒工艺技术;

7. 对新产品的感官质量进行鉴定。

（三）品酒师职业等级

本职业共设三个等级,分别为:三级品酒师(国家职业资格三级)、二级品酒师(国家职业资格二级)、一级品酒师(国家职业资格一级)。

1. 鉴定要求

(1)适用对象:从事或准备从事本职业的人员。

(2)申报条件

——三级品酒师(具备以下条件之一者)

1)连续从事本职业工作 5 年以上。

2)具有以高级技能为培养目标的技工学校、技师学院和职业技术学院本专业相关专业毕业证书。

3)有本专业或相关专业大学专科及以上学历证书。

4)有其他专业大学专科及以上学历证书,连续从事本职业工作 1 年以上。

5)有其他专业大学专科及以上学历证书,经三级品酒师正规培训达规定标准学时数,并取得结业证书。

——二级品酒师(具备以下条件之一者)

1)连续从事本职业工作 13 年以上。

2)取得三级品酒师职业资格证书后,连续从事本职业工作 5 年以上。

3)取得三级品酒师职业资格证书后,连续从事本职业工作 4 年以上,经二级品酒师正规培训达规定标准学时数,并取得结业证书。

4)取得本专业或相关专业大学本科学历证书后,连续从事本职业工作 5 年以上。

5)有本专业或相关专业大学本科学历证书,取得三级品酒师职业资格证书后,连续从事本职业工作 4 年以上。

6)有本专业或相关专业大学本科学历证书,取得三级品酒师职业资格证书后,连续从事本职业工作 3 年以上,经二级品酒师正规培训达规定标准学时数,并取得结业证书。

7)取得酿造工三级职业资格证书后(中专毕业以上学历),连续从事本职业工作 5 年以上,经本职业二级品酒师正规培训达规定标准学时数,并取得结业证书。

8)取得硕士研究生及以上学历证书后,连续从事本职业工作 2 年以上。

——一级品酒师(具备以下条件之一者)

1)连续从事本职业工作 19 年以上。

2)取得二级品酒师职业资格证书后,连续从事本职业工作 4 年以上。

3)取得二级品酒师职业资格证书后,连续从事本职业工作 3 年以上,经一级品酒师正规培训达规定标准学时数,并取得结业证书。

4)取得本专业或相关专业大学本科学历证书后,连续从事本职业或相关职业工作 13 年以上。

5)具有硕士、博士研究生学历证书,连续从事本职业或相关职业工作 10 年以上。

2. 鉴定方式　分为理论知识考试和专业能力考核。理论知识考试采用闭卷笔试等方式,专业能力考核采用现场实际操作方式。理论知识考试和专业能力考核均实行百分制,成绩皆达60分及以上者为合格。二级品酒师和一级品酒师还须进行综合评审。

3. 考评人员与考生配比 理论知识考试考评人员与考生的配比为1∶15,每个标准教室不少于2名考评人员;专业能力考核考评员与考生的配比为1∶5,且不少于3名考评员;综合评审委员不少于3人。

4. 鉴定时间 理论知识考试时间不少于90分钟,专业能力考核时间不少于60分钟,综合评审时间不少于30分钟。

5. 鉴定场所设备 理论知识考试在标准教室进行。专业能力考核在通风条件良好和光线充足及安全措施完善的场所进行。

二、葡萄酒的分类

根据《食品安全国家标准 葡萄酒》(GB 15037-2006)的规定,葡萄酒是以鲜葡萄或葡萄汁为原料,经全部或部分发酵酿制而成的,含有一定酒精度的发酵酒。其酒精度一般不能低于7°。

一般按以下几个方面对葡萄酒进行分类:

(一)按葡萄酒的颜色分类

1. 红葡萄酒 葡萄带皮发酵而成,颜色有紫红、深红、宝石红、红微带棕色、棕红色。

2. 桃红葡萄酒 颜色有桃红、淡玫瑰红、浅红色。

3. 白葡萄酒 用白葡萄或红葡萄榨汁后不带皮发酵酿造,颜色有近似无色、微黄带绿、浅黄、禾秆黄、金黄色。

(二)按糖分含量分类

1. 干葡萄酒 含糖(以葡萄糖计)小于或等于4.0g/L。或者当总糖与总酸(以酒石酸计)的差值小于或等于2.0g/L时,含糖最高为9.0g/L的葡萄酒,亦称干酒。原料(葡萄汁)中糖分完全转化成酒精,残留糖分含量在4.0g/L以下,口中察觉不到甜味,只有酸味和清怡爽口的感觉。干酒是世界市场主要消费的葡萄酒类型。干酒由于糖分极低,所以葡萄品种风味体现最为充分,通过对干酒的品评是鉴定葡萄酿造品种优劣的主要依据。

2. 半干葡萄酒 含糖量在4.0~12.0g/L之间。或者当总糖与总酸(以酒石酸计)的差值小于或等于2.0g/L时,含糖最高为18.0g/L的葡萄酒。

3. 半甜葡萄酒 含糖量在12.0~45.0g/L之间,味略甜,是日本和美国消费较多的品种,在中国也很受欢迎。

4. 甜型葡萄酒 含糖量大于45.0g/L,口中能感到明显的甜味。

(三)按二氧化碳含量分类

1. 平静葡萄酒 在20℃时,二氧化碳压力小于0.05MPa的葡萄酒。

2. 起泡葡萄酒 在20℃时,二氧化碳压力等于或大于0.05MPa的葡萄酒。又可分为低泡葡萄酒:在20℃时,二氧化碳(全部自然发酵产生)压力在0.05~0.34 MPa的起泡葡萄酒;高泡葡萄酒:在20℃时,二氧化碳(全部自然发酵产生)压力大于或等于0.35 MPa(对于容量小于250ml的瓶子二氧化碳压力等于或大于0.3MPa)的起泡葡萄酒。高泡葡萄酒又可细分为天然高泡葡萄酒、绝干高泡葡萄酒、干高泡葡萄酒、半干高泡葡萄酒、甜高泡葡萄酒。

（四）特种葡萄酒

特种葡萄酒是用鲜葡萄或葡萄汁在采摘或酿造工艺中使用特定方法酿制而成的葡萄酒。

1. **利口葡萄酒** 由葡萄生成总酒度为12%(体积分数)以上的葡萄酒中,加入葡萄白兰地、食用酒精或葡萄酒精以及葡萄汁、浓缩葡萄汁、含焦糖葡萄汁、白砂糖等,使其终产品酒精度为15.0%～22.0%(体积分数)的葡萄酒。

2. **葡萄汽酒** 酒中所含二氧化碳是部分或全部由人工添加的,具有同起泡葡萄酒类似物理特性的葡萄酒。

3. **冰葡萄酒** 将葡萄推迟采收,当气温低于-7℃使葡萄在树枝上保持一定时间,结冰,采收,在结冰状态下压榨、发酵,酿制而成的葡萄酒(在生产过程中不允许外加糖源)。

4. **贵腐葡萄酒** 在葡萄成熟的后期,葡萄果实感染了灰绿葡萄孢,使果实的成分发生了明显的变化,用这种葡萄酿造而成的葡萄酒。

5. **产膜葡萄酒** 葡萄汁经过全部酒精发酵,在酒的自由表面产生一层典型的酵母膜后,加入葡萄白兰地、葡萄酒精或食用酒精,所含酒精度等于或大于15.0%(体积分数)的葡萄酒。

6. **加香葡萄酒** 以葡萄酒为酒基,经浸泡芳香植物或加入芳香植物的浸出液(或馏出液)而制成的葡萄酒。

7. **低醇葡萄酒** 采用鲜葡萄或葡萄汁经全部或部分发酵,采用特种工艺加工而成的、酒精度为1.0%～7.0%(体积分数)的葡萄酒。

8. **脱醇葡萄酒** 采用鲜葡萄或葡萄汁经全部或部分发酵,采用特种工艺加工而成的、酒精度为0.5%～1.0%(体积分数)的葡萄酒。

9. **山葡萄酒** 采用鲜山葡萄(包括毛葡萄、刺葡萄、秋葡萄等野生葡萄)或山葡萄汁经过全部或部分发酵酿制而成的葡萄酒。

（五）按自然因素分类

1. **年份葡萄酒** 所标注的年份是指葡萄采摘酿造该酒的年份,其中年份葡萄酒所占比例不低于酒含量的80%(体积分数)。

2. **品种葡萄酒** 用所标注的葡萄品种酿制的酒所占比例不低于酒含量的75%(体积分数)。

3. **产地葡萄酒** 用所标注的产地葡萄酿制的酒所占比例不低于酒含量的80%(体积分数)。

值得注意的是,根据《食品安全国家标准 葡萄酒》(GB 15037-2006)的规定,以上所有葡萄酒中均不得添加合成着色剂、甜味剂、香精、增稠剂。

三、葡萄酒的感官特征

▶ 课堂活动

葡萄酒的香气评价是葡萄酒品评的一个重要内容,那么对于葡萄酒香气的描述,您能想到哪些词语?

（一）葡萄酒的香气特征

葡萄酒的香气极为复杂，葡萄酒香气评定也是葡萄酒品评中的难点之一。葡萄酒香气可以为三类，一类品种香气、二类发酵香气、三类陈酿香气。

1. 一类品种香气 葡萄酒中源于葡萄品种的香气称为一类品种香气。葡萄品种，由于其浆果中芳香物质的种类及其浓度、优雅度等的变化，决定了葡萄酒的香气。酿酒葡萄品种只有在其能充分成熟的冷凉地区栽培，才能产生果香味浓、质量优良的葡萄酒。

起源于法国波尔多地区的品种，如缩味浓、赤霞珠、品丽珠、美乐、赛美蓉（Semillion）等，其一类品种香气具有相似性。例如，赤霞珠的一类香气非常浓郁、复杂，主要以黑加仑果香为主，同时具有香料、烟熏、蘑菇、松脂气味。

起源于法国东北部的品种有比诺（Pinot）、白山坡（Pinot Meunier）、霞多丽和佳美等。佳美的香气以樱桃的香气为主；比诺的香气以树莓的果香为主，与赤霞珠相似，但更丰满、柔和，因为单宁含量比较低，而其变化较小；白山坡香气则以黑加仑和覆盆子果香为主；霞多丽的香气以椴树花、炒杏仁香气为主。

原产于德国西部以及法国阿尔萨斯地区的品种，有雷司令（Riesling）、琼瑶浆（Gewurztraminer）等。雷司令的香气柔和，以椴树花、洋槐花、柑橘花为主，此外还有桃花和葡萄花香。琼瑶浆的果香则非常浓、非常典型，具有玫瑰花香。

2. 二类发酵香气 在酒精发酵过程中，酵母菌在将糖分解为酒精和二氧化碳的同时，还产生很多副产物。这些副产物在葡萄酒的感官质量方面具有重要作用。挥发性成分构成了葡萄酒的二类发酵香气。

构成发酵香气的物质主要有高级醇、酯、醛和酸等。由于它们含量和比例的不同，葡萄酒的二类发酵香气的类型及其优雅度可发生很大的变化。发酵原料、酵母菌种类和发酵条件等都会对其含量和比例产生影响。

一些二类发酵香气的构成物质可使葡萄酒具有一些过渡的、优雅度各异的香气。如发酵气味、新鲜酵母或干酵母气味、老面气味、干面包气味以及烂苹果气味等。这些由醛类引起的气味会在新葡萄酒的自然澄清和 SO_2 处理过程中逐渐消失。酯类的气味类似香蕉、指甲油、酸味糖果等的气味，在葡萄酒的转罐过程中，酯类气味会随 CO_2 挥发一部分。由脂肪酸引起的香气则较为稳定，它们的气味类似肥皂、蜡烛和硬脂精等。在苹果酸-乳酸发酵过程中形成的一些挥发性物质，同样也是发酵香气的组分。例如具有新鲜奶油气味的双乙酰可达 2mg/L 以上。还有气味优雅的乳酸乙酯等。因此，苹果酸-乳酸发酵不仅可以使葡萄酒更为柔和，而且也是改善葡萄酒香气的过程，还可提高葡萄酒的醇厚感。可以说，苹果酸-乳酸发酵是优质红葡萄酒成熟的第一步。但是，当葡萄酒中的一类香气较淡时，苹果酸-乳酸发酵也会使乳酸味过浓，从而降低葡萄酒的质量，导致葡萄酒具有酸奶、醋甚至奶酪的气味。

葡萄酒的一类品种香气在浓度上应强于二类发酵香气。二类香气只能作为一类香气的补充。如果二类香气过强，则葡萄酒将失去其个性和特点，并且其香气质量会在贮藏过程中迅速下降。因此葡萄酒的成熟，是从新葡萄酒气味（即二类香气）的消失开始的。

3. 三类陈酿香气　葡萄酒的三类陈酿香气来源于陈酿过程。葡萄酒成熟过程中,一类香气向三类香气转化。在这个过程中,环合作用、氧化作用等化学反应,会使葡萄酒的香气向更浓厚的方向变化,从而减轻其果味特征;同时,各种气味趋于平衡、融合、协调。一类香气越浓的葡萄酒,其醇香也越浓。

当葡萄酒在橡木桶中成熟时,橡木溶解于葡萄酒中的芳香性物质也是醇香的构成成分。在葡萄酒成熟过程中,单宁和橡木结合产生香草味。在橡木桶中陈酿 30 年以上的红葡萄酒,还具有优雅的蘑菇气味。

葡萄酒的还原条件越好,醇香的质量也越好。但是,过浓的还原醇香,可以使一些葡萄酒具有不愉快的气味。例如"还原味""瓶内味""太阳味"。这些气味通常不纯正,具有大蒜的臭味或汗臭味。

（二）葡萄酒的呈味物质和口感

1. 甜味物质　葡萄酒中的甜味物质,是构成柔和、肥硕和圆润等感官特征的要素。葡萄酒中的甜味物质有糖和醇两大类。糖包含葡萄糖、果糖、阿拉伯糖、木糖等,它存在于葡萄浆果和半干至甜型葡萄酒中,也少量存在与干型葡萄酒中;另一类是具有一个或数个羟基(—OH)的物质,包括乙醇、甘油、丁二醇、肌醇、山梨醇等,它们是酒精发酵过程中形成的。

酒精具有甜味,而且酒精能增强糖的甜味。例如 4% 的酒精就有明显的甜味,4% 的酒精加入到 20g/L 的蔗糖溶液中其甜味明显强于单纯的 20g/L 的蔗糖溶液。

2. 酸味物质　葡萄酒中的有机酸主要有六种。其中,酒石酸、苹果酸和柠檬酸三种源于葡萄浆果。酒石酸的酸味非常"硬",是一种尖酸(很酸并渗牙);苹果酸是一种具有生青味的酸,带涩感;而柠檬酸则很清爽。

另外三种酸,是由酒精发酵和细菌活动形成的琥珀酸、乳酸和醋酸,它们的味感较为复杂。乳酸的酸味较弱;醋酸具醋味;琥珀酸的味感较浓,既苦又咸。

葡萄酒中的主要酸的酸度在浓度相同的情况下,酸度表现为:苹果酸 > 酒石酸 > 柠檬酸 > 乳酸;而在 pH 相同的情况下,酸度表现为:苹果酸 > 乳酸 > 柠檬酸 > 酒石酸。所以,从味感上讲,苹果酸是葡萄酒中最酸的酸。

3. 咸味物质　咸味物质中只有 NaCl 产生纯正的咸味,其他盐如 KBr、BH_4I,除咸味外,还带有苦味。葡萄酒中一般含有 2~4g/L 咸味物质,主要包括无机盐和少量有机酸盐。例如:硫酸盐、氯化物、亚硫酸盐、中性酒石酸盐、中性苹果酸盐等。咸味物质使葡萄酒具有清爽感。

4. 苦味物质　在葡萄酒中,酚类和多酚类物质会产生苦味,且他们的苦味常常与涩感相结合,有时很难区分这两种感觉。这些物质会影响葡萄酒呈色。在酚类物质中,引起苦味的物质是一些酚酸,例如缩合单宁。红葡萄酒中的单宁含量为 1~3g/L,而白葡萄酒中单宁含量仅为每升数十毫克。这些单宁,苦味和涩感都很强。如果这一杯微酸的水中加一些单宁,主要表现的是涩感;而在一杯加有碳酸氢盐的水中,加等量的单宁,则表现为苦味。

5. 涩感　涩感(收敛性)能引起一种干燥和粗糙的感觉。涩感与酸味和苦味同时存在,酸味和苦味会增强收敛性,且通常较难与二者区分开。引起涩感过程中,收敛物会阻碍舌头的滑动,使舌头表明变得粗糙。

产生收敛的原因主要有三个。第一,收敛物引起唾液中蛋白质发生絮凝反应。红葡萄与唾液混合,可产生一些红色丝状沉淀。第二,干燥感是由于唾液腺停止了分泌。第三,由于累加作用,收敛物固定在黏膜组织上,并使黏膜组织失水变硬,降低渗透性。

6. 余味 咽下或吐出葡萄酒时获得的感觉,称为后味或尾味。在咽下和吐出葡萄酒后,在口腔、咽部、鼻腔中还充满着葡萄酒及其蒸气,还有许多感觉继续存在,逐渐降低,最后消失,这就是余味。在评价葡萄酒时,需要评价余味的舒适度和长短。优质干葡萄酒的余味香而微酸、清爽。优质红葡萄酒中口中留下醇香和单宁的丰满的滋味。而且,余味的舒适度比余味的长短更为重要。

味感的持续性是以酸、苦或涩感为基础。对于干白葡萄酒,其尾味以酸为主。我们正是通过这一最后的感觉,来区分平衡、清爽或者粗糙、酸涩。对于红葡萄酒,决定余味的主要是单宁复杂多样的味感。

(三)葡萄酒的呈味物质与香气物质的平衡

一种优质葡萄酒,必须具备呈味物质和呈香物质之间的合理而恰当的比例。由平衡而产生各部分的和谐。如果由各部分构成的整体匀称、舒适,则该葡萄酒是和谐的。味感和香气不协调的例子很多,如酸度过低会减弱白葡萄酒香气的清新感;过高的糖度而无果香会使葡萄酒索然无味;红葡萄酒过高的单宁会降低其果香;一些很香但结构感太弱的葡萄酒,其口感瘦弱、不和谐;有些葡萄酒虽然醇厚,但香气很淡等。因此,优质葡萄酒必须以口感舒适和香气的丰满、完整、优雅和舒适的风味为特征;它应富含相互之间具有适当浓度比例的呈味物质和呈香物质。

知识链接

酒 体

酒体是葡萄酒给口腔带来的一种或轻或重,或淡或稠的感觉。葡萄酒的酒体分成三种类别:轻盈酒体、中度酒体以及厚重酒体。酒体的高低可以用牛奶做例子,如脱脂牛奶(轻)、半脂牛奶(中)、全脂牛奶(重)。葡萄酒的酒体取决于酒精度、干浸出物、甘油、单宁、酸度、残留糖分等。专门用于描述酒体的词语有:酒体瘦弱——葡萄酒的酸度低,干浸出物含量少,酒精度低,具有轻弱感觉的葡萄酒。酒体丰满——指各组分和谐,入口圆润、充实、完整的葡萄酒。酒体滞重——指酒质厚重,干浸出物含量很高的葡萄酒。

四、葡萄酒的酿造

(一)鲜食葡萄和酿酒葡萄差异

葡萄品种按照用途可以分为鲜食葡萄和酿酒葡萄,两者之间不仅有区别,而且差别还很大。具体差异见下表7-64。

表 7-64　鲜食葡萄和酿酒葡萄的差异

项目名称	鲜食葡萄	酿酒葡萄
葡萄名称	红提、巨峰、牛奶、玫瑰香等	霞多丽、雷司令、长相思、赤霞珠等
葡萄树龄	一般生命 10~30 年左右	一般生命 60 年左右
种植	肥沃土地，经常浇水	贫瘠干旱土地，少浇灌
果实特点	果粒大、果肉厚、皮薄、籽小而少	果粒小、汁多肉薄、皮厚籽多
葡萄口感	比较甜，酸低	高糖和适当酸，较涩
酒感官	酒味淡薄、酒体瘦弱、酒质低劣	果香浓郁、富有层次、酒体丰满

（二）酿酒葡萄品种

1. 红葡萄品种

（1）赤霞珠（Cabernet Sauvignon）：赤霞珠是全世界最知名的红葡萄品种，喜欢温暖和炎热的气候。赤霞珠果实较小、皮厚色深，富含单宁，酿出的葡萄酒骨架结实，厚实凝重，具有极佳的陈年能力。年轻的葡萄酒富有果香，如黑醋栗、覆盆子、蓝圆莓、青椒的香气。年长的葡萄酒则有黑莓果酱、胡椒、陈年黑醋栗、奶油、红辣椒、松露等香气。赤霞珠葡萄酒在橡木桶的陈酿过程中，会增加木头、烟熏、香草、烘烤、桂皮、巧克力的香气。

（2）黑比诺（Pinot noir）：原产于法国勃艮第。在我国宁夏、甘肃等地也有种植。黑比诺是一种娇贵的红葡萄品种，需要独特的环境，特有的土壤。黑比诺葡萄酒主要香气有黑醋栗、覆盆子、樱桃、烟熏味等。

（3）美乐（Merlot）：原产法国，美乐葡萄酒带有草莓等红色浆果香气，在橡木桶中老熟后，具有烟熏味、松露味、巧克力味、香草味。在我国宁夏贺兰山东麓产区用美乐酿出的酒，酒精度较高，酒体机构感强，酒色浓，酒质柔和圆润。在橡木桶陈酿后产生烤肉、菌类等香气。

（4）西拉（Syrah）：原产法国。适合温和的气候。西拉葡萄酒色泽深红近黑色，酒香浓郁且丰富多变。年轻时有紫堇花和黑色浆果香味，陈年后有黑醋栗、黑莓、桂皮、胡椒、烟草、麝香、等香味。在橡木桶陈酿后有甘草、丁子香花蕾的味道。

（5）品丽珠（Cabernet frant）：原产法国，品丽珠葡萄酒的单宁比赤霞珠要少得多，有突出的果香，如草莓、覆盆子、紫堇花、青椒的香气，陈年后带有麝香、松露和烟熏味。

（6）佳美（Gamay）：该葡萄酒色浅清淡。具有浓郁的果香，例如香蕉、凤梨、苹果等香气。

2. 白葡萄品种

（1）霞多丽（Chardonnay）：霞多丽是最珍贵、最著名的白葡萄品种之一。霞多丽葡萄酒的主要香气有榛子、蜂蜜、山楂花和洋槐花，有时带有奶油、奶油蛋糕和烤面包的香气。澳洲地区的霞多丽带有熟柠檬、热带水果和香瓜的香气。中国的东部产区，霞多丽则带有香瓜、柠檬、青苹果香气。而在宁夏产区则带有浓郁的热带水果、香蕉、哈密瓜、荔枝的香气。

（2）长相思（Sauvignon）：长相思葡萄酒具有青苹果、黑醋栗芽苞或黄杨芽苞的香气。当青草味突出时，则更接近野草味，会让人联想起猫尿味。

（3）雷司令（Riesling）：雷司令葡萄酒带有淡雅的花香混合植物香、柠檬、轻柔的麝香葡萄和辛香。熟成的雷司令会有蜂蜜和烤面包的香气，有些老的酒中会有汽油的味道。

（4）赛美蓉（Semillon）：原产于法国波尔多。赛美蓉葡萄酒具有蜂蜜、糖渍水果（水蜜桃、凤梨）、香草、柠檬等香味。

（5）琼瑶浆（Gewurztraminer）：琼瑶浆非常芳香，带有浓郁的水果和香料味，如荔枝、玫瑰、丁子香花蕾，其酒精度数高酒体厚重，世界上最著名的琼瑶将产于法国的阿尔萨斯。

（三）酿酒葡萄种植

葡萄酒行业有句俗话：七分葡萄，三分酿造。主要的意思就是说决定一瓶葡萄酒品质的关键因素主要在于葡萄的品质，只有一等的葡萄才能酿造出一等的葡萄酒。而葡萄生长环境的气候、当年天气状况以及葡萄园的土壤情况对于生产出优质的葡萄至关重要。

1. 生长条件

（1）气候：葡萄适合在南北纬 30°～53°的温带地区的气候生长。太冷，葡萄无法达到成熟；太热，则葡萄成熟过快，只会酿成平淡无味的酒。

（2）土壤：沙质、砾土、石灰岩，不能肥沃。土壤最重要的特性就是它的排水速度。对于一般植物来说最糟糕的土壤却是种植葡萄最佳的乐土。肥沃的土壤并不适合种植葡萄树，过于茂盛的枝叶会导致葡萄的风味单一。反倒是贫瘠的土壤最适合种植葡萄树。

（3）日照：日照越充足，葡萄的成熟度越好，酿造的酒的品质就越高。

（4）温度：温度（热量）是影响葡萄生长和结果最重要的气象因素。葡萄属暖温带植物，要求相当多的热量。

（5）水分：水对葡萄也很重要。春季葡萄发芽时要充足，成熟时要干燥，以免影响葡萄的含糖度。

（6）坡度：适宜的坡度有利于吸收更多阳光和排水。当太阳方位角低于 10°时，反射到平原上葡萄叶片上的光照是山坡上葡萄树的一半。

2. 树龄与酒质的关系　国内外葡萄酒专家多年研究证明，葡萄酒的质量与葡萄树的树龄有很大的关系，树龄短的葡萄树由于根系浅，仅能吸收地表的营养，因而葡萄色泽浅，酒体淡薄，十年以上树龄的葡萄根系发达，根扎的深，葡萄风味物质丰富、均衡，色泽深，含糖量高，酿造的葡萄酒香气浓郁，口感醇厚协调，酒体厚实。

（四）葡萄酒酿造基础

葡萄酒的酿造过程包含两个阶段：第一个阶段是物理化学阶段，在酿造红葡萄酒时，葡萄浆果中的固体成分通过浸渍进入葡萄汁，在酿造白葡萄酒时，通过压榨获得葡萄汁；第二个阶段是生物学阶段，即酒精发酵和苹果酸-乳酸发酵阶段。

葡萄原料中 20% 是固体成分，包括果梗、果皮和种子，80% 是液体部分，即葡萄汁。果梗主要含有水、矿物质、酸和单宁；种子富含脂肪和涩味单宁；果汁中则含有糖、酸、氨基酸等，即葡萄酒的非特有成分。而葡萄酒的特有成分则主要存在于果皮和果肉细胞的碎片中。

葡萄酒酿造的目标，就是实现葡萄酒的感官平衡，以及保证发酵的正常进行。

（五）葡萄酒的酿造方法

1. 红葡萄酒的酿造　红葡萄酒的酿造工艺流程主要包括：

除梗破碎→带皮发酵→榨汁→苹果酸乳酸发酵→橡木桶发酵→澄清→过滤→装瓶。

2. 白葡萄酒的酿造　白葡萄酒的酿造工艺流程主要包括：

除梗破碎→榨汁→发酵→澄清→橡木桶发酵→装瓶。

3. 桃红葡萄酒的酿造　桃红葡萄酒的酿制：第一种方法，酿制过程与红葡萄酒相似，只是缩短浸皮时间。第二种方法，将红葡萄酒与白葡萄酒混合调配，做出桃红葡萄酒。

（六）红、白葡萄酒的酿造差异

红葡萄酒和白葡萄酒的酿造差异主要体现在原料、工艺、色泽、滋味等方面，具体如表 7-65 所示。

表 7-65　红葡萄酒和白葡萄酒的酿造差异

类别	白葡萄酒	红葡萄酒
原料	白葡萄或红皮白肉葡萄	红葡萄
工艺	去皮、澄清的葡萄汁发酵； 一般不进行苹果酸-乳酸发酵； 发酵温度 16~18℃	带皮浸渍发酵； 进行苹果酸-乳酸发酵； 发酵温度 26~28℃
色泽	不带有红的成分	红色
滋味	单宁含量低	有单宁的涩感

五、葡萄酒的品评及描述

葡萄酒品评是利用感官去了解、确定葡萄酒的感官特征及其优缺点，并最终评价其质量的科学方法，即利用视觉、嗅觉、味觉和触觉等对葡萄酒进行观察、分析、描述、定义和分级。

（一）品评过程

葡萄酒品评的过程可概括为：看、闻、品、余味四个方面。

1. 看——外观分析　葡萄酒品评的第一步是看葡萄酒的外观。葡萄酒的外观指标主要有色泽、澄清度与沉淀、酒泪等。将装有酒样的杯子倾斜 30°~45°，在光亮白色的背景下观察酒液。

（1）色泽：包含颜色和光泽。葡萄酒正常情况下是富有光泽的，如果葡萄酒的液面失去光泽，而且均匀地分布非常细小的尘状物，表明该葡萄酒很有可能已受到微生物的浸染。葡萄酒的颜色包括色调和颜色的深浅，这有助于我们判断葡萄酒的醇厚度、酒龄和成熟状况等。

（2）澄清度与沉淀：在观察酒液过程中，要注意区分"浑浊"和"沉淀"两个不同的概念。浑浊往往是由微生物病害、酶破败或金属破败引起的，而且会降低葡萄酒的质量；而沉淀则是由葡萄酒组分的溶解度变化而产生的（例如色素与果胶结合产生沉淀），一般不会影响葡萄酒的质量。

（3）酒泪：又称酒腿或酒柱。摇晃酒杯呈圆周运动，使葡萄酒均匀分布在酒杯内壁上，静止后可观察到酒杯内壁上形成的无色酒痕，这就是酒泪。酒泪反映的是酒精和干浸出物的含量。酒精和干浸出物含量高的葡萄酒,酒泪越多,越粗,持续时间越长;相反,酒精和干浸出物含量低的葡萄酒,酒泪少且细,持续时间越短。

2. 闻——三次闻香

(1)第一次闻香:在酒杯中倒入 1/3 其容积的葡萄酒,在静止状态下分析葡萄酒的香气。在闻香时,应慢慢地吸入酒杯中的空气。第一次闻到的是扩散性最强的那一部分香气,且较淡薄,第一次闻香的结果不能作为评价葡萄酒香气的主要依据。

(2)第二次闻香:第一次闻香后,摇晃酒杯呈圆周运动,促使葡萄酒中的香气全部释放出来,进行第二次闻香。此时闻到的香气较浓且种类丰富。

(3)第三次闻香:第三次闻香主要是闻香气中的缺陷。剧烈摇晃酒杯之后再次闻香。剧烈摇晃能加速葡萄酒中令人不愉快的气味如乙酸乙酯、氧化、霉味、苯乙烯、硫化氢等气味的释放。

闻香的记录:记录闻到的气味种类、浓度和持续性,并区分、鉴别所闻到的气味。

3. 品——品尝 吸入 6~10ml 的葡萄酒,在吸入的过程中,要轻轻地向口中吸气,使葡萄酒均匀地分布在平展舌头表面。吸入后,闭上双唇,头微向前倾,利用舌头和面部肌肉的运动,搅动葡萄酒,使其接触舌头、上颚以及口腔内所有的表面,也可将口微张,轻轻地向内吸气。这样不仅可防止葡萄酒从口中流出,还可使葡萄酒蒸汽进入鼻腔后部。之后最好咽下少量葡萄酒,将其余部分吐出。然后,用舌头舔牙齿和口腔内表明,以鉴别尾味。

葡萄酒品尝的 12 秒理论:如果要全面、深入分析葡萄酒的味感和口感,应将葡萄酒在口中保留 12 秒左右,然后才将葡萄酒咽下。

记下不同味道(甜味、酸味、苦味)的不同感受部位,以及分别是什么时候感受到的,感觉持续的时间、感觉和强度是如何变化的;集中注意力体会以下 5 种口腔内感受:收敛感、刺痛感、酒体厚重感、温度及热感。

最先感受到的味觉是甜味和酸味。甜味一般是靠舌尖来感受的,而酸味则多数靠分布在舌边缘和脸颊内侧的味蕾感受到的。酸味的刺激常常比甜味在口中持续的时间长。由于苦味的感受比较靠后,所以对于苦味感觉的增加基本上和甜味感觉的衰退是同时进行的。苦味感觉高峰的到来至少需要 15 秒,通常是由靠近舌中后部的味蕾感受到。随后,品评者要集中注意力在整个口感上,包括酒的收敛带来的干涩感、灼热感(酒精或苯酚引起的感觉),以及二氧化碳带来的刺痛感。

4. 余味 余味是指咽下或者吐掉葡萄酒后弥留在口腔内的香味或者令人愉悦的感受。一般来讲,余味的过程越长,说明葡萄酒的级别越高。很多品酒师把这一持续时间称为葡萄酒品质最主要的指示剂。例如,经常用果香或花香伴随着清爽的酸味来形容优质的白葡萄酒,用复杂的浆果香气带有厚重的单宁来形容优质的红葡萄酒。

集中注意力体会逗留在口腔内的嗅觉和味觉双重感受,与之前记录的感受相比较,记录下他们的特征和持续时间。

(二)香气描述

1. 气味的描述 葡萄酒的气味极为复杂和多样,目前还有一些气味无法鉴定。葡萄酒香气盘(U. C. Davis Aroma Wheel)将葡萄酒的香气进行分类,并给出了相应的描述词汇。葡萄酒香气盘将这些气味分为花香味、香料味、水果味、植物味、坚果味、焦糖味、木材味、土壤味、化学味、刺鼻味、氧化味、微生物味等 12 大类(如图 7-2)。

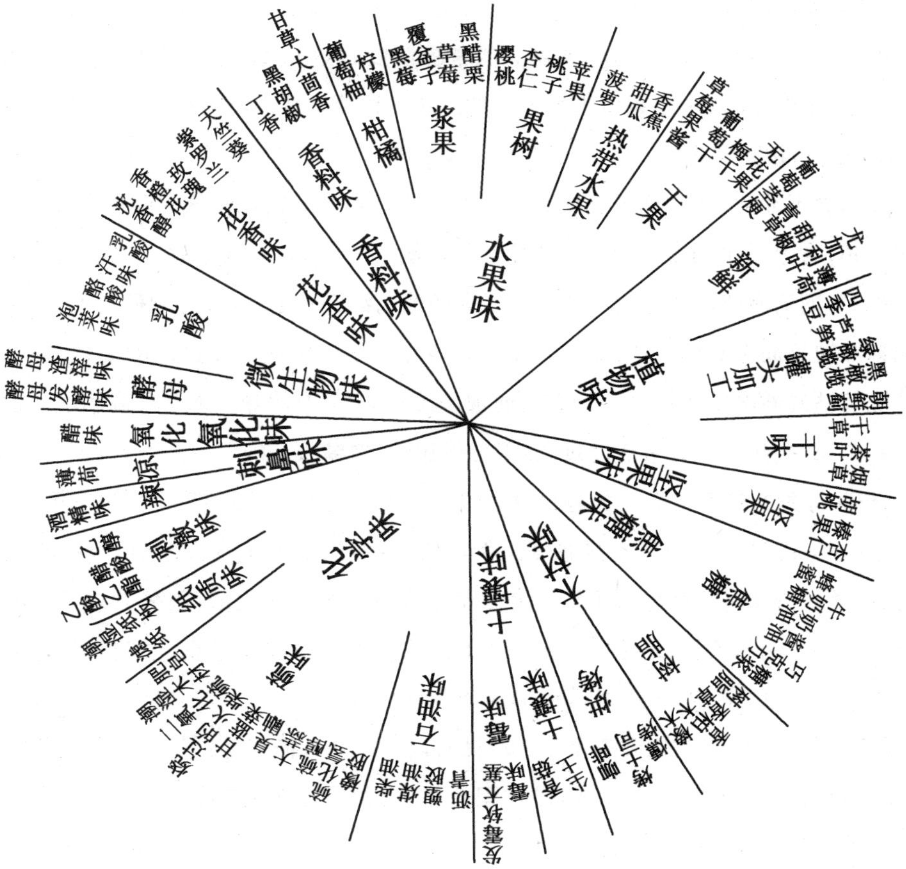

图 7-2　葡萄酒香气轮盘

2. 香气质量分析　葡萄酒香气质量的分析,主要包括分析香气的愉悦度、浓度、典型性等。

(1)香气的愉悦度:气味的愉悦程度是所有香气质量的基础。如果一种葡萄酒的气味令人舒服、和谐,它就优雅。优雅的陈年葡萄酒,以浓郁、舒适和谐的醇香为特征,而且颜色和口感都很纯正和精致;而新葡萄酒的优雅则以花香和成熟的水果香气为基础,可用花香和果香等来形容。相反,低劣、粗糙用于形容那些不具风格,具有不良气味的葡萄酒,它们常常带有植物、生青等粗糙的气味。

(2)香气的浓度:如果香气浓郁、完整,则称葡萄酒芳香、醇香;相反,如果香气淡薄或无香气,则称葡萄酒平淡、无味、淡弱。如果葡萄酒香气消失,则称失香、凋萎、衰老。

(3)香气的典型性:葡萄酒香气的纯正、纯净,表示其良好的"健康"状况;与纯正相反的则描述为模糊、不清爽。表示无任何异味,可用完好、明快来形容,与完好相反的则描述为病态的、变质的等。

(三)味觉及口感描述

葡萄酒在口腔中产生的味道主要是甜、酸、苦和咸味,口感主要有收敛感、黏度、灼烧感、温度、刺痛感、丰满感等。味觉和嗅觉的感知是完全统一的。对于一个酿酒师来说,平衡葡萄酒的口感是一个很艰巨的任务。高品质葡萄酒的显著特点就是各种感觉之间的协调平衡。过量的酸、收敛性、苦味造成的葡萄酒不平衡,往往是品酒师最先注意到的缺陷。

1. 甜和圆润　甜是指葡萄酒中的糖、酒精、甘油等产生的甜味,而圆润则是由甜产生的令人舒适、和谐的总体印象。与圆润具有同样含义的词汇还有柔软、柔和、流畅、肥硕等。葡萄酒中的甜味主要是由于糖的存在,特别是葡萄糖和果糖。通常糖浓度超过 0.2% 才会产生可以被感知的甜味。酒精具有甜味,而且酒精能在一定程度上增强糖的甜味。甘油呈现微弱的甜味,甘油醇常常被认为对于产生柔滑的口感和黏度很重要。

柔软的葡萄酒不冲撞口腔,毫无抵抗地顺从舌头的运动。柔软与较低的酸度和多酚类物质(单宁指数为 30~40)含量居中相联系。肥硕的葡萄酒充满口腔,既醇厚又柔软。这是优质葡萄酒的特征,它主要决定于葡萄酒原料良好的成熟度。柔软的葡萄酒不一定肥硕,但肥硕的葡萄酒一定柔软。但柔弱的葡萄酒缺乏筋肉和醇浓性,而且无味。柔弱主要用于描述酸度过低的葡萄酒。例如,如果一个白利口葡萄酒的酸度低,酒度低于 12%,通常是柔弱的,只有甜味。而一些高酒度的白利口葡萄酒,则应醇厚、圆润、蜜甜。但如果甜度过高,则变得甜腻,像糖浆一样。

2. 酸及与酸有关的感官特征　葡萄酒中由酸引起的有关感觉的词汇,可分为三类:第一类是形容酸味的词汇,即酸度过强引起的直接感觉。例如微酸:接近令人不愉快,但仍可接收的酸味。酸涩:生青使人难受的酸味,伴有涩感,主要是来源于未成熟的葡萄。尖酸:很酸并渗牙。第二类是形容酸度过低的词汇。例如柔弱、乏味、平淡、略咸等。第三类是由酸度过高、过低而引起不平衡的感觉的词汇。例如消瘦、枯燥、味短、干瘪、瘦弱、生硬、粗涩等。

3. 苦味和涩感　苦味物质主要有奎宁、咖啡因,以及一些杂糖苷等。类黄酮酚类物质是葡萄酒中最主要的苦味化合物,单体单宁(儿茶酸)比聚合单宁(缩合单宁)更苦。单宁的苦味在微碱或中性溶液中表现得更为突出。在葡萄酒的酸度条件下,单宁的苦味不纯,与涩感相混淆,主要表现为涩感突出。高单宁含量的葡萄酒通常具有涩感,即在口腔中引起的干燥和粗糙的感觉。单宁还是构成葡萄酒筋肉的成分,足够高的含量可以使葡萄酒厚实、丰满、浓郁,而具有结构感,味长。单宁含量越高,葡萄酒贮藏时间越长。但是,如果单宁含量过高则会使葡萄酒表现出生硬、粗糙、滞重。

一些糖苷类、萜烯类化合物和生物碱也产生苦味。例如,在雷司令葡萄酒中存在苦味糖苷类化合物柚皮苷,在麝香葡萄酒中存在苦味的萜烯糖苷类化合物。

4. 酚类物质　葡萄酒中的酚类化合物主要由类黄酮(黄酮醇、花青素、黄烷-3-醇等)和非类黄酮(安息香酸、苯甲醛、肉桂酸、肉桂醛、双羟苯基乙醇等)单体组成。这两类酚类物质都对味觉和口感有显著的影响。这些酚类化合物单独地或者相互结合起来,形成一些更大的聚合体称为单宁。在红葡萄酒中,类黄酮单宁是主要的酚类物质组分。类黄酮主要来自于果实的皮和籽,少量来自果柄。这些单宁主要由儿茶素、表儿茶素和表没食子儿茶素组成。葡萄酒中的主要苦味和收敛性由儿茶素和它们的聚合体(原矢车菊素和缩合单宁)产生。儿茶素和原矢车菊素是主要的苦味来源;中等大小的缩合单宁既表现苦味又表现收敛性;大分子单宁主要表现为收敛性。

(四) 葡萄酒的立体感

当品评员在口中通过舌头搅动来接触葡萄酒时,他会将所获得的感觉看作是与体积、形状及厚度等相似的印象,即用"物理外形"来表示葡萄酒的形态和构造,这就是立体味觉。葡萄酒最佳的形状是"球状",它代表具有良好平衡的立体。

葡萄酒的立体感比较复杂,其形态随着感觉的发展,也会发生变化。形容成分不够,缺乏筋肉的葡萄酒的主要词汇有:薄、干瘪、干硬、瘦弱等;形容厚实的葡萄酒词汇有:丰满、有骨架、有结构感、完全、浓重等。"厚实"表示有筋肉,具有硬度。"筋肉"与多酚、酒精、干物质含量相联系。

如果葡萄酒的结构良好,则和谐;不平衡或不和谐的葡萄酒则消瘦、干枯、解体,缺乏肥硕、圆润、筋骨、优雅等。

(五) 葡萄酒的感官要求及分级评价描述

《食品安全国家标准 葡萄酒》(GB 15037-2006)中的感官要求见表7-66,葡萄酒感官分级评价描述见表7-67,葡萄酒的理化要求表见7-68。

表 7-66　葡萄酒的感官要求

项目			要求
外观	色泽	白葡萄酒	近似无色、微黄带绿、浅黄、禾秆黄、金黄色
		红葡萄酒	紫红、深红、宝石红、红微带棕色、棕红色
		桃红葡萄酒	桃红、淡玫瑰红、浅红色
	澄清程度		澄清,有光泽,无明显悬浮物(使用软木塞封口的葡萄酒允许有少量软木渣,装瓶超过1年的葡萄酒允许有少量沉淀)
	起泡程度		起泡葡萄酒注入杯中,应有细微的串珠状起泡升起,并有一定的连续性
香气与滋味	香气		具有纯正、优雅、怡悦、和谐的果香与酒香,陈酿型的葡萄酒还应具有陈酿香或橡木香
	滋味	干、半干葡萄酒	具有纯正、优雅、爽怡的口味和悦人的果香味,酒体完整
		半甜、甜葡萄酒	具有甘甜醇厚的口味和陈酿的酒香味,酸甜协调,酒体丰满
		起泡葡萄酒	具有优美醇正、和谐悦人的口味和发酵起泡酒的特有香味,有刹口力
典型性			具有标示的葡萄品种及产品类型应有的特征和风格
说明			特种葡萄酒按相应的产品标准执行

表 7-67　葡萄酒感官分级评价描述

等级	描述
优级品	具有该品种应有的色泽,自然、悦目、澄清(透明)、有光泽;具有纯正、浓郁、优雅和谐的果香(酒香),诸香协调,口感细腻、舒顺、酒体丰满、完整、回味绵长,具该产品应有的怡人的风格
优良品	具有该产品的色泽;澄清透明,无明显悬浮物,具有纯正和谐的果香(酒香),口感纯正,较舒顺,较完整,优雅,回味较长,具良好的风格
合格品	与该产品应有的色泽略有不同,缺少自然感,允许有少量沉淀,具有该产品应有的气味,无异味,口感尚平衡,欠协调、完整,无明显缺陷
不合格品	与该产品应有的色泽明显不符,严重失光或浑浊,有明显异香、异味,酒体寡淡、不协调,或有其他明显的缺陷(除色泽外,只要有其中一条,则判为不合格品)
劣质品	不具备应有的特征

表 7-68　葡萄酒的理化要求

项目			要求
酒精度[a](20℃)(体积分数)/(%)			≥7.0
总糖[b](以葡萄糖计)/(g/L)	平静葡萄酒	干葡萄酒	≤4.0
		半干葡萄酒	4.1~12.0
		半甜葡萄酒	12.1~45.0
		甜葡萄酒	≥45.1
	高泡葡萄酒	天然高泡葡萄酒	≤12.0(允许差为3.0)
		绝干高泡葡萄酒	12.1~17.0(允许差为3.0)
		干高泡葡萄酒	17.1~32.0(允许差为3.0)
		半干高泡葡萄酒	32.1~50.0
		甜高泡葡萄酒	≥50.1
干浸出物(g/L)	白葡萄酒		≥16.0
	桃红葡萄酒		≥17.0
	红葡萄酒		≥18.0
挥发酸(以乙酸计)/(g/L)			≤1.2
柠檬酸/(g/L)	干、半干、半甜葡萄酒		≤1.0
	甜葡萄酒		≤2.0
二氧化碳(20℃)/MPa	低泡葡萄酒	<250ml/瓶	0.05~0.29
		≥250ml/瓶	0.05~0.34
	高泡葡萄酒	<250ml/瓶	≥0.30
		≥250ml/瓶	≥0.35
铁/(mg/L)			≤8.0
铜/(mg/L)			≤1.0
甲醇/(mg/L)	白、桃红葡萄酒		≤250
	红葡萄酒		≤400
苯甲酸或苯甲酸钠(以苯甲酸计)/(mg/L)			≤50
山梨酸或山梨酸钾(以山梨酸计)/(mg/L)			≤200

　　注:[a]酒精度标签标示值与实际值不得超过±1.0%(体积分数);[b]低泡葡萄酒总糖的要求同平静葡萄酒
　　说明:特种葡萄酒按相应的产品标准执行

(六)葡萄酒评价术语

　　1. 外观评价术语　葡萄酒的外观主要包括:颜色、澄清度、流动性、呈泡性。葡萄酒外观评价术语见表 7-69。

表 7-69　葡萄酒外观评价术语表

外观	酒种	评价术语
颜色	白葡萄酒	浅黄—浅黄带绿—浅绿—禾秆黄—金黄—琥珀—棕黄—栗色
	桃红葡萄酒	桃红色—带棕的桃红色—淡紫洋葱皮红—琥珀色
	红葡萄酒	浅红—宝石红—深红—砖红—石榴红—棕红
透明度		透明—透明发亮—晶莹清澈—晶亮 浑浊加沉淀—浑浊—不清晰—失光—微失光—纤维状浮游物；乳状浑浊；尘土状浑浊；雾状浑浊；絮状沉淀；粒状沉淀；片状沉淀；结晶性沉淀；块状沉淀
流动性		流动性—稠密的—浓厚的—油状的—黏稠的
呈泡性		持久的—连续的—迅速或缓慢形成—大气泡或小起泡

2. 香气评价术语　葡萄酒香气的描述主要包括香气来源、香气强度、特殊气味、味持值、总体判断等方面。葡萄酒香气品评术语见表 7-70。

表 7-70　葡萄酒香气品评术语表

香气特征	评价术语
香气来源	花味—果味的—植物性（青草味、叶子味） 动物性的—香辛料—干果味—蜂蜜—咖啡—烟草等
香气强度	无—很弱—弱—有点弱—中等—足够香—香—很香—极香
特殊气味	二氧化硫—硫化氢—硫醇 苯酚味—腐烂味—发霉味 醋味—酒变质的味道—变酸—醋酸乙酯 变质—氧化—青草味 木头味—瓶塞味等
味持值	香味的滞留时间 很长（8 秒以上）—长（5~8 秒）—中等（3~5 秒）—短（0~3 秒）—很短（0 秒）
总体判断	很好—好 高贵的—优雅的—优美的 原生的—普通的—粗俗的—粗劣的 令人愉快的—令人讨厌的—沉闷的 单一的—丰富的—复杂的

3. 味感及口感评价术语　葡萄酒味感及口感评价主要包括平衡状态、酸、单宁、酒精、柔软指数、后味、总体判断等方面。葡萄酒味感及口感品评术语见表 7-71。

表 7-71 葡萄酒味感及口感品评术语表

项目		评价术语		
味感及口感评价	平衡状态	不够	可能平衡	过多
	酸	平淡,软弱	凉爽的,强烈的,	发青的
	单宁	无力收缩的,不定形的	好吃的,可口的,含单宁的,涩口的	涩的,收敛的
	酒精	弱的	淡的,一般的,热的	灼口的
	柔软指数	辛辣的,发干的	硬的,坚实的,融合的,圆厚的,油腻的	糊状的
后味		纯净的—不纯净的—不干净的—苦的		
总体判断		和谐:很和谐—和谐—缺少和谐 评判等级:很好—好—可以—中等—勉强及格—坏—很坏		

（七）葡萄酒异常现象

1. 外观异常 酒液浑浊,可能是由氧化破败、铁破败等所致;沉淀并带有不规则悬浮颗粒,则为脏酒或病酒;酒液澄清但有悬浮物(如表面有白膜),则为酒花病。

2. 香气异常 葡萄酒有醋酸、臭鸡蛋(H_2S)、硫味(SO_2)、氧化味(乙醛)、腐烂味、石油味、木塞味、霉味、橡胶味、木味、狐臭味、沥青味、烟味、黄油味、老鼠味等气味均为异常现象。

3. 味感和口感异常 葡萄酒品尝时,表现为平淡、缺酸、甜、苦;明显苦味、碱味、橡胶味、腐败味、土味、布味、湿布袋味、油漆味、植物气味口感生硬、酸而刺口、化学刺激、味感和口感都平淡等都属于异常现象。

（八）葡萄酒评分表

葡萄酒的种类繁多、气味和口感变化大。国内外的葡萄酒评分体系也有多种,国内外常用的葡萄酒评分表见附录四。

点滴积累 ∨ ···

1. 葡萄酒是以鲜葡萄或葡萄汁为原料,经全部或部分发酵酿制而成的,含有一定酒精度的发酵酒。其酒精度一般不能低于 7°。

2. 葡萄酒香气可以为三类,一类品种香气、二类发酵香气、三类陈酿香气。

3. 干葡萄酒是指含糖（以葡萄糖计）小于或等于 4.0g/L 的葡萄酒。

4. 葡萄酒的品评主要包括:一看外观,二闻香气（三次闻香）,三品尝（12 秒理论）。

5. 葡萄酒品尝的 12 秒理论。如果要全面、深入分析葡萄酒的味感和口感,应将葡萄酒在口中保留 12 秒左右。

6. 葡萄品种按照用途可以分为鲜食葡萄和酿酒葡萄,两者之间不仅有区别,而且差别还很大。

7. 葡萄酒的酿造过程包含两个阶段:第一个阶段是物理化学阶段;第二个阶段是生物学阶段,即酒精发酵和苹果酸-乳酸发酵阶段。

8. 酒体是葡萄酒给口腔带来的一种或轻或重，或淡或稠的感觉。葡萄酒的酒体分成三种类别：轻盈酒体、中度酒体以及厚重酒体。

目标检测

一、选择题

（一）单项选择题

1. 食品在感官鉴别时发现了一些问题，对人体健康有一定危害，但经过处理后，可以被清除或控制，其危害不再会影响到食用者的健康。这种食品是（　　　）。

    A. 正常食品　　　　　　B. 无害化食品　　　　　　C. 条件可食食品　　　　　　D. 危害健康食品

2. 新鲜鱼鳃丝清晰呈（　　　）。

    A. 鲜红色　　　　　　B. 灰红　　　　　　C. 灰紫色　　　　　　D. 褐色

3. 若香精要直接加入到香精产品中，需要计入一定比例的溶剂，这些溶剂不包括（　　　）。

    A. 甘油　　　　　　　　　　　　B. 丙二醇

    C. 苯甲酸　　　　　　　　　　　D. 邻苯二甲酸二乙酯

4. 嗅闻次数要加以控制，对于刺激性较强的样品，不宜超过（　　　）次。

    A. 1　　　　　　B. 2　　　　　　C. 3　　　　　　D. 4

5. 葡萄酒的香气特征主要包含三类香气，以下（　　　）不属于此类香气。

    A. 品种香　　　　　　B. 发酵香　　　　　　C. 陈酿香　　　　　　D. 水果香

6. 下列（　　　）品种不是白葡萄品种。

    A. 西拉　　　　　　B. 霞多丽　　　　　　C. 长相思　　　　　　D. 雷司令

7. （　　　）物质是构成葡萄酒柔和、圆润和肥硕等感官特性的要素。

    A. 酸味　　　　　　B. 苦味　　　　　　C. 咸味　　　　　　D. 甜味

（二）多项选择题

1. 鲜乳质量的感官检验，除色泽检验外，还应包括（　　　）

    A. 组织状态检验　　　B. 滋味检验　　　C. 煮沸检验　　　D. 气味检验

2. 蛋制品的感官鉴别指标主要是（　　　）

    A. 色泽　　　　　　B. 滋味　　　　　　C. 外观形态　　　　　　D. 气味

3. 感官鉴别谷类质量的优劣时，一般依据（　　　）项目进行综合评价。

    A. 色泽　　　　　　B. 外观　　　　　　C. 气味　　　　　　D. 滋味

4. 动物性天然香料最常用的商品化品种有（　　　）。

    A. 麝香　　　　　　B. 龙涎香　　　　　　C. 海狸香　　　　　　D. 肉桂香

5. 关于调香师的描述，以下说法正确的是（　　　）。

    A. 广泛扎实的专业知识是调香师的基础条件

    B. 调香师只需要有灵敏的嗅觉

C. 闻香经验、表达交流能力、好学善用都是调香师必备的素质

D. 调香师必须要具有一定的艺术才能

6. (　　)是葡萄酒常见的香气缺陷。

A. 还原味　　　　　　B. 氧化味　　　　　　C. 醋酸味　　　　　　D. 二氧化硫味

7. 葡萄酒中源于葡萄浆果的酸味物质主要是(　　)

A. 琥珀酸　　　　　　B. 酒石酸　　　　　　C. 苹果酸　　　　　　D. 柠檬酸

8. 葡萄酒按含糖量可分为(　　)

A. 干　　　　　　　　B. 半干　　　　　　　C. 甜　　　　　　　　D. 半甜

9. 下列描述葡萄酒外观的指标有(　　)

A. 颜色　　　　　　　B. 澄清度　　　　　　C. 浑浊　　　　　　　D. 沉淀物

10. 葡萄酒的香气质量主要体现在(　　)等方面。

A. 愉悦度　　　　　　B. 浓郁度　　　　　　C. 典型性　　　　　　D. 纯正度

11. 葡萄酒中的甜味物质主要有(　　)

A. 葡萄糖　　　　　　B. 果糖　　　　　　　C. 酒精　　　　　　　D. 甘油

12. 正常红葡萄酒的颜色可能是(　　)

A. 宝石红　　　　　　B. 紫红　　　　　　　C. 砖红　　　　　　　D. 瓦红

二、简答题

1. 简述谷类的感官鉴别要点。

2. 运用感官检验方法,如何鉴别新鲜猪肉的质量?

3. 茶叶的品质可以从哪几个方面进行评价?

4. 什么是范氏技术?

5. 简述辨香与评香的注意要点。

6. 优质的葡萄酒的和谐,主要是指哪些平衡?

7. 简述葡萄酒的品评方法?

8. 关于葡萄酒酸、甜、苦和涩的描述词汇有哪些?

9. 葡萄酒的香气评价术语主要有哪些?

第八章

感官分析仪器及分析软件

导学情景

情景描述：

感官评价是乳制品原奶控制中重要的一环，但原奶批次多品尝量大，因此大部分质控员都在超负荷工作。同时，外部收购的原奶也存在潜在安全问题，智能感官分析仪器成为食品工业企业的又一选择。

学前导语：

传统感官评价能较客观地了解人类对于相关食品的味觉、嗅觉和视觉感受，可直接辅助食品工业企业及时解决、调整生产问题。但针对大批量食品产品测试，以及污染产品的测试具有局限性。同时，依赖于纸质问卷的数据收集方式，给实验数据处理带来很大的压力。随着科学技术的发展，智能感官分析仪器和感官分析系统为感官研究提供了更多的选择，如模拟仿生检测设备电子鼻和电子舌恰好能弥补这方面的缺陷。了解感官分析仪器和分析系统，可以帮助感官分析师更好的进行产品感官测试，甚至开拓新的研究方向。

第一节　感官分析仪器

一、概述

检测食品质量的方法主要有感官评价法、化学分析法和物理化学法。感官评价法依赖人的嗅觉、味觉、触觉等感觉对产品风味滋味进行感知，因此对于感官分析师的感知能力具有特殊要求，并且需要长期的训练和维护；此外，由于人的感觉器官具有个体差异，容易受到外界因素干扰，致使感官评价难以做到完全标准化和客观化。

随着社会对食品无损、快速、智能检测技术的要求越来越高，以及仿生技术研究的快速发展，电子舌、电子鼻、GC-MS-O 等专业分析仪器逐渐步入感官分析师的视野。同时，随着感官评价在消费者情绪研究方面的逐步深入，脑电、眼动、生理多导仪等仪器也已成为感官评价中的重要分析工具。

二、电子舌

电子舌是 20 世纪 80 年代中期发展起来的一种用于分析、识别液体总体特征的新型检测仪器（图 8-1）。电子舌模仿生物的味觉感受机制，系统中的传感器阵列即相当于生物体的舌头，感受不同的化学物质,并将采集的各种信号信息输入电脑。电脑代替了生物体中的大脑功能,利用嵌入电脑的软件分析处理信号信息,区分辨识不同性质物质的整体特征,最后得出各个物质的感官信息。传感器阵列中每个独立的传感器像舌面上的味蕾,具有交互敏感作用,即一个独立的传感器并非只感受一种化学物质,而是感受一类化学物质,并且在感受某类特定化学物质的同时,还感受一部分其他性质的化学物质。

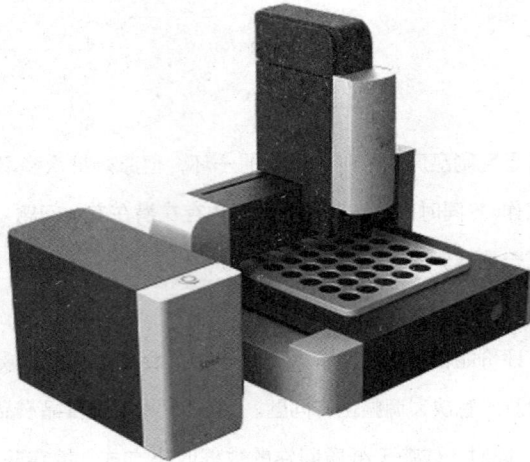

图 8-1 电子舌

应用在电子舌系统中的传感器有多种类型,目前世界上最尖端的味觉传感器技术,是仿照人类味觉细胞感受原理制造的双分子脂质膜。这种脂质膜可以对特定一类呈味物质专一响应,该结果是这种味道在人类感受中的性质和强度,即可以直接得到酸味、咸味、鲜味等量化的味觉指标。所以这项技术在食品领域尤其是模仿人工品评和标准化的味觉评估这方面具有无可替代的优势。

电子舌在饮料鉴别与区分、酒类产品(啤酒、清酒、白酒和红酒)区分与品质检测、农产品识别与分级、航天医学检测、制药工艺研究、环境监测等领域有较多应用。但由于传感器具有选择性和局限性,电子舌不可能适应所有检测对象。对于不同的检测环境,传感器的响应特征会有所不同,因此电子舌不适用于水果蔬菜的野外检测;对于肉制品等固态食品,样品需进行预处理,电子舌的结果会受到一定误差的干扰。

【应用实例】

采用电子舌对不同品牌的啤酒及其混合样品进行识别,对所获得的数据进行主成分分析、判别因子分析和偏最小二乘回归分析。结果表明:电子舌能够有效识别不同品牌的啤酒及不同品牌啤酒的混合样品;对不同品牌啤酒的混合样品建立了偏最小二乘回归分析预测模型,电子舌响应信号和啤酒混合比例之间有很好的相关性(相关系数为 0.9436),偏最小二乘回归分析模型预测误差在 1.43% ~ 3.00%之间。证明电子舌可用于啤酒的识别。

三、电子鼻

在过去十年间,俗称为"电子鼻"(eNoses)的电子设备已经发展到能够检测和识别气味的程度。

电子鼻主要由气味取样操作器、气体传感器阵列和信号处理系统三种功能器件组成（如图 8-2），其识别气味的主要机理是在气体阵列中的每个传感器对被测气体都有不同的灵敏度，例如，一号气体可在某个传感器上产生高响应，而对其他传感器则是低响应，同样，二号气体产生高响应的传感器对一号气体则不敏感，归根结底，整个传感器阵列对不同气体的响应图案是不同的，将传感器和电脑相连，由电脑鉴别它们传来的信号。正是这种区别，才使系统能根据传感器的响应图案来识别气味。

当一种气味经过电子鼻时，该气味的分子特性将以一种特殊的方式刺激传感器，并产生一种能够识别特定气味的独特电学模式——或称为"气味指纹"。就像嗅探犬一样，电子鼻首先也需要通过气味样本进行"训练"，以建立一个气味参考数据库。然后电子鼻就能够通过与数据库中包含的"气味指纹"进行比较来识别新的气味样本。但是与人类鼻子不同的是，如果给电子鼻闻一种数据库中没有记录其气味指纹的陌生气味时，电子鼻将无法识别这种气味。所以由拉菲·哈达德博士（Dr. RafiHaddad）领衔的魏兹曼研究所一组科学家，决定从另一个不同的角度来解决这个问题：不再训练电子鼻去识别特定的气味，而是训练电子鼻在一个特定的感觉轴上估计气味。他们选择的感觉轴是气味的愉悦性。换言之，他们训练电子鼻去预测某种气味闻起来是愉悦的还是令人不快的，还是处于这两个端点中间的任何一点。

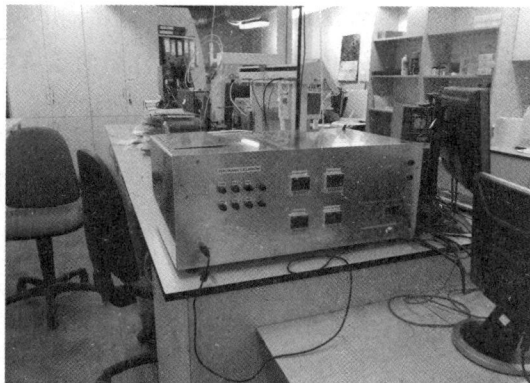

图 8-2　电子鼻

电子鼻技术响应时间短、检测速度快，相比气相色谱传感器、高效液相色谱，传感器不需要复杂的预处理过程；而且电子鼻灵敏度高，在某些方面甚至超过了人鼻，因为人的嗅觉会受外界条件的影响，而电子鼻无论在什么情况下，都能给出准确的结果，所测结果还可以用图表和数据表示出来；电子鼻的测定评估范围广，可以检测各种不同种类的食品，并且能避免人为误差，重复性好，可以在几小时、几天甚至数月的时间内连续地、实时地监测特定位置的气味状况；另外，电子鼻还能检测一些人鼻不能够检测的气体，如毒气或一些刺激性气体。

电子鼻的类型很多，主要有气相型、金属氧化物型、光传感型等，应用在食品、烟草、发酵、香精香料生产、环境恶臭分析等领域。例如电子鼻可用于鉴别食品的真伪，产地及食品是否新鲜，还可用于控制从原料到产品整个生产过程的工艺，从而保证产品的质量。英国格林尼治大学的科学家就成功研制了一种可用于检测蔬菜和水果的电子鼻。这种电子鼻能探测蔬菜和水果腐烂过程中释放出的一氧化碳、乙炔、硫化氢等气体，传感器将探到的各种气体的浓度数据输入到计算机中，计算机将这些数据与数据库中的有关数据进行比较,就可以判断出蔬菜和水果是否快要腐烂。因此电子鼻在许多领域尤其是食品行业发挥着越来越重要的作用,对食品感官质量评价、等级判定、类别识别、成分检测、贮藏保鲜、生产过程监测与控制等方面能够起到很好的支持,并对人工智能、数据融合等技术的发展起到良好的促进作用。

【应用实例】

采用电子鼻和电子舌,通过主成分分析(principal component analysis, PCA)、线性判别分析(linear discriminant analysis,LDA)对不同成熟度草莓鲜榨果汁的风味品质进行检测区分,并通过偏最小二乘回归分析(partial least squares, PLS)建立电子鼻和电子舌传感器响应信号与草莓鲜榨汁理化指标之间的关系,定量预测草莓的品质指标。结果表明:PCA 和 LDA 法均对不同成熟度草莓鲜榨汁的区分效果较好,且电子舌的区分效果好于电子鼻,电子鼻和电子舌传感器响应信号融合后的区分效果与电子舌相当;通过 PLS 法,电子舌传感器响应信号能够较好地预测不同成熟度草莓鲜榨汁的可溶性固形物含量、维生素 C 含量和 pH,但对总酸含量的预测能力稍差,其校正决定系数 r^2 为 0.876,预测决定系数 r^2 为 0.793;电子鼻和电子舌传感器响应信号融合后能够很好地预测不同成熟度草莓鲜榨汁的可溶性固形物、维生素 C 和总酸含量及 pH,其预测能力好于单一的电子鼻或电子舌,其中对于电子舌不能很好预测的总酸含量其校正决定系数和预测决定系数分别上升为 0.965 和 0.908。表明采用上述方法能对样品进行较好地区分且能对样品的品质指标进行较好地预测,其中电子鼻和电子舌信号融合对样品的区分能力和预测能力增强,验证了电子鼻和电子舌结合是对样品气味和味道的综合信息进行评价。

▶▶ **课堂活动**

电子鼻的方法有何局限性?

四、气相色谱质谱嗅闻(GC-MS-O)

风味是食品感知气味的重要组成部分,是指从食品基质中散发出的一种或多种具特殊气味、浓度高于检测阈值的挥发性化合物与人嗅觉细胞(鼻腔上皮组织中的 G 蛋白偶联受体)相作用所引起的人体嗅觉反应。这些挥发性化合物又称为风味化合物(flavour compounds)或气味成分(odours),大部分是疏水性的,检测阈值通常很低(×10^{-6}或×10^{-9})。国外对食品风味分析运用较多的是 GC-MS-O 法,原理是在气相色谱柱末端安装分流口,GC 毛细管柱分离出的流出物按照一定的分流比一部分进入仪器检测器[通常为氢火焰离子检测器(FID)和质谱(MS)],另一部分通过传输线进入嗅闻端口让人鼻(即感官检测器)进行感官评定。它结合不同的分析法(如频率检测法、AEDA、OSME等)可以指出食品中大量挥发性成分中真正具有气味活性的成分和各气味成分在不同浓度下对整体气味的贡献大小,这些都是用仪器检测难以达到的,因此 GC-MS-O 法是一种有效的风味化合物检测技术。

嗅闻仪(图 8-3)与气相色谱质谱连用(GC-MS-O),在测定气味物质之前,先进行物质的分离,通过平行检测,气味物质可以被逐一嗅辨,确定香味的同时又获得化合物的结构的信息,对调香有很大帮助。同时,在异味检测、确定气味污染方面也可发挥很大作用,如与大体积进样器及冷凝组分收集器配合,还能分离、收集出产生特定气味的单个成分。主要用于食品工业、饮料、香精香料行业、化妆品行业、烟草、包装材料、塑料工业、化学工业、环境分析、公安等。

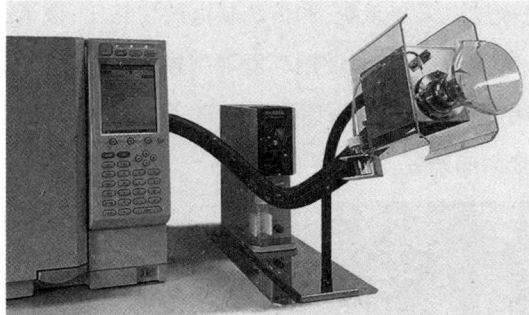

图 8-3 嗅闻仪

【应用实例】

采用同时蒸馏萃取法对内蒙古风干牛肉中挥发性化合物进行提取,并利用香气活性值(odor activity value,OAV)和气相色谱质谱嗅闻(GC-MS-O)联用的方法对其中的风味活性物质进行鉴定。结果表明共发现 59 种挥发性化合物,OAV 法和 GC-MS-O 法分别确定了 25 种和 21 种风味活性物质。内蒙古风干牛肉中含有丰富的风味物质,其中重要的风味活性物质主要包括 α-蒎烯、萜品烯、β-甜没药烯、反-2-辛烯醛、月桂醛、苯乙醛等。

知识链接

GC-MS-O 气相色谱质谱嗅闻

GC-MS-O 的强度分析方法又被称为嗅探技术(sniffing),通常有四类,包括稀释法(dilution analysis methods)、频率检测法(detection frequency methods)、峰后强度法(posterior intensity methods)以及时间强度法(time-intensity methods)。也有文献将嗅探技术分成三类,即频率检测法、阈值稀释法以及直接强度法。

五、脑电波仪

如今消费者在选择食品时的消费观念已发生很大变化,过去可能只消费单一产品或者只看重产品价格,但现在消费者更看中的是产品带来的综合感受。传统调研方式在测定消费者感受时,以主观问卷或陈述为主,而这种方式极大依赖于消费者的诚实性,此外诸如情绪、注意力等内在感受变化很难被客观陈述或表达。因此通过脑电波测定,直接记录人脑内部神经元的活动情况,可以更加真实反映消费者的心理感受,从而为消费者情绪体验做出更加准确的评估。

脑电波仪(图 8-4)能够测量和监控人的注意力和情绪状态,主要应用包括:心理学研究、神经医学研究、用户研究、精神卫生研究、运动心理学研究、管理学研究、人工智能研究等多项领域。目前,应用于食品产品的脑电测试主要集中在气味、味道对情绪和注意力的影响,如柑橘味的冰块比普通冰块加到水中时更容易让人提高注意力,在认知测试中取得更好的成绩。此外还应用于广告情绪测评,研究食品与情绪相互作用,通过优化食品的情绪体验提升产品竞争力。

值得一提的是无线干电极脑电采集系统,和传统脑电波仪相比,该系统不依赖于导电胶,干电极脑电设备的实验准备时间大大缩短,因此对使用环境限制较小。无线干电极脑电采集系统能够提供人机交互设计评估,进行情绪测评、注意力测评等。非常适合应用于超市、户外等更灵活的测试场景,可以对购物过程进行更全面的研究。

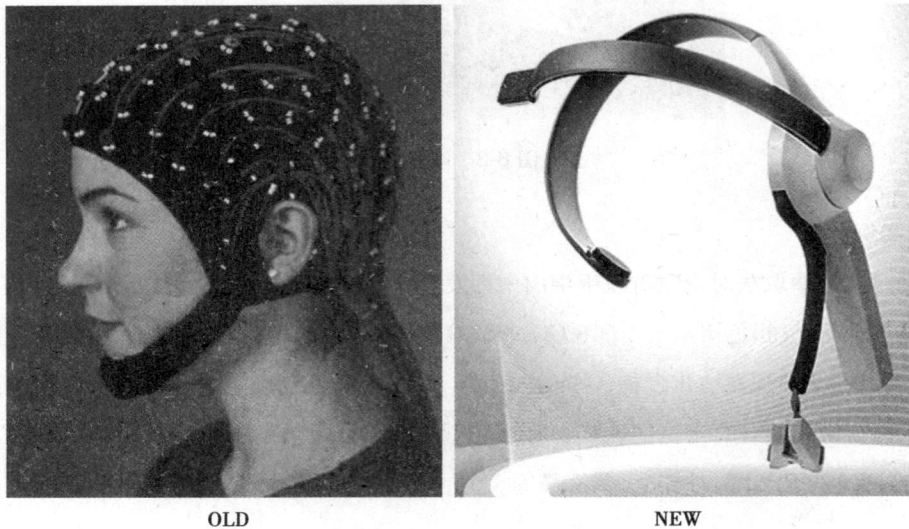

OLD　　　　　　　　　　　　　　NEW

图 8-4　脑电波仪

【应用实例】

为明确薰衣草精油及复方对缓解紧张情绪的效果,以及确认脑电波仪测试手段的有效性,用两种以薰衣草为主体的精油配方进行人体脑电波测试,首先通过 GC-MS-O 对薰衣草单、复方精油成分进行测试明确其组分,在脑电测试前对闻香最适宜浓度进行调查,募集 60 名志愿者,分别测试嗅吸空白组、薰衣草单方精油、薰衣草复方精油脑波并分析 β 波变化情况。实验结果为:薰衣草精油中含有较多的芳樟醇、乙酸芳樟酯,其含量分别为 32.58% 和 42.20%,此外含量超过 1% 的成分还有 α-松油醇、γ-松油烯、β-石竹烯、4-萜品醇、罗勒烯;复方精油主要成分为芳樟醇 17.405%、柠檬烯 10.998%、香茅醇 2.022% 和香叶醇 1.806%。薰衣草单方精油最适宜闻香浓度为 3‰,复方精油最适宜闻香浓度为 2‰。60 名志愿者在嗅吸薰衣草单方精油和嗅吸复方精油后相比对照区 β 波所占百分比均表现出显著降低($P<0.05$);其中后者比前者降低程度更为显著($P<0.01$)。女性和男性相比,前者对单方和复方均表现为比后者敏感。20~44 岁、45~59 岁、60~76 岁不同年龄段,嗅闻单方和复方精油后 β 波均呈现不同程度的下降,随岁数的增加,敏感度下降。以上结果表明,复方精油比薰衣草单方精油具有更有效的缓解紧张情绪作用,同时也证明脑电波对此项功效的测试方法是有效的。

六、眼动仪

眼睛是心灵的窗口,透过这个窗口我们可以探究人的许多心理活动规律。人类的信息加工在很大程度上依赖于视觉,来自外界的信息约有 80% ~ 90% 是通过人眼获得。因此对于"人是如何看事物"的科学研究一直没有间断过。关于这一点,对于眼球运动(以下称眼动)的研究被认为是视觉信息加工研究中最有效的手段。研究表明,眼动的各种模式一直与人的心理变化相关联。近年来,一些精密测量眼动规律的仪器(以下称眼动仪)相继问世(图 8-5)。

眼动有三种基本方式:注视(fixation)、眼跳(saccades)和追随运动(pursuit movement),眼动仪用于记录人在处理视觉信息时的眼动轨迹特征,广泛用于注意力、视知觉、阅读等领域的研究。现代眼动仪的结构一般包括四个系统,即光学系统、瞳孔中心坐标提取系统、视景与瞳孔坐标迭加系统和图像与数据的记录分析系统。眼动可以反映视觉信息的选择模式,对于揭示认知加工的心理机制具有重要意义,从研究报告看,利用眼动仪进行心理学研究常用的资料或参数主要包括:注视点轨迹图,眼动时间,眼跳方向(direction)的平均速度(average velocity),时间和距离(或称幅度 amplitude),瞳孔(pupil)大小(面积或直径,单位象素 pixel)和眨眼(blink)。

图 8-5　眼动仪

便携眼动仪是非接触式的多用途眼动追踪系统,允许被试者在完全自然状态下进行试验,支持自由的头部活动。适用于认知和发展心理学、神经生理学、软件可用性研究、市场研究、人机交互研究、广告设计分析以及工业和艺术设计领域。

头戴式眼动仪适用于基于真实场景的眼动研究,如产品包装设计、货架测试研究、实体广告研究、店内促销品效果评估、人体工程学、工效学、驾驶舱模拟、体育运动研究、心理学研究、交互式界面研究等领域。

七、生理多导仪

当外界刺激作用于人的神经系统时,人类大脑会对这些刺激信号进行信息加工,一些生理指标也会出现变化。多导仪生理测试技术是通过分析生理活动记录测试对象在呈现刺激时的生理变化情况,从而推断其与特定刺激关系的一门技术。多导生理记录分析系统仪(图 8-6)可用于测量生物电(如脑电、心电、肌电、皮电等),血压,呼吸,脉搏,体温,皮温,有创和无创心输出量,皮肤电阻,脉搏容积,血氧饱和度等生理指标,常用于心理学和基因工程的相关研究、食品情绪研究和用户体验研究。

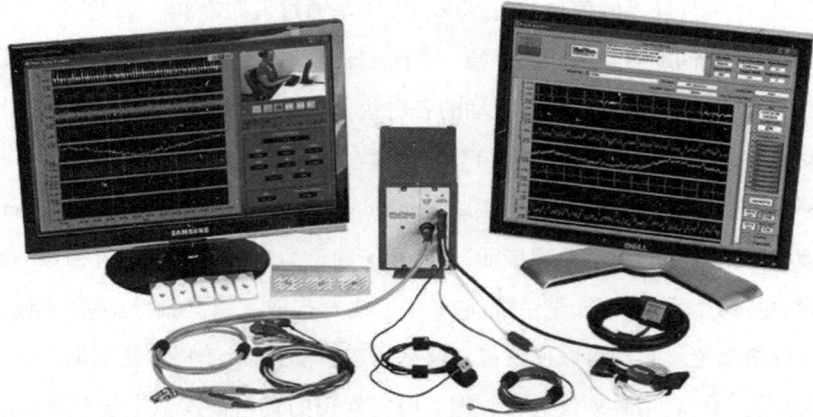

图 8-6　多导生理记录分析系统仪

点滴积累　Ｖ

感官评价常用仪器有：电子舌、电子鼻、GC-MS-O。 同时，随着感官评价在消费者情绪研究方面的逐步深入，脑电、眼动、生理多导仪等仪器也已成为感官评价中的重要分析工具。

第二节　感官分析软件

目前感官分析软件可以分为两类，一类是感官专业软件，这类软件可以帮助感官分析师设计问卷并且进行结果分析，由于专业性强，此类软件需要购买，而且价格较昂贵；另一类是统计分析软件，只是在后期数据统计环节帮助我们分析结果数据，比如 SPSS、matlab、XLSTAT、R 等，此类软件是通用软件，并不仅仅针对感官分析，具有非常强大的统计分析功能。

一、专业感官评价系统

国内外感官分析系统的研究和实践比较少，目前比较成熟的感官评价软件包括 FIZZ 软件、Compusense、Eye Question、Redjade、轻松感官分析系统、Forstand 等。

1. FIZZ 软件是法国 Biosystemes 团队提供的一款专业感官评定分析软件，客观的说，FIZZ 软件的主要特点如下：

（1）提供多种解决方案以适应不同的情况；

（2）尽可能提供全面的方案；

（3）提供可靠的、通用的解决方案。

FIZZ 软件的解决方案涵盖了所有感官测试，能够满足所有消费者测试的需求。FIZZ 解决方案可以自动生成相关试验设计的宽度范围，并且提供相关数据分析工具的建议。

2. Compusense 软件是加拿大 Compusense 公司旗下的产品。Compusense 公司的目标是建立完善的科学感官方法、用户友好交互的软件产品和卓越的客户服务，该公司作为行业的领导者，在感官软件开发和测试方面已有 25 年时间。Compusense 软件的主要特点是：无针对性领域,提供多种解决方案;特别适合培训感官分析人员;简单可行的操作界面;拥有比较成熟的感官分析经验。

3. Eye Question 软件是荷兰 Logic8 公司旗下的产品,目前和其他国外感官分析软件相比,汉化程度较好。由于其操作方便,界面设计友好,受到了众多感官分析师的偏爱。该软件的特点:提供多种常用感官分析试验设计,数据可视化功能强大。

4. 轻松感官分析系统是中国标准化研究院食品感官分析研究领域自主研发的规范化管理软件。该软件具有多个功能模块,支持实验设计、样品准备、过程评价和结果分析,同时提供实验人员信息维护、食品代码维护等功能。该软件的特点是:操作为中文系统,操作界面简单,具有成熟的试验方法模块,适合维护产品及人员等烦琐信息,非常适合标准化实验室进行感官工作。

5. 农产品感官分析系统是东华大学计算机系开发的一款针对农产品的感官分析系统,其软件特点为:对于特定农产品提供重要的感官特征,能够追踪某一株系中各个农产品所含化学成分变化。

6. Redjade 是一款在线感官评测系统,其特点是:无须软件安装,支持在线试验设计,能够直接导出 ppt,具有良好的数据可视化功能,由于其较高的灵活性非常适合进行消费者测试。

7. Forstand(感问系统)是一款在线实验系统,无须购买安装端,采用计算机云端管理技术,为客户提供随时、随地、方便快捷的服务。无论客户是否具备感官专业技能、是否具备统计分析能力,都能轻松操作。所有的评价数据可以灵活调用,问卷设计更加便携自由,不受硬件条件束缚。此外,还有美国 Sensory Computer Systems 公司的 SIM2000 以及法国 ABT Informatique 公司的 Tastel[+]等。

二、感官数据分析软件

对感官评价实验数据进行分析时,除采用以上感官专业分析软件外,还可以采用具有统计分析功能的数据分析软件。

1. **R 软件** R 软件是基于 AT&T 贝尔实验室在 20 世纪 70 年代所发展的 S 程序语言构造而成的免费科学与统计软件。知名商业统计软件 S-Plus 的核心也是基于 S 程序语言,但需要付费购买。

R 软件包含数据处理、统计分析、仿真模拟、科学运算与图形处理等功能,是在 1995 年由奥克兰大学统计系的 Robert Gentleman 与 Ross Ihaka 两位学者开发建立的,随后该软件受到科学界与统计领域的好评,吸引更多的热心人士加入 R 软件的开发与维护行列。目前的 R 软件为开放原始码的自由软件,任何人都可以取得 R 软件所有的源代码加以修改或扩充其功能。

世界各国也有 CRAN 镜射网站可以下载 R 软件与各类程序包。R 软件目前提供 Windows、MacOS 与 Linux 操作系统的可运行文件,也提供完整的源代码,让其他 Unix 操作系统的使用者也可以编译并安装在 Unix 主机中。

R 软件的特点是:具有极大的灵活性,免费开放,支持其他程序语言,程序包更新迅速,且在网上可以获得丰富方便的教学软件,支持所有感官测试数据分析。但对于感官分析师具有一定的计算机编程能力要求。

2. **SPSS** SPSS 是世界上最早采用图形菜单驱动界面的统计软件,它最突出的特点就是操作界面极为友好,输出结果美观漂亮。它将几乎所有的功能都以统一、规范的界面展现出来,使用

Windows 的窗口方式展示各种管理和分析数据方法的功能,对话框展示出各种功能选择项。用户只要掌握一定的 Windows 操作技能,精通统计分析原理,就可以使用该软件为特定的科研工作服务。对于熟悉老版本编程运行方式的用户,SPSS 还特别设计了语法生成窗口,用户只需在菜单中选好各个选项,然后按"粘贴"按钮就可以自动生成标准的 SPSS 程序。极大的方便了中、高级用户。虽然如此,SPSS for Windows 由于其操作简单,已经在我国的社会科学、自然科学的各个领域发挥了巨大作用。但对于感官数据相关的 MFA 等算法需要额外加载插件。

3. XLSTAT 是 Excel 表格的一个数据分析插件,具有专门针对感官分析的功能模块,特点是对表格的管理和统计图制作功能强大,容易操作,但不足的是运算速度慢,且不足以支持所有感官相关的数据统计分析。

4. PanelCheck 是一款开源软件,是由丹麦 DTU 大学开放的,特点是:无汉化,免费且操作界面简单,非常适合评价人员训练结果分析。

此外,还有 Matlab、Minitab 等软件,感官分析师可针对自己的需求选择数据分析软件。

知识链接

数据处理软件 R

R 软件初学者花费时间最多的步骤,通常是"寻找适当的程序包与函数"。 这部分可以皆由 R 软件 CRAN 镜射网站的 "Task Views" 网页链接或是在 R 软件网站上使用锁定该站内容的 Google "Search" 功能来寻找可用的程序包。 此外,在 R 软件中使用 "?? 关键词"也可以搜寻到可用的函数。

点滴积累 ∨

目前感官分析软件可以分为两类, 一类是感官专业软件, 这类软件可以帮助感官分析师设计问卷并且进行结果分析, 由于专业性强, 此类软件需要购买, 而且价格较昂贵; 另一类是统计分析软件, 只是在后期数据统计环节帮助我们分析结果数据, 比如 SPSS、Matlab、XLSTAT、R 等, 此类软件是通用软件, 并不仅仅针对感官分析, 具有非常强大的统计分析功能。

目标检测

一、选择题

(一) 单项选择题

1. 荷兰 Logic8 公司旗下的感官专业分析软件是(　　)

    A. Redjade   B. R 软件   C. Tastel$^+$ D. Eye Question

2. 进行评价人员情绪测试时,目前可以测量肌电位的仪器是(　　)

    A. 电子鼻   B. 生理多导仪   C. 电子舌   D. 嗅闻

3. 进行饮料鉴别与区分、酒类产品(啤酒、清酒、白酒和红酒)区分时可以采用(　　)感官仪器。

    A. 电子鼻   B. 电子舌   C. 干电极脑电波仪   D. Fizz

4. (　　)可通过记录人的视觉轨迹,适用于进行产品包装设计、货架偏好测试、网页测试等测试。

    A. 固定眼动仪　　　　　　B. 干电极脑电波仪　　C. 便携眼动仪　　　　D. 电子眼

5. 目前世界上最尖端的味觉传感器技术,是仿照人类味觉细胞感受原理制造的(　　)

    A. 双分子脂质膜　　　　　　　　　B. 类人脂质膜

    C. G-蛋白偶联受体　　　　　　　　D. 固相微萃取镀膜

(二)多项选择题

1. 眼动的基本方式有(　　)

    A. 注视　　　　　　　　　B. 眼跳　　　　　　C. 追随运动　　　　D. 瞳孔移动

2. Forstand 支持(　　)软件系统。

    A. Windows　　　　　　　B. MacOS　　　　　C. Linux　　　　　　D. S-Plus

3. Fizz 软件的主要特点是(　　)

    A. 提供多种解决方案以适应不同的情况

    B. 支持多种计算机系统

    C. 提供可靠的、通用的解决方案

    D. 尽可能提供全面的方案

4. PanelCheck 软件的特点是(　　)

    A. 汉化程度高　　　　　　　　　　B. 开源且数据可视化程度好

    C. 免费且操作界面简单　　　　　　D. 适合人员训练结果分析

5. GC-MS-O 的强度分析方法又被称为嗅探技术,通常有(　　)

    A. 稀释法　　　　　　　　B. 频率检测法　　　C. 峰后强度法　　　D. 时间强度法

二、简答题

1. 脑电波仪在食品感官方面的应用有哪些?

2. 电子鼻在食品感官方面的应用有哪些?

3. 请描述气相色谱嗅闻的原理?

三、实例分析

1. 某企业进行感官评价人员训练,其中发现有些评价人员的能力不稳定,但无法评判哪些评价人员对,哪些评价人员错,请问如何处理?

2. 某公司计划进行货架测试,利用眼动仪找出最吸引消费者的产品位置,但是结果和消费者问卷的结果相冲突,请问该如何解释?

实验和实训指导

实验一　基本滋味的辨别

【实验目的】

酸、甜、咸、苦是人类的四种基本味觉,通过对不同试液的品尝,掌握基本味觉识别(甜、酸、咸、苦)和测定方法,学会感官评定实验的准备步骤与方法,并且对感官评价有一初步了解。

【实验内容】

(一)实验用品

1. **水**　无色、无味、无臭、无泡沫,中性,纯度接近于蒸馏水,对实验结果无影响。

2. **四种味感物质储备液**　按实验表 1-1 规定制备:

实验表 1-1　四种味感物质配制表

基本味道	参比物质	质量浓度(g/L)
酸	DL-酒石酸(结晶)	2
	柠檬酸(一水化合物结晶)	1
甜	蔗糖	34
苦	盐酸奎宁(二水化合物)	0.02
	咖啡因(一水化合物结晶)	0.20
咸	无水氯化钠	6

3. **四种味感物质的稀释溶液**　用上述储备液按几何系列或算术系列两种系列制备的稀释溶液,作为品尝样品。

4. **设备**　容量瓶、玻璃容器(玻璃杯)

(二)实验步骤

1. 把稀释溶液分别放置在已编号的容器内,另有一容器盛水。

2. 溶液准备好后,逐渐提交给评价员,每次 7 杯,其中一杯为水。每杯约 15ml,杯号按随机数编号,品尝后填写实验报告。

【注意事项】

1. 要求评价员细心品尝每种溶液,如果溶液不咽下,需含在口中停留一段时间。每次品尝后,用水漱口,如果是再品尝另一种溶液,需等待 1 分钟后再品尝。

2. 实验期间样品和水温尽量保持在 20℃。

3. 实验样品的组合,可以是同一浓度系列的不同溶液样品,也可以是不同浓度系列的同一味感样品或 2~3 种不同味感样品,每批样品数一致(如均为 7 个)。

4. 样品编号以随机数编号,无论以哪种组合,都应使各种浓度的实验溶液都被品评过,浓度顺序应为从低浓度逐步到高浓度。

5. 学生实验前应保持良好的生理和心理状态。

【实验报告】

四种基本滋味的辨认

姓名_____　　　　学号_____　　　　日期_____

你接到一组样品,包含四种基本滋味,可能还有其他滋味,请你将每一种滋味辨认出来。你觉得样品与水一样用(0)作记号。你若觉得样品有味但不确定准确滋味,则用(?)标记。

样品号	滋味
_____	_____
_____	_____
_____	_____
_____	_____
_____	_____
_____	_____

【实验评价】

根据评价员的品评结果,统计该评价员的基本味识别准确情况。计算正确率,大于 75% 合格。

实验二　阈值实验

【实验目的】

1. 掌握阈值的测定方法,测定评价员对四大味感的绝对阈值。

2. 掌握基本滋味的鉴别技巧。

【实验内容】

(一)实验用品

1. 母液浓度　柠檬酸 1.5g/L,蔗糖 80g/L,氯化钠 16g/L,盐酸奎宁 0.04g/L。

2. 样品稀释方法　依次减半法。

(二)实验方法

先分别测定出现阈值和消失阈值,绝对阈值等于两者的算术平均值。

(三)实验步骤

1. 盘中放有排列成行的试液杯,并标有三位数码,品尝的顺序必须是从左到右,由上到下,每个试液只许品尝一次,并注意切勿吞下试液。

2. 先用水漱口,然后喝入试液并含于口中,做口腔运动使试液接触整个舌头和上颚,然后对试液的味道进行描述,吐出试液,用水漱口,继续品尝下一个试液。

3. 在出现阈值测定中,请在刚出现味感的样品下打"√";消失阈值测定中,请在刚出现味感消失的样品下打"×"。完成实验报告。

【注意事项】

1. 实验中水质非常重要,蒸馏水、重蒸馏水或者去离子水都不令人满意。一般的方法是煮沸新鲜水 10 分钟,冷却后倾斜倒出即可。

2. 刚开始实验时,氯化钠和柠檬酸溶液会有甜味感,然后才出现咸味和酸味感觉。

3. 味觉判断从稀到浓逐步、连续进行,不允许重复。

【实验报告】

阈值实验

姓名_____ 学号_____ 日期_____

你接到的样品是一系列同样味道样品,样品按浓度增大排列,先用清水漱口,以熟悉水味,请不要吞咽样品。

先品尝第一个样品,然后第二个,依次品尝后面的样品。不要重复品尝你正要品尝的样品,更不要品尝前面你已经品尝过的样品。

在出现阈值测定中,请在刚出现味感的样品下打"√";消失阈值测定中,请在刚出现味感消失的样品下打"×"。

出现阈值

样品顺序	1	2	3	4	5	6	7	8
样品编号	纯净水	124	327	243	115	954	682	705
回答								

消失阈值

样品顺序	1	2	3	4	5	6	7	8
样品编号	纯净水	705	682	954	115	243	327	124
回答								

结果计算

样品编号	纯净水	124	327	243	115	954	682	705
样品浓度								
出现阈值			消失阈值			绝对阈值		

【实验评价】

绝对阈值=(出现阈值+消失阈值)/2,通过出现阈值和消失阈值计算绝对阈值。

实验三　食品颜色评价

【实验目的】

本实验要求掌握色卡的使用方法;通过样品与标准颜色色卡进行对比检验来进行颜色评价。

【实验内容】

(一)用品

潘通色卡 C/U 一套,5、6 种不同成熟度的香蕉各几根。

(二)方法

利用标准色卡比对评定食品的颜色,利用颜色判定香蕉成熟度。

(三)步骤

1. PANTONE(潘通)色卡使用方法

(1)带 C 的为亮光颜色(印制在光面铜版纸上),带 U 的为哑光颜色(印制在哑面胶版纸上),每一本都有 1867 个颜色。

(2)潘通色卡使用举例。如 C2 页的 PANTONE 100 C 代表一种颜色,由 yellow(黄色)3.10% 和 Trans. Wt.(透光白或白色)96.90% 调配而成。

(3)保养:色卡易褪色,使用完毕,装到 PANTONE 色卡的黑色纸盒内,并用塑料布包装一下,尽量不和空气接触,需定期更换。

2. 颜色测定

(1)每小组分别对 5、6 个不同成熟度的香蕉进行编号,调整光照条件,需要保证样品和标准色卡的照明条件一致。

(2)将样品与标准色卡进行比对,记下其颜色编号,写出其调色配方。

(3)测完后小组交换位置重复一次。

(4)依次写出与标准色卡最接近的颜色编号及调色配方,填实验表 3-1。

实验表 3-1　食品颜色记录表

样品	＿＿组样品		＿＿组样品	
	颜色	调色配方	颜色	调色配方
1				
2				
3				
4				
5				
6				

3. 香蕉成熟度的检验　利用色卡找出香蕉最佳成熟度的颜色编号。

【注意事项】

1. 检查色卡是否老化,注意色卡的类型。

2. 结合香蕉的滋味气味、质地,然后找出最佳成熟颜色。

【实验报告】

填写颜色记录表。

【实验评价】

小组之间相互复查,找出香蕉最佳成熟度的颜色范围。

实验四　三点检验

【实验目的】

学习三点检验法,掌握检验方法具体操作、实验要求、样品准备、结果统计、报告书写,了解实验注意事项。

【实验内容】

（一）用品

1. **实验室**　灯光、通风等实验室设备和小隔间应符合 GB/T 138688 的要求。

2. **实验样品**　两种品牌的利乐枕纯牛奶各 8 包。（液体产品每人需每个样品约 30ml。）

3. **初级感官评价员**　30 人（实际应用中人数确定应根据 α、β、P_d 确定）

4. **分装样品容器**　PET 一次性品尝杯（带盖）100 个。

5. **实验问卷**　如果有专业感官评价系统,如 FIZZ、Eye Question、Compusense、Forstand、轻松感官分析系统等,直接在系统内进行问卷和程序设定;如果使用纸质问卷,那么需实验前设计并打印问卷,问卷示例如下:

姓名:

实验日期:

　检验开始前,请用清水漱口,两组三点检验中各有三个样品需要评价,请按照样品编码从左至右依次品尝样品,由第一组样品开始,将全部样品摄入口中,请勿再次品尝;每组样品中有一个样品与其他两个不同,找出不一样的样品,并在对应结果□内打"√"。在两组样品品尝之间使用清水漱口,并吐出所有的样品和水,然后进行下一组,重复品尝程序。此实验为强制选择检验,如果不能区别出不一样的样品,仍需给出答案。

样品组 1:□582　　□904　　□173

样品组 2:□651　　□275　　□496

（二）方法

三点检验法是一种差别检验方法，感官评价人员通过三点检验法分析出两种样品是否在一定的置信区间内存在显著性差异，此方法常用于产品配方变化、货架期测试、评定员培训、配对测试等。检验中，评价员收到三个样品，并从中选出一个与其他两个不一样的样品；感官专业人员通过计算达到正确答案数的概率来确定样品间是否存在显著性差异。

（三）步骤

1. 检验前准备好工作表和评分表。尽量使两种样品的出现次数相等。

2. 同时提供三连样的三个样品，通常允许评价员进行重复评价。

3. 评价员进入评价区后，首先使用漱口水漱口，告知评价员实验流程、评价方法及注意事项、问卷使用等。要求评价员指出三个样品中哪一个与另外两个不同。

4. 每张评分表仅用于一位评价员。

5. 三点检验是强迫选择程序，不允许评价员不作答。当评价员无法判断出差别时，应要求评价员随机选择一个样品。

6. 实验结束后搜集整理实验结果，统计样本数和正确答案数，使用计算公式计算实验结果。

7. 撰写实验报告。

【注意事项】

1. 使用相同的方式制定样品，即相同器具、相同容器、相同数量等。

2. 评价员不能通过样品的呈送方式鉴别出样品，避免任何外观差别，使用滤光器和（或）柔和灯光掩饰无关的色泽差别。

3. 用统一方式对盛样品的容器编码，在每次检验中使用随机选择的三位数，每组样品由三个样品组成，每个样品用不同的编码。在一场检验中，每个评价员使用不同的编码。

4. 每组样品中，三个样品的外观、体积或数量应相同，应规定被评价样品的数量或体积，或者应告知评价员取相似数量或体积样品。

5. 无样品使用评估过程中，应避免过多评价样品，建议每次连续评估不超过 3 组样品，并在每组之间有一定的时间间隔。

6. 每组样品应在相同区域进行使用，避免使用区域不同引起评价误差。

7. 在完成所有检验前，避免提供有关产品特性、期望的结果或者评价员表现信息。

8. 评价员做出选择后，不要问其关于偏好、接受或者差别程度的问题。

【实验报告】

报告本检验的对象、结果和结论，建议给出以下附加信息：

1. 检验的目的及检验方法性质；

2. 样品的详细说明，即来源、数量、储藏、制备方法等；

3. 检验环境、时间、地点等；

4. 评价员数、正确答案数、统计评价结果。

【实验评价】

请对本组的实验结果进行解释。

实验五　二-三点检验

【实验目的】

学习二-三点检验法,掌握检验方法具体操作、实验要求、样品准备、结果统计、报告书写,了解实验注意事项。

【实验内容】

(一) 用品

1. 实验室　灯光、通风等实验室设备和小隔间应符合 GB/T 138688 的要求。

2. 实验样品　两种品牌的利乐枕纯牛奶各 10 包。(液体产品每人需每个样品约 30ml)

3. 初级感官评价员　40 人(实际应用中人数确定应根据 α、β、P_d 确定)

4. 分装样品容器　PET 一次性品尝杯(带盖)120 个。

5. 实验问卷　如果有专业感官评价系统,如 FIZZ、Eye Question、Compusense、Forstand、轻松感官分析系统等,直接在系统内进行问卷和程序设定;如果使用纸质问卷,那么需实验前设计并打印问卷,问卷示例如下:

姓名:

实验日期:

　　检验开始前,请用清水漱口,两组二-三点检验中各有三个样品需要评价,请按照样品编码从左至右依次品尝样品,由第一组样品开始,将全部样品摄入口中,请勿再次品尝;从中选择一个与参照样品 R 最相似的样品,并在对应结果□内打"√"。在两组样品品尝之间使用清水漱口,并吐出所有的样品和水,然后进行下一组,重复品尝程序。此实验为强制选择检验,如果不能区别出不一样的样品,仍需给出答案。

　　　　　　　　样品组 1:R　　　□904　　□173

　　　　　　　　样品组 2:R　　　□275　　□496

(二) 方法

　　二-三点检验法是一种差别检验方法,感官评价人员通过三点检验法分析出两种样品是否在一定的置信区间内存在显著性差异,此方法常用于产品配方变化、货架期测试等。检验中,评价员收到三个样品,一个样品标明"参照",该样品与另两个编码样品中的一个相同;评价员需挑选出一个与参照样品最相似的样品。感官专业人员通过计算达到正确答案数的概率来确定样品间是否存在显著性差异。

(三) 步骤

　　1. 检验前准备好工作表和评分表。尽量使两种产品的出现次数相等。

2. 同时提供三个样品,通常允许评价员进行重复评价。

3. 评价员进入评价区后,首先使用漱口水漱口,告知评价员实验流程、评价方法及注意事项、问卷使用等。要求评价员指出与参照样品相似的样品。

4. 每张评分表仅用于一位评价员。

5. 二-三点检验是强迫选择程序,不允许评价员不作答。当评价员无法判断出差别时,应要求评价员随机选择一个样品。

6. 实验结束后搜集整理实验结果,统计样本数和正确答案数,使用计算公式计算实验结果。

7. 撰写实验报告。

【注意事项】

1. 使用相同的方式制定样品,即相同器具、相同容器、相同数量等。

2. 评价员不能通过样品的呈送方式鉴别出样品,避免任何外观差别,使用滤光器和(或)柔和灯光掩饰无关的色泽差别。

3. 用统一方式对盛样品的容器编码,在每次检验中使用随机选择的三位数,每组样品由三个样品组成,每个样品用不同的编码。在一场检验中,每个评价员使用不同的编码。

4. 每组样品中,三个样品的外观、体积或数量应相同,应规定被评价样品的数量或体积,或者应告知评价员取相似数量或体积样品。

5. 无样品使用评估过程中,应避免过多评价样品,建议每次连续评估不超过 3 组样品,并在每组之间有一定的时间间隔。

6. 每组样品应在相同区域进行使用,避免使用区域不同引起评价误差。

7. 在完成所有检验前,避免提供有关产品特性、期望的结果或者评价员表现信息。

8. 评价员做出选择后,不要问其关于偏好、接受或者差别程度的问题。

【实验报告】

报告本检验的对象、结果和结论,建议给出以下附加信息:

1. 检验的目的及检验方法性质;

2. 样品的详细说明,即来源、数量、储藏、制备方法等;

3. 检验环境、时间、地点等;

4. 评价员数、正确答案数、统计评价结果。

【实验评价】

请对本组的实验结果进行解释。

实验六 成对比较实验

【实验目的】

学习成对比较检验法,掌握该检验方法具体操作、实验要求、样品准备、结果统计、报告书写,了解实验注意事项。

【实验内容】

（一）用品

1. **实验室**　灯光、通风等实验室设备和小隔间应符合 GB/T 138688 的要求。

2. **实验样品**　两种品牌的利乐枕纯牛奶各 8 包。（液体产品每人需每个样品约 30ml。）

3. **初级感官评价员**　40 人（实际应用中人数确定应根据 α、β、P_d 确定）。

4. **分装样品容器**　PET 一次性品尝杯（带盖）90 个。

5. **实验问卷**　如果有专业感官评价系统，如 FIZZ、Eye Question、Compusense、Forstand、轻松感官分析系统等，直接在系统内进行问卷和程序设定；如果使用纸质问卷，那么需实验前设计并打印问卷，问卷示例如下：

姓名：

实验日期：

　　检验开始前，请用清水漱口，两组成对比较检验中各有两个样品需要评价，请按照样品编码从左至右依次品尝样品，由第一组样品开始，将全部样品摄入口中，请勿再次品尝；判断每一组样品是否相同，并在对应结果□内打"√"。在两组样品品尝之间使用清水漱口，并吐出所有的样品和水，然后进行下一组，重复品尝程序。此实验为强制选择检验，如果不能区别出不一样的样品，仍需给出答案。

样品组 1：　　480　　　179　　□相同　　　□不相同

样品组 2：　　285　　　653　　□相同　　　□不相同

（二）方法

　　成对比较检验是一种差别检验方法，根据操作方法的差异分为定向差别检验和差别成对比较检验；此次实验采用差别成对比较检验。检验中，评价员收到两个样品，评价员判断两个样品是否相同。感官专业人员通过计算达到正确答案数的概率来确定样品间是否存在显著性差异。

（三）步骤

1. 检验前准备好工作表和评分表。尽量使两种产品的出现次数相等。

2. 同时提供两个样品，通常允许评价员进行重复评价。

3. 评价员进入评价区后，首先使用漱口水漱口，告知评价员的实验流程、评价方法及注意事项、问卷使用等。要求评价员指出样品是否相同。

4. 每张评分表仅用于一位评价员。

5. 成对比较检验是强迫选择程序，不允许评价员不作答。

6. 实验结束后搜集整理实验结果，统计样本数和正确答案数，使用计算公式计算实验结果。

7. 撰写实验报告。

【注意事项】

1. 使用相同的方式制备样品，即相同器具、相同容器、相同数量等。

2. 评价员不能通过样品的呈送方式鉴别出样品，避免任何外观差别，使用滤光器和（或）柔和灯光掩饰无关的色泽差别。

3. 用统一方式对盛样品的容器编码,在每次检验中使用随机选择的三位数,每组样品由两个样品组成,每个样品用不同的编码。在一场检验中,每个评价员使用不同的编码。

4. 每组样品中,两个样品的外观、体积或数量应相同,应规定被评价样品的数量或体积,或者应告知评价员取相似数量或体积样品。

5. 无样品使用评估过程中,应避免过多评价样品,建议每次连续评估不超过 3 组样品,并在每组之间有一定的时间间隔。

6. 每组样品应在相同区域进行使用,避免使用区域不同引起评价误差。

7. 在完成所有检验前,避免提供有关产品特性、期望的结果或者评价员表现信息。

8. 评价员做出选择后,不要问其关于偏好、接受或者差别程度的问题。

【实验报告】

报告本检验的对象、结果和结论,建议给出以下附加信息:

1. 检验的目的及检验方法性质;

2. 样品的详细说明,即来源、数量、储藏、制备方法等;

3. 检验环境、时间、地点等;

4. 评价员数、正确答案数、统计评价结果。

【实验评价】

请对本组的实验结果进行解释。

实验七　排序法

【实验目的】

学习排序分级法,掌握该检验方法具体操作、实验要求、样品准备、结果统计、报告书写,了解实验注意事项、感官检验中标度种类及应用。

【实验内容】

(一)用品

1. **实验室**　灯光、通风等实验室设备和小隔间应符合 GB/T 138688 的要求。

2. **实验样品**　四种品牌的鲜橙汁各 1500ml。

3. **消费者**　50 人(实际应用中人数确定应根据 α、β、P_d、RMSL 确定)。

4. **分装样品容器**　PET 一次性品尝杯(带盖)210 个。

5. **实验问卷**　如果有专业感官评价系统,如 FIZZ、Eye Question、Compusense、Forstand、轻松感官分析系统等,直接在系统内进行问卷和程序设定;如果使用纸质问卷,那么需实验前设计并打印问卷,问卷示例如下:

姓名：

实验日期：

请按照样品编码的排列顺序依次品评如下 4 个样品,并将几种橙汁的酸度、甜度、整体喜好度进行排序。

| 329 | 457 | 803 | 192 |

酸度排序：_____>_____>_____>_____

甜度排序：_____>_____>_____>_____

整体喜欢程度排序：_____>_____>_____>_____

（二）方法

排序分级法是一种传统的标度方法。实验中,评价员对收到的样品,根据描述语言进行排序分级;例如对果汁的酸度、甜度、喜好度进行排序,感官专业人员根据排序结果进行统计分析从而得出实验结论。

（三）步骤

1. 检验前准备好工作表和评分表。尽量使 4 种产品的出现次数相等,且每种产品的品尝顺序相同,建议使用拉丁方实验设计。

2. 同时提供 4 个样品,通常允许评价员进行重复评价。

3. 评价员进入评价区后,首先使用漱口水漱口,告知评价员实验流程、评价方法及注意事项、问卷使用等。要求评价员对实验样品进行相关排序。

4. 每张评分表仅用于一位评价员。

5. 不允许评价员不作答,且强制排序。

6. 实验结束后搜集整理实验结果,统计样本数和排序结果,使用序数和 Friedman 检验进行统计分析。当实验样品为两个时,分析方法建议使用 Page 检验,以减小实验误差。

7. 撰写实验报告。

【注意事项】

1. 使用相同的方式制定样品,即相同器具、相同容器、相同数量等。

2. 使 4 种产品的出现次数相等,每种产品的品尝顺序尽量相同。

3. 用统一方式对盛样品的容器编码,在每次检验中使用随机选择的三位数,每组样品由 4 个样品组成,每个样品用不同的编码。在一场检验中,每个评价员使用不同的编码。

4. 每组样品中,两个样品的外观、体积或数量应相同,应规定被评价样品的数量或体积,或者应告知评价员取相似数量或体积样品。

5. 无样品使用评估过程中,应避免过多评价样品,建议每次连续评估不超过 5 个样品,并在每个样品之间进行漱口。

6. 每组样品应在相同区域进行使用,避免使用区域不同引起评价误差。

7. 在完成所有检验前,避免提供有关产品特性、期望的结果或者评价员表现信息。

【实验报告】

报告本检验的对象、结果和结论,建议给出以下附加信息:

1. 检验的目的及检验方法性质;

2. 样品的详细说明,即来源、数量、储藏、制备方法等;

3. 检验环境、地点等;

4. 评价员数、统计方法、统计评价结果。

【实验评价】

请对本组的实验结果进行解释。

实验八　定量描述分析

【实验目的】

学习描述性分析法原理,掌握该检验方法具体操作、实验要求、样品准备、结果统计分析、报告书写,了解实验注意事项。

【实验内容】

(一)用品

1. **实验室**　灯光、通风等实验室设备和小隔间应符合 GB/T 138688 的要求。

2. **实验样品**　5 种橙汁各 4 瓶(550ml/瓶),P1:果粒橙、P2:A 品牌鲜橙多、P3:B 品牌鲜果橙、P4:C 品牌粒粒橙、P5:D 品牌每日 C。

3. **培训参考样品**　柠檬黄色素(颜色)、橙味食用香精(橙子味)、蔗糖(甜感)、柠檬酸和苹果酸(酸感)、单宁酸(涩感)、奎宁(苦味);其他指标根据评价小组讨论确定。

4. **专家感官评价员**　15 人(实际应用中,人数可根据 α、β、P_d 确定,或参考 ISO 标准使用12~15 人)。

5. **分装样品容器**　PET 一次性品尝杯(带盖)。

6. **实验问卷**　如果有专业感官评价系统,如 FIZZ、Eye Question、Compusense、Forstand、轻松感官分析系统等,直接在系统内进行问卷和程序设定;如果使用纸质问卷,那么需实验前设计并打印问卷,问卷示例如下:

姓名: 实验日期: 样品编码: 　评价前请使用清水漱口,品尝样品并评价感官属性强度,在相应强度上使用" | "做标记,实验允许对样品进行反复评价。

颜色：

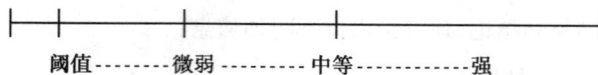

橙味：

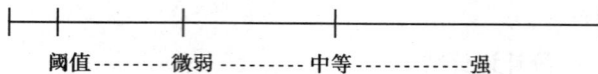

甜感：

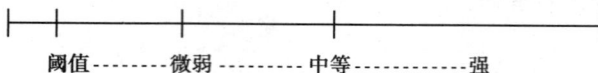

酸感：

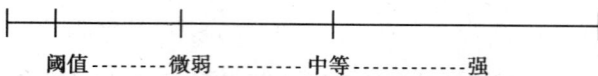

涩感：

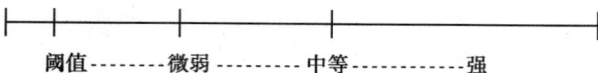

苦味：

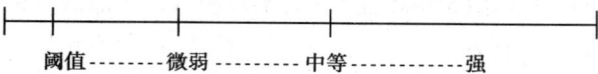

（二）方法

定量描述分析法，实验中，评价员使用线性标度，对样品的感官属性，包含风味、质地、余味等全面进行评价。因定量描述分析法使用线性标度，数据为线性、连续的，剔除异常值后，一致性可计算均值获得；对于不同样品的感官属性进行分析时，使用方差分析（ANOVA）、主成分分析法、聚类分析法等，对比分析样品间差异和相关性。通过这些分析，可获取实验结果，结果呈现采用绘制统计分析图表，如常见的蜘蛛网状图、主成分分析拟合图、聚类分析树状图等，这些图表能够更便利、清晰、详细地标示不同样品的感官属性差异及样品的关系。

（三）步骤

1. 招募、筛选、培训感官评价员，具体要求参见《GB/T 16291.1-2012 感官分析选拔、培训与管理评价员一般导则 第1部分：优选评价》《GB/T 16291.2-2010 感官分析选拔、培训和管理评价员一般导则 第2部分：专家评价员》。

2. 建立感官描述语言，参见 ISO 13299:2003 Sensory analysis-Methodology-General guidance for establishing a sensory profile。

3. 使用参照样品对感官评价组成员进行培训，每次培训后计算评价员的重复性和一致性；对评价小组成员的表现进行评价指导；培训结束后，评价小组成员的数据要具有一定的一致性和可重复性。

4. 设计实验问卷、实验程序;准备涉及的材料;实验设计应考虑 5 种样品、7 个感官属性的评价顺序应在评价员之间随机平衡。

5. 执行测试,邀请评价组成员对样品进行评价。

6. 收集实验结果,录入实验数据;剔除异常值后,使用主成分分析、方差分析对实验数据进行分析;得出实验结论。

7. 撰写实验报告。

【注意事项】

1. 使用相同的方式制定样品,即相同器具、相同容器、相同数量等。

2. 评价员不能通过样品的呈送方式鉴别出样品。

3. 用统一方式对盛样品的容器编码,在每次检验中使用随机选择的三位数,每组样品由两个样品组成,每个样品用不同的编码。

4. 对评价小组成员进行培训是一个反复重复的过程,培训过程中应及时对评价员的表现和评价组的表现进行分析,以便及时调整培训内容;当评价员对参照样存疑或者有其他想法时,应及时进行讨论。

5. 标度的使用是定量描述分析的核心,培训时应规范标度的使用;各评价员自身的评价方法、样品的品尝流程应相对稳定。

6. 每组样品应在相同区域进行使用,避免使用区域不同引起评价误差。

7. 定量描述分析法是一种定量分析方法,是一种相对理性客观的评价方法,实验指标应尽量避免使用关于喜好度、偏爱的描述词。

【实验报告】

报告本检验的对象、结果和结论,建议给出以下附加信息:

1. 检验的目的及检验方法性质;

2. 样品的详细说明,即来源、数量、储藏、制备方法等;

3. 检验环境、时间、地点等;

4. 评价员数、统计评价结果;

5. 评价员的一致性和重复性;

6. 数据分析方法及结论。

【实验评价】

请对本组的实验结果进行解释。

实验九　风味剖析

【实验目的】

掌握风味剖析法;掌握雷达图的绘制方法。

【实验内容】

利用风味剖析法对水果或饼干进行品评,绘制雷达图并进行分析。

(一)对三种水果或三种饼干进行品评,评价小组进行初步品尝并讨论评价该食品应采用的描述性语言。

(二)评价小组组长负责组织进行描述语言的筛选,小组内达成对评价指标的一致意见,确定水果或饼干的评价描述词汇表,填实验表 9-1。

1. 例如形容水果可参考以下词语

(1)外观:颜色鲜艳,光泽度,新鲜度,破损度等。

(2)气味:水果香,花香,甜香,青草味,清香,过熟,酒精味,酒香味,醋酸味,刺鼻味等。

(3)味道:酸、甜、苦、咸,酒精味,醋酸味,腐烂的味等。

(4)口感:涩味,余味,细腻,脆度,爽口,含水性等。

2. 形容饼干可参考以下词语

(1)外观:颜色,光泽度,均匀度,平滑,大小和形状,内部形状等。

(2)气味:某些香精香料的气味,奶制品香味,某种谷物类香味,起酥油味等。

(3)风味:酸甜苦咸,生小麦,熟小麦,烘烤小麦,奶油,牛奶,起酥油,烤鸡蛋,苏打,舌头的灼烧感等。

(4)质地

1)表面:粗糙度、微颗粒感、干燥、油腻感等。

2)咬第一口:硬度、颗粒大小、黏稠度、口感的均匀性、易碎感、紧密性等。

3)咀嚼:吸湿性、黏合性、粘牙性、颗粒酥松性、食物团的紧密性,食物团的含水性,片状感,食物团的粗糙感,脆性的持久性等。

4)残留:油腻感、颗粒多少、粘牙、牙齿残留物、糊嘴等。

(三)采用 1~10 点标度(10cm),1=阈值,10=强度非常大,没有=0。

(四)分组:4 人/组,每组同学进行样品品评,讨论后得出一致结果,进行结果分析。

【注意事项】

不同的样品需要同时品尝并评分,强度的评分为相对差异。

【实验报告】

1. 试验结果需画表格,列出描述词汇以及强度的大小。

要求四个方面每个写 4 个以上词语,共 16 个以上,需要使用尽可能多的词语进行描述。

2. 挑选 8 个主要词语,每个方面 2 个词语,绘制雷达图(或蜘蛛网图)。

【实验评价】

对雷达图进行分析,阐述三种不同水果或三种不同饼干各有何特点。

实验表 9-1　风味剖析表

样品 / 词语	样品 1	样品 2	样品 3
外观	强度	强度	强度
气味	强度	强度	强度
风味	强度	强度	强度
质地	强度	强度	强度

实验十　果冻的嗜好性品评

【实验目的】

熟悉情感试验的操作步骤;掌握果冻的嗜好性品评方法。

【实验内容】

1. 选用 15 厘米的标度尺给每种果冻的各项感官性质进行评分,将数字填入表格内。

2. 对果冻嗜好性进行评价(喜好打分)。

【注意事项】

1. 实验过程中注意防止检验员看到果冻的商标品牌等信息。

2. 注意两个样品品评间隙要漱口。

【实验报告】

按照试验方法要求,填写 15 厘米打分问卷。

姓名:		样品:	
属性1:颜色			
微弱		强烈	
属性2:香蕉香味(闻)			
微弱		强烈	
……(属性N)			

填写15厘米数据收集表

姓名	属性1	属性2	……	属性N
	(填写分数值)			

喜好打分

果冻喜好打分

请品尝三个标有随机序号的样品,从左到右品尝样品,并跟据自己的喜好进行打分。每品尝一个样品前,请用清水漱口。

样品689:

☐　　　☐　　　☐　　　☐　　　☐　　　☐　　　☐
非常讨厌　讨厌　有点讨厌　一般　有点喜欢　喜欢　非常喜欢

样品273:

☐　　　☐　　　☐　　　☐　　　☐　　　☐　　　☐
非常讨厌　讨厌　有点讨厌　一般　有点喜欢　喜欢　非常喜欢

样品825:

☐　　　☐　　　☐　　　☐　　　☐　　　☐　　　☐
非常讨厌　讨厌　有点讨厌　一般　有点喜欢　喜欢　非常喜欢

【实验评价】

实验完成后,作总体评价:

1. 三个样品有何区别?

2. 三个样品你最喜欢哪一个? 为什么?

实验十一 水果和花香味鉴别

【实验目的】

考察让评价员对生活中经常遇到的一些气味的辨别和描述能力,同时通过匹配试验考察其对嗅感相近的气味的区分能力。

【实验内容】

(一)用品

水果和花香味香精,试剂瓶。

(二)方法

1. 将 10 种不同气味的香精分别喷涂在脱脂棉上,并装入事先编号的棕色广口瓶中;

2. 在 A 托盘中按随机的顺序放入 10 个盛有不同气味物质的广口瓶,在 B 托盘中随机放入 4~5 个盛有不同气味物质的广口瓶;

3. 待评价员在各自的位置坐定后,将托盘送入样品口,评价员采用嗅技术首先评价 A 盘中的 10 个样品并填写问卷,然后评价 B 盘中的样品,按问卷要求进行与 A 盘中的样品进行匹配并填写问卷。

(三)步骤

1. **辨识** 记录 10 个已知样品的香气特征(2 组一套)。记录如下内容:品名,外观(色泽、状态),溶解性能,溶剂;香气特征:香韵,强度,扩散程度。分 0 小时和 2 小时记录。

2. **匹配实验** 10 个未知与已知样品配对,计算正确率,正确率>60%为合格。

3. **嗅觉阈值测定** 对其中一种香精进行阈值测定。

4. **加热变化** 选一种香精水浴加热,分析记录香气成分的变化。

【注意事项】

1. 注意闻手背清零或到室外适当休息,防止产生嗅觉疲劳。

2. 需要对香气进行较为详细的描述,用相关形容词进行描述。

【实验报告】

填写实验表 11-1 香精评价表。

实验表 11-1 香精评价表

名称	编号	外观	香韵	强度	仿真感	一句话描述

续表

名称	编号	外观	香韵	强度	仿真感	一句话描述

【实验评价】

评价上述哪些香精的质量较好。

实验十二　香蕉香精的调配

【实验目的】

掌握调配香蕉香精所需用的各种单体、合成香原料及天然香原料的香气,香韵的特点及其使用用量;了解及掌握组成香蕉香精的几种香韵组成及其各自所占百分含量;最终配制出一个近果香,青甜等香韵和谐的香蕉香精;熟练掌握电子天平的使用方法。

【实验内容】

(一) 用品

小滴管、玻璃瓶(调制用)、闻香纸、电子天平等;

青香香韵:乙醛、叶醇、芳樟醇、乙酸己酯、乙酸叶醇酯、庚炔羧酸甲酯等;

果香香韵:乙酸异戊酯、丁酸异戊酯、异戊酸异戊酯、乙酸丁酯、丁酸乙酯、柠檬油等;

甜香香韵:香兰素、乙酸香叶酯等;

辛香香韵:丁香油、丁香酚、异丁香酚、桂醛等;

溶剂:酒精、丙二醇等。

(二) 方法

香精是由各种单体香原料组成,根据香蕉香精的香气特征,选择性的使用各种单体香原料,调配出一个香韵和谐的天然感强的香蕉香精。香蕉香精常以乙酸戊酯、丁酸戊酯、乙酸乙酯等拟香蕉的特征香气,以甜橙、柠檬等柑橘类精油增强其天然新鲜感,以丁香油、香兰素等作为其留香的甜香,同时适量使用丁酸乙酯、乙酸丁酯等以丰满果香韵。

1. 在实验架上找出所需的单体,合成香原料及天然香原料。

2. 再对这些香原料进行辨香,熟悉并掌握各种香原料的外观及香韵特性。

3. 根据所配香精的特点,拟定初步理论配方。

4. 在电子天平上进行调配,且反复评香,调整香蕉香精的配方结构,直到调配的香蕉香精的香味,含有浓郁的近天然的香蕉味。

(三) 步骤

按以下基础配方调配香蕉香精。

序号	原料名称	百分含量/g
1	乙酸乙酯	0.075
2	甜橙油	0.15
3	乙酸戊酯	1.65
4	丁酸乙酯	0.3
5	丁酸戊酯	0.45
6	蒸馏水	3
7	乙酸丁酯	0.3
8	丁香油	0.045
9	橙叶油	0.015
10	香兰素	0.015
11	丙三醇	1
12	酒精	15
13	总计	20

【注意事项】

1. 青果味不能太重。

2. 甜气(香兰素)不能太突出。

3. 注意天平使用的正确方法与清洁卫生。

【实验报告】

1. 辨香,记录每种香原料的特征。

2. 写出香蕉香精的配方以及调配过程,反复评香,可适当增加或减少部分香原料的含量,直到调配出接近香蕉的天然香味。

【实验评价】

评价所制备的香蕉香精味道是否纯正。

综合实训

实训一　味觉敏感度的测定

【实训目的】

1. 掌握味觉敏感度测定的方法；

2. 掌握排序法的使用；

3. 掌握不同酸味剂的特征和差别；

4. 掌握不同甜味剂的特征和差别。

【实训内容】

（一）用品

1. **水**　中性、无味、无泡沫、无嗅。

2. **四种味感物质储备液**　按实训表 1-1 制备。

实训表 1-1　四种味感物质储备液

基本味道	参比物质	浓度/（g/L）
酸	DL-酒石酸(结晶) $M = 150.1$	2
	柠檬酸(一水化合物结晶) $M = 210.1$	1
甜	蔗糖 $M = 342.3$	34
苦	盐酸奎宁(二水化合物) $M = 196.9$	0.020
	咖啡因(一水化合物结晶) $M = 212.12$	0.20
咸	无水氯化钠 $M = 58.46$	6

3. **四种味感物质的稀溶液**　用上述储备液按实训表 1-2 制备稀释溶液。

实训表 1-2　以算术系列稀释的试验溶液

稀释液	成分		试验溶液浓度/（g/L）					
	储备液/ml	水/ml	酸		苦		咸	甜
			酒石酸	柠檬酸	盐酸奎宁	咖啡因	氯化钠	蔗糖
A_9	250	稀释至 1000	0.50	0.250	0.0050	0.050	1.50	8.0
A_8	225		0.45	0.225	0.0045	0.045	1.35	7.2
A_7	200		0.40	0.200	0.0040	0.040	1.20	6.4
A_6	175		0.35	0.175	0.0035	0.035	1.05	5.6

续表

稀释液	成分		试验溶液浓度/（g/L）					
	储备液/ml	水/ml	酸		苦		咸	甜
			酒石酸	柠檬酸	盐酸奎宁	咖啡因	氯化钠	蔗糖
A₅	150		0.30	0.150	0.0030	0.030	0.90	4.8
A₄	125		0.25	0.125	0.0025	0.025	0.75	4.0
A₃	100		0.20	0.100	0.0020	0.020	0.60	3.2
A₂	75		0.15	0.075	0.0015	0.015	0.45	2.4
A₁	50		0.10	0.050	0.0010	0.010	0.30	1.6

（二）方法

采用排序法对样品的浓度进行分级。

（三）步骤

1. **样品准备**　4人/组，每组对4种基本味道的母液进行稀释，每种味道配制5个浓度梯度，选用3位随机数字编号贴标签。

2. **浓度排序**　每组将配好的5个浓度的样品给对面组的同学品尝，让对面组的同学按照浓度从低到高的顺序进行排序。

3. **结果处理**　回答顺序与正确顺序完全一致者为合格，另外相邻的两个样品顺序写反者也为合格。

4. **不同酸味剂、甜味剂的辨别**

（1）熟悉已知样

1）对已知的酸味剂进行品评，记录不同酸味剂的特征。（柠檬酸、苹果酸、酒石酸、乳酸）

2）对已知的甜味剂进行品评，记录不同甜味剂的特征。（蔗糖、阿斯巴甜、安赛蜜、果糖、麦芽糖）

（2）配对实验：分别对未知的甜味剂和酸味剂进行品评，记录其为哪一种酸味剂或甜味剂。

【注意事项】

1. 品尝的样品量要足够，约10~15ml左右，不能只是用舌尖品尝。

2. 样品需要在口中咀嚼并停留3~6秒后再咽下或吐出。

3. 不同的样品之间品尝前一定要漱口。

【实训报告】

绘制表格记录所品尝样品的编号及顺序，实验结束后结合正确答案，描述本组成员的味觉敏感度情况。

【实训评价】

分析本组成员的味觉敏感度差异。

实训二　咖啡的品评

【实训目的】

1. 掌握咖啡的评分方法；

2. 确定不同样品间存在的实际感官差异。

【实训内容】

（一）用品

咖啡,咖啡杯,勺子,电子天平,水,热水壶等。

（二）方法

采用咖啡杯评的方法对几种不同产地的原咖啡粉进行品评,评分采用 100 分制。

（三）步骤

1. 规格定量　适宜的比率是每 8.25g 的咖啡粉用 150ml 的水,这符合黄金"golden cup"配方许可范围的中间值。确定所用杯子的注水量,调节咖啡的量使误差在上下浮动 0.25g 以内。

2. 杯评准备

（1）准备好咖啡豆并在杯评开始前现磨,磨好的咖啡粉到浸水之前的放置时间不能超过 15 分钟,如果这一点不能保证的话,应把咖啡粉盖上并在研磨后 30 分钟以内用水浸泡。样品豆应该测量其原豆的重量确保符合上述咖啡容量。咖啡研磨度要比常规的滤泡咖啡研磨度稍微粗些,有 70%～75%的咖啡粉能够通过美国标准的 20 号晒网。每种至少要准备 5 杯以确保样品的一致度。

在研磨每种生豆之前都要研磨一定量的咖啡豆来清洁磨豆机,然后逐次研磨每杯所需容量,确保每杯研磨量的一致性,研磨后把咖啡粉倒入杯子并立即盖上盖子。

（2）注水:杯评用水应保持清洁无异味,但不要经过蒸馏或软化。水应该是新鲜煮沸并且在冲泡时保持约 200 ℉（93℃）的水温。热水应直接浇注到咖啡粉上并达到杯子的边缘,确保所有咖啡粉都被浸湿。在杯评开始之前让咖啡粉静止浸泡 3~5 分钟。

3. 样品测评　感官测评有以下几个目的:确定不同样品间存在的实际感官差异;描述样品咖啡豆的风味;确定产品的倾向。

4. 测评程序

（1）第一步:干香/湿香 Fragrance/Aroma

样品豆被研磨后 15 分钟以内,打开盖子,并通过嗅闻咖啡粉来测评咖啡的干香。

注入热水后,保持杯子内咖啡表层不被打破,静置 3~5 分钟。用长匙轻轻拨动咖啡表层 3 次以打破表层,并通过轻搅让咖啡的湿香通过长匙传递出来。记录下干香/湿香的得分。

（2）第二步:风味,回味,酸度,醇度和均衡度

当咖啡液凉到 160 ℉（71℃）时,在注水后的 8~10 分钟以内,开始测评咖啡液。迅速将咖啡液啜吸到口中,尽量使吸入口中的咖啡液能更充分地接触口腔,特别是上颚和舌头表面。因为在这个温度时向喉咙和鼻腔方向散发的咖啡水汽具有最大的强度,所以风味和回味应在此时被测评。

随着咖啡继续变凉(160~140 ℉,71~60℃),酸度、醇度和均衡度将被继续测评。均衡度是杯评者对于风味、回味、酸度、醇度的整体调和度的评价。随着咖啡变凉,杯评者对于不同特征的测评将在不同温度下进行几次(2 或 3 次)。

(3)第三步:甜味,一致度,纯净度

当咖啡液降到室温时(100 ℉或38℃以下)测评甜味,一致度和纯净度。对于这些特征,杯评者对每一杯的每个特征可以给予2 分的评分(最高分10 分)。当咖啡降到70 ℉(21℃)时应结束杯评。

(4)第四步:计分

所有评测进行完毕之后,将所有得分汇总。

每个特征都有更详细的描述:

● **干香/湿香**:这些香气特征包括干香(指的是咖啡被研磨后干粉状态的香气)和湿香(指的是咖啡粉被水浸泡后的香气)。在杯评过程中可以分三步进行:①嗅闻放在杯子里注水前的咖啡粉的香气;②嗅闻浸泡后打破咖啡表层释放出来的香气;③嗅闻咖啡被浸泡时的香气。

● **风味**:风味反映了咖啡的主要特征,是"中坚"特征,包括了从最初的香气和酸度到最终的回味。它是从口腔到鼻腔所有味觉感知的综合表现。对于风味的评分,应该通过大口啜吸咖啡以充分调动味觉器官参与评测,并结合评测构成风味的各种香气和味道的强度,品质和复杂度来进行。

● **回味**:回味指的是当咖啡被吐出或吞咽后从上颚发散出或留在口腔内部的好的风味(香气和味道)的时间长度。如果回味很短或令人不快,便会得到低的评分。

● **酸度**:令人喜欢的酸度一般被称作"明亮度",令人不快的酸度一般被称作"发酸的"。最好的情况下,酸度增加了咖啡的生动感、甜味和新鲜水果味的特征,而且一般在啜吸咖啡后会被立即感知并且评测出来,但是那些酸味太强烈或酸味占主导的咖啡往往令人不快,而且过度的酸度往往不利于咖啡整体特征的表现。

● **醇度**:醇度是建立在口腔特别是舌头和上颚对于咖啡液体的触觉感知基础上的。大多数高醇度的咖啡因为萃取过程中较多胶质和糖被萃取出来,会得到高的得分。被认为具有高醇度的咖啡如苏门答腊,或具有低醇度的咖啡如墨西哥,都会得到相应高的偏好得分,虽然他们在强度表现上有很大差异。

● **均衡度**:均衡度用来描述咖啡的风味、酸度、醇度等各种不同方面是怎样相互调和、补充或冲突。如果咖啡缺乏某些香气和味道特征,或者某些特征表现过度强烈,均衡度得分便会降低。

● **甜味**:甜味指的是由于咖啡里糖分的存在而形成的甜味和令人愉悦的丰富的风味。在这里甜味所对应的不好的风味是"发酸的""聚敛的"和类似"青涩"的风味。这种特征不会像添加蔗糖的软饮料中能直接被感知,但是会影响其他风味特征。

● **纯净度**:纯净度指的是从第一口入口到最后的回味中都没有多余的负面味道的掺入,一杯咖啡的"透明度"。为了评测这一特征,留意咖啡从第一口啜吸到最后吞咽后或吐出后的整体风味。任何非咖啡类的味道或香气都会降低咖啡的品质。纯净度的计算是通过每杯2 分的分值评测加总,最高总分为10 分。

● **一致度**:一致度体现了杯评的5 杯咖啡的风味的一致性。如果这5 杯味道表现不同,便不会得到高分。每杯按2 分计算,如果5 杯味道一致的话将得到最高分10 分。

● **整体评价**:整体评价是杯评者个人对于咖啡各方面特征的全面综合评价。一个在很多方面得分很高但却"不符合标准"的样品会得到较低的评分。一个与其产地特征表现较一致并且达到期望特征的咖啡将会得到高的得分。一个典型的例子就是在单项评分中并没有得到完全体现的单项特征则会在偏爱评分中得到更高的分数。

● **缺陷**:缺陷是咖啡中有损咖啡品质的负面风味或乏淡风味。他们被分成两种。Taint 是指咖啡中明显的异味,但并不是压倒性的,一般常见于香气中。在强度评测中一个"taint"将得到 2 分。Fault 指的是咖啡中的异味,一般常见于味道方面,它可能是压倒性的也可能引起咖啡中令人不快的味道,在强度评分中一个 fault 将得到 4 分。缺陷首先应被确认分类(是 taint 还是 fault),然后被描述出来(例如:"发酸的""橡胶味的""发酵的"等)并记录下来。

● **最终计分**:最终计分首先是对单项主要特征的得分的加总而得到"总分",然后从总分中减去缺陷的得分从而得到最终计分。下面的计分表是被认为能比较好地根据最终评分判断出咖啡品质等级的方式。

Total Score Quality Classification 总分数品质等级		
90~100	Outstanding 特别优秀	Specialty
85~89.99	Excellent 优秀	精品级
80~84.99	Very Good 非常好	
<80	Below Specialty Quality 低于精品等级	Not Specialty 非精品级

【注意事项】

捞渣动作要快,否则咖啡温度下降迅速,错失品评咖啡的适宜温度。

【实训报告】

填写实训表 2-1 咖啡评分表。

实训表 2-1　咖啡评分表

样品	干香/湿香 10分	风味 10分	回味 10分	酸度 10分	醇度 10分	均衡度 10分	一致度 10分	纯净度 10分	甜味 10分	缺陷 10分	总分 100分

【实训评价】

请阐述上述几种不同产地的咖啡的风味特点。

实训三　黄啤酒的感官检验

【实训目的】

1. 掌握黄啤酒的风味特点；

2. 掌握黄啤酒的感官评定方法。

【实训内容】

（一）用品

啤酒,开瓶器,玻璃杯等。

（二）方法

采用啤酒的感官评分表对不同品牌的啤酒进行评分。

（三）步骤

1. 啤酒 8 种,4 人/组,每组共 8 个酒杯,每杯倒一半左右。

2. 倒啤酒时,瓶口距离杯口约 10cm,立即计时,观察泡沫持久性。每组 4 人先同时看外观,评分;接着每人倒一小杯,闻香,评分;最后每人单独品尝,评价味道。

3. 未知样确定为哪个品种。

外观 （10 分）	色泽	淡黄、带绿、淡黄、黄而不呈暗色	5 分
		色泽暗、褐	−1~5 分
	透明度	清亮透明、无悬浮物或沉淀物	5 分
		轻微失光或稍有沉淀物	−1~5 分
泡沫 （20 分）	泡沫高,持久(8~15℃,5分钟不消失),细腻、洁白、挂杯		20 分
	泡沫高度低、粗大而不持久,其中	泡沫持久 4 分钟	−1 分
		泡沫持久 3 分钟	−3 分
		泡沫持久 2 分钟	−5 分
		泡沫持久 1 分钟	−7 分
		泡沫持久 1 分钟以下	−9 分
		泡沫高度低(一般指 3 厘米以下)	−3 分
		泡沫完全不挂杯	−5 分
	泡沫色暗		−3 分
香气 （20 分）	有明显的酒花香气、新鲜、无老化气味及生酒花气		20 分
	有酒花香气,但不明显		−1~5 分
	有老化气味		−1~5 分
	有生酒花气味		−1~4 分
	有异香或怪气味(如水腥)		−1~6 分
	嗅香和口尝均感觉不出酒花香气、而有异香		−20 分

续表

口味 （50分）	口味纯正、爽口、醇厚而不杀口		50 分
	纯正	没有酵母味或酸味等不正常的怪味或杂味	15 分
		有明显的发酵副产物的味道及其他怪味	−1~11 分
		有麦皮味及酵母味	−1~4 分
	爽口	饮用后愉快、协调、柔和、苦味愉快而消失迅速、无明显的涩味、有再饮欲望	18 分
		口味不协调、不柔和、感觉上刺口、涩、粗杂	−1~7 分
		有后苦	−1~6 分
		有焦糖味及发酵糖的甜味	−1~5 分
	杀口	有二氧化碳的刺激、使人感到清爽	7 分
		杀口力不强	−1~7 分
	纯厚	饮后感到酒味醇厚、圆满、口味不单调	10 分
		口味淡而无味、水似的	−1~10 分

【注意事项】

1. 倒啤酒时，瓶口距离杯口统一约 10cm，不然距离的长短会直接影响泡沫的多少。

2. 倒啤酒后需要立即计时，观察泡沫情况及其持续时间。

【实训报告】

填写实训表 3-1 啤酒感官评分表。

实训表 3-1　啤酒感官评分表

样品	外观		泡沫	香气	口味				总分
	色泽	透明度			纯正	爽口	杀口	纯厚	
	5 分	5 分	20 分	20 分	15 分	18 分	7 分	10 分	100 分

【实训评价】

请阐述上述几种不同类型啤酒的风味特点。

实训四　葡萄酒的感官检验

【实训目的】

1. 掌握葡萄酒品评的方法；

2. 掌握葡萄酒侍酒的方法。

【实训内容】

（一）用品

葡萄酒,开瓶器,葡萄酒杯等。

（二）方法

采用葡萄酒的 20 分评分体系,对不同品评和不同种类的葡萄酒进行评分。

（三）步骤

1. 干红、干白、甜红、甜白、气泡葡萄酒各 1 种,4 人/组,每组共 5 个酒杯(125ml)。

2. 开瓶前准备:酒标的识别、酒瓶的观察、酒塞的检查。

3. 开瓶:了解开瓶器、用开瓶器打开酒塞。

4. 酒杯中倒入葡萄酒,每杯倒一半左右。

观察外观→每人倒一小杯,闻香,评价香气→单独品尝,评价味道

5. 根据品尝结果用规范的语言对葡萄酒进行评分和分析。

6. 葡萄酒评分系统介绍:葡萄酒 20 分制,基本分为 10 分,每个级差为 0.5 分,是法国葡萄酒学院的评分制度,也是法国还有欧洲其他的许多酒评家采用的计分系统,英国最著名的酒评家杰西斯·罗宾逊(Jancis·Robbinson)就是采用的这套系统(简称 J.R 评分)。据说,人们倾向于采用 20 分制,是基于这样一个观点:认为人类的感官不足以分辨 1% 的微小差别,20 分的制度比较实际一些。具体来看,20 分制分为 10 个计分项目,其内容为:外观 2 分、颜色 2 分、香气韵味 4 分、挥发性酸 2 分、整体酸 2 分、甜味 1 分、浓郁度 1 分、特殊风味 2 分、涩度 2 分、整体评价 2 分。得分对应的评级为:17~20 分评为质量卓越,13~16 分评为质量合乎标准,9~12 分评为质量在标准之下,1~8 分为品质不佳。

【注意事项】

1. 葡萄酒评价指标中的整体酸、甜味、涩味等的评价是指对酸、甜、涩等的协调性进行评分,而不是评价其酸度、甜度、涩感的高低。

2. 香气韵味是葡萄酒评价的重要指标,而且难度较大,需要对葡萄酒进行仔细嗅闻,找到相近的香气描述词汇。

【实训报告】

填写实训表 4-1 葡萄酒感官评价表。

实训表 4-1　葡萄酒感官分析品尝表

项目	评价指标									整体评价	总分
	澄清度	颜色	香气韵味	挥发性酸	整体酸	甜味	浓郁度	特殊风味	涩度		
酒样名称	2	2	4	2	2	1	1	2	2	2	20

【实训评价】

请阐述上述不同种类葡萄酒的风味特点。

实训五　果汁的嗜好性评价

【实训目的】

1. 掌握果汁的嗜好性评价方法；

2. 掌握雷达图的绘制与分析。

【实训内容】

（一）用品

果汁,玻璃杯等。

（二）方法

采用嗜好性评价方法对果汁进行品评,并对结果绘制雷达图。

（三）步骤

1. 4 人/组,对 5 种果汁进行品评,按照实训表 5-1 打分。

2. 品评员对品评结果进行汇总,制作汇总表。填写实训表 5-2,计算平均分值。

3. 用平均分画雷达图,并进行分析。

实训表 5-1　嗜好性品评表

品评员：样品编号：样品名称：									
样品	极其喜欢9分	很喜欢8分	喜欢7分	有点喜欢6分	无所谓喜不喜欢5分	有点不喜欢4分	不喜欢3分	很不喜欢2分	极其不喜欢1分
酸味									
甜味									
果味									
细腻感									
黏稠感									
回味									
总体									

实训表 5-2　各样品品评平均分汇总表

样品名称	酸味	甜味	果味	细腻感	黏稠感	回味	总体

【注意事项】

1. 果汁嗜好性评价表中的酸味、甜味、果味只是对个人的喜爱程度进行评分,而不是评价果汁的实际酸度,甜度等的高低。

2. 雷达图的绘制需要标注全面、清晰。

【实训报告】

1. 填写几种果汁的嗜好平均分汇总表。

2. 根据评分表中的数据绘制雷达图。

【实训评价】

你最喜欢上述果汁中的哪一种？为什么？从雷达图中可以获得哪些信息？

实训六　橘子罐头的感官评价

【实训目的】

1. 掌握橘子罐头食品的风味特点。

2. 掌握类项标度的方法。

【实训内容】

（一）用品

开罐器、不锈钢圆筛（丝的直径1mm，筛孔2.8mm×2.8mm）、烧杯、量筒、白瓷盘、刀叉餐具等。

（二）方法

根据人的感觉特性按产品标准要求对罐头进行感官测定，包括对罐头的外观、密封性、容器内外表面以及内容物的色泽、气味、滋味、组织形态等方面进行评定。采用类项标度方法对不同种类的罐头进行分级。

（三）步骤

1. 准备不同生产厂家的橘子囊胞罐头各1罐，分小组（4人/组）。

2. **外观和外包装检验**　检查容器的密封完整性，有无泄漏及胖听现象。容器外表有无锈蚀，开罐后的瓶盖内壁涂料有无脱落及腐蚀等。

3. **组织、形态与色泽检验**　在室温下将罐头打开，先用筛网将汤汁滤至烧杯中，然后将内容物倒入白瓷盘中观察组织、形态和色泽是否符合标准。观察汁液是否清亮透明，有无夹杂物及引起混浊之果肉碎屑。

4. **气味和滋味检验**　对照产品的感官检验指标，检验其是否具有原水果的气味和滋味，评定酸甜是否适口。

5. 橘子囊胞罐头的感官指标评价标准参照《食品安全国家标准 桔子囊胞罐头》（QB/T 1393-1991），详见实训表6-1、实训表6-2。

实训表6-1　橘子囊胞罐头的感官要求

项目	优级品	一级品	合格品
色泽	囊胞呈金黄色至橙黄色；汤汁清	囊胞呈橙黄色至金黄色；汤汁较清	囊胞呈黄色；汤汁尚清，允许有少量白色沉淀
滋味与气味	具有橘子囊胞罐头应有的良好风味，无异味	具有橘子囊胞罐头应有的风味，无异味	具有橘子囊胞罐头应有的风味，无异味
组织形态	囊胞饱满，颗粒分明；允许橘核不超过固形物重量的1%，破囊胞和瘪子质量不超过固形物的10%	囊胞较饱满，颗粒较分明；橘核质量不超过固形物的2%，破囊胞和瘪子质量不超过固形物20%	囊胞尚饱满，颗粒尚分明；橘核质量不超过固形物的3%，破囊胞和瘪子不超过固形物重量的30%

实训表 6-2　样品缺陷分类

类别	缺陷
严重缺陷	有明显异味； 有有害杂质,如碎玻璃、头发、外来昆虫、金属屑及长径大于 3mm 已脱落的锡珠
一般缺陷	有一般杂质,如棉线、合成纤维丝及长径不大于 3mm 已脱落的锡珠;感官要求明显不符合技术要求,有数量限制的超标; 净重负公差超过允许公差;固形物重负公差超过允许公差; 糖水浓度不符合要求。

6. **结果**　根据产品的感官检验结果,对照感官检验标准对样品评级。

【注意事项】

1. 评价员应统一对评价指标的认识;

2. 实验前评价员与感官分析师或评价小组组长可以就有关问题进行讨论;

3. 参加检验人员须有正常的味觉与嗅觉,感官鉴定过程不得超过 2 小时。

【实训报告】

按色泽、滋味、气味、组织状态的顺序对样品进行评价,将评价结果记录在实训表 6-3 中:

实训表 6-3　橘子囊胞罐头的感官检验结果

评价项目	样品 A	样品 B
色泽		
滋味		
气味		
组织状态		
感官检验结果		
缺陷		
评价等级		

【实训评价】

请阐述橘子罐头的风味特点。

实训七　糕点的感官检验

【实训目的】

1. 掌握各类糕点的感官要求;

2. 掌握不同糕点的感官评定标准及评价方法。

【实训内容】

（一）用品

糕点,白色的样品盘、刀叉餐具、温开水、一次性水杯等。

（二）方法

根据人的感觉特性按产品标准要求对糕点进行感官测定,包括对糕点的外观形态、密封性以及内容物的形态、色泽、组织、气味滋味、杂质等方面进行评定。采用类项标度方法对不同种类的糕点进行分级。采用糕点的感官评分表对不同种类的糕点进行评分。

（三）步骤

1. 待检样准备与分组　烘烤类糕点、油炸类糕点、水蒸类糕点、熟粉类糕点、冷加工糕点各 1份,分小组(5~6 人/组)。

2. 样品编号　对 5 个不同种类的样品分别用随机的三位数(如 148,013 等)进行编码。每组中一个成员对样品进行编号,代码不能让其他成员对样品的性质作出结论。

3. 熟悉各类糕点的感官要求(参考《GB/T 20977-2007 糕点通则》)

（1）烘烤类糕点应符合实训表 7-1 规定。

实训表 7-1　烘烤类糕点感官要求

项目	要求
形态	外形整齐,底部平整,无霉变,无变形,具有该品种应有的形态特征
色泽	表面色泽均匀,具有该品种应有的色泽特征
组织	无不规则大空洞。无糖粒,无粉块。带馅类饼皮厚薄均匀,皮馅比例适当,馅料分布均匀,馅料细腻,具有该品种应有的组织特征
滋味与口感	味纯正,无异味,具有该品种应有的风味和口感特征
杂质	无可见杂质

（2）油炸类糕点应符合实训表 7-2 规定。

实训表 7-2　油炸类糕点感官要求

项目	要求
形态	外形整齐,表面油润,挂浆类除特殊要求外不应返砂,炸酥类层次分明,具有该品种应有的形态特征
色泽	颜色均匀,挂浆类有光泽,具有该品种应有的色泽特征
组织	组织疏松,无糖粒,不干心,不夹生,具有该品种应有的组织特征
滋味与口感	味纯正,无异味,具有该品种应有的风味和口感特征
杂质	无可见杂质

（3）水蒸类糕点应符合实训表7-3规定。

实训表7-3　水蒸类糕点感官要求

项目	要求
形态	外形整齐,表面细腻,具有该品种应有的形态特征
色泽	颜色均匀,具有该品种应有的色泽特征
组织	粉质细腻,粉油均匀,不黏,不松散,不掉渣,无糖粒,无粉块,组织松软,有弹性,具有该品种应有的组织特征
滋味与口感	味纯正,无异味,具有该品种应有的风味和口感特征
杂质	正常视力无可见杂质

（4）熟粉类糕点应符合实训表7-4规定。

实训表7-4　熟粉类糕点感官要求

项目	要求
形态	外形整齐,具有该品种应有的形态特征
色泽	颜色均匀,具有该品种应有的色泽特征
组织	粉料细腻,紧密不松散,黏结适宜,不粘片,具有该品种应有的组织特征
滋味与口感	味纯正,无异味,具有该品种应有的风味和口感特征
杂质	无可见杂质

（5）冷加工类和其他类糕点应符合实训表7-5规定。

实训表7-5　冷加工类和其他类糕点感官要求

项目	要求
形态	具有该品种应有的形态特征
色泽	具有该品种应有的色泽的特征
组织	具有该品种应有的组织特征
滋味与口感	味纯正,无异味,具有该品种应有的风味和口感特征
杂质	无可见杂质

4. 感官评价　按照感官要求,品评员对不同代码样品分别从形态、色泽、组织、滋味与口感、杂质五个项目进行评分,评分标准见实训表7-6。另外每类糕点中的项目评5次,超过50%（次数）以上的评定结果才能作为最后的评定结果。采用25分制。产品质量等级分值尺度,见实训表7-7。

实训表7-6　糕点食品评分标准

评价结果	分值
很差	0~1
差	2
适中	3
好	4
很好	5

实训表 7-7　糕点质量等级

质量等级	分数
优	20～25
良	15～20
中	10～15
差	<10

【注意事项】

首先观察其外表形态与色泽,然后切开检查其内部的组织结构状况,留意糕点的内质与表皮有无霉变现象,感官品评糕点的气味与滋味时,尤其应该注意以下三个方面:一是有无油脂酸败带有的哈喇味,二是口感是否松软利口,三是咀嚼时有无矿物性杂质带来的砂声。

【实训报告】

记录各式糕点样品的感官检验结果,参照糕点的感官检验标准,判断各样品的种类,并给出检验结果,填写实训表 7-8。

实训表 7-8　几种常见糕点的感官检验评分结果

评价项目	样品 A	样品 B	样品 C	样品 D	样品 E
形态					
色泽					
组织					
滋味与口感					
杂质					
产品等级					

【实训评价】

请阐述各类糕点的感官特征。

实训八　食糖的感官检验

【实训目的】

1. 了解食糖的分类;

2. 掌握不同食糖的感官评定标准及评价方法。

【实训内容】

(一) 用品

白色的样品盘、玻璃棒、温开水、一次性水杯等。

(二) 方法

根据各类食糖的感官评定标准进行品评,对不同种类食糖是否合格或者等级做出评判。

（三）步骤

1. **食糖的准备** 白砂糖、绵白糖、赤砂糖、冰片糖、冰糖和方糖各 1 份，分别用随机的 3 位数字编码；将学生分为 4 人/组。

2. **食糖的感官要求**

（1）白砂糖应符合实训表 8-1 规定。[参考《食品安全国家标准 白砂糖》（GB 317-2006）]

实训表 8-1　白砂糖感官要求

项目	要求
形态	晶粒均匀，干燥松散
色泽	洁白有光泽，无明显黑点。水溶液应清澈透明无杂质
气味	具有正常的气味
滋味	晶粒或其水溶液味甜、无异味

（2）绵白糖应符合实训表 8-2 规定。[参考《品安全国家标准 绵白糖》（GB/T 1445-2000）]

实训表 8-2　绵白糖感官要求

项目	要求
形态	晶粒细小、均匀，质地绵软
色泽	颜色洁白，产品的水溶液清澈、透明。精制和其他级别每平方米表面积内长度>0.2mm 的黑点数分别不多于 12 个和 16 个
气味	具有正常的气味
滋味	晶体或其水溶液味甜、无异味

（3）赤砂糖应符合实训表 8-3 规定。[参考《食品安全国家标准 食糖》（GB 13104-2014）]

实训表 8-3　赤砂糖感官要求

项目	要求
形态	呈晶粒状或粉末状，干燥而松散，不结块
色泽	呈棕红色或黄褐色，无明显黑点。水溶液清晰，无沉淀
气味	具有正常的气味
滋味	甜而略带糖蜜味

（4）冰片糖应符合实训表 8-4 规定。

实训表 8-4　冰片糖感官要求

项目	要求
形态	大小厚薄均匀，砂线分明
色泽	色泽自然，两面呈金黄色至棕色、腊光面，无明显黑点
气味	具有正常的气味
滋味	甜而略带糖蜜味

（5）单晶体冰糖和多晶体冰糖应符合实训表 8-5 规定。

实训表 8-5　单晶体冰糖和多晶体冰糖感官要求

项目	单晶体冰糖要求	多晶体冰糖要求
形态	颗粒均匀，晶面干燥	柱冰无砂心，底冰无砂底，表面干燥
色泽	洁白、光滑，有色泽、呈半透明体。水溶液透明、不浑浊	白冰糖色白，呈半透明体，有色泽；黄冰糖色金黄，表面干燥，有光泽
滋味	水溶液味甜，无异味	水溶液味甜，无异味
其他	无明显黑点及其他杂质	无明显黑点及其他杂质

（6）方糖应符合实训表 8-6 规定。

实训表 8-6　方糖感官要求

项目	要求
形态	呈规则的正方体或长方体
色泽	洁白无斑痕及其他杂质
气味	具有正常的气味
其他	水溶液清澈透明

3. 对照不同食糖的感官要求，观察样品的形态、色泽、气味、滋味。

4. 分别配制 10% 的糖溶液，观察色泽、气味、滋味。

5. 记录各式食糖样品的感官检验结果，参照食糖的感官检验标准，判断各样品的种类，并给出检验结果。

【注意事项】

1. 评价时应注意参照标准的有效性。

2. 感官评价时，光照条件要充足。

【实训报告】

记录各式食糖样品的感官检验结果，参照食糖的感官检验标准，判断各样品的种类，并给出检验结果（实训表 8-7）。

实训表 8-7　几种常见食糖的感官检验结果

项目	编码 1	编码 2	编码 3	编码 4	编码 5	编码 6
形态						
色泽						
滋味与口感						
杂质						
其他						
感官检验结果						

【实训评价】

请阐述几种食糖之间的感官差别。

实训九　植物性油脂的感官检验

【实训目的】

1. 掌握植物性油脂的感官评定方法；

2. 掌握芝麻油的掺伪鉴别检验。

【实训内容】

（一）用品

玻璃插油管、长度 20~30cm 的油柱、白色衬板、比色管、100ml 广口瓶、高 100mm/直径 50mm 烧杯、不锈钢勺、温度计、电炉、石棉网、A4 纸、玻璃棒、冰箱。

（二）方法

按照植物性油脂的感官评定标准对不同品牌不同种类植物性油脂进行品评鉴定,评定合格等级。

（三）步骤

1. 待检样的准备

（1）纯的花生油、菜油、大豆油、芝麻油；

（2）纯的芝麻油、掺入 1.5% 凉水的芝麻油、掺入 2.5% 凉水的芝麻油、掺入菜籽油的芝麻油、掺入花生油的芝麻油；

（3）样品的采集与制备:取完整的定量包装的罐装(瓶装)样品,以备检验色泽、透明度、气味、滋味、水分和杂质检验等感官指标。

2. 要求

（1）掌握鉴别各种常用食用植物油脂品质好坏的基本感官检验方法。

油脂的感官检验包括色泽、透明度、气味与滋味、杂质等。

1)色泽:纯净油脂是无色、透明、略带黏性的液体。但因油料本身带有各种色素,在加工过程中这些色素溶解在油脂中而使油脂具有颜色。油脂色泽的深浅,主要取决于油料所含脂溶性色素的种类和含量、油料籽品质的好坏、加工方法、精炼程度及油脂贮藏过程中的变化等。

2)透明度:正常油脂应该是完全透明的,如果油脂中含有磷脂、固体脂肪、蜡质,或者含水量较大时,就会出现浑浊、使透明度降低。

3)气味与滋味:每种植物油都具有其固有的气味和特殊滋味。通过气味和滋味的鉴别可以知道油脂的种类、品质的好坏、酸败的程度及能否食用等。

4)杂质:油脂在加工过程中混入机械杂质(如泥沙等)、磷脂、蛋白、黏液、固醇、水等非油脂性物质,导致油脂浑浊、有悬浮物沉淀等。

植物油脂中水分和杂质是鉴别检验是按照油脂的透明与浑浊程度、悬浮物和沉淀物的多少以及改变条件后所出现的各种现象等来进行感官分析判断的。

(2)大豆油、花生油和芝麻油的感官检验标准详见第七章表7-6、表7-7、表7-9内容。

3. 检验项目 几种常见油脂的感官检验：

(1)色泽检验：直接用1~1.5cm长的玻璃插油管抽取澄清无残渣的液态样品，油柱长约25~30cm(也可移入试管或比色管中)，在白色背景前的反射光线下观察。描述并记录各样品的色泽。

(冬季气温低，油脂容易凝固，可取250g左右，水浴加热至35~40℃，使之呈液态，再冷却至约20℃，然后按上述方法进行鉴别。)

(2)透明度检验：用插油管将油吸出用肉眼即可判断透明度，分为清晰透明、微浊、浑浊、极浊及有无悬浮物等。观察并记录结果。

(3)气味检验：一般有以下几种检验方法：

1)装油脂的容器在开口的瞬间，将鼻子凑近容器口，闻其气味。

2)取1~2滴油样放在手掌上，双手合拢，快速摩擦至发热，闻其气味。

3)用不绣钢勺取油样25ml左右，加热至约50℃，闻其气味。

用前两种方法进行气味检验，描述并记录各样品油的气味。

(4)滋味检验：用玻璃棒取少许油样，点涂在舌上，辨其滋味。不正常的油脂会带有酸、辛辣等滋味和焦苦味；正常的油脂无异味。仔细品尝各样品的滋味，并记录。

(5)水分和杂质检验：植物油脂中水分和杂质的鉴别检验是按照油脂的透明与浑浊程度、悬浮物和沉淀物的多少以及改变条件后所出现的各种现象等来进行感官分析判断的，一般有以下几种方法。

1)取样判定法：取干燥洁净的玻璃插油管1支，用大拇指将玻璃管上口按住，斜插入装油容器内至底部，然后放开大拇指，微微摇动，稍停后再用大拇指按住管口，提起后观察管内情况。

若在常温下，油脂清晰透明，水分和杂质含量在0.3%以下；若出现浑浊，水分和杂质含量在0.4%以上；油脂出现明显的浑浊并有悬浮物，则水分和杂质含量在0.5%以上。

2)烧纸验水法：取干燥洁净的插油管，用食指堵住油管上口，插入静置的油容器内，直至底部，放开上口，插取少许底部沉淀物，涂在易燃烧的纸片上，点燃，听其发出的声音，观察其燃烧现象。燃烧时产生油星四溅现象，并发出"叭叭"的爆炸声，说明水分含量高。

3)钢勺加热法：用钢勺随机取油样约250ml，在酒精灯上加热至温度在150~160℃，看其泡沫，听其声音，观察其沉淀情况，如出现大量泡沫，又发出"吱吱"响声，说明水分含量高；加热后拨去油沫，观察油的颜色，若油色变深，有沉淀，说明杂质较多。

分别采用以上三种方法进行各样品的水分和杂质检验，记录结果。

(6)芝麻油掺伪鉴别检验：

1)观察法：分别取各样品10ml于试管中，在阳光下观察，纯芝麻油清澈透明；掺入凉水的芝麻油在光照下呈不透明液体状；掺入3.5%的凉水，芝麻油自动分层，容易沉淀；掺入菜油，则颜色发青。

2)降温法：分别取各样品15ml于试管中，放在-10℃冰箱内冷冻观察。纯香油在此温度下仍为液体，掺伪的香油在此温度下开始凝固。

记录几种样品的检验结果。

3）振荡法：分别取各样品 10ml 于试管中，用力振荡后观察。纯正香油振荡后不起泡或只起少量泡沫，而且很快消失；掺入花生油振荡后泡沫多，消失慢，泡沫呈白色；掺入大豆油振荡后出现淡黄色且泡沫不易消失，用手掌沾油摩擦，可闻到辛辣味。

记录几种样品的检验结果。

4）摩擦法：将油样滴于手心，用另一掌用力摩擦，由于摩擦产热，油内的芳香物质分子运动加速，香味容易扩散。如为纯芝麻油，有单纯浓重的芝麻油香味，如掺有菜籽油，则除有芝麻油香味外，还夹杂有菜籽油的异味。

4．实验记录

（1）记录几种植物油样品的检验结果。

（2）用上述方法来鉴别芝麻油掺伪，记录结果并判断是否掺伪。

【注意事项】

如果发现样品的安全性存在问题，评价员可以只评定气味而不评定滋味。

【实训报告】

记录各样品油的感官检验结果，参照油脂的感官检验标准，判断各样品油的种类，并给出检验结果（实训表 9-1、实训表 9-2）。

实训表 9-1　几种常见油脂的感官检验结果

	样品 A	样品 B	样品 C	样品 D
色泽检验				
透明度检验				
气味检验				
滋味检验				
水分和杂质检验				
判断种类（花生油、菜油、大豆油、芝麻油）				
感官检验结果				
质量等级				

实训表 9-2　芝麻油掺伪鉴别检验结果

	样品 A	样品 B	样品 C	样品 D
观察法				
降温法				
振荡法				
摩擦法				
判断掺伪方式				

（注：四种样品可能是：纯的芝麻油、掺入 1.5% 凉水的芝麻油、掺入 2.5% 凉水的芝麻油、掺入菜籽油的芝麻油。）

【实训评价】

请阐述不同植物油脂之间的感官特征。

实训十 谷粮感官评价实验

【实训目的】

掌握大米、面粉、豆类的感官检验标准和鉴别方法。

【实训内容】

（一）用品

纸筒、手电筒、玻璃平皿、平底玻璃缸、瓷盘、温度计、冰箱和食盐等。

（二）方法

粮谷类及其成品粮质量的感官鉴别和检验指标主要包括：色泽、口感、气味、水分、杂质、纯度等。

（三）步骤

1. 色泽评价 良质的粮食籽粒应具有本品种所固有的色泽；未成熟的籽粒颜色苍白或无光泽；而病害、霉菌、异物的感染及仓虫危害、水浸、陈化等因素的影响，可使籽粒的色泽变暗或光泽减弱。

色泽鉴别的操作方法为：在黑色的样品盘（或黑纸）上，薄薄地均摊一层粮食样品，在散射光线下仔细察看其色泽（最好用标准样品加以对照）。

鉴别结果除用"正常"或"不正常"字样来表示外，还应注明实际色泽。

2. 滋味评价 新鲜良质的粮食应具有本品种所固有的滋味，无异味。霉变、虫害、陈化等因素可引起粮食滋味的变化，产生霉味、酸味、苦味等。

滋味鉴别的操作方法为：用水漱口后，取少许试样放进口中，慢慢咀嚼，仔细辨别其滋味；也可将试样制成食品后再辨别滋味。

鉴别结果除用"正常"或"不正常"字样来表示外，还应注明实际滋味。

3. 气味评价 粮食应具有本品种固有的气味，并且气味浓郁清香，无异味。由于粮食自身的变化和外界条件（病虫害、霉菌、异物感染）的影响，粮食会产生出不正常的气味，如发酵气味、霉味、酸味、哈喇味、仓虫气味等。

气味鉴定的操作方法为：取少许试样放在手掌中，用哈气的方法提高试样的温度，然后立即嗅其气味；或取少许粉碎的试样，放入盛有 60~70℃ 温水的容器中，盖上盖子，2~3 分钟后把水倾出立即嗅其气味。

鉴定结果除用"正常"或"不正常"字样来表示外，还应注明实际气味。

4. 粉状粮食牙碜的鉴别 造成粉状粮食牙碜的主要因素是粉中含有尘土或细砂。此项鉴别常与滋味的鉴别同时进行，即用牙齿摩擦样品来鉴别牙碜程度。

鉴定结果除用"正常"或"不正常"字样来表示外，"不正常"的需标明牙碜的原因。

5. 纯度　主要检验粮食中有机杂质和无机杂质的含量,包括砂石、煤渣、谷壳、秸秆等的含量,粮食中杂质的含量不能超过 1%。

鉴定结果用"正常"或"不正常"字样来表示。

6. 水分　粮食的正常含水量应在 14%以下。

水分含量的鉴别方法如下:水分含量低的粮食,用手摸、捻、压、掐时感觉很硬;用手插入粮食堆中光滑滑进;用手搅动时,发出清脆的声音;用牙齿磕籽粒时,抗压力大,破碎时发出强有力的声响。而水分含量高的粮食粒形膨胀,光泽较强;手插入粮食时,有涩滞和潮湿感,甚至在拔出手时,籽粒易粘在手上;牙磕时抗压力小,破碎时响声较小,略有弹性。

鉴定结果用"正常"或"不正常"字样来表示。

7. 几种典型粮谷产品的感官指标评价标准　感官指标参见实训表 10-1~实训表 10-5。

实训表 10-1　大米的感官指标

指标	特征
形态	颗粒完整,坚实丰满,大小均匀,粒面光滑、很少有碎粒
纯度	无虫害、无杂质
色泽	具有各品种的各种颜色
气味	具有正常的香味、无霉味、酸味和腐败味
滋味	无酸味、苦味和其他异味

实训表 10-2　面粉的感官指标

指标	特征
形态	呈粉末状、手指捏之无粗粒感,无结块
纯度	无虫害、无杂质
色泽	均匀一致、没有杂色
气味	具有正常面粉固有的香味,无霉味、酸味和其他异味
滋味	咀嚼无砂声

实训表 10-3　豆类的感官指标

指标	特征
形态	颗粒饱满完整,大小均匀
纯度	无霉变、无虫害、无杂质、无污染
色泽	具有各品种的各种颜色(如黄色、青色、黑色等)
气味	具有正常豆类所固有的豆香味,无霉味、无异味
滋味	具有正常豆类所固有的滋味,无其他异味

实训表 10-4　小麦的感官指标

指标	特征
形态	颗粒饱满、完整,大小均匀整齐
纯度	无霉变、无虫害、无杂质、无污染
色泽	颗粒呈红色、金黄色或淡红黄色,有光泽
气味	具有正常小麦所固有的香味,无霉味、无异味
滋味	微甜,无酸味、苦味和其他异味

实训表 10-5　淀粉的感官指标

指标	特征
纯度	质地纯净,无杂质、无虫害、无污染
色泽	洁白带结晶光泽
气味	有制作原料固有的香味,无酸味、霉味和其他异味
口感	无砂齿(咀嚼无砂声)

【注意事项】

1. 在鉴定粮谷时,应注意温度与气味的关系。各种气味在低温下都比较清淡,甚至消失,温度增高,可使气味变得浓而显著。

2. 应注意光线强度对色泽的影响。

【实训报告】

对照产品的感官检验指标,对实验样品进行感官评定并记录在实训表 10-6。

实训表 10-6　谷粮类样品的感官检验结果记录

项目	样品 A	样品 B	样品 C
色泽			
滋味			
气味			
牙磣情况			
纯度			
水分			
鉴别结果			

【实训评价】

请阐述上述各类谷粮的感官特质。

附录

附录一　通用感官评价标准方法

感官评价项目	采用方法	方法标准化
整体差别检验（有无差别）	成对比较检验	GB/T 12310-2012；ISO 5495:2005 感官分析 成对比较检验
	三点检验	GB/T 12311-2012；ISO 4120:2004 感官分析 三点检验
	二-三点检验	GB/T 17321-2012；ISO 10399:2004 感官分析方法 二-三点检验
	"A"-"非A"检验	GB/T 12316-1990；ISO 8588:1987 感官分析方法 "A"-"非A"检验
	五中取二检验	GB/T 10220-2012；ISO 6658:2005 感官分析 方法学 总论
	序贯分析	ISO 16820:2004 感官分析 方法学 顺序分析
特性差别检验（差别大小）	排序法	GB/T 12315-2008；ISO 8587:2006 感官分析 方法学 排序法
	分类法	GB/T 10220-2012；ISO 6658:2005 感官分析 方法学 总论
	分等法	
	评分法	
	标度法	GB/T 19547-2004；ISO 11056:1999 感官分析 方法学 量值估计法；ISO 4121:2003 感官分析 使用定量响应标度的一般导则
接受性与偏爱检验（差别是否接受或偏爱）	成对偏爱检验	GB/T 12310-2012；ISO 5495:2005 感官分析 成对比较检验
	排序偏爱检验	GB/T 12315-2008；ISO 8587:2006 感官分析 方法学 排序法
	喜好标度	ISO/NWI 感官分析 方法学 在控制范围内的消费者偏爱测试方法 一般导则
颜色感官检验	自视比色	GB/T 21172-2007；ISO 11037:1999 感官分析 食品颜色评价的总则和检验方法
质地感官检验	质地剖面	GB/T 16860-1997；ISO 11036:1994 感官分析方法 质地剖面检验
风味感官检验	风味剖面	GB/T 12313-1990；ISO 6564:1985 感官分析方法 风味剖面检验
感官质量描述分析	感官特性的定性描述	GB/T 10221-2012 感官分析 术语 GB/T 16861-1997；ISO 11035:1994 感官分析 通用多元分析方法 鉴定和选择用于建立感官剖面描述词
	感官特性强度的评价（标度法）	GB/T 19547-2004 感官分析 方法学 量值估计法；ISO 4121:2003 感官分析 使用定量响应标度的一般导则
	感官剖面的建立（剖面法）	GB/T 16860-1997；ISO 11036:1994 感官分析方法 质地剖面检验；GB/T 12313-1990；ISO 6564:1985 感官分析方法 风味剖面检验；ISO 13299:2003 感官分析 方法学 建立感官剖面的一般导则

附录二　我国产品专用感官评价方法标准

产品类别	方法标准	标准名称
酒、饮料类	NY 82.2-1988	果汁测定方法 感官检验
	GB/T 33404-2016	白酒感官品评导则
	GB/T 33405-2016	白酒感官品评术语
	GB/T 33406-2016	白酒风味物质阈值测定指南
	GB/T 57504-2006	生活饮用水标准检验方法 感官性状和物理指标
烟草类	YC/T 138-1998	烟草及烟草制品 感官评价方法
	GB 5606.4-2005	卷烟 第4部分:感官技术要求
罐头类	QB/T 3599-1999	罐头食品的感官检验
茶叶类	NY/T 787-2004	茶叶感官审评通用方法
	SN/T 0917-2010	进出口茶叶品质感官审评方法
	GB/T 23776-2009	茶叶感官审评方法
	GB/T 14487-2008	茶叶感官审评术语
粮食及其制品类	GB/T 15682-2008	粮油检验 稻谷、大米蒸煮食用品质感官评价方法
	GB/T 20569-2006	稻谷储存品质判定规则
	GB/T 20570-2015	玉米储存品质判定规则
	GB/T 20571-2006	小麦储存品质判定规则
	GB/T 25005-2010	感觉分析 方便面感官品质评价方法
肉类及其制品类	GB/T 22210-2008	肉与肉制品感官评定规范
蜂产品	NY/T 2792-2015	蜂产品感官评价方法
调味料类	GB/T 21265-2007	辣椒辣度的感官评价方法
乳类制品	RHB 101-2004	巴氏杀菌乳感官质量评鉴细则
	RHB 102-2004	灭菌乳感官质量评鉴细则
	RHB 103-2004	酸牛乳感官质量评鉴细则
	RHB 201-2004	全脂乳粉感官评鉴细则
	RHB 202-2004	脱脂乳粉感官评鉴细则
	RHB 203-2004	全脂加糖乳粉感官评鉴细则
	RHB 204-2004	婴儿配方乳粉感官评鉴细则
	RHB 301-2004	全脂加糖炼乳感官质量评鉴细则
	RHB 302-2004	全脂无糖炼乳感官质量评鉴细则
	RHB 401-2004	奶油感官质量评鉴细则
	RHB 501-2004	切达干酪感官质量评鉴细则
	RHB 502-2004	莫扎雷拉干酪感官质量评鉴细则
	RHB 503-2004	蓝纹干酪感官质量评鉴细则
	RHB 504-2004	卡门培尔干酪感官质量评鉴细则
	RHB 505-2004	再制干酪感官质量评鉴细则
	RHB 506-2004	农家干酪感官质量评鉴细则
	RHB 507-2015	匹萨用拉丝性干酪感官评鉴细则
	RHB 508-2015	耐高温再制干酪感官评鉴细则
其他食品	SN/T 1963-2007	进出口南瓜籽仁、葵花籽仁感官检验方法
	SN/T 4595-2016	进出口食品感官(不洁物)检验规程

附录三　统计分析表

附表 3-1　三点检验所需评价员数

α	P_d	β				
		0.2	0.1	0.05	0.01	0.001
0.2	50%	7	12	16	25	36
0.1		12	15	20	30	43
0.05		16	20	23	35	48
0.01		25	30	35	47	62
0.001		36	43	48	62	81
0.2	40%	12	17	25	36	55
0.1		17	25	30	46	67
0.05		23	30	40	57	79
0.01		35	47	56	76	102
0.001		55	68	76	102	130
0.2	30%	20	28	39	64	97
0.1		30	43	54	81	119
0.05		40	53	66	98	136
0.01		62	82	97	131	181
0.001		93	120	138	181	233
0.2	20%	39	64	85	140	212
0.1		62	89	119	178	260
0.05		87	117	147	213	305
0.01		136	176	211	292	397
0.001		207	257	302	395	513
0.2	10%	149	238	325	529	819
0.1		240	348	457	683	1011
0.05		325	447	572	828	1181
0.01		525	680	824	1132	1539
0.001		803	996	1165	1530	1992

注:1)计算公式如下: $N=\left\{\dfrac{Z_\alpha \sqrt{pq}+Z_\beta \sqrt{p_\alpha q_\alpha}}{p-p_\alpha}\right\}^2$; Z 值是与 α、β 相关的值[1]。

2)统计学的显著性(经验法则)结果在:$1 \sim 0.05$ 的 α 风险表示差别不显著,$0.05 \sim 0.01$ 的 α 风险表示差别中等显著,$0.01 \sim 0.001$ 的 α 风险表示差别显著,<0.001 的 α 风险表示差别极显著。对于 β 风险也使用该标准评价差别显著性。

1　Amerine, M. A., Pangborn, R. M. and Roessler, E. B. 1965. Principles of Sensory Evaluation of Food, Academic Press, New York, pp. 437-440.

附表 3-2　三点检验确定存在显著差别所需最少正确答案数

n	α				
	0.20	0.10	0.05	0.01	0.001
6	4	5	5	6	7
7	4	5	5	6	7
8	5	5	6	7	8
9	5	6	6	7	8
10	6	6	7	8	9
11	6	7	7	8	10
12	6	7	8	9	10
13	7	8	8	9	11
14	7	8	9	10	11
15	8	8	9	10	12
16	8	9	9	11	12
17	8	9	10	11	13
18	9	10	10	12	13
19	9	10	11	12	14
20	9	10	11	13	14
21	10	11	12	13	15
22	10	11	12	14	15
23	11	12	12	14	16
24	11	12	13	15	16
25	11	12	13	15	17
26	12	13	14	15	17
27	12	13	14	16	18
28	12	14	15	16	18
29	13	14	15	17	19
30	13	14	15	17	19

注:1)当 $n<18$ 时,不宜使用三点检验检验差别;

2)表中数据根据二项式分布求得,对于表中未列出的 n 值,可根据二项式的近似值计算其近似值。

最小正确答案数 $x=(n/3)+Z\sqrt{2n/9}$

其中 Z 随下列显著性水平变化而异:$\alpha=0.20$ 时 $Z=0.84$;$\alpha=0.10$ 时 $Z=1.28$;$\alpha=0.05$ 时 $Z=1.64$;$\alpha=0.01$ 时 $Z=2.33$;$\alpha=0.001$ 时 $Z=3.09$。

附表 3-3　根据三点检验确定两个样品相似所需最大正确数

n	β	P_d				
		10%	20%	30%	40%	50%
30	0.001	3	5	7	11	14
	0.01	5	7	9	14	16
	0.05	7	9	11	16	18
	0.10	8	10	11	17	19
	0.20	9	11	13	18	21
36	0.001	5	7	9	11	14
	0.01	7	9	11	14	16
	0.05	9	11	13	16	18
	0.10	10	12	14	17	19
	0.20	11	13	16	18	21
42	0.001	6	9	11	14	17
	0.01	9	11	14	17	20
	0.05	11	13	16	19	22
	0.10	12	14	17	20	23
	0.20	13	16	19	22	24
48	0.001	8	11	14	17	21
	0.01	11	13	17	20	23
	0.05	13	16	19	22	25
	0.10	14	17	20	23	27
	0.20	15	18	22	25	28
54	0.001	10	13	17	20	24
	0.01	12	16	19	23	27
	0.05	15	18	22	25	29
	0.10	16	20	23	27	31
	0.20	18	21	25	28	32
60	0.001	12	15	19	23	27
	0.01	14	18	22	26	30
	0.05	17	21	25	29	33
	0.10	18	22	26	30	34
	0.20	20	24	28	32	36

注:1)当 $n<30$ 时,不宜使用三点检验检验相似;

2)表中数据根据二项式分布求得,对于表中未列出的 n 值,可根据二项式的近似值计算其近似值。最小正确答案数 $x = 1.5(x/n) - 0.5 + Z_\beta \sqrt{(nx - x^2)/n^2}$;其中,$Z$ 随下列显著性水平变化而异:$\beta = 0.20$ 时 $Z = 0.84$;$\beta = 0.10$ 时 $Z = 1.28$;$\beta = 0.05$ 时 $Z = 1.64$;$\beta = 0.01$ 时 $Z = 2.33$;$\beta = 0.001$ 时 $Z = 3.09$。

附表 3-4　二-三点检验、"A"-"非 A"检验、成对比较检验所需评价员数

α	P_d	β				
		0.2	0.1	0.05	0.01	0.001
0.2	50%	12	19	26	38	58
0.1		19	26	33	48	70
0.05		23	33	42	58	82
0.01		40	50	59	80	107
0.001		61	71	83	107	140
0.2	40%	19	30	39	60	94
0.1		28	39	53	79	113
0.05		37	53	67	93	132
0.01		64	80	96	130	174
0.001		95	117	135	176	228
0.2	30%	32	49	68	110	166
0.1		53	72	96	145	208
0.05		69	93	119	173	243
0.01		112	143	174	235	319
0.001		172	210	246	318	412
0.2	20%	77	112	158	253	384
0.1		115	168	214	322	471
0.05		158	213	268	392	554
0.01		252	325	391	535	726
0.001		386	479	556	731	944
0.2	10%	294	451	618	1006	1555
0.1		461	658	861	1310	1905
0.05		620	866	1092	1583	2237
0.01		1007	1301	1582	2170	2927
0.001		1551	1908	2248	2937	3812

注:1)计算公式如下:$N = \left\{ \dfrac{Z_\alpha \sqrt{pq} + Z_\beta \sqrt{p_\alpha q_\alpha}}{p - p_\alpha} \right\}^2$;Z 值是与 α、β 相关的值[2]。

2)统计学的显著性(经验法则)结果在:1~0.05 的 α 风险表示差别不显著,0.05~0.01 的 α 风险表示差别中等显著,0.01~0.001 的 α 风险表示差别显著,<0.001 的 α 风险表示差别极显著。对于 β 风险也使用该标准评价差别显著性。

2　Amerine, M. A., Pangborn, R. M. and Roessler, E. B. 1965. Principles of Sensory Evaluation of Food, Academic Press, New York, pp. 437-440.

附表 3-5　二-三点检验、"A"-"非 A"检验、成对比较检验确定存在显著差别所需最少正确答案数

n	α				
	0.20	0.10	0.05	0.01	0.001
6	5	6	6	-	-
7	6	6	7	7	-
8	6	7	7	8	-
9	7	7	8	9	-
10	7	8	9	10	10
11	8	9	9	10	11
12	8	9	10	11	12
13	9	10	10	12	13
14	10	10	11	12	13
15	10	11	12	13	14
16	11	12	12	14	15
17	12	12	13	14	16
18	12	13	13	15	16
19	13	13	14	15	17
20	13	14	15	16	18
21	13	14	15	17	18
22	13	14	15	17	19
23	15	16	16	18	20
24	15	16	17	19	20
25	16	17	18	19	21
26	16	17	18	20	22
27	17	18	19	20	22
28	17	18	19	21	23
29	18	19	20	22	24
30	18	20	20	22	24

注:1) 当 $n<24$ 时,不宜使用二-三点检验检验差别;

2) 表中数据根据二项式分布求得,对于表中未列出的 n 值,可根据二项式的近似值计算其近似值。最小正确答案数 $x=(n/2)+Z\sqrt{n/4}$

其中 Z 随下列显著性水平变化而异:$\alpha=0.20$ 时 $Z=0.84$;$\alpha=0.10$ 时 $Z=1.28$;$\alpha=0.05$ 时 $Z=1.64$;$\alpha=0.01$ 时 $Z=2.33$;$\alpha=0.001$ 时 $Z=3.09$。

附表 3-6　根据二-三点检验、"A"-"非 A"检验、成对比较检验确定两个样品相似所需最大正确数

n	β	P_d				
		10%	20%	30%	40%	50%
30	0.001	10	11	13	15	17
	0.01	12	14	16	18	20
	0.05	14	16	18	20	22
	0.10	15	17	19	21	23
	0.20	16	18	20	22	24
36	0.001	11	13	15	18	20
	0.01	14	16	18	20	22
	0.05	16	18	20	22	24
	0.10	17	19	21	23	25
	0.20	18	20	22	25	27
42	0.001	13	15	18	20	23
	0.01	16	18	20	23	25
	0.05	18	20	22	25	27
	0.10	19	21	24	26	28
	0.20	20	23	25	27	30
48	0.001	15	17	20	22	25
	0.01	17	20	22	25	28
	0.05	20	22	25	27	30
	0.10	21	23	26	28	31
	0.20	23	25	27	30	33
54	0.001	17	19	22	25	28
	0.01	19	22	25	27	30
	0.05	22	24	27	30	33
	0.10	23	26	28	31	34
	0.20	25	27	30	33	35
60	0.001	18	21	24	27	30
	0.01	21	24	27	30	33
	0.05	24	27	29	32	36
	0.10	25	28	31	34	37
	0.20	27	30	32	35	38

注:1)当 $n<36$ 时,不宜使用二-三点检验检验相似;

2)表中数据根据二项式分布求得,对于表中未列出的 n 值,可根据二项式的近似值计算其近似值。最小正确答案数 $x = 2(x/n) + 2Z_\beta \sqrt{(nx-x^2)/n^3}$;其中,$Z$ 随下列显著性水平变化而异:$\beta = 0.20$ 时 $Z = 0.84$;$\beta = 0.10$ 时 $Z = 1.28$;$\beta = 0.05$ 时 $Z = 1.64$;$\beta = 0.01$ 时 $Z = 2.33$;$\beta = 0.001$ 时 $Z = 3.09$。

附表 3-7　五中选二检验所需评价员数

α	P_d	β				
		0.2	0.1	0.05	0.01	0.001
0.2	50%	3	4	6	10	16
0.1		4	6	8	12	19
0.05		5	7	9	14	21
0.01		7	9	12	17	25
0.001		9	13	16	22	30
0.2	40%	4	7	10	18	28
0.1		6	10	13	21	32
0.05		8	12	15	24	36
0.01		11	16	20	30	44
0.001		16	22	27	38	53
0.2	30%	6	11	16	26	42
0.1		9	14	20	32	49
0.05		12	17	23	36	55
0.01		17	24	31	46	66
0.001		25	33	41	58	81
0.2	20%	13	82	31	52	84
0.1		18	106	39	64	97
0.05		24	127	47	74	110
0.01		36	174	64	94	135
0.001		53	234	86	120	166
0.2	10%	42	71	100	168	265
0.1		64	98	131	208	315
0.05		84	123	161	245	360
0.01		131	178	223	321	451
0.001		196	253	306	418	566

注:1)计算公式如下: $N=\left\{\dfrac{Z_\alpha\sqrt{pq}+Z_\beta\sqrt{p_\alpha q_\alpha}}{p-p_\alpha}\right\}^2$; Z 值是与 α、β 相关的值[3]。

2)统计学的显著性(经验法则)结果在:1~0.05 的 α 风险表示差别不显著,0.05~0.01 的 α 风险表示差别中等显著,0.01~0.001 的 α 风险表示差别显著,<0.001 的 α 风险表示差别极显著。对于 β 风险也使用该标准评价差别显著性。

3　Amerine, M. A., Pangborn, R. M. and Roessler, E. B. 1965. Principles of Sensory Evaluation of Food, Academic Press, New York, pp. 437-440.

附表 3-8　五中选二检验确定存在显著差别所需最少正确答案数

n	α				
	0.20	0.10	0.05	0.01	0.001
30	5	7	7	8	10
31	5	7	7	8	10
32	6	7	7	9	10
33	6	7	7	9	11
34	6	7	7	9	11
35	6	8	8	9	11
36	6	8	8	9	11
37	6	8	8	9	11
38	6	8	8	10	11
39	6	8	8	10	12
40	7	8	8	10	12
41	7	8	8	10	12
42	7	9	9	10	12
43	7	9	9	10	12
44	7	9	9	11	12
45	7	9	9	11	13
46	7	9	9	11	13
47	7	9	9	11	13
48	8	9	9	11	13
49	8	10	10	11	13
50	8	10	10	11	14
51	8	10	10	12	14
52	8	10	10	12	14
53	8	10	10	12	14
54	8	10	10	12	14

注:1)当 $n<30$ 时,不宜使用五中选二检验检验差别;

2)表中数据根据二项式分布求得,对于表中未列出的 n 值,可根据二项式的近似值计算其近似值。

附表 3-9　x^2 分布临界值表(卡方分布)

df	P												
	0.995	0.99	0.975	0.95	0.9	0.75	0.5	0.25	0.1	0.05	0.025	0.01	0.005
1	…	…	…	…	0.02	0.1	0.45	1.32	2.71	3.84	5.02	6.63	7.88
2	0.01	0.02	0.02	0.1	0.21	0.58	1.39	2.77	4.61	5.99	7.38	9.21	10.6
3	0.07	0.11	0.22	0.35	0.58	1.21	2.37	4.11	6.25	7.81	9.35	11.34	12.84
4	0.21	0.3	0.48	0.71	1.06	1.92	3.36	5.39	7.78	9.49	11.14	13.28	14.86
5	0.41	0.55	0.83	1.15	1.61	2.67	4.35	6.63	9.24	11.07	12.83	15.09	16.75
6	0.68	0.87	1.24	1.64	2.2	3.45	5.35	7.84	10.64	12.59	14.45	16.81	18.55
7	0.99	1.24	1.69	2.17	2.83	4.25	6.35	9.04	12.02	14.07	16.01	18.48	20.28
8	1.34	1.65	2.18	2.73	3.4	5.07	7.34	10.22	13.36	15.51	17.53	20.09	21.96
9	1.73	2.09	2.7	3.33	4.17	5.9	8.34	11.39	14.68	16.92	19.02	21.67	23.59
10	2.16	2.56	3.25	3.94	4.87	6.74	9.34	12.55	15.99	18.31	20.48	23.21	25.19
11	2.6	3.05	3.82	4.57	5.58	7.58	10.34	13.7	17.28	19.68	21.92	24.72	26.76
12	3.07	3.57	4.4	5.23	6.3	8.44	11.34	14.85	18.55	21.03	23.34	26.22	28.3
13	3.57	4.11	5.01	5.89	7.04	9.3	12.34	15.98	19.81	22.36	24.74	27.69	29.82
14	4.07	4.66	5.63	6.57	7.79	10.17	13.34	17.12	21.06	23.68	26.12	29.14	31.32
15	4.6	5.23	6.27	7.26	8.55	11.04	14.34	18.25	22.31	25	27.49	30.58	32.8
16	5.14	5.81	6.91	7.96	9.31	11.91	15.34	19.37	23.54	26.3	28.85	32	34.27
17	5.7	6.41	7.56	8.67	10.09	12.79	16.34	20.49	24.77	27.59	30.19	33.41	35.72
18	6.26	7.01	8.23	9.39	10.86	13.68	17.34	21.6	25.99	28.87	31.53	34.81	37.16
19	6.84	7.63	8.91	10.12	11.65	14.56	18.34	22.72	27.2	30.14	32.85	36.19	38.58
20	7.43	8.26	9.59	10.85	12.44	15.45	19.34	23.83	28.41	31.41	34.17	37.57	40
21	8.03	8.9	10.28	11.59	13.24	16.34	20.34	24.93	29.62	32.67	35.48	38.93	41.4
22	8.64	9.54	10.98	12.34	14.04	17.24	21.34	26.04	30.81	33.92	36.78	40.29	42.8
23	9.26	10.2	11.69	13.09	14.85	18.14	22.34	27.14	32.01	35.17	38.08	41.64	44.18
24	9.89	10.86	12.4	13.85	15.66	19.04	23.34	28.24	33.2	36.42	39.36	42.98	45.56
25	10.52	11.52	13.12	14.61	16.47	19.94	24.34	29.34	34.38	37.65	40.65	44.31	46.93
26	11.16	12.2	13.84	15.38	17.29	20.84	25.34	30.43	35.56	38.89	41.92	45.64	48.29
27	11.81	12.88	14.57	16.15	18.11	21.75	26.34	31.53	36.74	40.11	43.19	46.96	49.64
28	12.46	13.56	15.31	16.93	18.94	22.66	27.34	32.62	37.92	41.34	44.46	48.28	50.99
29	13.12	14.26	16.05	17.71	19.77	23.57	28.34	33.71	39.09	42.56	45.72	49.59	52.34
30	13.79	14.95	16.79	18.49	20.6	24.48	29.34	34.8	40.26	43.77	46.98	50.89	53.67
40	20.71	22.16	24.43	26.51	29.05	33.66	39.34	45.62	51.8	55.76	59.34	63.69	66.77
50	27.99	29.71	32.36	34.76	37.69	42.94	49.33	56.33	63.17	67.5	71.42	76.15	79.49
60	35.53	37.48	40.48	43.19	46.46	52.29	59.33	66.98	74.4	79.08	83.3	88.38	91.95
70	43.28	45.44	48.76	51.74	55.33	61.7	69.33	77.58	85.53	90.53	95.02	100.42	104.22
80	51.17	53.54	57.15	60.39	64.28	71.14	79.33	88.13	96.58	101.88	106.63	112.33	116.32
90	59.2	61.75	65.65	69.13	73.29	80.62	89.33	98.64	107.56	113.14	118.14	124.12	128.3
100	67.33	70.06	74.22	77.93	82.36	90.13	99.33	109.14	118.5	124.34	129.56	135.81	140.1

附表 3-10　t 临界值表

df（自由度）	单侧检验的显著水平								
	0.5	0.2	0.1	0.05	0.02	0.01	0.005	0.002	0.001
	双侧检验的显著水平								
	0.25	0.1	0.05	0.025	0.01	0.005	0.0025	0.001	0.0005
1	1	3.078	6.314	12.706	31.821	63.657	127.321	318.309	636.619
2	0.816	1.886	2.92	4.303	6.965	9.925	14.089	22.327	31.599
3	0.765	1.638	2.353	3.182	4.541	5.841	7.453	10.215	12.924
4	0.741	1.533	2.132	2.776	3.747	4.604	5.598	7.173	8.61
5	0.727	1.476	2.015	2.571	3.365	4.032	4.773	5.893	6.869
6	0.718	1.44	1.943	2.447	3.143	3.707	4.317	5.208	5.959
7	0.711	1.415	1.895	2.365	2.998	3.499	4.029	4.785	5.408
8	0.706	1.397	1.86	2.306	2.896	3.355	3.833	4.501	5.041
9	0.703	1.383	1.833	2.262	2.821	3.25	3.69	4.297	4.781
10	0.7	1.372	1.812	2.228	2.764	3.169	3.581	4.144	4.587
11	0.697	1.363	1.796	2.201	2.718	3.106	3.497	4.025	4.437
12	0.695	1.356	1.782	2.179	2.681	3.055	3.428	3.93	4.318
13	0.694	1.35	1.771	2.16	2.65	3.012	3.372	3.852	4.221
14	0.692	1.345	1.761	2.145	2.624	2.977	3.326	3.787	4.14
15	0.691	1.341	1.753	2.131	2.602	2.947	3.286	3.733	4.073
16	0.69	1.337	1.746	2.12	2.583	2.921	3.252	3.686	4.015
17	0.689	1.333	1.74	2.11	2.567	2.898	3.222	3.646	3.965
18	0.688	1.33	1.734	2.101	2.552	2.878	3.197	3.61	3.922
19	0.688	1.328	1.729	2.093	2.539	2.861	3.174	3.579	3.883
20	0.687	1.325	1.725	2.086	2.528	2.845	3.153	3.552	3.85
21	0.686	1.323	1.721	2.08	2.518	2.831	3.135	3.527	3.819
22	0.686	1.321	1.717	2.074	2.508	2.819	3.119	3.505	3.792
23	0.685	1.319	1.714	2.069	2.5	2.807	3.104	3.485	3.768
24	0.685	1.318	1.711	2.064	2.492	2.797	3.091	3.467	3.745
25	0.684	1.316	1.708	2.06	2.485	2.787	3.078	3.45	3.725
26	0.684	1.315	1.706	2.056	2.479	2.779	3.067	3.435	3.707
27	0.684	1.314	1.703	2.052	2.473	2.771	3.057	3.421	3.69
28	0.683	1.313	1.701	2.048	2.467	2.763	3.047	3.408	3.674
29	0.683	1.311	1.699	2.045	2.462	2.756	3.038	3.396	3.659
30	0.683	1.31	1.697	2.042	2.457	2.75	3.03	3.385	3.646

df （自由度）	单侧检验的显著水平								
	0.5	0.2	0.1	0.05	0.02	0.01	0.005	0.002	0.001
	双侧检验的显著水平								
	0.25	0.1	0.05	0.025	0.01	0.005	0.0025	0.001	0.0005
31	0.682	1.309	1.696	2.04	2.453	2.744	3.022	3.375	3.633
32	0.682	1.309	1.694	2.037	2.449	2.738	3.015	3.365	3.622
33	0.682	1.308	1.692	2.035	2.445	2.733	3.008	3.356	3.611
34	0.682	1.307	1.091	2.032	2.441	2.728	3.002	3.348	3.601
35	0.682	1.306	1.69	2.03	2.438	2.724	2.996	3.34	3.591
36	0.681	1.306	1.688	2.028	2.434	2.719	2.99	3.333	3.582
37	0.681	1.305	1.687	2.026	2.431	2.715	2.985	3.326	3.574
38	0.681	1.304	1.686	2.024	2.429	2.712	2.98	3.319	3.566
39	0.681	1.304	1.685	2.023	2.426	2.708	2.976	3.313	3.558
40	0.681	1.303	1.684	2.021	2.423	2.704	2.971	3.307	3.551
50	0.679	1.299	1.676	2.009	2.403	2.678	2.937	3.261	3.496
60	0.679	1.296	1.671	2	2.39	2.66	2.915	3.232	3.46
70	0.678	1.294	1.667	1.994	2.381	2.648	2.899	3.211	3.436
80	0.678	1.292	1.664	1.99	2.374	2.639	2.887	3.195	3.416
90	0.677	1.291	1.662	1.987	2.368	2.632	2.878	3.183	3.402
100	0.677	1.29	1.66	1.984	2.364	2.626	2.871	3.174	3.39
200	0.676	1.286	1.653	1.972	2.345	2.601	2.839	3.131	3.34
500	0.675	1.283	1.648	1.965	2.334	2.586	2.82	3.107	3.31
1000	0.675	1.282	1.646	1.962	2.33	2.581	2.813	3.098	3.3

附表 3-11　标准正态曲线从 $-\infty \sim Z(1-\alpha)$ 范围内标准正态分布的累计概率

Z	0.0000	0.0100	0.0200	0.0300	0.0400	0.0500	0.0600	0.0700	0.0800	0.0900
0.00	0.5000	0.5040	0.5080	0.5120	0.5160	0.5199	0.5239	0.5279	0.5319	0.5359
0.10	0.5398	0.5438	0.5478	0.5517	0.5557	0.5596	0.5636	0.5675	0.5714	0.5753
0.20	0.5793	0.5832	0.5871	0.5910	0.5948	0.5987	0.6026	0.6064	0.6103	0.6141
0.30	0.6179	0.6217	0.6255	0.6293	0.6331	0.6368	0.6406	0.6443	0.6480	0.6517
0.40	0.6554	0.6591	0.6628	0.6664	0.6700	0.6736	0.6772	0.6808	0.6844	0.6879
0.50	0.6915	0.6950	0.6985	0.7019	0.7054	0.7088	0.7123	0.7157	0.7190	0.7224
0.60	0.7257	0.7291	0.7324	0.7357	0.7389	0.7422	0.7454	0.7486	0.7517	0.7549
0.70	0.7580	0.7611	0.7642	0.7673	0.7704	0.7734	0.7764	0.7794	0.7823	0.7852
0.80	0.7881	0.7910	0.7939	0.7967	0.7995	0.8023	0.8051	0.8078	0.8106	0.8133

Z	0.0000	0.0100	0.0200	0.0300	0.0400	0.0500	0.0600	0.0700	0.0800	0.0900
0.90	0.8159	0.8186	0.8212	0.8238	0.8264	0.8289	0.8315	0.8340	0.8365	0.8389
1.00	0.8413	0.8438	0.8461	0.8485	0.8508	0.8531	0.8554	0.8577	0.8599	0.8621
1.10	0.8643	0.8665	0.8686	0.8708	0.8729	0.8749	0.8770	0.8790	0.8810	0.8830
1.20	0.8849	0.8869	0.8888	0.8907	0.8925	0.8944	0.8962	0.8980	0.8997	0.9015
1.30	0.9032	0.9049	0.9066	0.9082	0.9099	0.9115	0.9131	0.9147	0.9162	0.9177
1.40	0.9192	0.9207	0.9222	0.9236	0.9251	0.9265	0.9279	0.9292	0.9306	0.9319
1.50	0.9332	0.9345	0.9357	0.9370	0.9382	0.9394	0.9406	0.9418	0.9429	0.9441
1.60	0.9452	0.9463	0.9474	0.9484	0.9495	0.9505	0.9515	0.9525	0.9535	0.9545
1.70	0.9554	0.9564	0.9573	0.9582	0.9591	0.9599	0.9608	0.9616	0.9625	0.9633
1.80	0.9641	0.9649	0.9656	0.9664	0.9671	0.9678	0.9686	0.9693	0.9699	0.9706
1.90	0.9713	0.9719	0.9726	0.9732	0.9738	0.9744	0.9750	0.9756	0.9761	0.9767
2.00	0.9772	0.9778	0.9783	0.9788	0.9793	0.9798	0.9803	0.9808	0.9812	0.9817
2.10	0.9821	0.9826	0.9830	0.9834	0.9838	0.9842	0.9846	0.9850	0.9854	0.9857
2.20	0.9861	0.9864	0.9868	0.9871	0.9875	0.9878	0.9881	0.9884	0.9887	0.9890
2.30	0.9893	0.9896	0.9898	0.9901	0.9904	0.9906	0.9909	0.9911	0.9913	0.9916
2.40	0.9918	0.9920	0.9922	0.9925	0.9927	0.9929	0.9931	0.9932	0.9934	0.9936
2.50	0.9938	0.9940	0.9941	0.9943	0.9945	0.9946	0.9948	0.9949	0.9951	0.9952
2.60	0.9953	0.9955	0.9956	0.9957	0.9959	0.9960	0.9961	0.9962	0.9963	0.9964
2.70	0.9965	0.9966	0.9967	0.9968	0.9969	0.9970	0.9971	0.9972	0.9973	0.9974
2.80	0.9974	0.9975	0.9976	0.9977	0.9977	0.9978	0.9979	0.9979	0.9980	0.9981
2.90	0.9981	0.9982	0.9982	0.9983	0.9984	0.9984	0.9985	0.9985	0.9986	0.9986
3.00	0.9987	0.9987	0.9987	0.9988	0.9988	0.9989	0.9989	0.9989	0.9990	0.9990
3.10	0.9990	0.9991	0.9991	0.9991	0.9992	0.9992	0.9992	0.9992	0.9993	0.9993
3.20	0.9993	0.9993	0.9994	0.9994	0.9994	0.9994	0.9994	0.9995	0.9995	0.9995
3.30	0.9995	0.9995	0.9995	0.9996	0.9996	0.9996	0.9996	0.9996	0.9996	0.9997
3.40	0.9997	0.9997	0.9997	0.9997	0.9997	0.9997	0.9997	0.9997	0.9997	0.9998
3.50	0.9998	0.9998	0.9998	0.9998	0.9998	0.9998	0.9998	0.9998	0.9998	0.9998
3.60	0.9998	0.9998	0.9999	0.9999	0.9999	0.9999	0.9999	0.9999	0.9999	0.9999
3.70	0.9999	0.9999	0.9999	0.9999	0.9999	0.9999	0.9999	0.9999	0.9999	0.9999
3.80	0.9999	0.9999	0.9999	0.9999	0.9999	0.9999	0.9999	0.9999	0.9999	0.9999
3.90	1.0000	1.0000	1.0000	1.0000	1.0000	1.0000	1.0000	1.0000	1.0000	1.0000

附录四　国内外常用的葡萄酒评分表

附表 4-1　中国葡萄酒评分表

品尝员　　　　　　　　　　　时间　　　　　　　　　　地点

编号	酒样	外观		香气		滋味	典型性	总分	评语
		色泽	澄清度	果香	酒香				
		10	10	15	15	40	10	100	

附表 4-2　波尔多葡萄酒学院葡萄酒品尝描述记录表

品尝员姓名		
葡萄酒说明		
外观	颜色(色调、深度)	
	澄清度	
	其他	
香气	纯正度	
	浓郁度	
	描述	
	质量	
	缺陷	
口感	描述	入口
		变化
		尾味
	协调性和结构	
	口香(浓郁度和质量)	
	芳香持续性	
	其他	
评分	结论	
	给分	
	满分 5-10-20	

附表 4-3　美国戴维斯葡萄酒评分表

葡萄酒									
品尝员									
时间					地点				
项目	酒样号								
	1	2	3	4	5	6	7	8	
外观2									
颜色2									
香气6									
总酸2									
柔和度1									
酒体1									
口香2									
苦味1									
涩味1									
总体质量2									
总分									

注:评分标准:优,17~20;良好,13~16;好,9-12分;差,1~8。

附表 4-4　亚洲葡萄酒质量大赛评分标准(由西北农林科技大学葡萄酒学院制定)

亚洲葡萄酒质量大赛(静止葡萄酒)

酒样号:　　　桌号:　　　组号:　　　品酒员:

		完美	很好	好	一般	不好
外观分析	澄清度	5	4	3	2	1
	色调	10	8	6	4	2
香气分析	纯正度	6	5	4	3	2
	浓度	8	7	6	4	2
	质量	16	14	12	10	8
口感分析	纯正度	6	5	4	3	2
	浓度	8	7	6	4	2
	持久性	8	7	6	5	4
	质量	22	19	16	13	10
平衡/整体评价		11	10	9	8	7

亚洲葡萄酒质量大赛（起泡葡萄酒）

酒样号：　　　桌号：　　　组号：　　　品酒员：

		完美	很好	好	一般	不好
外观分析	澄清度	5	4	3	2	1
	色调	10	8	6	4	2
	起泡（细度/持久性）	10	8	6	4	2
香气分析	纯正度	7	6	5	4	3
	浓度	7	6	5	4	3
	质量	14	12	10	8	6
口感分析	纯正度	7	6	5	4	3
	浓度	7	6	5	4	3
	持久性	7	6	5	4	3
	质量	14	12	10	8	6
平衡/整体评价		12	11	10	9	8

评分标准：完美,85~100;很好,80~85;好,70~80;一般,50~70;不好,<50。

评奖范围：得奖产品不超过参赛产品总数的30%。其中:金奖,80~100;银奖,81~85。

附表 4-5　国际葡萄与葡萄酒组织评分表

静止葡萄酒

项目			优	很好	好	一般	较差	差	很差
外观	澄清度		6	5	4	3	2	1	0
	颜色	色调	6	5	4	3	2	1	0
		色度	6	5	4	3	2	1	0
香气	纯正度		6	5	4	3	2	1	0
	浓郁度		8	7	6	5	4	2	0
	优雅度		8	7	6	5	4	2	0
	协调性		8	7	6	5	4	2	0
口感	纯正度		6	5	4	3	2	1	0
	浓郁度		8	7	6	5	4	2	0
	结构		8	7	6	5	4	2	0
	协调度		8	7	6	5	4	2	0
	香气持续性		8	7	6	5	4	2	0
	余味		6	5	4	3	2	1	0
总体评价			8	7	6	5	4	2	0

起泡葡萄酒

项目			优	很好	好	一般	较差	差	很差
外观	澄清度		6	5	4	3	2	1	0
	泡沫	气泡大小	6	5	4	3	2	1	0
		持续性	6	5	4	3	2	1	0
	颜色	色调	6	5	4	3	2	1	0
		色度	6	5	4	3	2	1	0
香气	纯正度		7	6	5	4	3	2	0
	浓郁度		7	6	5	4	3	2	0
	优雅度		7	6	5	4	3	2	0
	协调性		7	6	5	4	3	2	0
口感	纯正度		7	6	5	4	3	2	0
	浓郁度		7	6	5	4	3	2	0
	结构		7	6	5	4	3	2	0
	协调度		7	6	5	4	3	2	0
	香气持续性		7	6	5	4	3	2	0
总体评价			7	6	5	4	3	2	0

参考文献

1. 吴谋成.食品分析与感官评定.北京:中国农业出版社,2002.

2. 张艳,雷昌贵.食品感官评定.北京:中国质检出版社,中国标准出版社,2012.

3. 汪浩明.食品检验技术(感官评价部分).北京:中国轻工业出版社,2013

4. H.斯通,J.L.西特.食品评定实践.陈中,陈志敏译.3版.北京:化学工业出版社,2008.

5. 吴希茜,袁小娟.食品感官分析的综述.山东食品发酵,2010,158(3):21-23.

6. 周家春.食品感官分析.北京:中国轻工业出版社,2013.

7. 赵镭,邓少平,刘文.食品感官分析词典.北京:中国轻工业出版社,2015.

8. 孙宝国.食用调香术.2版.北京:化学工业出版社,2010.

9. 林旭辉.食品香精香料及加香技术.北京:中国轻工业出版社,2010

10. 李华.葡萄酒品尝学.北京:科学出版社,2017.

11. Ronald S Jackson.葡萄酒的品尝.王君碧,罗梅主译.北京:中国农业大学出版社,2015.

12. Allen V J, Withers C A, Hough G, et al. A new rapid detection threshold method for use with older adults: reducing fatigue whilst maintaining accuracy. Food Quality and Preference, 2014, 36: 104-110.

13. Amerine M A, Pangborn R M, Roessler E B. Principles of sensory evaluation. Academic, New York, 1965.

14. Harry T L, Hildegrade H. Sensory Evaluation of Food: Principles and Practices. Second Edition. New York: Springer Science+Business Media, LLC, 2010.

15. Ishii R, O'Mahony M, Rousseau B. Triangle and tetrad protocols: Small sensory difference, resampling and consumer relevance. Food Quality and Preference, 2014, 31: 49-55.

16. Julien D J, Ben L Michel R. Rapid Sensory Profiling Techniques and Related Methods. United Kingdom: Woodhead Publishing, 2015.

17. Meilgaard M, Civille C V, Carr B T. Sensory Evaluation Techniques. Fourth Edition. Boca Raton: CRC, 2006.

18. O'Mahony M, Thieme U, Goldstein L R. The warm-up effect as a means of increasing the discriminability of sensory difference tests. Journal of Food Science, 1988, 53, 1848-1850.

19. Roessler E B, Pangborn R M, Sidel J L, et al. Expanded statistical tables for estimating significance in paired-preference, paired difference, duo-trio and triangle tests. Journal of Food Science, 1978, 43: 940-941.

20. Stone H, Rebecca N B, Heather A T. Sensory Evaluation Practices. Fourth Edition. America: Elsevier Inc., 2012.

21. Tormod N, Per B, Oliver T. Statistics for Sensory and Consumer Science. United Kingdom: A John Wiley and Sons, Ltd., Publication, 2010.

目标检测参考答案

第一章　绪　　论

单项选择题

1. C　　　2. C　　　3. D

第二章　人的感觉及感官

一、选择题

（一）单项选择题

1. B　　2. C　　3. A　　4. B　　5. B　　6. C　　7. C　　8. B　　9. B　　10. C

11. A　　12. A　　13. C　　14. B　　15. B　　16. D　　17. A

（二）多项选择题

1. ABCD　2. BCD　3. ABCD　4. ABD　5. AD　6. ABC

二、简答题（略）

三、实例分析

1、2 题略。

3. Frace：脆度，TPA 曲线第一压缩周期中第一个峰处力值。对应果实的生物屈服点，表征在此点果实细胞构造开始遭到破坏，反映果肉脆性。

Hard 1：硬度 1，TPA 曲线第一压缩周期中第二个峰出力值。果实越过生物屈服点后，外界继续施加一定程度的压力，果实所受力大小，反映试样对变形抵抗的性质。

Hard 2：硬度 2，TPA 曲线第二压缩周期内试验所受最大力。表征试样多次压缩后，对变形的抵抗。

Area 2/Area 1：凝聚性，两次压缩周期的曲线面积比。反映的是咀嚼果肉时，果粒抵抗受损并紧密连接，使果实保持完整的性质。

Area 3：黏着性。下压一次后将探头于试样中拔出所需的能量大小。反映了咀嚼果肉时，果肉对上颚、牙齿、舌头等接触面黏着的性质。

Area 4/Area 5：回复性，由第一周期而得，等于 TPA 曲线中回复曲线与横轴过包围的面积之比。反映了物质以弹性形变保存的能量，是果实受压后快速回复变形的能力。

第三章 感官评价环境

一、选择题

（一）单项选择题

1. D　　2. B　　3. D　　4. B

（二）多项选择题

1. ABC　2. ABD　3. BC　4. ABCD　5. ABCD　6. ABCD　7. CD　8. BD

二、简答题（略）

第四章 感官评价员

一、选择题

（一）单项选择题

1. A　　2. D　　3. D　　4. A　　5. C

（二）多项选择题

1. ABCD　2. ABD　3. ABD　4. ABCD　5. ABCD

二、简答题（略）

三、实例分析

1. 候选评价员基本情况调查表应能反映出候选人员的兴趣和动机、对食品的态度、知识和才能、健康状况、表达能力、可用性、个性特点等方面的信息。

2. 筛选的方案应包括感官功能的检验、感官灵敏度的检验、描述和表达感官反应能力的检验三个方面的内容。

第五章 感官评价方法

一、选择题

（一）单项选择题：

1. C　　2. D　　3. C　　4. C　　5. B　　6. B　　7. C　　8. D　　9. D　　10. C

11. D　　12. A　　13. B　　14. D

（二）多项选择题：

1. AC　2. ABD　3. ABC　4. AB　5. AB　6. ABC　7. ABC　8. AB　9. ACD　10. ABD　11. BCD

12. ABCD

二、简答题（略）

三、实例分析（略）

第六章　感官分析在企业中的实际应用

一、选择题

（一）单项选择题

1. D　　2. B　　3. B　　　4. C　　　5. A

（二）多项选择题

1. ABCD　2. BD　3. C　4. BCD　5. ABC

二、简答题

1. 答：①诊断市场，了解消费者真正的需求和市场趋势；②全面掌握新产品的感官属性特征及其市场潜力；③确定产品模型的感官属性是否与其概念产品一致；④确定新产品的一系列感官质量参数；⑤产品上市后，根据消费者对其感官属性优缺点的反馈，确定感官属性的优化方向和程度。

2. 答：如果仅仅依靠评价员的评价结果对产品的优劣进行判断，评价员易受环境、自身条件等因素的干扰，存在结果不稳定、耗时耗力等缺点，其应用受到一定程度的限制。但感官仪器分析仍不可能在短时间内取代分析型感官分析，其原因如下：

（1）理化分析方法操作复杂，费时费钱，不如感官分析方法简单、应用；

（2）一般理化分析方法还达不到感官方法的灵敏度；

（3）用感官可以感知，但其理化性能尚不明了；

（4）还没有开发出合适的理化分析方法。

3. 答：样品制备的要求

（1）均一性：制备的样品除所评价特性外，其他特性完全相同。实现均一性应做到：精心选择适当制备方法，减少出现特性差别的可能性；对不期望出现差别的特性，采用不同的方法消除样品间该特性上的差别。

（2）样品量：试验样品量可在相当大范围内变化，通常把样品获得的难易程度及物料安全性作为决定样品量的基础；每次试验样品数控制在 4~8 个，含酒精饮料和带强刺激感官特性样品的样品数控制在 3~4 个。

样品制备的外部影响因素有：

①温度：恒定/适宜温度保证稳定结果，选择日常食用温度；②器皿：清洁、易编号、无色、易洗涤的玻璃或陶瓷容器，容量<50ml；③样品编号：随机编号；④样品摆放顺序：在每个位置上出现的几率相同。

三、实例分析

1. 答：应在实验室配备无香气的洗手液、护手霜和纸巾，如果发现这种情况，需要求评价人员用无香气的洗手液完全清理手上的护手霜。

2. 答：在招募评价员时，应与评价人员签署协议，有条件的公司应该上保险。同时，在实验室的楼梯、玻璃门等处需加贴标识，实验室配置医药箱，防止评价人员发生意外。如果发生评价人员跌伤等情况,应立刻处理,防止造成健康损坏及评价团队矛盾。

第七章　食品感官实用技术

一、选择题

（一）单项选择题

1. B　　2. A　　3. C　　4. C　　5. D　　6. A　　7. D

（二）多项选择题

1. ABD　2. ABCD　3. ABCD　4. ABC　5. ACD　6. ABCD　7. BCD　8. ABCD　9. ABCD

10. ABCD　11. ABCD　12. ABCD

二、简答题(略)

第八章　感官分析仪器及分析软件

一、选择题

（一）单项选择题

1. D　　2. B　　3. B　　4. C　　5. A

（二）多项选择题

1. ABC　2. ABC　3. ACD　4. CD　5. ABCD

二、简答题(略)

三、实例分析

1. 答:针对所有评价人员进行两次考试,第一次是已知风味参比样的考试,评价人员进行风味参比样盲测,并回答参比样的浓度和风味名称;第二次是针对特定样品的描述性打分,打分为三次重复,结果进行 panelcheck 分析,找出评价人员打分不一致的属性及人员。

2. 答:眼动仪检测的是被测人员在货架前更关注哪个产品包装,或在哪个位置停留时间长,但并不代表会购买那个包装。设计消费者问卷时需明确问题,不要让消费者单一的进行打分或勾选。

食品感官检验技术课程标准

（供食品类专业用）

ER-课程标准

ER-课程标准

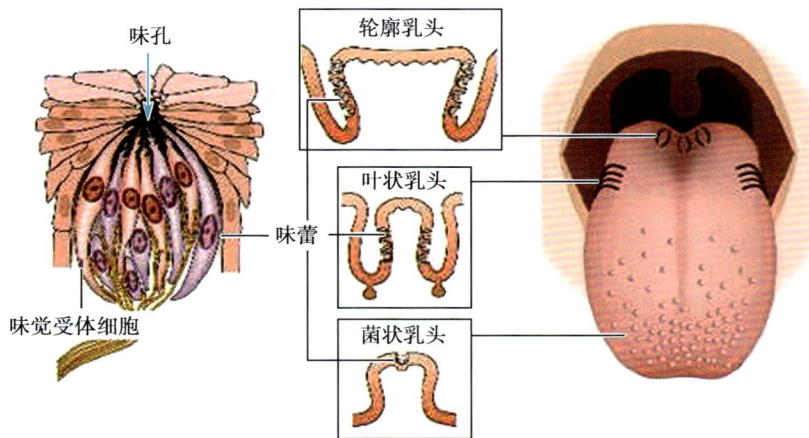

味孔

轮廓乳头

味蕾

味觉受体细胞

叶状乳头

菌状乳头

彩图 1　味蕾的结构

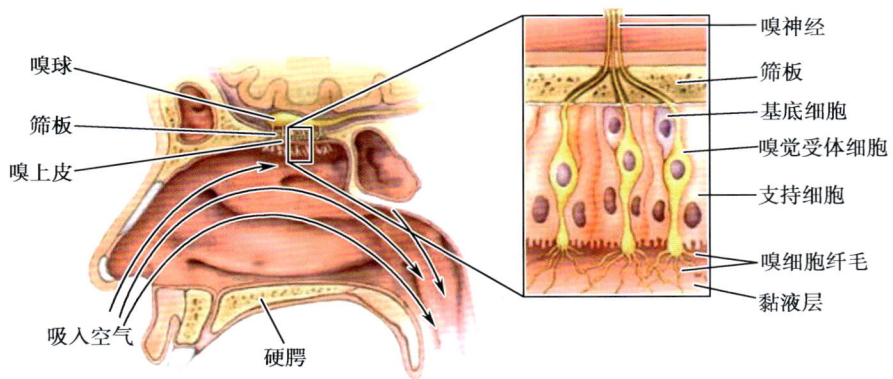

嗅球

筛板

嗅上皮

吸入空气

硬腭

嗅神经

筛板

基底细胞

嗅觉受体细胞

支持细胞

嗅细胞纤毛

黏液层

彩图 2　鼻子的基本结构

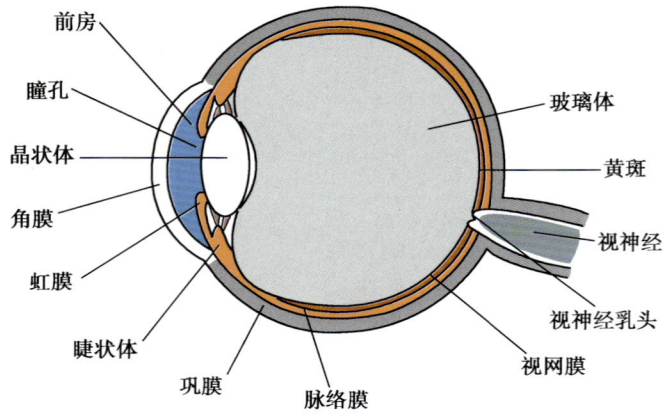

彩图3　眼球的结构

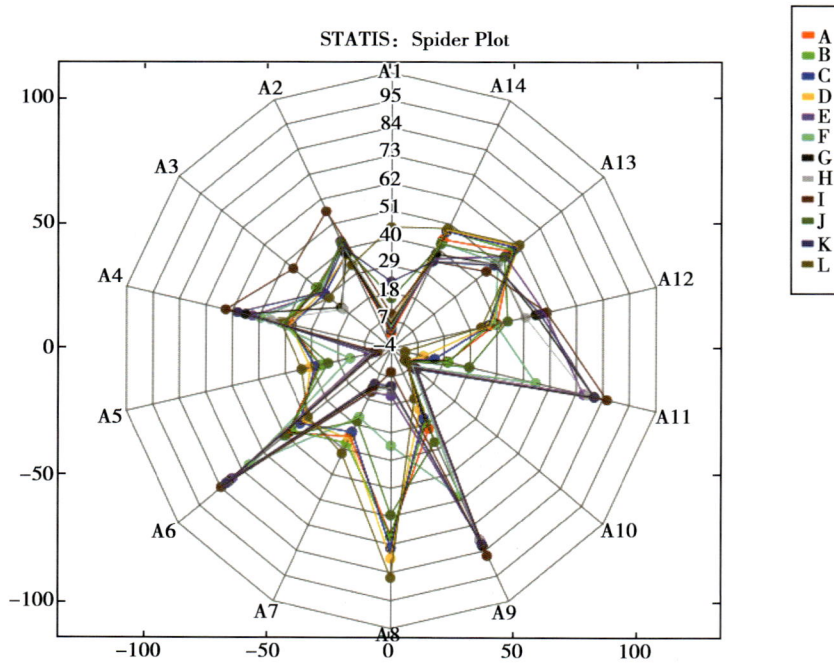

彩图4　12种产品的14个感官属性均值

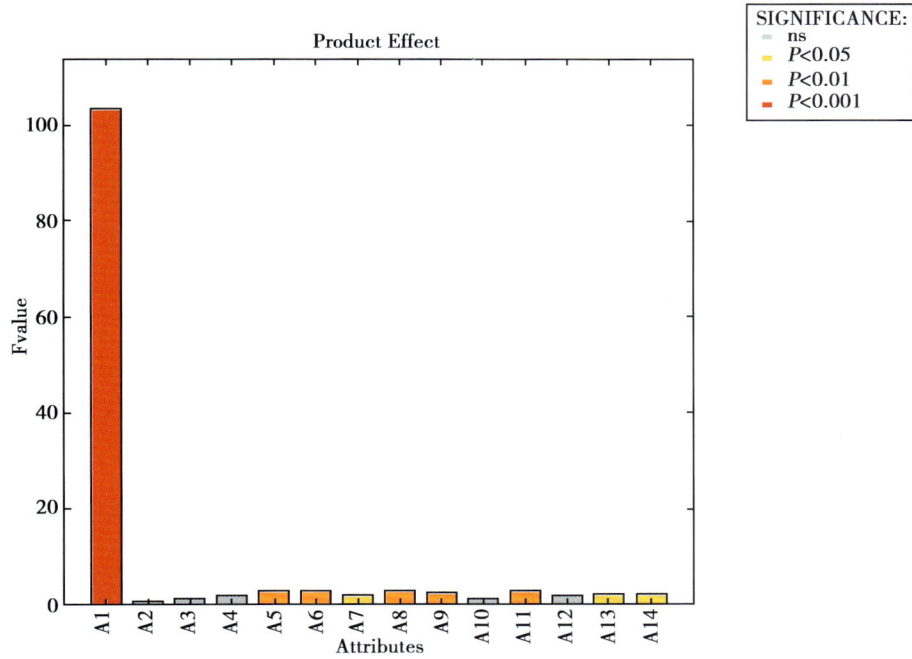

彩图 5　12 种产品的 14 个感官属性差异（*F* 检验）

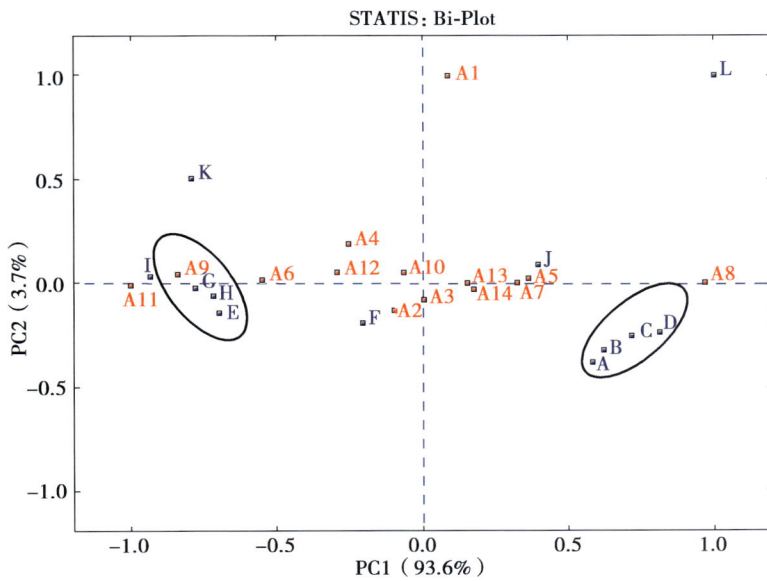

彩图 6　12 种产品的 14 个感官属性差异相关性分析（PCA）